드디어 다윈 ❹

인간과
감정 표

The Expre
of the Emotions in
Man and Animals

성 표현

인간과 동물의

찰스 다윈

김성한 옮김
다윈 포럼 기획
최재천 감수

사이언스북스
SCIENCE
BOOKS

발간사

「드디어 다윈」시리즈 출간에 부쳐

한국 최초의 다윈 선집을 펴내며

드디어 '다윈 후진국'의 불명예를 씻게 되었습니다. 드디어 이제 우리도 본격적으로 다윈을 연구할 수 있게 되었습니다. 지난 밀레니엄이 끝나 가던 1998년 미국의 언론인 네 사람이 『1,000년, 1,000인 (1,000 Years, 1,000 People)』이란 책을 출간했습니다. 세계 각국의 학자들과 예술가들을 상대로 지난 1,000년 동안 인류에게 가장 큰 영향을 미친 인물이 누구인가를 묻고 그 설문 조사 결과에 따라 1,000명의 위인 목록을 만들어 발표한 책입니다. 구텐베르크가 선두를 한 이 목록에서 다윈은 전체 7위에 선정되었습니다. 만일 우리나라에서 이 같은 설문 조사를 실시한다면 저는 다윈이 100위 안에도 들지 못할 것을 확신합니다. 2012년 번역되어 나온 존 판던(John Farndon)의 『오! 이것이 아이디어다(The World's Greatest Idea)』라는 책에는 우리 인간이 고안해 낸 아이디어 중에서 전문가 패널이 고른 50가지가 소개되어 있는데 다윈의 진화론은 여기서도 7등을 차지했습니다. 우리와 서양은

5

다윈에 대한 평가에서 이처럼 엄청난 차이를 보입니다.

2009년은 '다윈의 해'였습니다. 다윈 탄생 200주년과『종의 기원』출간 150주년이 맞물리며 위대한 과학자이자 사상가인 다윈을 재조명하는 각종 행사와 출판 기획이 활발하게 이뤄졌습니다. 무슨 일이든 코앞에 닥쳐야 움직이기 시작하던 평소와 달리 우리나라에도 2005년 '다윈 포럼'이 만들어졌습니다. 우리 학계에서 조금이라도 다윈에 관심이 있거나 어떤 형태로든 연구를 하고 있던 젊은 학자들이 한데 모였습니다. 우리는 '다윈의 해'를 이 땅에 다윈 연구를 뿌리 내릴 원년으로 삼는 데 동의하고 3년 남짓 남은 시간 동안 무엇을 할 것인지 논의했습니다. 논의는 그리 길게 이어지지 않았습니다. 모두 다윈의 책을 제대로 번역해 내놓는 일이 급선무라는 데 동의했습니다. 이웃 나라 일본이 메이지 유신을 거치며 놀랄 만한 학문 발전을 이룩한 데는 국가 차원의 번역 사업이 큰 몫을 했다는 사실을 잘 알고 계실 겁니다.

우리는『비글 호 항해기』는 잠시 미뤄 두고 보다 본격적인 다윈의 학술서 3부작『종의 기원』,『인간의 유래와 성 선택』,『인간과 동물의 감정 표현』을 먼저 번역하기로 했습니다. 다윈의 책을 번역하는 작업은 결코 만만하지 않습니다. 우선 문장들이 너무 깁니다. 현대적 글쓰기는 거의 이유 불문하고 짧게 쓸 것을 강요합니다. 간결하고 정확한 문장이 좋은 문장이라고 배웁니다. 그러나 다윈 시절에는 정반대였습니다. 길고 장황하게 쓰는 게 오히려 바람직한 덕목이었습니다. 어떤 다윈의 문장은 쉼표와 세미콜론으로 이어지며 한 페이지를 넘어갑니다. 알다시피 영어는 우리말과 어순이 달라 문장의 앞뒤를 오가며 번역해야 하는데 다윈의 문장은 종종 한 문장의 우리말로 옮기는 게 거의 불가능합니다. 그래서 지금까지 번역된 많은 다윈 저서들은 대체로 쉼표와 세미콜론 단위로 끊어져 있어 너무나 자주 흐름이 끊기는 바람에 독해가 불가능한 경우가 많습니다.

『종의 기원』이 출간되기 바로 전날 원고를 미리 읽은 후 내뱉은 그 유명한 토머스 헉슬리(Thomas Huxley)의 탄식을 기억하십니까? "나는 왜 이걸 생각하지 못했을까? 정말 바보 같으니라고." 알고 보면 다윈의 자연 선택 이론은 허무할 만치 단순합니다. 그러나 그 단순한 이론이 이 엄청난 생물 다양성의 탄생을 이처럼 가지런히 설명하다니 그저 놀라울 따름입니다. 다윈은 요즘 표현을 빌리자면 이른바 '비주류' 혹은 '재야' 학자였습니다. 미세 먼지가 극에 달했던 런던에 살다가는 제 명을 다하지 못할 것이라는 의사의 경고 때문에 마지못해 시골로 이사하는 바람에 거의 언제나 혼자 일해야 했습니다. 그래서 엄청나게 많은 편지를 쓰며 다른 학자들과 교신하려 노력했지만, 대학이나 연구소에서 여러 동료 학자들과 부대끼며 지내는 것과는 사뭇 다른 연구 조건이었습니다. 그래서 저는 그가 역지사지(易地思之) 방식을 채택했다고 생각합니다. 그는 늘 스스로 질문하고 답하는 방식으로 연구했습니다. 그러다 보니 그의 글은 때로 모호하기 짝이 없고 중의적입니다. 생물학적 지식이 부족하거나 폭넓은 학술적 맥락을 이해하지 못하면 자칫 엉뚱하게 번역하는 우를 범하기 십상입니다.

우리가 포럼을 시작하고 얼마 지나지 않아 미국에서는 20세기를 대표하는 두 생물학자 제임스 듀이 왓슨(James Dewey Watson)

과 에드워드 오스본 윌슨(Edward Osborne Wilson)이 각각 편집하고 해설한 다윈 전집들이 나왔습니다. 왓슨은 전집의 제목을 "Darwin: The Indelible Stamp(다윈: 불멸의 족적)"라고 지었고, 윌슨은 "From So Simple a Beginning(그토록 단순한 시작으로부터)"이라고 지었습니다. 지하에 계신 다윈 선생님이 무척이나 흐뭇해하셨을 것 같습니다. 물론 '다윈의 해'를 4년이나 앞두고 전집을 낸 그들에 비할 바는 아니지만 우리도 나름 일찍 출발했다는 자부심이 있었습니다. 그러나 그렇게 2009년이 지나갔고 또 꼬박 10년이 흘렀습니다. 처음에는 정기적으로 다윈 포럼을 열어 모두가 참여해 함께 번역 작업을 할 생각이었습니다. 그러나 이는 전혀 효율적인 방법이 아니라는 걸 금방 깨달았습니다. 용어 하나를 어떻게 번역할 것인가를 두고도 하루해가 모자랄 지경이었습니다. 그건 단순한 용어 선택의 문제가 아니었습니다. 개념을 제대로 정립하는 문제가 더욱 중요했습니다. 그래서 세 권의 책에 각각 대표 역자를 두기로 했습니다. 『종의 기원』은 장대익 교수가 맡았고 『인간의 유래와 성 선택』과 『인간과 동물의 감정 표현』은 김성한 교수가 수고했습니다. 저는 다윈 포럼의 대표로서 번역의 감수를 책임져 역자 못지않게 꼼꼼히 읽었습니다. 이제 드디어 우리에게도 다윈을 탐구할 출발선이 마련됐다고 자부합니다.

거의 15년 전 다윈 포럼을 시작하며 우리는 이 세 권의 번역 외에도 다윈 서간집도 기획했고, 저는 다윈의 이론을 현대적인 감각으로 소개하는 책을 쓰기로 약속했습니다. 그래서 네이버에 「최재천 교수의 다윈 2.0」이라는 제목으로 연재하고 그것들을 묶어 2012

년 『다윈 지능』이라는 책을 냈습니다. 2009년 다윈의 해를 맞아 고맙게도 우리나라 거의 모든 주요 일간지와 방송이 경쟁이라도 하듯 특집을 기획해 주었습니다. 그중에서도 「다윈은 미래다」라는 《한국일보》 특집 덕택에 저는 우리 시대 대표 다윈주의자들을 만날 수 있었습니다. 갈라파고스 제도에서 40년 넘게 되새류(finch)의 생태와 진화를 연구하고 있는 프린스턴 대학교 로즈메리 그랜트(Rosemary Grant)와 피터 그랜트(Peter Grant) 부부, 하버드 대학교 심리학과의 언어학자이자 진화 심리학자 스티븐 핑커(Steven Pinker), 다윈을 철학으로 끌어들인 터프츠 대학교 철학과 교수 대니얼 클레먼트 데닛(Daniel Clement Dennett), 『이기적 유전자』의 저자 옥스퍼드 대학교 교수 클린턴 리처드 도킨스(Clinton Richard Dawkins), 그리고 하버드 대학교 윌슨 교수까지 모두 다섯 분을 인터뷰하는 기획이었지만 그분들을 만나러 가는 길목에 저는 다른 탁월한 다윈주의자들을 틈틈이 만났습니다. 그러다 보니 모두 열두 분을 만났고 그들과 나눈 대담을 엮어 『다윈의 사도들(Darwin's 12 Apostles)』이라는 제목의 책을 국문과 영문으로 준비했습니다. 2022년 후반부에 일단 국문으로 선보이게 될 것 같습니다.

다윈이라는 거인의 어깨 위에서

어느덧 이 땅에도 바야흐로 '생물학의 세기'가 찾아왔습니다. 그러나 섭섭하게도 이 나라에서 생물학을 하는 대부분의 학자는 엄밀한 의미에서 생물학자가 아닙니다. 생물을 연구 대상으로 화학이나 물리학을 하는 자연 과학자들입니다. 그러다 보니 서양과 달리 상당수의 생물학과 혹은 생명 과학과 교수들은 다윈의 진화론에 정통하지 않습니다. 일반 생물학 수업을 하면서 정작 진화 부분은 가르치지 않고 자기 학습 과제로 내주는 교수들이 의외로 많습니다. 일반 독자는 둘째 치더라도 저는 우선 이 땅의 생물학자들에게 드디어 다윈을 제대로 접할 기회가 마련됐다는 점이 무엇보다도 기쁩니다. 다윈의 책을 원문으로 읽는 일은 그리 녹록하지 않습니다. 이제 드디어 다윈의 저서들을 제대로 된 우리말 번역으로 읽을 수 있게 됐습니다. 모름지기 다윈을 읽지 않고 생물을 연구한다는 것은 거의 성경이나 코란을 읽지 않고 성직자가 되는 것에 진배없다고 생각합니다. 이제 모두 떳떳하고 당당한 생물학자가 되시기 바랍니다. 마침 2022년 9월 한국 진화학회가 출범했습니다. 이 땅에도 드디어 본격적인 진화 연구가 시작됩니다.

다윈 포럼을 후원하고 거의 15년이란 세월 동안 묵묵히 기다려 준 (주)사이언스북스에 머리를 숙입니다. 책을 출간한다는 생각만으로는 버티기 어려운 기간이었을 겁니다. 학문의 숙성을 위해 함께 한 수행이었다고 생각합니다. 몸담은 분야는 서로 달라도 다윈을 향한 마음은 한결같아 투합한 다윈 포럼 동료들에게도 존경과 고마움을 표합니다. 함께 작업을 기획했으며 번역에 여러 형태로 기여했고 앞으로도 책을 알리고 이 땅에 다윈의 이론을 정립하는 데 앞장설 겁니다. 2009년 다윈 포럼이 주축이 되어 학문의 세계에서 아마 가장 혹독한 공격을 견뎌 낸 다윈의 이론이 현재 우리가 하고 있는 학문에 어떻게 침투해 있는지를 가늠해 『21세기 다윈 혁명』이라는 책을 냈습니다. 작업을 마무리하며 우리는 현존하는 거의 모든 학문 분야에 다윈의 이론이 깊숙이 관여하고 때로는 주류 이론으로 자리 잡아 가는 모습을 보며 스스로 놀랐던 기억이 새롭습니다. 어느덧 그로부터 또 10년이 흘렀습니다. 이제 다윈은 모든 분야의 전문가들이 앞다퉈 영입하는 학자로 우뚝 섰습니다. 이제 어느 분야든 다윈을 모르고 학문을 논하기 어려워졌습니다. 늦게나마 「드디어 다윈」을 여러분의 손에 쥐여 드립니다.

최재천
다윈 포럼 대표
이화 여자 대학교 에코 과학부 석좌 교수

종의 기원에서 마음의 기원으로

많은 경우 우리는 매우 흔하게 일어나는 현상을 좀처럼 그 의미나 특징을 캐묻지 않고 당연하게 받아들인다. 우리가 이처럼 당연하게 받아들이는 특징 중의 하나는 표정이나 몸짓 등만을 보고서도 사람들이 어떤 마음 상태에 있는지를 알아낸다는 사실이다. 예를 들어 우리는 큰소리로 울면서 땅을 내려치고 있는 사람을 보면 그가 슬퍼하고 있다고 생각하지 행복하다고 생각지 않는다.

이처럼 표정과 표현의 의미를 즉각적으로 판단해 낸다는 사실에서 흥미로운 점은 우리가 비단 자신이 소속되어 있는 사회나 집단 사람들뿐만이 아니라 심지어 멀리 떨어진 오지에 살고 있는 사람들의 표정이나 행동의 의미까지도 대부분 제대로 파악해 낸다는 것이다. 그들 또한 마찬가지다. 설령 한번도 만난 적이 없었다고 해도 그들은 우리가 짓는 대부분의 표정과 표현의 의미를 단번에 알아차린다. 서로 만난 적도 없고, 서로의 문화를 접해 본 경우가 전혀 없었음에도 말이다. 이것이 어떻게 가능한 것일까? 이에 대해 생각해 볼 수 있는 답은 ① 인간 종이 그러한 능력을 생래적으로 갖추었기 때문이

13

거나 ② 그러한 능력을 후천적으로 습득했지만 그럼에도 지구 상에 살고 있는 인간 종이 처해 있는 환경과 필요가 유사해 유사한 반응이 나타나기 때문일 것이다. (이외에도 양자의 영향을 모두 인정하는 다른 설명 방식들이 있을 수 있다.)

찰스 다윈의 『인간과 동물의 감정 표현(The Expression of the Emotions in Man and Animals)』은 이중에서 ①의 옳음을 보이려는 시도를 담고 있는 책이다. 이 책에서 다윈은 표정과 감정 표현 방식에 대한 상세한 분석을 통해 진화가 인간에게도 일어났음을 보이고자 한다. 그에 따르면 다른 동물과 다를 바 없이 인간 또한 진화 과정을 거쳐 왔으며, 그 뿌리를 거슬러 올라가면 공통의 기원을 찾을 수 있다. 그리고 이처럼 공통의 기원에서 유래했기 때문에 인간은 특정한 상황에서 느끼는 감정이, 그리고 이와 같은 감정 상태에서 드러내는 표정이나 표현 방식이 대동소이하게 되었다.

이 글에서 옮긴이는 이와 관련된 내용을 소상하게 밝히려는 노력을 담고 있는 『인간과 동물의 감정 표현』의 구성과 내용, 의미 등을 정리해 보고자 한다. 이와 더불어 옮긴이는 이 책에서 사용하고 있는 방법 등이 갖는 현대적 의의를 비판적으로 고찰해 볼 것이다.

다윈의 진화론과 『인간과 동물의 감정 표현』의 출간 배경

다윈이 진화론을 제창한 것은 주지의 사실이다. 그런데 그가 진화론을 역사상 최초로 제안한 것은 아니다. 고대 그리스의 자연 철학자들인 탈레스, 엠페도클레스, 아낙시만드로스 등이 이미 기원전에 진화론의 출발이 되는 입장을 개진한 바 있다. 그럼에도 다윈이 진화론의 아버지로 불리는 이유는 그가 단순히 진화에 대한 상상의 나래를 펼친 데 머물지 않고 자신의 가설을 다양한 증거를 통해 최대한 입증하고자 했기 때문이다.

　잘 알려진 바와 같이 다윈의 진화론의 핵심은 자연 선택이다. 이와 같은 자연 선택 이론에서는 선택의 우연성이 강조된다. 예를 들어 흰색의 개체들과 검은색의 개체들이 눈이 쌓여 있는 지역에서 혼재되어 살아가고 있다고 가정해 보자. 이곳에서는 흰색의 개체들이 살아남을 가능성이 높은데, 그 이유는 이러한 지역에서는 흰색의 개체들이 검은색의 개체들에 비해 포식자들의 눈에 잘 띄지 않아 살아남을 가능성이 높아지기 때문이다. 하지만 어떤 다른 지역에 동일 종(種)의 흰색과 검은색 개체들이 공존하고 있는데, 그곳은 흰색의 개체들이 훨씬 눈에 잘 띈다면, 그 지역에서는 검은색의 개체들이 생존할 가능성이 높아질 것이다. 다윈은 이것이 자연 선택의 원리라고 생각했는데, 이러한 원리에 따라 진화가 이루어진다면 진화는 결코 최강자가 살아남고 약자가 도태되는 과정이 아니라고 해야 할 것이다. 물론 강자라는 말이 그 상황에 가장 잘 적응한 개체라는 의미의 최적자(最適者, the fittest)를 의미한다고 해석한다면 모르겠지만 말이다. 다윈이 적자생존을 통해 의미하고자 한 것은 주어진 상황에 가장 잘 적응된 개체가 살아남는다는 것이었지 결코 더욱 힘센 개체가 어떤 환경 속에서도 살아남는다는 것이 아니었다. 다윈이 말하는 진화는 발전의 원리가 아니었다. 앞의 예에서 만약 흰색의 개체가 계속적으로 다양한 능력을 개발해 어떤 환경에서도 살아남는다면 발전을 이야기할 수 있을지 모르지만 환경이 우호적인지의 여부에 따라 생존의 여부가 달라지는 다윈이 말하는 진화는 발전을 의미할 수 없었다. 이러한 자연 선택을 통한 진화는 다른 이론들과의 경쟁에서 훨씬 많은 자연 현상들을 정합적으로 설명할 수 있는 장점을 가짐으로써 설명력을 인정받게 되었으며, 오늘날 과학자들은 진화라 하면 대체로 이와 같은 진화를 생각하게 되었다.

이와 같은 자연 선택을 통한 진화에 대한 착상이 일종의 가설이었다고 한다면, 다윈은 이러한 가설을 입증하기 위한 연구에 평생을 바쳤고, 이러한 연구 성과들을 담은 서적들을 단계적으로 출간함으로써 자신의 가설에 설득력을 부여했다. 첫 단계로 그는 1839년 『비글 호 항해기(The Voyage of the Beagle)』를 출간한다. 다윈이 이 책에서 본격적으로 진화에 대한 의견을 개진한 것은 아니다. 그럼에도 이 책에서 다윈은 비글 호를 타고 항해하면서 수집하고 탐구했던 풍부한 관찰 기록을 소개하고 있는데, 이러한 내용들은 자연 선택을 통한 진화론을 본격적으로 제안하기 위한 예비적 고찰이라 할 것이다.

이와 같은 예비적인 고찰 단계를 거치면서 자신의 가설에 확신을 갖게 된 다윈은 1859년 『종의 기원(On the Origin of Species)』을 통해 진화에 대한 생각을 개진하기에 이른다. 다윈은 이 책에서 진화의 기본 기작이 자연 선택임을 보여 주기 위해 "하나의 긴 논증"을 제시한다.[1] 하지만 다윈은 인간의 진화에 대해서는 말을 아끼면서 "이 연구를 통해 인간의 기원과 그 역사에 빛이 비춰지게 될 것"[2]이라고 하는 정도에 머문다. 수많은 사람이 신에 의한 인간 창조를 믿고 있던 당

인간과 동물의 감정 표현

시의 상황, 그리고 소심하고 신중한 다윈의 성격을 감안하자면 이는 어느 정도 불가피했다고도 볼 수 있을 것이다.

『종의 기원』의 출간은 엄청난 성공을 거두었다. 이는 단지 수많은 독자의 관심의 대상이 되었다는 측면에서뿐만 아니라 토머스 헉슬리 등 진화론을 옹호하는 학자들의 지지를 받아 학계에서 널리 인정을 받게 되었다는 측면에서도 그러했다. 이와 같은 성공에 자신감을 갖게 된 다윈은 1871년 자연 선택을 통한 진화론을 인간에 적용해 보려는 시도를 담은 『인간의 유래와 성 선택(The Descent of Man, and Selection in Relation to Sex)』을 출간한다. 이 책에서 다윈은 "인간과 영장류의 공통되는 구조는 매우 많아 내 지식으로는 그 이름조차 다 댈 수가 없다."[3]라고 말하면서 인간과 영장류가 공통의 진화 과정을 거쳤음을 시사하고 있으며, 인간의 진화 외에 『종의 기원』에서 자세히 다루지 않았던 '성 선택(sex selection)' 이론에 대한 설명을 통해 자연 선택으로 설명하기 어렵다고 생각했던 문제들을 해결하고자 한다.

『인간의 유래와 성 선택』이 출간된 지 불과 1년 만인 1872년 다윈은 자신의 진화론에 설득력을 더하기 위해 『인간과 동물의 감정 표현』을 출간한다. 이 책은 진화가 이루어졌음을 보이기 위해 출간한 사실상 마지막 서적으로, 그는 책에서 인간과 동물의 감정, 그리고 이러한 감정이 겉으로 드러날 때의 표정이나 표현 방식을 상세히 설명하고 있다. 역사가들에 따르면 이 책은 원래 『인간의 유래와 성 선택』의 일부 장으로 기획되었던 것이라고 한다.[4] 하지만 그 분량이 적지 않다는 이유로 다윈은 이 내용을 『인간의 유래와 성 선택』에서 다루는 것을 포기하고 별개의 책으로 출간했던 것이다. 이후 다윈은 1882년 켄트 다운에서 사망할 때까지 1876년 『식물계의 이종 교배와 자가 수정의 효과(The Effects of Cross and Self Fertilisation in the Vegetable Kingdom)』, 1881년 『지렁이의 활동과 분변토의 형성(The Formation of Vegetable Mould through the Action of Worms)』 등을 발표했다. 하지만 진화론을 옹호하기 위한 커다란 작업은 사실상 『인간과 동물의 감정 표현』에서 마무리되었다고 보아야 할 것이다.

『인간과 동물의 감정 표현』의 형식

가설 연역적 방법

하나의 긴 논증으로 이루어졌다는 『종의 기원』의 서술 방식은 크게 보았을 때에는 『비글 호 여행기』에서 『인간과 동물의 감정 표현』에 이르는 과정에, 작게는 『종의 기원』을 포함한 개별 저서들의 서술 방식에 적용할 수 있다. 『인간과 동물의 감정 표현』의 서술 방식도 마찬가지다.[5] 다윈이 이처럼 진화론을 입증하고자 하면서 활용하고 있는 논증 방식은 일종의 가설 연역적인 방법이다. 이는 직관이나 관찰 등을 통해 가설을 내세우고, 일련의 실험을 통해 진위를 따져 이를 채택하거나 폐기하는 방법이다.

다윈을 비판하는 사람들에 따르면 이러한 방법은 과학이 갖추어야 할 객관성을 확보하지 못하는 문제가 있다. 다시 말해 가설이 옳다고 미리 전제함으로써 편향된 시각을 가지고 관찰을 하거나 자료를 수집하게 되는 문제가 있다는 것이다. 이러한 지적을 하는 사람들은 주로 귀납적인 방법을 옹호하는 과학자들인데, 그들에 따르면 연구자들은 아무런 이론적인 전제 없이 편견을 최대한 배제하고서 자료를 수집해야 한다. 그리고 그처럼 수집된 자료를 정리해서 일반화하는 것이야말로 객관성을 확보할 수 있는 과학적인 태도다.

귀납주의자들의 이러한 생각에 대해 두 가지 측면에서 반론을 제기할 수 있다. 먼저 칼 레이먼드 포퍼(Karl Raimund Popper)에 따르면 과학 이론은 귀납 추리의 과정이 아니라 과학자가 자신의 상상력과 창조력을 이용해 과감한 가설을 제안함으로써 만들어지게 된다.[6] 이 것이 과학 이론의 정당성을 확보하는 방법인 것이다. 둘째, 노우드 러셀 핸슨(Norwood Russell Hanson)에 따르면 관찰은 이론 의존적(theory-laden)이기 때문에 항상 해석될 수밖에 없으며, 이러한 해석은 항상 이론에 의해 수행되어야 한다. "관찰은 항상 선택적이고 이론 의존적이다. X에 대한 관찰은 X에 대한 선행 지식에 의해 이루어진다."[7] 만약 이와 같은 지적들이 적절하다면 색안경을 끼지 않은 관찰을 통해 이론을 탄생시켜야 한다는 귀납주의자들의 입장은 재고의 여지가 있으며, 다윈이 사용하고 있는 가설 연역적인 방법은 특별히 문제가 된다고 말할 수 없을 것이다.

사진의 사용

다윈이 쓴 책들의 또 다른 특징은 전문가들만 해독이 가능한 전문서가 아닌 일반 대중도 읽을 수 있도록 씌어졌다는 것이다. 이와 같은 서술 방식은 진화론이 널리, 그리고 신속하게 확산되는 데 기여한 바가 적지 않으며, 『인간과 동물의 감정 표현』 또한 예외가 아니었다. 『종의 기원』과 『인간의 유래와 성 선택』이 엄청난 성공을 거두었고, 다윈의 명성이 미친 영향도 적지 않았는지 『인간과 동물의 감정 표현』은 출간된 지 4개월 만에 9,000권 이상 팔렸다고 한다.[8]

이러한 성공과 관련된 『인간과 동물의 감정 표현』만의 특징 한 가지는 책에 사진이 포함되어 있었다는 점이다. 다루고 있는 내용으로 미루어 보았을 때, 사진을 이용하는 것은 적절한 방법이었다. 아무래도 직접 사진으로 보여 주는 것이 말로 서술하는 것보다 훨씬 생생하게 표정이나 표현의 특징을 보여 줄 수 있기 때문이다. 이처럼 사진을 책에 포함하는 방법은 오늘날에는 새로울 것이 없고, 심지어 보편화되어 있지만 당시에는 그 누구도 시도해 본 적이 없는 획기적인 시도였다.

이에 따른 문제도 없지 않았는데, 무엇보다도 책에 사진을 포함할 경우, 비용도 덩달아 늘어날 수밖에 없었다. 이 책의 출간을 맡은 존 머리(John Murray)는 이를 염려해 사진을 포함할 경우, 책의 모든 사본에 일일이 사진을 붙여 넣어야 할 것이며, 이에 따른 노동력과 비용이 감당할 수 없을 지경에 이를 것이라고 말했다.[9] 하지만 이러한 문제는 헬리오타입(heliotype)이라는 새로운 사진 복제 기술로 해결되었다. 헬리오타입은 젤라틴을 판면으로 하는 사진 인쇄법으로, 사진 또는 원화를 정밀하게 복제하는 데 사용된다. 이는 인쇄용 판을 이용함으로써 대량 제작을 가능하게 하는 기술이었는데, 이 책에 이러한 기술을 사용함으로써 노동력과 비용 문제를 해결할 수 있었다.

그럼에도 문제는 여전히 남아 있었다. 당시의 사진기는 오늘날의 것과 상당한 차이가 있었는데, 즉 당시의 사진기는 사진을 찍기까

인간과 동물의 감정 표현

지 시간이 걸렸기에 표정이나 인상처럼 순간적으로 나타났다가 사라지는 특징을 담기가 몹시 어려웠던 것이다.[10] 이러한 문제로 다윈이 수집한 사진에는 얼굴 근육에 전기 충격을 가해 나타나는 표정, 연기를 통한 표정 등이 포함될 수밖에 없었는데, 때문에 다윈이 책에 포함한 사진은 객관적인 증거 자료로서의 가치를 인정받을 수 없다는 평가를 받기도 한다. 그럼에도 사진을 통해 표정의 신뢰성이나 객관성을 확보하려는 다윈의 노력은 긍정적으로 평가받아 마땅하다. 실제로 오늘날의 표정 연구가들은 사진 기술을 이용한 표정 연구를 상당히 중요한 방법으로 간주하고 있다.

증거 확보의 방법

그런데 인간의 기본 감정과 관련한 특징들이 보편적으로 나타남을 보이고자 할 경우, 무엇을 혹은 누구를 관찰의 대상으로 삼아야 할까? 다윈이 인간에게서 나타나는 공통적인 표정과 표현을 보이기 위해 주목하고 있는 대상은 유아와 아동, 정신병자, 선천적인 맹인, 다른 인종들, 얼굴 근육에 전기 자극을 주었을 때 나타나는 표정, 예술 작품, 그리고 동물 등이다. 그가 이와 같은 대상을 선택한 이유는 먼저 유아나 아동의 경우, 상대적으로 경험의 영향을 받지 않으면서 자신들의 감정을 유달리 강렬하게 드러낸다고 생각했기 때문이었고, 정신병자들 또한 매우 강한 격정을 통제하지 않은 채 분출하는 경향이 있다고 생각했기 때문이다.

다음으로 다윈이 선천적인 맹인들에게 관심을 가졌던 이유는 그가 이들이 시각을 통한 경험을 얻을 수 없으며, 이에 따라 특정한 표정이나 표현을 후천적으로 습득할 수가 없다고 생각했기 때문이었다. 그는 선천적인 맹인들이 일반인들과 다를 바 없는 일정한 표정이나 표현을 나타낸다면 이를 생래적으로 주어진 것으로 해석할 수 있을 것이라고 생각했다.

유럽 인들과 별다른 교류가 없던 다른 인종의 사람들 또한 다윈이 유달리 관심을 가졌던 대상이었는데, 그것은 "만약 동일한 표정이나 몸동작이 서로 다른 다양한 인종들에서 동일한 정서를 표현한다면 우리는 그러한 표현이 진정한 것, 즉 생래적이거나 본능적인 것이라고 더욱 확실하게 추정할 수 있을 것"(58쪽)이기 때문이었다. 이러한 생각으로 그는 세계의 도처에 퍼져 있는 선교사 등 지인들에게 편지를 보내 이에 대한 답변을 확보하고자 했는데, 그 결과는 긍정적이었다. 그가 획득한 정보들은 전 세계를 통틀어 동일한 마음 상태가 대동소이한 방식으로 표현되고 있음을 보여 주는 듯했다.

한편 다윈은 노인의 특정 안면 근육에 전기 자극을 줘서 다양한 표정들을 만들어 내고, 이를 커다란 크기로 촬영한 것을 다양한 연령의 교육받은 사람들에게 보여 주었는데, 이는 사람들이 희로애락 등의 감정을 제대로 파악해 낼 수 있는지를 확인해 보고자 함이었다. 다윈은 만약 이것이 가능하다면 우리가 표정과 마음의 상관 관계를 파악할 수 있는 능력을 갖췄다고 판단할 수 있다고 생각했다.

다윈이 표정의 특징을 확인할 수 있으리라 생각했던 조각이나 회화 등의 미술 작품과 문학 작품은 기대와는 달리 충분한 증거 자료로서의 역할을 하지 못했다. 그 이유는 이러한 작품들이 있는 그대로의 모습보다는 아름다움에 초점을 맞춤으로써 표정을 적절히 나타

인간과 동물의 감정 표현

내고 있지 못했기 때문이었다. 그럼에도 다윈은 책에서 간혹 미술 작품을 언급하고 있으며, 특정 감정 상태에서의 얼굴 표정이나 표현을 묘사하고 있는 문학 작품 속의 장면을 소개하고 있기도 하다.

마지막으로 인간의 표정과는 별개로 다윈은 동물들의 표현이나 표정들도 연구했다. 하지만 책에서 그가 제시한 동물들에 관한 관찰은 비교적 제한적이었는데, 여기에는 동물원의 동물들, 가축과 고양이와 개와 같은 반려 동물, 그리고 간접적인 것들이 다수다. 이는 다윈이 살아 있는 당시 야생 동물, 그것도 그들의 공통적인 표정이나 표현에 대한 증거 자료를 확보하기가 극히 어려웠기 때문일 것이다.

그가 제시하고 있는 동물들의 사례는 인간의 경우에서 보여 주고자 하는 바와 다소 다르다. 이와 같이 다를 수밖에 없는 이유는 동물들과 인간의 기본 감정이 유사하면서도 다른 측면이 적지 않으며, 그들이 나타내는 표정이나 행동 또한 인간과는 사뭇 다르기 때문이다. 이와 같은 이유로 다윈이 『인간과 동물의 감정 표현』에서 제시하고 있는 동물들의 사례는 동물들의 감정이 인간과 다를 바 없이 표정이나 행동을 표현하며, 이것이 인간에서와 동일한 원리를 통해 표현된다는 것을 보이는 정도에 머물고 있다.

『인간과 동물의 감정 표현』의 목적과 내용

책의 목적

다윈이 『인간과 동물의 감정 표현』을 쓰고자 했을 때 찰스 벨

(Charles Bell)은 자신의 저서에서 신이 일정한 역할을 함으로써 인간이 어떤 심리 상태에서 공통적인 표정이나 표현을 나타내게 되었다는 입장을 표명했다. 훌륭한 생리학자였던 그는 표정이나 표정의 기작이 되는 안면 근육의 움직임 또는 이것의 목적이 신이 인간을 창조했음을 보이는 증거라고 생각했다. 그는 다음과 같이 말한다. 우리의 안면 근육 중 상당수는 "표정을 짓기 위한 도구로만 활용된다." 혹은 오직 이와 같은 목적을 위해 "특별히 마련되었다."(52쪽)라고.

진화론자인 다윈은 이러한 입장에 동의할 수 없었고, 만약 인간에게서 공통적인 표정이나 표현이 나타난다면 이는 신의 개입 때문이 아니라 동일한 진화 과정을 거침으로써 나타난 결과라고 생각했다.[11] 이에 따라 그는 동일한 현상을 진화적 관점에서 설명해야 할 필요성을 느끼게 되는데, 그 방법으로 그는 인간에게서 살펴볼 수 있는 표정이나 표현의 공통성을, 그리고 동물과 인간의 표정이나 표현에서 동일한 기제가 작동하고 있음을 보여야겠다는 생각을 하게 된다. 이를 통해 그는 감정 표현이 진화의 산물이며, 적어도 과거의 어느 시점에서는 적응에 도움이 되었음을, 그리고 이러한 감정 표현이 중요한 의사 소통의 기능을 갖기도 함을 보이고자 했다.

언뜻 보았을 때 『인간과 동물의 감정 표현』은 그저 인간 일반의 표정이나 표현에서 확인되는 공통성을 드러내고, 이러한 공통성의 기작을 밝히는 데 초점이 맞추어져 있는 책으로 보인다. 실제로 그가 책에서 진화에 대해 직접적으로 언급하고 있는 부분은 그리 많은 편이 아니며, 그보다는 표정이나 표현의 기작, 그리고 모든 인류에게서 유사한 특징이 나타난다는 점을 보이는 데 훨씬 많은 지면을 할애하고 있다. 특히 책의 후반부인 인간의 표정이나 표현에 대해 쓴 장들만을 놓고 보면 그가 이 책을 쓴 사실상의 목적이 인간의 표정이나 표현을 세밀하게 분석하는 데 있는 것이 아닌가 하는 생각이 들기도 한다.

그런데 우리가 고려해야 하는 것은 그가 책에서 '진화'에 대해 얼마만큼 자주, 직접적으로 언급하는지가 아니다. 그보다는 다윈이 모든 인간 종의 표정이나 표현의 '공통성'을 구명하고자 하고 있고, 다른 동물 종과 인간의 표정상의 공통점을 찾기 위해 심혈을 기울이고 있다는 사실이다. 예를 들어 다윈은 동일한 얼굴 근육이 원숭이에게도 있음을 지적하고 있는데,[12] 이러한 지적은 사실상 다윈이 창조론의 입장을 부정하면서 인간이나 동물이 공통의 진화 과정을 거쳐 왔음을 은연중에 말하고 있는 것이다. 이는 그 자체로 동물과 인간이 진화의 산물임을 밝히려는 노력이다. 만약 인간, 나아가 동물에게서 공통적인 표정이나 표현과 관련된 기작과 특징 등이 발견되지 않았고, 그리하여 이들이 진화의 증거 자료로서 별다른 도움이 되지 않았다면 그는 책에서 다루고 있는 주제에 별다른 관심을 가지지 않았을 것이며, 해당 주제에 대한 저술을 남기지도 않았을 것이다.

기본 감정과 그 표현에 대한 탐구

앞에서 다윈이 벨의 입장에 반대하고 있음을 언급했지만, 설령 벨의 저서가 아니라고 해도 다윈은 진화에 대한 증거 확보를 위해 인간과 동물에게 공통되는 기본적인 감정을 연구했을 가능성이 크다. 그 이유는 어떤 연구자라도 만약 진화의 증거를 찾고자 한다면 그는 동일 종 간의, 그리고 다른 종 간의 차이점보다는 공통적인 면에 관심을 기울일 것이기 때문이다. 여기서 기본적인 감정이라 함은 일부 동물들에게서 나타나고 인간들에게서는 공통적으로 확인되는 것으로, 어떤 특정한 상황에서 전형적으로 나타나는 감정 반응을 말한다. 다윈에 따르면 우리는 어떤 상황 속에서 전형적인 감정 반응이 일어나도록 진화되어 온 존재다. 가령 우리는 목숨이 경각에 놓인 상황에서 긴장을 하거나 두려움에 떨지 않을 수 없도록 생물학적으로 조건화되어 있다. 이러한 조건화된 감정 반응은 이유 없이 나타나는 것이 아니라 진화상 이점이 있기 때문에 나타나는 것이다. 만약 목숨을 잃을 수 있는 상황에서 긴장하거나 두려워하지 않고 태연한 상태를 유지한다면 그는 별다른 대응을 하지 않음으로써 목숨을 잃을 가능성이 높아질 것이다. 이처럼 사람들은 "기본적인 감정을 표현함으로써 다른 사람들이 특정 방식으로 행동하기를 바란다는 의사를 전달한다, 여기서 특정 방식이란 감정을 표현하는 사람의 생존과 번식의 성공을 증진시키는 것을 말한다."[13] 이처럼 우리가 특정 상황에서 느끼게 되는 기본 감정은 아무런 이유 없이 느껴지는 것이 아니라 그 심층적인 의미를 파악해 보면 상당수가 우리의 생존에 도움이 되는 반응이라 할 수 있다. 적어도 다윈은 그렇게 생각한다.

다윈은 인간의 경우, 크게 공포, 놀람, 분노, 슬픔, 행복, 혐오라는 여섯 가지의 기본 감정이 있다고 생각했다. 이와 같은 기본적인 감정 외에도 다윈은 책에서 더 많은 감정을 분석하고 있는데, 이때 그가 관심을 갖는 현상은 크게 두 가지다. ① 표정이나 행동으로 표현될 때의 모습, ② 이러한 표정이나 행동이 나타날 때의 신경 생리

　　　　　　　　　　　　인간과 동물의 감정 표현

학적인 변화. 이에 대한 구체적인 예를 들어보자. 먼저 다윈은 놀람이라는 감정 상태에서 눈을 크게 뜬다, 눈썹이 올라간다, 이마에 수평으로 주름이 생긴다, 입이 벌어진다, 입술을 삐죽 내민다, 숨을 갑자기 들이마신다, 혀를 찬다, 손가락을 벌리고 손바닥을 밖으로 펴서 팔을 올린다, 손으로 입을 덮는다 등의 생리적 징후를 찾아낸다.[14] 이러한 징후는 크게 얼굴 표정과 몸짓으로 구분되어 서술이 이루어지고 있는데, 다윈은 다른 감정에서도 이러한 방식으로 표정이나 행동상의 변화를 찾아내고 있다.

다음으로 다윈은 어떤 감정이 느껴졌을 때의 신경 생리학적인 변화나 과정을 반복적으로 설명한다.

> 얼굴이 붉어지는 이유는 소동맥의 근육층이 이완되어 모세 혈관에 혈액이 차게 되기 때문이다. 이러한 근육층의 이완은 관련 혈관 운동 중추가 영향을 받는 데 좌우된다. 정신적인 동요를 동시에 많이 겪을 경우, 일반적인 혈액 순환이 영향을 받을 것은 의심할 것도 없다. (417쪽)

이와 유사한 방식으로 다윈은 책의 여러 곳에서 특정 감정 상태에서의 혈관, 심장, 근육 등의 변화에 집중한다.

기본적인 감정, 그리고 이에 수반되는 신경 생리, 표정의 변화에 대한 연구는 현재 활발하게 연구가 이루어지고 있다. 이에 대한 오늘날의 연구와 다윈과의 차이를 한 가지 지적한다면 오늘날에는 두뇌에 대한 연구가 추가되었다는 것이다. 오늘날의 연구자들에 따르면 감정에는 매우 복잡한 기제가 작용하고 있지만 그럼에도 기본적인 감정은 이성적 사고를 전담하는 전두엽(前頭葉)이나 뇌의 다른 고차적 중추들보다는 신체적 기능을 담당하는 중추 부근의 대뇌(大腦) 변연계로부터 많은 영향을 받는다.[15] 다윈은 책에서 뇌에 대해 별다른 언급을 하지 않고 있는데, 그렇다고 그가 뇌에 대한 연구가 불필요하다고 생각한 것은 아닐 것이다. 다만 당시에는 뇌 연구를 위한 과학적 기반이 조성되지 않았고, 다윈은 당시 어느 정도 연구가 이루어지고 있던 신경 생리학만을 참고할 수밖에 없었을 것이다.

책의 근간이 되는 세 가지 원리

다윈은 기본적인 감정이 신경 생리학적 변화를 일으켜 표정이나 행동으로 표현될 때 이를 관장하는 세 가지 원리가 있다고 생각했는데, 유용한 연계 습관의 원리(principle of serviceable associated habits), 반대의 원리(principle of antithesis), 흥분된 신경계가 육체에 직접 작용하는 원리 (principle of the direct action of the excited nervous system on the body)가 그것이다.

제1원리 유용한 연계 습관의 원리

아득히 먼 옛날 우리의 조상이 햇살에 눈이 부셔서 짜증이 몰려왔다고 가정해 보자. 이러한 상황에서 우연히 그가 눈살을 찌푸렸는데, 그 결과 눈으로 빛이 너무 많이 들어오지 않게 되었고, 이로 인해 눈이 더 이상 부시지 않게 되어 짜증이 해소되었다. 그런데 이와 같은 찌푸림이라는 동작을 취할 때 혈액이나 신경 등이 일정한 방향으로 흘렀고, 근육도 일정한 방식으로 사용되었다. 다시 말해 찡그림이라는 동작을 취하면서 우리의 신체 내에서 일정한 방식으로 신경 생리학적인 반응이 수반된 것이다. 이후 눈살을 찌푸리는 것이 눈부심을 방지한다는 사실을 부지불식간에 인지하게 된 우리의 먼 조상은 눈이 부실 때마다 눈살을 찌푸렸고, 그에 따라 이와 같은 동작과 그 상황에서의 신경 생리학적인 반응이 습관으로 자리 잡게 된다. 그 결과 특정한 상황에서 동일한 반응이 거의 자동적으로 일어난다.

이러한 습관은 후대로 유전되어 모든 인류에게 공통적인 반응으로 장착된다. 이러한 반응의 힘은 매우 강력한데, 이에 따라 "그 상황에 전혀 도움이 되지 않는 경우에도 나타나는 경향"(78쪽)이 있으며, 이를 의도적으로 억압하려 할 경우에는 개별적으로 통제하기 어려운 근육이 여전히 움직이려는 경향이 발생하거나 다른 부차적인 동작들이 나타나게 된다.

습관의 원리가 작동되고 있음을 보이기 위해 다윈이 제시한 예를 한 가지 들어보자. (94~96쪽) 개들은 배변을 한 뒤 자신의 뒤쪽에 긁은 자국을 만들어 놓는데, 이는 갯과의 먼 선조가 배설물을 흙으로 덮어 버리기 위해 취했던 행동이다. 개의 먼 조상이 이와 같은 행동을 한 데는 나름의 이점이 있었을 것이다. 이 때문에 이러한 행동과 이 상황에서 나타난 신경 생리학적 반응이 반복되었고, 이는 결국 습관으로 장착되어 후대로 유전되었다. 그 결과 오늘날에도 특정 상황에서 동일한 반응이 나타나게 되었는데, 이와 같은 동작의 힘은 매우 강력해 오늘날의 개들은 심지어 배설물을 덮어 버릴 수단이 없는 경우에도 이와 같은 행동을 한다.

제2원리 반대의 원리

이 원리는 언뜻 이해가 되지 않는데, 이에 대한 다윈의 설명을 직접 들어보자.

어떤 마음 상태는 도움이 되는 어떤 습관적인 행동으로 이어진다. 그런데 정반대의 마음 상태에 놓이게 될 경우, 별다른 도움이 되지 않아도 정반대의 특징을 가지는 동작이 강력하고도 무의식적으로 수행되려는 경향이 나타난다. 그리고 일부 경우, 이러한 동작들은 마음 상태를 매우 잘 표현한다. (78쪽)

다윈에 따르면 어떤 마음 상태에서 제1원리에 따라 이루어지는 어떤 행동은 우리에게 도움이 된다. 그런데 이와 정반대의 마음 상태에서 이와 같은 행동과 정반대의 성격을 갖는 행동을 하게 되는 경우가 있다. 제1원리에 따라 이루어지는 행동과는 달리 이러한 행동은 직접적으로 도움이 되는 행동이 아닐 수 있다. 그럼에도 이러한 행동은 그 동물이나 인간의 마음 상태를 적절히 나타낸다. 예를 들어 어깨를 으쓱하는 행동은 자신감을 드러내거나 공격성을 나타내는 표현과 정반대에 있는 수동적인 표현이다. 이와 같은 행동은 별다른 도움이 되지 않음에도 반대의 원리에 따라 자연스레 나타나며, 이러한 행동은 그 사람의 마음 상태를 적절히 보여 준다.

다윈이 제시하는 반대의 원리가 작동하고 있는 사례는 개가 적을 대할 때의 태도와 주인을 대할 때의 태도 변화다. 개가 상대에게 적의를 가질 때는 "사납게 으르렁거리며 달려들 태세를 갖출 경우,

송곳니를 드러내며, 귀를 뒤쪽으로 향하게 하고 머리에 바짝 붙인다."(106쪽) 그런데 이처럼 적의를 가지고 공격을 하려는 대상이 주인임을 갑자기 알아차렸을 경우, 개의 태도는 완전히 상반된 방향으로 전환된다. 개는 입술을 축 늘어뜨리면서 몸을 굽이치며 꼬리를 살랑살랑 흔들어 대는데, 이러한 표현이나 행동은 직접적으로 개에게 도움이 되지 않아도 나타나는 행동이다.

제3원리 흥분된 신경계가 육체에 직접 작용하는 원리

다윈에 따르면 일부 행동은 어떤 정서 상태에서 우리의 의지나 습관과 무관하게 순전히 신경계에서 "신경력(nerve-force)"이라는 것이 방출됨으로써 나타나게 된다. "감각 기관이 강하게 흥분하게 될 경우, 신경력이 과도하게 생성된다. 그리고 이는 신경 세포의 연결 방식에 따라, 그리고 부분적으로 습관에 따라 어떤 일정한 방향으로 전달된다. 우리가 마음 상태의 표현으로 인식하는 결과는 이와 같은 방식으로 만들어지게 된다."(79쪽) 우리가 고함을 지르는 것은 이러한 행동의 한 예인데, 이러한 행동은 자신도 모르게, 감각 기관이 크게 흥분되어 신경력이 특정한 경로를 따라 일정한 방향으로 방출됨으로써 나타나는 결과다.

다윈은 신경계 구성에 기인한 행동의 바탕을 이루는 원리가 작동하고 있는 사례로 두려움을 느낄 때의 동물들의 반응을 들고 있다. 이러한 상황에서 동물들은 거의 예외 없이 몸을 떨게 되고, "피부는 창백해지고, 땀이 나며, 털이 곤두선다. 또한 소화관과 신장의 분비가 늘어나는데, 이러한 분비는 괄약근이 이완되면서 비자발적으로 이루어진다."(133쪽) 이 밖에 "심장 박동이 거칠고 격렬해지며, 빨라진다."(133쪽) 다윈에 따르면 이러한 반응은 신경계의 구성 방식에 따른 고정화된 반응이다.

다윈은 책의 전반부에서 자신이 제시하고 있는 이상의 세 가지 원리가 인간과 동물에게 공통으로 작동하고 있음을 보여 주고자 하며, 뒤에서는 인간의 감정과 그 표현에 지면을 할애하고 있는데, 그 서술 방식은 거의 공통적이다. 그는 기본 감정의 단위로 장들을 구분하고, 그 감정이 표현되는 여러 방식을 이야기하면서 이것이 공통적임을 보이려 한다. 그러면서 그는 이러한 감정이 느껴질 때의 표정, 행동, 신경 생리학적인 변화, 그리고 자신이 제시한 세 가지 원리가 이에 관여하고 있음을 보이고자 한다. 다윈은 이와 같은 기본적인 형식을 이용해 감정을 둘러싼 현상들을 종합적으로 검토해 보며, 그 결과 자신의 생각이 인간과 동물의 감정 표현에서도 입증이 되었음을 확신하기에 이른다. 이로써 1839년『비글 호 항해기』를 집필하면서 시작된 자신의 진화론을 입증하기 위한 여정은 30여 년 동안의 기나긴 논증의 과정을 거쳐 마침내 1872년 대단원의 막을 내린다.

『인간과 동물의 감정 표현』에 대한 비판과 대응

『인간과 동물의 감정 표현』은 출간 당시에 얻었던 엄청난 인기에 부합하지 못하고 그 후 한동안 과학자들의 별다른 관심을 끌지 못했다.[16] 『종의 기원』과『인간의 유래와 성 선택』이 미친 커다란 영향을 고려한다면 이는 뜻밖의 결과였다. 이런 결과가 나타난 데는 여러 가지 이유가 복합적으로 작용했다. 여기에서는 폴 에크먼(Paul Ekman)이 지적하고 있는 바에 따라 책의 문제점을 검토해 보도록 하자.[17] 이는 크게 의인화의 문제, 자료 수집과 처리 방식의 문제, 지나칠 정도로 본성에 초점을 맞추고 있는 문제, 그리고 라마르크주의적 설명의 문제로 나누어 볼 수 있을 것이다.

먼저 다윈이 감정을 이야기할 때 제기되는 문제점은 그가 인간이 가진 감정을 동물도 가진다고 전제한 채 논의를 전개하고 있다는 것이다. 동물의 행동을 연구하는 동물 행동학자들은 이른바 의인화(anthropomorphism)를 유달리 경계하는데, 그들의 생각에 인간이 가지고 있는 특징을 동물 또한 갖추고 있다고 생각하는 것은 과학적 태도를 망각한 신중하지 못한 태도이다. 그런데 이러한 지적을 하는 사람들에 따르면 다윈은 『인간과 동물의 감정 표현』에서 바로 이와 같은 문제점을 드러내고 있다. 다시 말해 다윈이 인간에게 사용하는 감정과 관련한 용어를 동물에게도 여과 없이 사용하고 있다는 것이다.

다음으로 지적되는 문제는 다윈이 책에서 활용하는 자료가 제대로 된 자료로서의 자격을 갖추지 못했다는 것이다. 다윈이 수집한 자료와 이로부터 내리는 결론은 오늘날의 기준으로 보면 허술하다고 말할 수 있다. 실제로 그가 언급하고 있는 증거 자료는 적절한 자료로 받아들이기에는 그 양이 부족하고, 그 처리 방식 또한 엄밀한 통계학적 기준으로 보았을 때 미흡하다. 에크먼이 지적하는 바와 같이 그의 증거 자료는 "행위에 대한 관찰 빈도가 너무 낮고, 맥락에 대한 설명 없이 정보가 제공되며, 자신이 이에 대한 편견을 가질 수 있음을 의식하지 않고, 설명과 해석이 구분되지 않고 뒤섞여 있기 일쑤다."[18]

　세 번째로 책에서 다윈은 자연 선택을 통한 진화보다는 획득 형질의 유전, 다시 말해 어떤 환경 속에서 부모에게 후천적으로 나타난 형질이 자손에게 유전된다는 입장을 취하는 라마르크주의를 받아들이고 있다는 느낌을 준다. 라마르크주의는 오늘날 진화의 기작에 대한 설명으로 받아들여지지 않고 있는 입장으로, 다윈 또한 이와 같은 입장을 거부하고 그 대안으로 자연 선택을 통한 진화를 제안한 것으로 알려져 있다. 그런데 『인간과 동물의 감정 표현』에 와서 그는 새삼 라마르크주의를 수용하고 있는데, 한 예로 그는 유용한 연계 습관의 원리가 오늘날까지 이어지게 된 설명으로 라마르크주의를 활용한다.

　마지막으로 그가 본성과 양육 중에서 본성 쪽에 너무 치우쳐 있다는 지적이 제기된다. 20세기 들어 양육 쪽에 초점을 맞추고 있는 존 왓슨(John B. Watson)의 행동주의(behaviorism)가 서구를 지배하는 심리학 사조가 되면서 본성을 강조하는 다윈의 입장은 설 자리를 잃게 된다. 행동주의의 근본 입장은 첫째, 인간의 의식이나 느낌처럼 눈에 보이지 않는 내성적 용어들을 사용해서 심리학 연구가 이루어져서는 안 되며, 오직 눈에 보이는 것들만을 이용해서 연구가 이루어져야 한다는 것이었고, 둘째, 인간의 행동이 생래적인 요소나 보이지 않는 정신적인 요소가 아니라 환경에 따라 결정된다는 것이었다. 이는 다윈과는 상반되는 입장이었다.

　행동주의의 입장은 환경이 우호적일 경우, 모든 사람이 평등해질 수 있다는 이념적 함의를 가짐으로써 각광을 받았다. 반면 생래성을 강조하는 진화론은 자칫 차별을 정당화하는 이데올로기로 활용될 우려가 있었고, 실제로 어떤 경우에는 이와 같이 이용되기도 함으로써 20세기 중후반에 이르기까지 거의 영향력을 발휘하지 못하고 사장되는 지경에 이른다.

앞서 언급한 것 같은 비판에 대해서는 다음과 같은 대응이 이루어질 수 있을 것이다. 먼저 의인화와 관련한 비판은 동물과 인간의 차이가 질적인 차이가 아닌 양적인 차이라고 생각할 경우에는 재고의 여지가 있다고 대응할 수 있다. 진화론자들이 생각하기에 동물과 인간은 공통의 조상에서 유래되었으며, 이에 따라 양자 간에는 뚜렷한 간극이 없다. 물론 이처럼 양자의 차이가 정도의 문제라고 하더라도 감정과 관련한 단어들을 사용할 때에는 신중함이 요구될 것이다. 그럼에도 만약 진화론을 받아들인다면 "인간에게서 우리는 진화적 과거의 흔적을 발견할 것이며, 다른 종 — 특히 진화 계통상으로 우리와 더욱 밀접하게 관련된 종들 — 에게서도 우리에게서 어느 정도 잘 발달한 특징의 흔적을 발견할 것이다."[19] 이와 같은 입장에서 본다면 인간의 감정에 관한 용어들을 동물에게 사용한다고 해서 그것이 길을 크게 잘못 든 것은 아닐 것이다. 실제로 동물들의 감정을 다룬 저술들이 적지 않으며, 생명체들의 생존을 위한 수단이라는 차원에서 감정을 파악하는 감정 신경 과학(affective neuroscience)의 입장에서 보자면 동물과 인간의 감정을 함께 연구하는 것은 충분히 의의가 있다.[20]

자료와 관련한 비판에 대해서는 오늘날의 관점에서 보았을 때 어느 정도 수긍을 하지 않을 수 없다. 다만 자료에 대한 제약과 이를 정리하는 방법의 문제는 당시의 상황을 감안하자면 어느 정도 불가피했다고 볼 수 있다. 이러한 지적은 컴퓨터가 미처 탄생하지도 않은 시대에 살고 있는 사람에게 왜 컴퓨터를 사용하지 않았느냐는 지적을 하는 것과 별다른 차이가 없다. 그리고 엄밀성이 다소 결여되었음을 어느 정도 인정한다 하더라도 적어도 그가 진화론의 타당성을 보이기 위해 관찰의 대상으로 삼았던 대상의 선정은 적절했다고 말할 수 있을 것이다. 연구 방법론의 틀이 제대로 잡히지 않았던 당시의 상황에서 다윈의 연구 대상 선택은 옳고 그름의 차원에서보다는 그것이 관련 연구 방법의 선구로서의 역할을 했다는 차원에서 그 의의를 평가해야 할 것이다.

획득 형질의 유전과 관련한 비판에 대해서는 생각해 볼 여지가 많다. 책에서 다윈은 다음과 같이 말한다. "우리가 간과해서는 안 될 또 다른 문제는 변이와 자연 선택의 역할이다. 압도적인 힘에 의한 것은 아닐지라도 경쟁자에게, 혹은 다른 적들에게 아주 무섭게 자신을 보이는 데 성공한 수컷들은 다른 수컷들에 비해 평균적으로 더 많은 자손을 남겨서 자신들의 특징적인 자질을 후대에 물려주었을 것이다."(167쪽) 그런데 이처럼 그가 자연 선택을 통한 진화를 말하고 있는 경우가 있음에도 책은 전반적으로 라마르크주의를 받아들이고 있는 분위기다. 이는 그의 유용한 연계 습관의 원리에 대한 설명에서 주로 확인된다. "이러한 원리는 사유 행위와 연결된 신경뿐만 아니라 동작과 감각 신경에도 적용된다. 습관적으로 사용되는 신경 세포 혹은 신경에서 어떤 물리적 변화가 일어난다는 사실은 거의 의심의

　　　　　　　　　　　　　인간과 동물의 감정 표현

여지가 없는데, 이렇게 말하는 이유는 만약 그렇지 않다면 어떻게 어떤 '습득된(acquired) 동작들이 나타나는 경향'이 유전되는지를 이해하기 어렵기 때문이다."(80쪽)

다윈이 자신의 저서들을 통틀어 진화의 주요 기작을 자연 선택으로 생각했는지, 아니면 획득 형질의 유전이라고 생각했는지를 따져 보면 그가 자연 선택을 더욱 중요하게 생각했다고 판단할 여지가 많다. 하지만 『인간과 동물의 감정 표현』에 국한해 보면 그가 라마르크주의를 상당 부분에서 이용하고 있다는 인상을 지울 수 없다. 그가 이러한 문제에 대해 책에서 별도의 해명을 했으면 오해(만약 오해라면)가 불식될 수 있었을 텐데, 아쉽게도 다윈은 이에 대한 별도의 설명을 하고 있지 않다.

생래성 내지 본성에만 초점을 맞추고 있다는 지적에 대해서는 다음과 같은 반론을 제기할 수 있을 것이다. 설령 생물학적으로만 결정된다는 입장이 잘못되었다고 해도, 거꾸로 양육을 통해서만 결정된다는 입장 또한 잘못되었다고 말할 수 있다. 이레내이스 아이블아이베스펠트(Irenäus Eibl-Eibesfeldt)가 말하고 있듯이 "인간이 전적으로 환경에 의해서만 형성된다는 환경론적 주장이 부당하다는 것은 우리 지식의 불완전성에도 불구하고 이미 입증된 상태이다."[21] 오늘날의 관련 학자들의 입장을 살펴보면 본성이나 양육 중 어느 한쪽만이 우리의 감정과 이의 표현 방식에 영향을 준다고 주장하는 경우는 사실상 없다고 해도 과언이 아니다. 물론 어느 쪽이 더욱 영향력을 발휘하고 있는지에 대해서는 의견이 갈리지만, 그럼에도 본성이 전혀 영향을 미치지 않는다고 주장하는 경우는 찾아보기 힘들며, 거꾸로 본성을 더욱 중요하게 여기는 입장도 환경의 영향과 가소성 등을 인정하고 있다. 이를 오늘날의 사회 생물학자 에드워드 윌슨의 언어 능력에 대한 설명을 통해 확인해 보도록 하자.

윌슨에 따르면 인간은 본성과 양육이라는 요소의 상호 작용을 통해 행동하게 된다. 그가 이의 사례로 들고 있는 것 중의 하나는 언어 습득 과정이다.[22] 에이브럼 놈 촘스키(Avram Noam Chomsky)와 같이 '심층 문법'이 있다고 생각하는 학자들에 따르면 인간은 생래적인 언어 능력을 가지고 태어나며, 이와 같은 능력이 없다면 지금처럼 빠르게 언어를 습득할 수 없을 것이다. 그럼에도 인간은 어떤 문화 속에서 어떤 언어를 접하느냐에 따라 다른 언어를 습득해 사용한다. 예컨대 과거에 우리 조상들이 구사하던 언어와 우리의 언어는 상당히 다르다. 이는 과거의 문화가 오늘날의 문화와 다르기 때문에 나타나는 현상이다. 또한 개인이 사용하는 어휘와 강세, 언어 구사 속도 등은 각종 사회적 압력을 받아 변한다. 개인들은 어느 나라에서 태어났느냐에 따라 한국어가 아니라 영어를 사용할 수 있고, 어느 지방에서 자랐느냐에 따라 전라도 말이 아니라 경상도 말을 쓸 수도 있다. 이처럼 한 사회가 채택하는 언어뿐만 아니라 한 개인의 언어 구사 방법도 문화의 영향을 강하게 받는다. 만약 문화의 세례를 받지 못한다면 그와 같은 개인은 설령 언어 발달 능력을 갖추고 태어났다고 하더라도 언어를 적절하게 구사하지 못할 것이다.

마지막으로 이데올로기와 관련한 비판에 대해서는 과학적 사실과 이의 이용은 별개라는 점을 지적할 수 있을 것이다. 역사적으로 다윈 이후 일부 사람들이 진화론을 왜곡해 특정 이데올로기에 이용

인간과 동물의 감정 표현

했던 것은 어느 정도 사실이다.[23] 하지만 설령 어떤 이론이 이데올로기에 악용될 수 있다고 하더라도 의도적으로 이러한 이론을 외면해 버리는 태도는 부당하다. 우리의 과제는 과학적 사실이 잘못된 이데올로기를 뒷받침하는 데 이용되지 않도록 막는 것이지, 사실 자체를 거부하는 것이 아니다. 그리고 백 번 양보해 과학적 사실을 특정 이념을 뒷받침하는 데 이용하는 것을 허용한다고 해도 진화론은 인류애를 뒷받침하는 과학적 사실로 쓰일 수 있다. 예컨대 다윈이 인간의 본성을 논하면서 강조하고자 하는 것은 자연 선택을 통해 획득한 공통적인 본성으로 인해 인간이 보편적인 특성을 갖게 되었다는 것이다. 이 경우 진화론은 인류의 보편성을 부각시키면서 차별이 아닌 평등을 강조하는 데 활용될 수 있을 것이다.[24]

지금까지 옮긴이는 다윈의 저서인 『인간과 동물의 감정 표현』의 형식과 내용을 정리하면서 이를 비판적으로 검토해 보았다. 오늘날의 과학의 기준으로 보았을 때 『인간과 동물의 감정 표현』은 재고해 봐야 할 부분들이 없지 않다. 가령 『인간과 동물의 감정 표현』에서의 원리가 얼마만큼 다윈이 생각했던 것만큼 설명력이 있는지에 대해 의문이 제기될 수 있으며, 그가 당초 선을 긋고자 했던 라마르크주의를 받아들이고 있지 않은가 하는 의혹도 제기된다. 이밖에 그의 설명이 시대적 한계를 보이고 있는 부분도 있다. 앞에서 언급하지 않은 한 예를 들자면 다윈이 책에서 언급하는 '신경력'은 오늘날 더 이상 활용하지 않는 단어다.

하지만 이처럼 다소 불가피한 측면이 아니라 이 책의 핵심이라 할 수 있는 표정과 표현이라는 주제에 대한 천착, 이의 분석을 위한 방법론인 동물과 인간의 공통적인 특징에 대한 관심, 그리고 인간들만의 공통성을 확보하기 위해 채택했던 방법에서부터, 책에 삽화를 넣고 대중이 읽을 수 있는 방식으로 글을 쓰면서 하나의 긴 논증을 해 나간 데 이르기까지 그 파급력은 나날이 커져 가고 있다. 한 예로 이 책에서 다룬 내용들은 에크먼으로 대표되는 미세 표정학을 포함해 감정과 표정 연구를 하는 다양한 분야의 다양한 사람들에게 널리 영향을 미치는 중이다. 이런 사실만으로도 『인간과 동물의 감정 표현』은 관련 분야의 고전으로 간주되기에 전혀 손색이 없다고 말할 수 있을 것이다.

이 책이 출간되기까지 우여곡절이 많았다. 무엇보다도 19세기 영어 특유의 장황함과 난해함이 여러 번 번역을 포기하고 싶다는 생각을 들게 했고, 설상가상으로 당대의 해부학과 생리학적 내용, 그리고 우리말로는 동일한 단어로 번역되지만, 막상 다윈은 구분해서 사용하는 감정에 관한 단어들이 번역을 하는 내내 나를 괴롭혔다. 또한 생물 종의 학명을 검토하는 과정에서 다윈 이후 200년 가까운 시간이 흐르면서 계통 분류학적으로 소속이 바뀐 것들이 많아 이를 추적하는 일도 결코 만만치 않았다.

이를 모두 떨쳐 버리고 결국 출간이라는 종착점에 도달할 수 있게 된 데는 최재천 선생님을 비롯한 '다윈 포럼'의 여러 선생님들, 그리고 ㈜사이언스북스 관계자 분들의 견인력이 적지 않은 도움이 되었다. 진심으로 감사드린다. 부모님은 이 책 출간을 떠나 항상 머리 숙여 감사를 드려야 할 분들이다. 90에 가까운 연세에 마음이 놓이지 않는, 어설픈 자식 터미널까지 바래다 준다고 꼭두새벽에 일어나시는 아버지. 전주 내려가다가 먹으라고 온갖 과일을 정성스레 싸 놓으시고 마음이 놓이지 않아 아버지와 함께 집을 나서는 어머니. 상징적인 이 두 모습만으로도 내가 얼마나 든든한 지원군에게 배려와 사랑을 듬뿍 받고 살아가고 있는지 알 수 있을 것이다. 평소에 제대로 표현하지 못했던 자식의 속내를 이 자리를 빌려 털어놓아 본다. 이 밖에 해외의 친구에게까지 연락을 취해 번역을 도와주신 박현주 선생님과 여승주 선생님, 그리고 주영이, 텅 빈 학교의 밤을 늦게까지 밝히며 물심양면으로 힘이 되어 주셨던 이창근, 홍기천 선생님, 영원한 도반이자 내가 추종할 수밖에 없는 모습으로 학문에 전념하시는 황설중 선생님, 그리고 수십 년 동안 변치 않고 1년에 반드시 두 번씩 모임을 갖는 스승 김영철 선생님과 그 제자인 선배 선생님들께 진심을 담은 감사의 마음을 전한다.[25]

2020년 여름에
김성한

서론

지금까지 表現(expression, '표정' 혹은 '표현'을 뜻한다. 이중에서 표정은 마음속에 품은 감정이나 정서 등의 심리 상태가 주로 얼굴에 드러나는 것을 말함에 반해, 표현은 이러한 심리가 얼굴 외에 몸짓에서 드러나는 것을 말한다. 책에서 expression은 두 가지 모두의 의미로 사용되고 있는데, 옮긴이는 상황에 따라 표정이나 표현으로 달리 옮겼음을 알려둔다. ─옮긴이)을 다룬 저술들이 여럿 있었지만, 이들 중 상당수는 인상學(physiognomy, 인상(人相) 판단의 기술(技術)을 연구하는 학문. ─옮긴이)에 관한 것이었다. 여기서 인상학이란 얼굴 생김새의 변치 않는 모습에 대한 연구를 통해 그 사람의 성격을 파악하는 분야다. 이 책에서 나는 인상학을 다루지 않는다. 내가 살펴본 이전의 논문들[1]은 내게 거의 혹은 전혀 도움이 되지 않았다. 1667년 출간된 화가 샤를 르 브룅(Charles Le Brun)의 유명한『강연(Conférences)』[2]은 과거에 출간된 관련 저술 중 가장 잘 알려진 것이며, 일부 훌륭한 내용들을 담고 있다. 네덜란드의 저명한 해부학자 페트뤼스 캄페르(Petrus Camper)[3]가 쓴『강연』은 비교적 오래된 또 다른 소론(小論)으로, 1774~1782년에 있었던 강의를 모은 것이다. 하지만 이 책이 관련 주제에 대한 논의의 수준을 뚜렷하게 격상시켰다고 보기에는 어렵다. 반면 다음의 저술들은 면밀하게 검토해 볼 가치가 있다.

찰스 벨(Charles Bell) 경은 생리학 분야에서의 발견으로 널리 알려진 학자다. 그는 『표현의 생리학과 철학(Anatomy and Philosophy of Expression)』[4] 초판을 1806년에, 3판을 1844년에 발간했다. 그는 표현이라는 주제가 과학의 한 분야로 거듭날 수 있는 토대를 마련했을 뿐 아니라 이에 대한 훌륭한 체계까지 구축했다고 해도 과언이 아니다. 그의 저술은 모든 면에서 매우 흥미롭다. 예컨대 그의 저술은 다양한 감정을 생생하게 묘사하며, 놀랄 만큼 많은 삽화가 포함되어 있다. 일반적으로 사람들은 그가 표현 동작과 호흡 동작 간의 긴밀한 관계를 보여 준 공적이 있다고 평가한다. 이러한 공적 중 한 가지는 날숨을 격하게 쉴 때 혈압이 상승하는데, 이때 민감한 눈을 보호하기 위해 눈 주위의 근육이 무의식적으로 수축한다는 점을 그가 밝혀냈다는 것이다. 이것은 언뜻 보았을 때 사소해 보일지 몰라도 매우 중요한 사실 중 하나다. 위트레흐트 대학교의 프란시스쿠스 돈더르스(Franciscus Donders) 교수는 매우 친절하게도 나를 위해 이 문제를 상세히 연구해 주었는데, 뒤에서 확인하게 되겠지만 눈 주위 근육 수축과 관련된 사실은 매우 중요한 것으로 간주되는 인간의 여러 표현들을 조명하는 데 시사하는 바가 매우 크다. 외국의 몇몇 저술가들은 벨 경의 책이 가질 수 있는 장점을 과소 평가하거나 어느 정도 무시했다. 하지만 일부 사람들, 예컨대 M. 르모앙(M. Lemoine)은 그의 입장을 전적으로 수용했다.[5] 매우 정당하게도 그는 다음과 같이 말했다. "찰스 벨의 저서는 인간의 얼굴을 표현하고자 하는 사람이라면 예술가

인간과 동물의 감정 표현

뿐 아니라 철학자도 열심히 읽고 고찰해야 한다. 그 이유는 다소 가벼우면서 미학적 관점을 취하고 있는 이 책이 육체와 정신의 관계를 조명하는 가장 훌륭한 기념비적인 서적 중 하나이기 때문이다."

하지만 찰스 벨 경은 잠시 뒤에 살펴볼 몇 가지 이유로 자신의 관점을 끝까지 추적해 보려 하지 않았다. 그는 서로 다른 감정을 느낄 때 서로 다른 근육들이 움직이게 되는 이유가 무엇인지를 설명하려 하지 않았다. 예를 들어 그는 슬프거나 걱정거리가 있을 때 사람들의 눈썹 안쪽 끝이 올라가고 입의 가장자리가 처지는 이유를 설명하려 하지 않았다.

1807년 M. 모로(M. Moreau)는 인상학에 관한 요한 카스파르 라바터(Johann Caspar Lavater=Gaspard Lavater)의 책[6]을 편집하면서 자신이 쓴 여러 논문들을 이 책에 포함시켰는데, 여기에는 안면 근육의 움직임을 탁월하게 묘사한 내용, 그리고 중요한 언급이 다수 포함되어 있다. 하지만 그는 해당 주제의 근본 원리를 설명하는 데는 별다른 관심을 기울이지 않았다. 예를 들어 M. 모로는 찡그리는 동작, 다시 말해 프랑스의 저술가들이 sourciliers라고 부르는 눈썹주름근(corrugator supercilii, 추미근)의 수축에 대해 언급할 때 진지하게 다음과 같이 말한다. "눈썹을 찌푸리는 행위는 사람이 괴로울 때나 정신을 집중할 때 가장 명확하게 나타나는 징후 중 하나다." 이어서 그는 "눈썹주름근의 위치와 부착점 때문에 안면의 주된 표정이 이마 가운데로 오그라들면서 몰리게 되어 있다. 정신적으로 매우 억압을 느끼거나 크게 고통을 느낄 때 그 감정이 얼굴에 나타나는데, 이는 근육을 수축시킴으로써 마치 미간 사이를 좁히고 움츠리게 만들어 두렵고 괴로운 느낌이 자리 잡지 못하게 하려는 듯한 느낌이 든다."라고 덧붙인다. 만약 이와 같은 주장이 서로 다른 표현 내지 표정이 의미하는 바가 무엇인 지 혹은 어디서 유래했는지를 어느 정도 밝힐 수 있다고 생각하는 사람이 있다면, 그는 이 주제에 대해 나와는 매우 다른 입장을 취하는 사람이다.

1667년 화가 르 브룅은 공포의 표정을 다음과 같이 묘사한다. "한쪽 눈썹은 내려가 있고, 다른 한쪽은 올라가 있다. 올라간 눈썹은 영혼이 나쁜 것(악마, 공포)을 보았다는 신호를 주기 위해 뇌에 닿고자 올라가 있는 것 같고, 부은 듯 보이는, 내려가 있는 쪽의 눈썹은 뇌에서 정령(精靈)이 내려와 마치 악마로부터 영혼을 보호해 주려는 것 같다. 크게 벌어진 입은 심장이 충격을 받아 놀랐음을 보여 준다. 즉 피가 심장 쪽으로 급격히 몰리고 이 때문에 숨을 들이마시기 위해 입이 크게 벌어지는 것이다. 그리고 피가 발성 기관들을 지날 때 그 벌어진 입에서는 분명치 않은 소리가 나오게 된다. 만약 근육과 혈관이 팽창되어 보인다면, 이것은 바로 뇌가 이 부위들로 정령들을 보내기 때문이다." 해당 주제의 근본 원리에 대해 르 브룅이 도달한 수준과 비교해 보았을 때, 이러한 이야기는 단지 조금 나아졌을(만약 나아졌다면) 따름이다. 나는 앞의 글이 해당 주제에 대한 황당한 넌센스의 표본으로 인용할 만하다고 생각했다.

1839년 토머스 헨리 버제스(Thomas Henry Burgess) 박사가 『안면 홍조의 생리학 혹은 기작(The Physiology or Mechanism of Blushing)』을 출간했는데, 나는 이 책 13장에서 이 저술을 자주 언급할 것이다.

1862년 기욤뱅자맹아망 뒤셴(Guillaume-Benjamin-Amand Duchenne)

박사는 2절판과 8절판으로 된 『인간 얼굴 표정의 기작(*Mécanisme de la Physionomie Humaine*)』의 두 판본을 출간했다. 여기에서 그는 전기 자극을 이용해 안면 근육의 움직임을 분석하면서 이를 탁월한 사진들을 통해 보여 준다. 관대하게도 그는 얼마든지 자신의 사진을 복사할 수 있도록 허락해 주었다. 일부 프랑스 사람들은 그의 작업을 평가 절하하거나 다소 무시했다. 물론 뒤셴 박사가 표정을 지을 때 단일 근육이 수축하는 현상의 중요성을 과장했을 수 있다. 이렇게 말하는 이유는 프리드리히 구스타프 야코프 헨레(Friedrich Gustav Jakob Henle)의 해부도[7](내가 아는 한 이는 발간된 해부도 중에서 가장 훌륭하다.)에서 살펴볼 수 있는 바와 같이, 근육들은 밀접하게 연결되어 있으며, 이들이 별개로 작동한다고 믿기 어렵기 때문이다. 그럼에도 뒤셴 박사가 이 문제를, 그리고 다른 실수의 원인들을 파악하고 있었음은 분명하다. 그는 전기 자극을 이용해 손 근육의 생리적 특징을 밝혀내는 데 성공했다고 알려져 있는데, 이러한 사실로 미루어 보았을 때, 안면 근육에 대한 그의 입장도 대체로 옳을 가능성이 크다. 내가 판단하기에 뒤셴 박사는 전기 자극을 이용함으로써 해당 분야를 크게 발전시켰다. 지금까지 개별 근육의 수축, 그리고 이에 이은 피부에 생겨나는 주름에 대해 뒤셴 박사 이상으로 면밀하게 연구한 사람은 없었다. 그는 어떤 근육들이 의지의 통제를 가장 크게 벗어나 있는지도 보여 주었는데, 이는 그의 매우 중요한 업적이다. 하지만 그는 특정 감정의 영향을 받는 경우에 특정 근육은 수축하지만 다른 근육은 수축하지 않는 이유를 이론적으로 고찰한 바가 별로 없고, 이것을 거의 시도하지도 않았다.

프랑스의 저명한 해부학자인 루이 피에르 그라티올레(Louis Pierre Gratiolet)는 소르본 대학교에서 표정에 관한 일련의 강의를 했는데, 그가 죽은 후 강의록이 『인상학, 그리고 표현 동작에 대하여(De la Physionomie et des Mouvements d'Expression)』(1865년)라는 제목으로 출간되었다. 이는 중요한 관찰들로 가득한 매우 흥미로운 저술이다. 그의 이론은 다소 복잡한데, 이를 한 문장으로 표현한다면 다음과 같이 나타낼 수 있을 것이다. (65쪽) "내가 언급한 모든 사실들을 종합해 보면 감각, 상상력, 그리고 매우 추상적이고 고차원적이라고 간주되는 사고(思考)조차도 그에 상응하는 감정이 있어야만 작동될 수 있다. 그리고 마치 인체 각 외부 기관과 곧바로 연관되어 있기라도 하듯, 이러한 감정은 인체 기관 고유의 반응을 매개로 직접적으로, 상징적으로, 동조적으로, 은유적으로 자신을 고스란히 드러낸다."

그라티올레는 물려받은 습관, 심지어 개인의 독특한 습관의 중요성마저도 어느 정도 간과한 듯하다. 이에 따라 그는 여러 몸짓이나 표현에 대한 올바른 설명을 제시하지 못했으며, 심지어 전혀 설명을 제시하지 않은 듯하기도 하다. 그가 "상징적 동작(symbolic movements)"이라고 부르는 것의 한 예로 들고 있는, 당구를 치고 있는 사람에 대한 그의 주장(37쪽)을 인용해 보도록 하자. 이는 미셸 외젠 슈브뢸(Michel Eugene Chevreul)의 글에서 가져온 것이다. "당신은 당구공이 원하지 않은 방향으로 살짝 벗어날 때, 시선과 머리, 심지어는 어깨를 이용해 원하는 방향으로 공을 밀어 보려는 선수의 모습을 흔히 보았을 것이다. 그것이 상징적인 동작에 불과해 공의 방향을 바꾸는 데는 아무 영향을 줄 수 없는데도 말이다. 공에 충분한 추진력(힘)이 부족

인간과 동물의 감정 표현

할 때에도 마찬가지다. 초보 선수들의 경우, 때로 너무 움직임이 과해 관객들이 웃음을 터뜨릴 때도 있다." 내가 생각하기에 이러한 동작은 그저 습관 때문에 이루어지는 듯하다. 우리는 물건을 한쪽 방향으로 옮기려 할 때, 그 방향으로 물건을 밀거나 당긴다. 예컨대 앞으로 옮기려 하면서 앞으로 물건을 밀치며, 가지고 있으려 하면서 물건을 뒤로 잡아당긴다. 이로 인해 사람들은 자신이 친 공이 엉뚱한 방향으로 굴러가고 있는 모습을 보면서 공이 다른 방향으로 굴러가기를 간절히 바랄 경우, 오랜 습관으로 인해 자신이 다른 상황에서 유효하다고 생각했던 동작들을 무의식적으로 행하지 않을 수 없게 되는 것이다.

공조 동작(sympathetic movements)의 예로 그라티올레는 다음과 같은 경우를 제시한다. (212쪽) "주인이 먼 곳에서 먹음직스러운 살코기를 보여 주면 귀를 쫑긋 세우고 있는 강아지는 그 살코기에 열심히 눈을 고정하고, 고기가 움직이는 방향으로 눈이 따라간다. 두 눈으로 응시하고 있는 동안 강아지는 마치 그 고기가 말하는 것을 듣기라도 하려는 듯, 두 귀를 앞으로 내민다." 개들은 수많은 세대를 거치면서 어떤 대상에 시선을 집중하면서 그곳에서 나는 소리를 듣기 위해 귀를 쫑긋 세웠고, 어떤 소리를 들을 경우, 그것이 들리는 방향으로 시선을 집중했는데, 나는 귀와 눈의 움직임이 오랫동안 계속된 습관을 통해 확고하게 연결되었다고 믿는 편이 이 기관들의 공조를 말하는 것에 비해 단순한 설명인 듯하다.

1859년 테오도어 피데리트(Theodor Piderit) 박사는 표정에 관한 논문을 발간했다. 나는 이를 읽어 보지 못했지만, 그럼에도 그가 밝히고 있는 바와 같이, 이는 많은 면에서 그라티올레의 견해를 앞질렀다. 1867년 그는 『표정과 인상학의 학문적 체계(*Wissenschaftliches System der Mimik und Physiognomik*)』를 발간했다. 몇 마디로 그의 입장의 핵심을 적절하게 요약하기란 매우 어렵다. 그럼에도 다음 두 문장은 그의 입장을 짧지만 제대로 요약해 주고 있다고 말할 수 있다. "표정에 관한 근육의 움직임은 가상적 대상, 그리고 가상적 감각 인상과 어느 정도 관련이 있다. 바로 이와 같은 명제 속에 표정과 관련된 모든 근육의 움직임을 이해하는 열쇠가 있다."(25쪽) "표현 동작은 주로 안면에 분포하는 수많은 가동적 근육을 통해 자신을 드러낸다. 이렇게 되는 이유는 한편으로는 근육을 움직이게 하는 신경들이 마음과 관련된 기관의 가장 가까운 부근에서 시작되기 때문이며, 다른 한편으로는 이러한 근육들이 감각 기관을 지탱하는 데 도움을 주기 때문이기도 하다."(26쪽) 만약 피데리트 박사가 찰스 벨 경의 연구를 검토했더라면 아마도 격한 웃음이 고통의 특징을 갖기 때문에 찡그리게 된다(101쪽)고 말하지 않았을 것이며, 아이들의 경우에 눈물이 눈을 자극하고 이로 인해 눈을 둘러싼 근육이 수축하는 것이라고도 말하지 않았을 것이다. 그럼에도 이 책에는 훌륭한 언급들이 여기저기 흩어져 있는데, 이에 대해서는 뒤에서 다시 언급하게 될 것이다.

표현에 대한 짧은 논의들은 여러 연구물에서 발견된다. 이들을 여기에서 일일이 거론할 필요는 없을 것이다. 하지만 알렉산더 베인(Alexander Bain) 씨는 자신의 연구에서 표현이라는 주제를 꽤 상세하게 다루고 있다. 그는 다음과 같이 말한다.[8] "나는 이른바 표현을 감정의 일부 혹은 감정의 꾸러미로 파악한다. 나는 표현이 마음을 나타내는

인간과 동물의 감정 표현

일반 법칙이라고 생각하며, 이에 따라 내적으로 감정이나 의식이 촉발되면 몸을 이루는 모든 부분으로 확산되는 작용이나 흥분이 초래된다고 생각한다." 다른 곳에서 그는 다음과 같이 덧붙인다. "다음의 원리로 상당히 많은 사실들을 설명할 수 있다. 즉 기쁨의 상태는 생활 기능의 일부 혹은 모두를 증진시키는 것과 관련되고, 고통의 상태는 이러한 기능을 감소시키는 것과 관련된다." 하지만 이와 같은 느낌의 확산 작용에 관한 법칙은 특정 표현을 상세히 규명해 내기에는 너무 포괄적이다.

허버트 스펜서(Herbert Spencer) 씨는 자신의 『심리학 원리(*Principles of Psychology*)』(1855년)에서 감정 문제를 다루면서 다음과 같은 말을 했다. "커다란 두려움은 울음으로, 숨거나 도망가려는 것으로, 혹은 가슴 두근거림이나 전율로 자신을 표현한다. 이와 같은 행동들은 피하고 싶은 두려움에 대한 실제 경험이 겉으로 드러난 것에 지나지 않는다. 상대를 해코지하려 할 때의 흥분은 근육 시스템이 전반적으로 긴장되는 데서, 이빨을 갈고 발톱을 내미는 데서, 눈동자와 콧구멍이 확장되는 데서, 으르렁거리는 데서 발견된다. 이들은 먹잇감을 죽이려 할 때에 나타나는 행동이 약하게 표현되는 방식들이다." 내가 생각하기에 이는 대다수의 표현을 설명해 주는 설득력 있는 이론이다. 하지만 이 주제의 주요 관심사인 동시에 어려움은 놀라울 정도로 복잡한 결과에 이르는 과정을 집요하게 추적해 보아야 한다는 것이다. 나는 누군가가(하지만 그것이 누구인지는 확인하지 못했다.) 이전에 거의 유사한 견해를 개진했다고 추측해 본다. 왜냐하면, C. 벨 경이 다음과 같이 말하고 있기 때문이다.[9] "이른바 겉으로 드러난 격한 감정의 징후라고 불리는 것은 그 생물에게 필요한 자발적인 동작에 수반되는 것일 따름이다." 스펜서 씨는 웃음의 생리적 특징에 관한 중요한 논문을 발간하기도 했다.[10] 거기에서 그는 "어떤 경사로를 흐르는 감정은 습관적으로 몸동작으로 분출된다는 일반 법칙"을 내세우기도 했고, "어떤 동기에 의해서도 흐르는 방향이 정해지지 않은 신경력(nerve force)이 넘쳐흐르게 될 경우, 이는 맨 먼저 가장 습관적으로 활용되는 경로를 따라 흘러가게 될 것임에 명백하다. 그리고 이것만으로 충분치 않을 경우에 이보다는 덜 습관적으로 활용되는 경로로 넘쳐흐르게 된다."라고 밝히기도 했다. 나는 우리의 주제를 면밀히 고찰해 보고자 할 때 이러한 법칙이 매우 중요하다고 생각한다.[11]

진화 원리에 대한 위대한 해설가인 스펜서 씨를 제외하고는 지금까지 표현에 대해 글을 쓴 저자들은 모두 인간을 포함한 모든 종들이 지금과 같은 모습으로 탄생했다고 굳건히 믿고 있는 듯하다. 이렇게 믿고 있기에 가령 벨 경은 우리의 안면 근육 중 상당수가 "표정을 짓기 위한 도구로만 활용된다."라거나 혹은 오직 이와 같은 목적을 위해 "특별히 마련되었다."라고 주장하고 있다.[12] 하지만 우리가 염두에 둬야 할 사실은 유인원 또한 우리와 동일한 안면 근육을 가지고 있다는 사실이다.[13] 이러한 단순한 사실만으로도 우리는 우리가 갖추고 있는 이와 같은 근육이 오직 표정을 지을 때만 사용될 가능성은 매우 희박하다고 생각해 볼 수 있다. 그 어떤 사람도 원숭이들이 섬뜩한 찡그린 표정을 짓기 위해서만 특별한 근육을 갖게 되었다고는 인정하려 들지 않을 것이다. 실제로 거의 모든 안면 근육들은 표정과 별개의 여러 다른 쓰임새가 있을 가능성이 매우 높다.

인간과 동물의 감정 표현

C. 벨 경이 인간과 동물의 간극을 최대한 벌리고자 했음은 명백하다. 이에 따라 그는 "대체로 보았을 때 동물에게는 의지에 따른 행동이나 필수적 본능에 따른 행동이라고 부를 만한 것을 제외하고는 어떠한 표현도 없다."라고 단언한다. 그는 한 발 더 나아가 동물이 "얼굴로 표현할 수 있는 것은 주로 두려움과 격노인 듯하다."[14]라고 주장한다. 하지만 인간은 개처럼 뚜렷하게 겉으로 드러나는 몸짓을 통해 사랑과 복종을 표현할 수 없다. 다시 말해 인간은 개처럼 사랑하는 주인을 만났을 때 귀를 납작하게 붙이고 입술을 늘어뜨리고 몸을 살랑대며 꼬리를 흔들어 대는 등의 방법으로 자신을 뚜렷하게 표현할 수 없는 것이다. 또한 개들의 이와 같은 동작을 의도 행위 혹은 필요한 본능으로 설명할 수도 없다. 이는 인간이 오랜 친구를 만났을 때 보여 주는 웃음 가득한 눈빛과 미소 띤 뺨의 모습이 이처럼 설명될 수 없는 것과 마찬가지다. 만약 C. 벨 경에게 애정을 담은 개의 표정에 대해 질문을 했다면, 그는 분명 개가 인간과 가깝게 지낼 수 있도록 적응된 특별한 본능을 갖추어 창조되었다고 답했을 것이며 관련 주제에 대한 더 이상의 탐구는 불필요하다고 말했을 것이다.

그라티올레는 오직 표현을 위해서만 발달된 근육이 하나라도 있다는 생각을 단호하게 부정한다.[15] 그럼에도 그가 진화 원리에 대해 고찰해 본 적은 한 번도 없는 듯하다. 그는 각각의 종을 별개의 존재로 파악하고 있음이 분명하다. 표현에 대해 글을 쓴 다른 저술가들도 마찬가지다. 예를 들어 뒤센 박사는 사지(四肢)의 동작에 대해 말하고 난 후, 안면 표정을 만드는 것들에 대해 언급하며 다음과 같이 주장한다.[16] "조물주는 얼굴이 어떻게 작동하는지 신경 쓸 필요가 없었다. 신은 자신의 전지전능함과, 혹은 이렇게 말해도 될지 모르겠으나, 신의 신비한 능력을 통해 이 근육, 저 근육, 하나, 혹은 여러 근육을 동시에 움직여, 일시적인 감정들까지도 그 순간의 특징을 잡아내어 인간의 얼굴에 나타나게 할 수 있었다. 일단 이런 인상학적 언어를 만들어 내고 난 후, 신은 이를 모든 사람에게 변치 않으면서 보편적으로 나타나게 하려 했는데, 이를 위해 신은 모든 인간이 늘 동일한 근육들을 본능적으로 수축시켜 자신의 감정을 표현하게 했다."

많은 저술가들이 생각하기에 표정과 관련된 모든 주제는 다루기가 극히 어렵다. 이러한 맥락에서 저명한 생리학자인 요하네스 페터 뮐러(Johannes Peter Müller) 박사는 다음과 같이 말한다.[17] "사람들은 서로 다른 격정을 느낄 때 완전히 다른 표정을 짓는다. 이는 촉발된 느낌의 유형에 따라 완전히 다른 안면 신경 섬유 군(群)이 작동한다는 사실을 보여 준다. 이의 원인에 대해서는 아는 바가 거의 없다."

인간과 다른 모든 동물들이 별개의 생물이라고 파악할 경우, 표현의 원인들을 최대한 멀리까지 탐구해 보고자 하는 우리의 자연스러운 욕구는 너무 쉽게 소기의 목적을 달성해 버리게 된다. 양자를 별개로 보는 입장은 설명해 내지 못하는 것이 없다. 그런데 다른 모든 자연사 분야에서와 다를 바 없이, 이러한 입장은 표현에 대한 탐구에서도 유해한 것으로 판명되었다. 인간이 한때 훨씬 하등하고도 동물과 같은 모습으로 존재했다고 믿지 않는 이상, 극단적으로 공포(terror)를 느낄 경우에 머리털이 곤두선다거나, 격렬하게 분노를 느낄 경우에 치아를 드러내는 등의 일부 표현들은 좀처럼 이해하기 어렵다. 예를 들어 인간과 여러 종의 원숭이가 웃을 때 동일한 안면 근육을 움직이는 경우처럼, 같은 종이지만 서로 구분되는 종들에서 살펴볼 수 있는 어떤 표현들의 공통성은 그들이 공통 조상으로부터 유래되었다고 믿어야 이해하기가 쉬워진다. 모든 동물의 구조와 습성이 점차적으로 진화되었다는 입장을 일반적으로 받아들이는 사람은 표현이라는 전체 주제를 새롭고도 흥미로운 시각에서 바라볼 수 있을 것이다.

표정 연구는 어렵다. 그 이유는 표정이 대개 극단적으로 미세하게 나타날 뿐 아니라 순식간에 사라지기 때문이다. 또한 어떤 차이가 뚜렷하게 지각되어도, 그 차이가 무엇인지를 말하지 못할 수도 있다. 적어도 나는 그랬다. 어떤 감정에 깊이 빠진 경우를 목격하게 되면 우리의 공감대가 강하게 촉발된다. 그런데 이 때문에 상세하게 관찰하는 것을 잊게 되거나 이를 관찰하는 것이 거의 불가능해지게 된다. 나는 이에 대한 수많은 흥미로운 증거들을 확보하고 있다. 우리의 상상력은 또 다른, 그리고 더욱 심각한 실수를 불러일으키는 원인이다. 이렇게 말하는 이유는 정황에 따라 어떤 표정을 보리라고 예상할 경우, 상대가 실제로 그러한 표정을 짓는다고 쉽게 상상해 버리기 때문이다. 스스로 밝히고 있듯이, 뒤센 박사는 노련하지만 오랫동안 어떤 감정 상태에서 다수의 근육들이 수축된다고 상상했다. 하지만 결국 그는 그러한 수축이 단일 근육에만 국한되어 나타난다고 생각하게 되었다.

나는 상식적인 생각에서 벗어나 얼마만큼 특정 표정이나 몸짓이 어떤 마음 상태를 실제로 표현하고 있는지에 대해 가능한 한 가장 훌륭한 토대를 확보하고 또한 확인해 보고자 했다. 이러한 목적을 달성하기 위해 나는 다음과 같은 방법이 가장 유용하다고 생각했다. 첫째, 아이들을 관찰하는 것이다. 그 이유는 C. 벨 경이 밝히고 있는 바와 같이 아이들은 자신들의 수많은 감정들을 "이례적으로 강렬하게" 드러내기 때문이다. 어릴 때의 표정은 다른 것이 섞이지 않은 단순한 이유로 만들어지는데, 나이가 들게 되면 이 표정들 중 일부는 더 이상 이러한 이유로 만들어지지 않는다."[18]

둘째, 문득 정신병자들을 연구해야 한다는 생각이 떠올랐다. 그 이유는 그들이 매우 강한 격정을 통제하지 않은 채 분출하는 경향이 있기 때문이다. 하지만 내게는 그들을 직접 관찰할 기회가 없었고, 이에 따라 헨리 모즐리(Henry Maudsley) 박사에게 의뢰해서 제임스 크라이튼브라운(James Crichton-Browne) 박사를 소개받았다. 그는 웨이크필드(Wakefield) 인근의 대형 정신 병원을 맡고 있었으며, 내가 생각하기에 이미 표정 문제에 관심을 가지고 있던 분이었다. 친절하게도 이 탁월한 관찰자는 여러 문제들에 대한 훌륭한 제안과 더불어 풍부한 정보와 수기 등을 전혀 귀찮아하지 않고 내게 보내 주었다. 그의 도움을 결코 잊을 수 없다. 한편, 나는 서섹스(Sussex) 정신 병원의 패트릭 니콜(Patrick Nicol)에게도 도움을 받았는데, 그는 두세 가지 문제들에 대해 흥미로운 지적을 해 주었다.

셋째, 앞에서 이미 살펴본 바와 같이, 뒤셴 박사는 피부가 민감하지 않은 노인의 특정 안면 근육에 전기 자극을 줘서 다양한 표정들을 만들어 냈고, 이를 커다란 크기로 촬영했다. 운이 좋게도 다양한 연령대의 교육받은 20여 명의 남녀에게 여러 장의 사진을 아무런 설명도 없이 보여 주고, 각각의 경우에 노인을 동요시킨 게 어떤 감정이나 느낌인지 물어보자는 생각이 떠올랐다. 나는 그들이 사용하는 단어들로 답변을 기록했다. 비록 그들 대부분은 정확히 동일한 용어를 사용해 서술하지는 않았지만 그럼에도 불구하고 여러 표정들의 의미를 즉각 알아차렸다. 내 생각에 이들의 답변은 믿을 만한 참된 것이며, 뒤에서 이를 상세히 설명할 것이다. 반면 이들 중 일부에 대해서는 사람들이 크게 다른 판단을 내리기도 했다. 이는 또 다른 방식으로 내게 도움이 되었는데, 다시 말해 나는 이 사실을 통해 우리가 얼마나 상상력 때문에 쉽게 오도될 수 있는지를 확인할 수 있었던 것이다. 처음 뒤센 박사의 사진을 훑어보았을 때, 나는 책의 내용도 함께 읽어서 표정의 의도를 파악했다. 이때 예외도 있었지만 모든 사진이 표정을 제대로 반영하고 있음에 찬탄을 금치 못했다. 그럼에도 만약 전혀 설명을 보지 않고 사진들을 검토했더라면, 나 또한 다른 이들과 마찬가지로 일부 경우들에 대해서는 곤혹스러워했을 것임에 틀림없다.

넷째, 나는 매우 면밀한 관찰자인 회화와 조각의 대가들로부터 많은 도움을 받을 수 있으리라 기대했고, 따라서 잘 알려진 사진들과 조각들을 유심히 살펴보았다. 하지만 몇몇 예외적인 경우를 제외하고는 별다른 소득이 없었다. 그것은 예술 작품의 경우에 아름다움을 창출하는 것이 주요 목적인데, 강하게 수축된 안면 근육은 아름다움을 파괴한다는 이유로 작품에 제대로 반영되지 않았기 때문이다.[19] 일반적으로 안면 근육의 구성에 관한 이야기는 솜씨 있게 제시되는 보조적인 설명을 통해 그 놀라운 힘과 진실을 우리에게 전달한다.

다섯째, 나는 동일한 표정과 몸짓을 모든 인간 종, 특히 유럽 인들과 별다른 교류가 없었던 사람들에게서도 널리 살펴볼 수 있음(이는 흔히 별다른 증거 없이 그렇다고 일컬어진다.)을 확인하는 일이 매우 중요하다고 생각했다. 만약 동일한 표정이나 몸짓이 서로 다른 다양한 인종들에서 동일한 감정을 표현한다면 우리는 그러한 표현이 진정한 것, 즉 생래적이거나 본능적인 것이라고 더욱 확실하게 추정할 수 있을 것이다. 개인이 어릴 때 습득한, 관습적인 표정이나 몸짓은 아마도 언어가 그러하듯 서로 다른 인종에서 서로 다를 것이다. 이러한 가정에서 나는 1867년 초 다음과 같은 설문지를 돌렸다. 설문에서 나는 기억이 아닌 실제 관찰만을 신뢰할 수 있으므로, 그러한 관찰에 바탕을 두고 답변해 달라고 요구했다. 여기에 대한 답변은 매우 만족스러웠다.

다음 질문들은 시간이 상당히 흐른 후에 작성한 것이다. 그동안 나는 다른 것에 관심을 기울이며 시간을 보냈는데, 지금 확인해 보니 이 질문들을 훨씬 더 훌륭하게 만들 수도 있었을 것 같다. 이후에 작성된 일부 필사본 질문지에는 추가적인 소견을 몇 가지 덧붙였다.

① 특히 경악(astonishment)을 표현할 때 눈과 입이 크게 벌어지고 눈썹이 올라가는가?

② 안색 변화를 확인할 수 있는 피부색을 가진 사람은 창피함(shame)을 느낄 때 얼굴이 붉어지는가? 특히 신체의 어디까지 붉은빛이 내려가는가?

③ 남성이 분개하거나 도전적인 태도를 보일 때, 얼굴을 찡그리고, 자신의 신체와 머리를 곧추세우며, 어깨를 펴고, 주먹을 불끈 쥐는

가?

④ 어떤 주제를 골똘히 생각할 때, 혹은 어떤 어려운 문제를 이해하려고 할 때 얼굴을 찡그리는가? 혹은 아래 눈꺼풀 밑의 피부에 주름이 생기는가?

⑤ 의기소침(low spirits)하면 입 주변이 밑으로 처지고, 눈썹 안쪽 구석이 프랑스 인들이 '비애근(悲哀筋, grief muscle)'이라 부르는 그 근육으로 인해 치켜올라가는가? 이 상태에서 눈썹은 안쪽 끝이 약간 부풀어 오르면서 약간 기울어진다. 그리고 이마의 한가운데 수직으로 주름이 생긴다. 하지만 놀랐을 때 눈썹이 치켜올라가는 것과는 달리, 이 상황에서는 이마 전체에 주름이 생기지 않는다.

⑥ 기분이 좋을 때 눈 주변과 밑의 피부에 약간 주름이 지고, 입가가 뒤로 약간 당겨지면서 눈빛이 빛나는가?

⑦ 어떤 한 사람이 다른 사람을 조롱하거나 호통칠 때, 조롱이나 호통의 대상을 마주 보는 쪽 얼굴의 송곳니 근처 입꼬리가 올라가는가?

⑧ 완강함 혹은 완고함의 표정은 주로 입을 굳게 다문 채 눈썹을 밑으로 향하게 하면서 약간 찡그리는 모습을 통해 드러나는데, 이를 확인할 수 있는가?

⑨ 경멸을 표현할 때 입술을 약간 내밀고 코를 들어 올리며, 숨을 약간 내쉬는가?

⑩ 혐오감은 막 토하려 하거나, 혹은 입에서 무엇인가를 뱉어 내려 할 때처럼, 급격하게 숨을 내쉬면서 아랫입술을 밑으로 내리고, 윗입술을 살짝 치켜올린 모습으로 표현되는가?

⑪ 극단적인 두려움은 유럽 인들의 모습과 다를 바 없는, 일반적인 방

식으로 표현되는가?

⑫ 과도하게 웃으면 눈물을 흘리는 경우가 생기는가?

⑬ 자신이 일어나는 일을 막을 수 없음을 보여 주고자 할 때, 혹은 자신이 이에 대해 어떻게 할 수 없음을 나타내고자 할 때, 눈썹을 치켜올리고, 어깨를 으쓱하면서 자신의 팔꿈치를 몸의 안쪽으로 향하게 하며, 손바닥을 편 상태에서 손을 몸의 바깥쪽으로 뻗는가?

⑭ 아이들이 부루퉁해지면 입술을 삐죽거리거나 많이 내미는가?

⑮ 어떻게 정의해야 할지 모르겠지만 죄책감(guilty), 교활이나 질투의 표현을 파악할 수 있는가?

⑯ 긍정할 때 고개를 끄덕이고 부정할 때 고개를 가로젓는가?

제게는 어떤 원주민들에 대한 관찰도 매우 흥미롭습니다. 하지만 가장 소중한 관찰로는 단연 유럽 인들과의 접촉이 거의 없었던 원주민들에 관한 것을 꼽을 수 있을 것입니다. 표정에 대해 흔히들 하는 이야기는 상대적으로 덜 소중합니다. 그리고 기억은 신뢰하기가 매우 어렵기 때문에 이를 믿지 말아 달라고 진지하게 요청 드립니다. 어떤 감정 혹은 마음 상태에서의 얼굴 표정을 명확하게 기술하고, 그러한 표정을 지었던 상황을 알려주실 경우, 이는 매우 높은 가치를 지닌 자료가 될 것입니다.

이러한 설문에 대해 나는 서로 다른 관찰자로부터 서른여섯 통의 답변을 받았는데, 이들 중 상당수는 선교사이거나 토착민을 보호하는 분이었다. 이들은 커다란 어려움을 감내해 주셨고, 이렇게 해

인간과 동물의 감정 표현

서 유익한 도움을 주셨다. 이 분들께 진심으로 감사드린다. 이 분들의 성함 등은 논의의 진행을 위해 이 장(章) 말미에 상세히 밝히도록 하겠다. 답변은 매우 독특하면서도 미개한 여러 인종들과 관련된 것들이었다. 많은 경우에 각각의 표정이 관찰된 상황이 기록되었고, 표정 자체에 대한 서술이 이루어졌다. 이러한 경우는 답변에 대한 커다란 신뢰감을 가질 수 있었다. 그런데 답변이 단순히 "예." 또는 "아니오."로 이루어진 경우에는 항상 받아들일 때 신중을 기했다. 이와 같은 방식으로 얻은 정보는 전 세계를 통틀어, 동일한 마음 상태가 두드러진 제일성(齊一性, uniformity)을 가지고 표현되고 있음을 보여 준다. 이러한 사실은 그 자체로 흥미롭다. 다시 말해 이는 모든 인간 종의 신체 구조와 정신적 경향이 매우 유사하다는 증거가 될 수 있다는 점에서 흥미로운 것이다.

여섯째, 그리고 마지막으로 나는 일부 흔한 동물들이 보여 주는 여러 격정의 표현들을 최대한 면밀하게 살펴보았다. 물론, 인간의 특정 표현들이 얼마만큼 특정 마음 상태의 특징인지를 판정하는 데 이에 관한 사실들이 중요한 것은 아니다. 그럼에도 나는 이것이 다양한 표현 동작의 원인 혹은 기원을 가장 안전하게 일반화하기 위한 토대를 구축하는 데 매우 중요하다고 생각한다. 동물을 관찰할 때 우리가 상상력 때문에 편견을 가질 가능성은 크지 않다. 또한 우리는 이들의 표정이 관습적인 것일지 모른다는 걱정을 할 필요가 없다.

내가 어떤 점을 관찰해 달라고 부탁했던 많은 사람들이 얼마 있지 않아 인지했던 것처럼, 표현을 관찰하는 것은 결코 쉬운 일이 아니다. 그 이유는 일부 표정들은 순식간에 스쳐 지나가고(대개 이목구비의 변화가 지극히 가볍게 일어난다.) 강한 감정을 목도했을 때에는 감정 이입이 쉽게 일어나 우리의 집중력이 분산되기 때문이다. 또한 우리는 정확한 표현 변화를 거의 눈치 채지 못함에도 이를 막연한 추측을 통해 파악하는데, 이 경우에 상상력이 우리를 속이기 쉽다. 우리가 아무리 이 주제에 대해 익히 들어 왔다고 해도, 방금 언급한 모든 이유들 때문에 표현 관찰은 쉬운 일이 아니다. 이처럼 특정한 마음 상태의 특징이라고 흔히 일컬어지는 표정과 신체 동작이 무엇인지를 확실하게 판단하기란 어려운 일이다. 그럼에도 일부 의문과 어려움은 내가 기대했던 것처럼 아동, 정신병자, 다른 인종들, 예술 작품, 그리고 전기 자극을 주었을 때의 안면 근육에 대한 관찰(뒤센 박사가 수행한 것이다.)을 통해 해소되었다.

그럼에도 우리는 여러 표현들의 원인이나 기원을 이해해야 하고, 어떤 이론적 설명이 신뢰할 만한지를 판단해야 하는데, 이는 우리에게 남아 있는 더욱 커다란 어려움이다. 더욱이 두 개 혹은 그 이상의 설명 중에서 어떤 규칙들에도 의존하지 않고 이성을 통해 어떤 것이 가장 만족스러운지, 어떤 것이 만족스럽지 못한지를 최대한 잘 판단하고자 할 때, 나는 우리의 결론을 시험해 볼 방식이 오직 하나밖에 없음을 알게 되었다. 그것은 하나의 표현을 설명할 수 있는 동일한 원리가 동일 유형의 다른 경우들에도 적용될 수 있는지, 특히 동일한 일반 원리가 만족할 만한 결과를 이끌어 내면서, 인간과 동물 모두에게 적용될 수 있는지를 관찰하는 방법이었다. 나는 이것이 모든 방법 중에서 가장 유용하다고 생각한다. 어떤 이론적 설명의 진위를 판단하는 일, 그리고 이를 어떤 확실한 탐구 방법을 통해 검증하

인간과 동물의 감정 표현

는 일은 어려운 작업이다. 이는 관련 연구가 적절히 촉발할 수 있는 관심을 저해할 수 있는 커다란 걸림돌이다.

마지막으로, 내 자신의 관찰이 시작된 것은 1838년이라고 말할 수 있다. 나는 그때부터 현재에 이르기까지 이 주제에 대해 이따금 관심을 가져 왔으며 이미 1838년에 진화 원리, 혹은 종이 다른 하등한 형태로부터 유래했다는 원리를 믿고 있었다. 때문에 나는 벨 경의 위대한 저술을 읽으면서 그의 입장, 즉 "인간은 자신의 느낌을 표현하는 데 특별히 적응된 특정 근육을 타고 났다."라는 입장을 받아들일 수 없다고 생각했다. 비록 지금은 특정한 몸짓을 통해 우리의 느낌을 표현하는 습성이 생래적인 것으로 자리 잡았지만, 이는 점차적인 과정을 거치면서 어떤 방식으로 습득되었을 가능성이 높은 듯했다. 하지만 이러한 습성들이 어떻게 습득되었는지를 파악한다는 것은 결코 간단한 문제가 아니었다. 나는 이러한 주제를 전체적으로 새로운 측면에서 바라보아야 했고, 각각의 표현에 대해서는 합당한 설명을 제시할 필요가 있었다. 그리고 이렇게 생각했기 때문에 비록 불완전하게 수행되었을지 몰라도 현재의 작업을 시도하게 되었던 것이다.

이제 앞에서 언급했듯이, 내게 커다란 은혜를 베풀어 주신 분들의 성함을 밝히도록 하겠다. 이 분들은 다양한 인종에서 살펴볼 수 있는 표현들에 관한 정보를 제공해 주었다. 정보를 제공해 주신 분들이 표현을 관찰했던 상황의 전후 맥락을 상세하게 밝힐 것이다. 켄트의 헤이스 플레이스(Hayes Place)에 사는 윌슨(Wilson) 씨의 커다란 친절과 영향력 덕분에 나는 오스트레일리아에서 설문지에 대한 답변을 열세 건이나 받았다. 이는 내게는 특별한 행운이었다. 그 이유는 오스트레일리아 원주민들이 모든 인종 중에 가장 독특한 인종으로 자리매김하고 있기 때문이다. 뒤에서 언급하겠지만 관찰은 주로 남부 지역, 빅토리아 식민지의 변경 지역에서 이루어졌다. 하지만 북부 지역에서도 일부 훌륭한 답변들을 받았다.

다이슨 레이시(Dyson Lacy) 씨는 퀸즐랜드 수백 마일 내륙 지역에서 이루어진 매우 소중한 관찰들을 낱낱이 내게 제공해 주었다. 멜버른의 R. 브라우 스미스(R. Brough Smyth) 씨는 매우 고맙게도 자신이 직접 관찰한 내용, 그리고 여러 서한들을 보내 주었다. 이하는 그가 내게 보내 준 편지들이다. 웰링턴 호수 근처에 거주하는 하게나우어(Hagenauer) 목사의 편지. 그는 빅토리아 주 깁슬랜드(Gippsland)의 선교사인데, 원주민을 매우 잘 알고 있었다. 빅토리아 주 위메라(Wimmera) 랑게레농(Langerenong)에 살고 있는 자작농 새뮤얼 윌슨(Samuel Wilson) 씨의 편지와 포트 맥클리(Port Macleay)의 현지 산업 정착지 관리자 조지 태플린(George Taplin) 목사의 편지. 빅토리아 주 코란데릭(Coranderik)에서 아치볼드 랭(Archibald G. Lang) 씨가 보내온 편지. 랭 씨는 식민지의 모든 지역에서 온 어린, 그리고 나이 든 원주민들이 다니는 학교의 교사다. 빅토리아 주 벨파스트의 즉결 심판소 판사 겸 수장(首長)인 H. B. 레인(H. B. Lane) 씨의 편지. 레인 씨의 관찰은 단언컨대 매우 신뢰할 만하다. 에추카(Echuca)의 템플턴 버넷(Templeton Bunnett) 씨가 보내온 편지. 버넷 씨가 임무를 맡고 있던 곳은 빅토리아 식민지 경계 지역이었고, 덕분에 백인과 거의 접촉이 없던 수많은 원주민을 관찰할 수 있었다. 편지에는 인근에 오래 거주했던 다른 두 명의 남성

인간과 동물의 감정 표현

들이 관찰한 내용과 자신의 것을 비교하고 있는 내용이 담겨 있다. 마지막으로 빅토리아 깁슬랜드 외딴 지역 선교사 J. 벌머(J. Bulmer) 씨의 편지도 있다.

나는 빅토리아 주에 머물고 있던 잘 알려진 식물학자 페르디난트 뮐러(Ferdinand Müller) 박사에게도 도움을 받았다. 그는 자신이 직접 관찰한 내용, 그리고 앞에서 언급한 편지들 외에 그린(Green) 여사의 관찰 내용도 내게 보내 주었다.

J. W. 스택(J. W. Stack) 목사는 뉴질랜드의 마오리 족을 관찰했는데, 내 질문 중 일부에 대해서만 답해 주었다. 하지만 그는 어떤 상황에서 관찰된 내용을 기록했는지를 밝혀 주었으며, 답변은 매우 충실할 뿐만 아니라 분명하며 명료했다.

라자 브룩(Rajah Brooke) 일가는 보르네오의 다약(Dyaks) 족에 관한 정보를 내게 제공해 주었다.

말레이 인들에 대한 정보는 매우 유익한 것들이었다. 그 이유는 F. 기치(F. Geach) 씨(월리스가 그를 소개했다.)가 말라카(Malacca) 내륙에서 광산 기사로 일하면서 수많은 원주민을 관찰했는데, 이들은 이전에 백인과 한번도 교류해 본 적이 없었기 때문이다. 그는 표정에 관한 상세하고도 훌륭한 관찰을 담은 장문의 편지 두 통을 내게 보내 주었다. 그는 말레이 군도의 중국 이민자들을 관찰하기도 했다.

유명한 박물학자인 로버트 스윈호(Robert Swinhoe) 영사님은 나를 위해 중국 본토에서 중국인들을 관찰해 주었다. 그는 자신이 신뢰할 수 있는 다른 사람들에게 물어보기도 했다.

인도에서는 H. 어스킨(H. Erskine) 씨가 봄베이 성(省) 내 아드메드 누구르(Admednugur) 지역 공관에 거주하면서 거주민들의 표정을 관찰했다. 그들은 유럽 인들이 있을 경우, 모든 감정을 습관적으로 감추었는데, 이로 인해 확실한 결론에 도달하는 데 많은 어려움을 겪었다. 그는 카나라(Canara)의 판사인 레이먼드 웨스트(Raymond West) 씨로부터 정보를 확보해 주었으며, 어떤 부분들에 대해서는 식별력을 갖춘 본국인들에게 물어보기도 했다. 캘커타에서는 식물원 학예사인 존 스콧(John Scott) 씨가 그곳에 고용되어 있던 다양한 종족의 사람들을 상당 기간 유심히 관찰했는데, 그 누구도 이토록 상세하고 소중한 내용을 보내 준 사람은 없었다. 그는 식물학 연구를 하면서 정확하게 관찰하는 습관을 갖게 되었는데, 이는 감정과 표현을 탐구하는 방법에도 반영되고 있다. 스리랑카 인들에 대한 자료는 내 질문들 중 일부에 대해 답해 준 새뮤얼 오언 글레니(Samuel Owen Glenie) 목사에게 많은 도움을 받았다.

이번에는 아프리카에서 도움을 주신 분들이다. 윈우드 리드(Winwood Reade) 씨가 최선을 다해 도움을 주기는 했지만, 그럼에도 흑인에 대한 정보를 얻는 데는 별로 운이 따르지 않았다. 물론, 미국의 흑인 노예에 관한 정보를 얻으려 했다면 상대적으로 용이할 수 있었다. 하지만 그들은 백인들과 오랫동안 교류를 해 왔고, 때문에 그들에 대한 관찰은 이루어졌다고 해도 별다른 가치를 가지지 못했을 것이다. 아프리카 대륙 남부 지역에서는 바버(Barber) 여사가 카피르(Kafirs) 인과 핑고(Fingoes) 인을 관찰했고, 내게 명확한 답변을 다수 보내 주었다. 제임스 필립 맨슬 위일(James Philip Mansel Weale) 씨 또한 원주민들을 관찰했고 흥미로운 문서를 제공해 주었다. 이 문서는 추장 산

인간과 동물의 감정 표현

딜리(Sandilli)의 형제인 크리스티안 가이카(Christian Gaika) 씨가 동료 자국민의 표정에 관해 영어로 쓴 것이다. 아프리카의 북부 지역에서는 에티오피아 인들과 오랫동안 함께 살았던 트리스트럼 찰스 소여 스피디(Tristram Charles Sawyer Speedy) 대위가 일부는 기억을 근거로, 일부는 당시 자신이 맡고 있던 테오도르(Theodore) 왕의 아들에 대한 관찰을 근거로 내 질문에 답을 해 주었다. 에이사 그레이(Asa Gray) 교수와 그 부인은 원주민들의 표정에서 살펴볼 수 있는 몇 가지 점에 주목했다. 이는 그들이 나일 강을 거슬러 올라오면서 관찰한 것들이다.

다음은 광활한 아메리카 대륙에서 정보를 제공해 주신 분들이다. 푸에고 군도 사람들과 함께 살고 있는 전도사 토머스 브리지스(Thomas Bridges) 씨는 내가 수년 전 표정에 대해 질문했던 일부 내용에 대해 답해 주었다. 북아메리카에서는 조지프 트림블 로스록(Joseph Trimble Rothrock) 박사가 북서부 아메리카의 나스(Nasse) 강가에 거주하는 미개한 종족인 아트나(Atnah) 인과 에스피옥스(Espyox) 인의 표정을 관찰했다. 미군의 보조 의사인 워싱턴 매슈스(Washington Matthews) 씨 또한 미국 서부 지역에서 가장 거친 종족들로 분류되는 테톤(Tetons) 인, 그로스벤트르(Grosventres) 인, 만단(Mandans) 인, 그리고 아시나보인(Assinaboines) 인을 매우 신중하게 관찰했다. (이는 《스미스소니언 보고서(Smithsonian Report)》에 포함된 나의 탐구를 보고 난 후에 이루어진 관찰이다.) 그의 답변은 매우 소중한 것으로 확인되었다.

마지막으로 나는 이처럼 특별한 방법으로 제공받은 정보 외에, 여행을 다룬 서적이 우연히 제공하고 있는 일부 사실들을 수집했다.

이 책에서 나는 인간의 안면 근육에 대해 자주 언급할 것인데,

특히 이 책의 후반부에서는 더욱 자주 언급하게 될 것이다. 때문에 나는 C. 벨 경의 책에서 하나의 도해(그림 1)를, 헨레의 잘 알려진 『체계적인 인간 해부학 개요(*Handbuch der Systematischen Anatomie des Menschen*)』에서 세부 묘사가 더욱 정확하게 이루어진 다른 두 개의 도해(그림 2와 그림 3)를 축소, 복사해서 실었다.

세 그림에 나오는 동일한 알파벳은 동일한 근육을 가리킨다. 하지만 근육의 명칭은 내가 언급해야 할 중요한 것들에 대해서만 제시했다. 안면 근육은 상당수가 함께 뒤섞여 있으며, 막상 해부된 안면을 살펴보면 여기에서와는 달리, 매우 뚜렷하게 식별되지는 않는다고 들었다. 일부 저술가들은 이러한 근육들이 열아홉 쌍으로 이루어져 있고, 하나는 쌍을 이루지 않는다고 생각한다.[20] 하지만 모로에 따르면 다른 저술가들은 근육 쌍의 수를 훨씬 늘려 심지어 쉰다섯에 이른다고 생각하기도 한다.

관련 주제에 대해 글을 쓴 모든 사람이 인정하듯 근육의 구조는 매우 다양하다. 모로는 여섯 명의 근육 구조를 확인해 보았는데, 그에 따르면 이들은 거의 유사성이 없었다.[21] 근육들은 기능 또한 상이하다. 한쪽 송곳니를 드러내는 힘 또한 사람마다 차이가 많이 난다. 피데리트 박사에 따르면[22] 콧방울(비익)을 들어 올리는 힘 또한 상당한 차이가 있다. 이러한 경우에 해당하는 다른 사례들은 얼마든지 제시할 수 있다.

마지막으로 나를 위해 다양한 표정과 몸짓을 사진에 담느라 고생한 오스카르 레일란데르(Oscar Gustave Rejlander) 씨에게 감사드리고 싶다. 나는 소리 내며 우는 아이에 대한 훌륭한 원판 사진을 빌려준 함부르크의 아돌프 디트리히 킨더만(Adolph Diedrich Kindermann) 씨, 그리고 웃는 여아의 매력적인 사진을 제공한 조지 찰스 월리치(George Charles Wallich) 박사에게도 빚을 졌다. 나는 자신의 대형 사진을 복사해 축소할 수 있도록 너그럽게 승인해 준 뒤셴 박사에게 이미 감사의 뜻을 전했다. 이 모든 사진들은 헬리오타입 공정을 통해 인쇄되었으며, 때문에 복사본의 정확성이 확보된다. 나는 사진이 몇 번째 화보에 있는지를 로마 숫자로 나타냈다.

한편 수고를 아끼지 않고 다양한 동물들의 표정들을 그려 준 토머스 워터먼 우드(Thomas Waterman Wood) 씨에게도 많은 빚을 졌다. 유명 화가인 브리튼 리비에르(Briton Rivière) 씨는 친절하게도 두 장의 개 그림을 제공했다. 그중 하나는 적대적인 마음 상태의 것이고, 나머지 하나는 순종적이고 상냥한 마음 상태의 것이다. A. 메이(A. May) 씨는 개를 스케치한 두 장의 유사한 그림을 내게 줬다. 제임스 데이비스 쿠퍼(James Davis Cooper) 씨는 판목(板木)을 아주 신중하게 절단해 주었다. 그는 메이 씨가 제공한 사진과 그림의 일부, 그리고 조지프 울프(Joseph Wolf) 씨의 검은원숭이(Cynopithecus niger) 사진과 그림 일부를 사진술을 통해 목판에 우선 재현하고, 이를 조각해 주었다. 이러한 방법으로 이들은 거의 완전한 신뢰를 확보할 수 있었다.

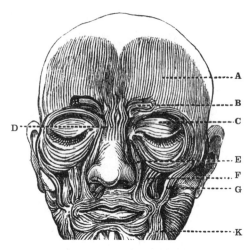

그림 1. 벨 경의 책에서 가져온 안면 근육 도해.

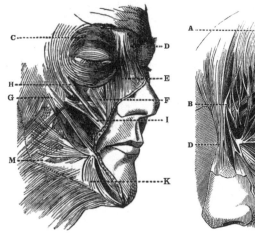

그림 2. 헨레의 책에서 가져온 도해.

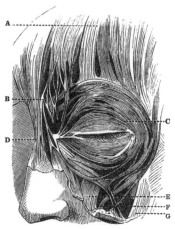

그림 3. 헨레의 책에서 가져온 도해.

인간과 동물의 감정 표현

A. 뒤통수이마근(Occipito-frontalis, or frontal muscle, 후두전두근).

B. 눈썹주름근(Corrugator supercilli or corrugator muscle, 추미근).

C. 눈둘레근(Orbicularis palpebrarum, or orbicular muscles of the eyes, 안와근).

D. 코배세모근(Pyramidalis nasi, or pyramidal muscle of the nose, 코피라미드근).

E. 윗입술콧방울올림근(Levator labii superioris alæque nasi., 상순비익거근).

F. 위입술올림근(Levator labii proprius).

G. 광대뼈근(Zygomatic).

H. 옆얼굴근(Malaris).

I. 소광대뼈(Little zygomatic).

K. 입꼬리내림근(Triangularis oris, or depressor anguli oris).

L. 아래입술내림근(Quadratus menti, 하순하제근).

M. 입꼬리당김근(Risorius, 소근), 넓은목근(Platysma myoides, 활경근)의 일부.

차례

1장

표현의 일반 원리

세 가지 주요 원리

|

첫 번째 원리

|

유용한 행동은 특정한 마음 상태와 연계되어 습관화되며,
이러한 행동은 어떤 특별한 상황에서 그 상황에
도움이 되는지의 여부와 무관하게 나타난다.

|

습관의 힘

|

물려받음

|

인간의 습관 동작 중 연계된 것들

|

반사 행동

|

습관에서 반사 행동으로의 이행

|

동물의 습관적 동작 중 연계된 것들

|

결론

나는 세 가지 원리를 제시하는 것으로 이야기를 시작하고자 한다. 이러한 원리들은 다양한 감정과 느낌의 영향을 받고 있는 인간과 동물이 자신도 모르는 사이에 활용하는 대부분의 표정과 몸짓을 설명해 주는 듯하다.[1] 하지만 이와 같은 세 가지 원리에 도달한 것은 단지 나의 관찰 결과일 따름이다. 이들은 이번 장과 이어지는 다음 두 장에서 포괄적인 방식으로 논의될 것이다.

여기에서는 인간과 동물에서 관찰된 사실들을 사용할 것이다. 하지만 우리를 기만할 가능성은 동물들이 상대적으로 낮기 때문에 더욱 신뢰할 수 있는 것은 동물에 관한 사실들이다. 4장과 5장에서는 일부 동물의 특별한 표현들에 대해 서술할 것이고, 이어지는 장들에서는 인간의 그러한 표현을 서술할 것이다. 독자들은 이를 읽어 보고 나면 내가 제시하는 세 가지 원리들이 표정에 관한 이론을 설명하는 데 얼마만큼 도움이 되는지를 스스로 판단할 수 있을 것이다.

내가 생각하기에 수많은 표정은 세 가지 원리를 통해 상당히 만족스럽게 설명되는 듯하다. 이에 따라 아마도 모든 표현이 동일하거나 매우 유사한 원리에 포섭된다는 것이 최종적으로 밝혀질 것이다. 나는 신체 어떤 부분의 움직임이나 변화, 가령 개가 꼬리를 살랑거리는 행동이나 말이 귀를 뒤로 젖히는 행동, 인간이 어깨를 으쓱거리는 행동, 혹은 피부 모세 혈관의 팽창 등이 모두 마음을 표현하는 일에 관여한다는 사실을 굳이 언급할 필요도 없다고 생각한다. 세 가지 원리는 다음과 같다.

Ⅰ. 유용한 연계 습관의 원리(The Principle of Serviceable Associated Habits) 어떤 마음 상태에서 나타나는 복잡한 행동들은 어떤 감각, 욕구 등을 해소하거나 충족하는 데 직간접적으로 도움이 된다. 아무리 약하게 촉발된다고 하더라도, 특정 마음 상태가 촉발되는 경우에는 언제나 습관과 연합의 힘이 작용해 그 마음 상태와 연결된 동일한 동작을 나타내는 경향이 있다. 이러한 동작은 그 상황에 전혀 도움이 되지 않는 경우에도 나타나는 경향이 있다. 우리는 습관을 통해 어떤 마음 상태와 결합된 일부 행동들을 의지를 이용해 어느 정도 억누를 수 있다. 이 상황에서 의지가 개별적으로 통제하기 어려운 근육이 여전히 움직이려는 경향을 강하게 나타낸다. 이때 우리가 특정 마음 상태의 표현으로 파악하는 움직임이 야기된다. 또 다른 경우에는 하나의 습관적인 동작을 제재하려 할 때 다른 경미한 동작들이 나타나는데, 이들 또한 특정 마음 상태를 표현한다.

Ⅱ. 반대의 원리(The Principle of Antithesis) 제1원리와 마찬가지로, 어떤 마음 상태는 유용한 습관적인 행동으로 이어진다. 그런데 정반대의 마음 상태가 촉발될 경우, 별다른 도움이 되지 않아도 정반대의 특징을 가지는 동작이 강력하고도 무의식적으로 수행되려는 경향

인간과 동물의 감정 표현

이 나타난다. 그리고 일부 경우에 이러한 동작들은 마음 상태를 매우 잘 표현한다.

III. 애초부터 의지에서 독립한, 그리고 일정 정도 습관에서 독립한, 신경계 구성에 기인한 행동 원리(The Principle of Actions Due to the Constitution of the Nervous System, Independently from the First of the Will, and Independently to a Certain Extent of Habit) 감각 기관이 강하게 흥분을 할 경우, 과도하게 생성된 신경력이 신경 세포의 연결 방식에 따라, 그리고 부분적으로 습관에 따라 어떤 일정한 방향으로 전달된다. 이와 같이 전달되지 않으면 우리가 예상하는 바와 같이 신경력의 공급이 중단될 수 있다. 우리가 마음 상태의 표현으로 파악하는 결과인 행동이나 표정 등은 이와 같은 방식으로 만들어지게 된다. 이러한 세 번째 원리는 간략하게 신경계의 직접적인 작용에 관한 원리라고 부를 수 있을 것이다.

먼저 첫 번째 원리에 대해 이야기를 나누어 보도록 하자. 습관의 힘이 얼마나 강력한지는 잘 알려져 있다. 우리는 매우 복잡하고 어려운 동작들을 이내 전혀 힘을 들이거나 의식하지 않고서도 수행할 수 있다. 습관이 어떻게 복잡한 동작들을 손쉽게 할 수 있게 하는 데 그토록 효율적이 되었는지에 대해서는 상세하게 알려진 바가 없다. 그럼에도 생리학자들은 "흥분 빈도가 늘어남에 따라 신경 다발의 수행 능력이 증진된다."[2]라는 사실을 받아들이고 있다.

이러한 원리는 사유 행위와 연결된 신경 외에 동작 신경과 감각 신경에도 적용된다. 습관적으로 사용되는 신경 세포 혹은 신경에서 어떤 물리적 변화가 일어난다는 사실은 거의 의심의 여지가 없는데, 이렇게 이야기하는 이유는 만약 그렇지 않다면 어떻게 어떤 습득된 동작들(acquired movements)이 나타나는 경향이 유전되는지를 이해하기 어렵기 때문이다.

말의 구보(cantering)와 측대보(ambling) 같은 어떤 물려받은 걸음걸이는 습득된 동작들이 유전된다는 사실을 보여 준다. 이러한 걸음걸이는 말의 자연스러운 동작이 아니다. 사냥감의 위치를 멈춰 서서 알려주는 어린 포인터(pointer, 사냥개의 일종으로, 사냥감의 위치를 멈춰 서서 알리기(point) 때문에 이런 이름이 붙었다. ─ 옮긴이)의 동작, 어린 세터(setter, 털이 길고 몸집이 큰 사냥개로 웅크려서 사냥감의 위치를 알려준다. ─ 옮긴이)의 위치 잡기(setting) 동작도 이의 사례들이며, 일부 비둘기 종의 독특한 비행 방식 또한 이런 사례다. 인간에게서도 이와 유사한 사례들을 살펴볼 수 있는데, 물려받은 버릇 혹은 색다른 몸짓 등이 이에 해당한다. 이는 곧 고찰해 볼 것이다.

종의 점진적 진화를 받아들이는 사람들에게 박각시나방(Sphinx-moth, Macroglossa)은 지극히 어려운 교감성 동작(consensual movements, 의지와 상관없이 신경계의 활동으로 나타나는 동작. ─ 옮긴이)이 유전됨을 극명하게 보여 주는 사례다. 이렇게 말하는 이유는, 우리가 고치에서 탈피한 지 얼마되지 않은 이 나방(이는 윤기 나는 겉껍질의 광택을 통해 확인할 수 있다.)이 꽃의 미세한 구멍에 곧게 뻗은 긴 털 모양의 주둥이를 넣은 채 공중에 정지해 있는 모습을 관찰할 수 있기 때문이다. 이는 매우 정확한 조준이 요구되는 어려운 과제인데, 나는 그 누구도 박각시나방이 이러한 동작을 배우고 있는 모습을 본 적이 없을 것이라 생각한다.

어떤 행동을 하려는 유전적 혹은 본능적 성향을 가지고 있거나, 특정 종류의 음식을 좋아하는 유전적 취향이 있다고 해도, 개인에게

　　　　　　　　　　　　인간과 동물의 감정 표현

는 흔히 혹은 일반적으로 일정 정도의 습관이 요구된다. 우리는 이를 말의 걸음걸이에서, 그리고 멈춰 서서 방향을 알리는 개에게서 어느 정도 찾아볼 수 있다. 일부 어린 개들은 처음 밖으로 데리고 나갔을 때에도 훌륭하게 이런 행동을 취한다. 하지만 개들이 이와 같은 특유의 유전된 태도를 잘못된 냄새와 연결하는 경우가 흔히 있는데, 심지어 대상을 보면서도 그런 실수를 한다. 나는 송아지가 단 한 번이라도 어미젖을 먹게 되면 이후 사람의 손으로 키우기가 훨씬 힘들어진다는 이야기를 들은 적이 있다.[3] 어떤 한 종류의 나뭇잎을 먹던 모충(毛蟲)들은 설령 자연 상태에서 또 다른 나무가 적절한 먹을거리가 되어도, 그 나뭇잎을 먹기보다는 굶어 죽는다고 알려져 있다.[4] 다른 여러 경우들에서도 마찬가지다.

연계가 갖는 힘은 모든 사람이 인정하는 바다. 베인 씨는 "동시에 일어나거나 연달아 일어나는 행동, 감각, 그리고 느낌은 함께 발달하거나 서로 밀착되어 그 후 이들 중 어떤 하나가 마음에 떠오를 경우에 다른 것들이 쉽게 떠오른다."[5] 우리가 이루고자 하는 소기의 목적을 달성하기 위해 어떤 행동들이 쉽게 다른 행동들, 그리고 다양한 마음 상태와 연결된다는 사실을 충분히 깨달을 필요가 있으며, 이는 매우 중요하다. 때문에 나는 이와 관련한 상당히 많은 사례를 제시할 것인데, 먼저 인간에 관한 사례들을, 다음으로는 동물에 대한 사례들을 제시할 것이다. 일부 사례들은 매우 사소한 것이지만 그럼에도 우리가 파악하고자 하는 바를 적절히 파악하기 위해서는 다른 중요한 습관들 못지않게 중요하다. 사람들은 반복된 연습 없이, 한 번도 실행해 보지 않은 방향과 반대되는 방향으로 손발을 움직이는 것이 얼마나 어려운지, 심지어 불가능한지를 알고 있을 것이다. 감 각에서도 유사한 경우가 일어난다. 교차한 두 손가락 끝 밑에 구슬을 놓고 굴리는 평범한 실험이 그 예인데, 이 경우에 구슬이 마치 두 개 의 구슬처럼 느껴진다. 사람들은 모두 땅에 엎어질 때 팔을 벌려 자 신을 보호하는데, 앨리슨 교수가 지적했듯이 사람들은 대부분 자발 적으로 푹신푹신한 침대에 엎어질 때도 이와 같은 행동을 취하며, 이 처럼 행동하지 않을 수 있는 사람은 소수다. 사람들은 외출할 때 무 의식적으로 장갑을 낀다. 이는 매우 간단한 행동인 듯하지만, 아이 들에게 장갑 끼는 법을 가르쳐 본 사람이라면 이것이 전혀 그렇지 않 다는 사실을 안다.

마음이 크게 영향을 받게 될 경우, 신체 동작들 또한 이의 영향 을 받는다. 하지만 이 경우에 습관 외의 다른 원리, 즉 방향성을 가지 지 않는 신경력이 과도하게 분출되는 현상이 어느 정도 나타난다. 노 포크 공작은 월시 추기경을 언급하면서 다음과 같이 말한다.

> 머릿속에 무슨 이상한 혼란이 있는 모양으로,
> 입술을 깨무는가 하면 벌떡 일어서고,
> 갑작기 멈춰 서서 아래를 지켜보는가 하면
> 손가락을 이마에 갖다 대고,
> 다시 곧 분주하게 걷기 시작하는가 하면 또 곧 멈추어 서서
> 가슴팍을 치면서 눈을 치켜뜨고 달을 바라다보곤 했습니다.
> 아무튼 기묘한 행동이었습니다.
>
> —「헨리 8세」, 3막 2장

평범한 사람은 당혹스러울 때 흔히 머리를 긁적인다. 나는 그가 습관적으로 그렇게 행동한다고 생각한다. 마치 툭하면 머리가 가려운 사람이 다소 불편한 신체 감각이 느껴질 때, 구체적으로 말해 머리가 가려울 때 머리를 긁적여서 그 불편함을 해소하듯이 말이다. 또 다른 사람은 어쩔 줄 모를 때 눈을 부비고 당혹스러울 때 약간 기침을 한다. 이러한 상황에서 그들은 마치 눈 또는 기관(氣管)에 다소 불편함이 느껴지는 듯 행동한다.[6]

우리는 눈을 계속 사용하는데, 이러한 기관은 보이는 것이 아무것도 없어도 다양한 마음 상태에서 연계를 통해 유달리 쉽게 작동하는 경향이 있다. 그라티올레가 밝히고 있듯이, 어떤 제안을 강하게 거절하는 사람은 십중팔구 눈을 감고 고개를 돌려 버린다. 반면 제안을 받아들일 경우에 그는 눈을 크게 뜨고 긍정하면서 고개를 끄덕일 것이다. 후자의 경우에서 이 사람은 마치 무엇을 확실하게 보았다는 듯이 행동하며, 전자의 경우는 무엇을 보지 않았거나 보지 않으려는 듯 행동한다. 나는 무시무시한 광경을 묘사하는 사람들이 흔히 잠시 눈을 굳게 감거나 마치 불쾌한 무엇을 보지 않으려 하거나 몰아내려는 듯 머리를 흔들어 댄다는 사실을 발견했다. 나는 내 자신이 어둠 속에서 무서운 광경을 떠올릴 때 눈을 굳게 감는다는 사실을 파악하기도 했다. 어떤 대상을 갑자기 바라볼 때, 혹은 주변을 둘러볼 때, 사람들은 모두 눈썹을 치켜뜨는데, 이는 빠른 속도로 눈을 크게 뜨기 위함이다. 뒤셴은 무엇인가를 기억해 내려는 사람은 흔히 그것을 보려는 듯 눈썹을 치켜뜬다고 말한다.[7] 인도의 한 신사는 어스킨 씨에게 자기 나라 사람들도 그런다고 귀띔해 주었다. 나는 한 젊은 여성이 화가 이름을 기억해 내기 위해 애쓰는 장면을 목격한 적이 있는데, 그녀는 처음에는 천장의 한쪽 구석을 쳐다보다가, 이윽고 한쪽 눈썹을 활 모양으로 만들면서 반대쪽 구석 방향을 쳐다보았다. 물론 그곳에는 볼 것이 아무것도 없었다.

앞의 경우 대부분에서 우리는 어떻게 연계된 동작들이 습관을 매개로 습득되었는지 이해할 수 있다. 하지만 일부 개인들에게는 어떤 이상한 몸짓 혹은 버릇이 특정 마음 상태와 연결되어 나타나게 되었는데, 이는 전혀 설명할 수 없는 원인에 기인한, 의심의 여지없이 유전된 몸짓 내지 버릇이다. 나는 다른 곳에서 즐거운 느낌과 연결된 이례적이고 복잡한 몸짓에 대한 내 자신의 관찰 사례를 제시한 바 있다. 이는 다른 유사한 행동이나 몸짓과 함께 딸이 아버지로부터 물려받은 것이었다.[8] 어떤 것을 얻고자 하는 바람과 연결된 또 다른 이상한 유전된 동작이 있었는데, 이는 특이한 사례로 이 책에서 제시하게 될 것이다.

어떤 상황에서 습관과 무관하게 일상적으로 행해지는, 그리고 모방이나 어떤 종류의 공감에 영향을 받는 듯이 보이는 행동들이 있다. 예컨대 우리는 가위를 가지고 무엇인가를 자르는 사람들이 가위의 날과 함께 턱을 움직이는 모습을 볼 수 있다. 글쓰기를 배우는 아이들은 흔히 손가락이 움직일 때마다 혀를 우스꽝스러운 방식으로 휘감는다. 대중 가수가 갑자기 약간 귀에 거슬리는 소리를 내게 되면, 그 자리에 있는 많은 사람이 목청을 가다듬는 소리를 들을 수 있다. 이는 내가 신뢰할 수 있는 사람에게서 확인한 바다. 하지만 우리가 유사한 상황에서 헛기침을 해서 목청을 가다듬는다는 사실을 감안해 보았을 때, 여기서 역할을 하는 것은 습관이다. 나는 도약 경기 중 선수가 도약을 할 경우에 수많은 관중, 일반적으로 성인 남성들과 소년들이 발을 움직인다는 이야기를 들은 적도 있다. 여기서도 습관이 역할을 하는데, 여성들이 그처럼 행동할 것인지가 매우 의심스럽기 때문이다.

반사 작용

엄밀히 말해 반사 작용(reflex action)은 말초 신경이 흥분되어 나타난다. 말초 신경은 그 영향력을 특정한 신경 세포에 전달하며, 이러한 세포는 또다시 특정 근육 혹은 분비샘의 작동을 촉발한다. 흔히 이 모든 과정에는 우리의 어떤 감각 혹은 자각이 동반되지만 그렇지 않은 경우도 있다. 수많은 반사 작용들은 마음 상태를 매우 잘 나타내는데, 때문에 이 주제는 어느 정도 상세하게 고찰해 볼 필요가 있다. 우리는 이들 중 일부가 습관을 통해 만들어지는 행동들로 차츰 전환되며, 이들과 구분하기 힘들어진다는 사실도 살펴볼 것이다.[9]

기침과 재채기는 우리에게 익숙한 반사 작용의 사례들이다. 대개 아이들은 재채기를 통해 최초로 호흡을 하는데, 이는 수많은 근육의 협조 작용이 요구된다. 호흡은 어느 정도까지는 자발적이지만 대체로 반사 작용이다. 사람들은 의지의 관여 없이 매우 자연스레, 그리고 매우 훌륭한 방식으로 재채기를 한다. 복잡한 동작들 중 상당수는 반사 작용들이다. 이와 관련해 제시할 수 있는 가장 훌륭한 사례는 흔히 인용되는 목 잘린 개구리다. 물론 이러한 개구리는 느낄 수가 없고, 의식적으로 어떤 동작을 행할 수도 없다. 그럼에도 이러한 상태에 있는 넓적다리 하단에 산(酸)을 한 방울 떨어뜨릴 경우, 개구리는 같은 다리의 발로 이를 문질러 없애려 한다. 이 다리가 잘리면, 더 이상 이와 같은 행동을 할 수가 없다. "개구리는 몇 번 부질없는 노력을 하다가 이런 식으로 산을 없애려는 노력을 결국 포기하고, 플뤼거(Pfluger)가 말한 것처럼 마치 다른 방법을 찾는 듯 끊임없이 움직인다. 그러다가 마침내 다른 쪽 다리의 발을 사용해서 산을 문질러 제거하는 데 성공한다." 여기에서는 근육의 수축만이 일어나는 것이 아니라, 특별한 목적을 위해 적절한 순서로 결합된, 그리고 조화를 이룬 수축이 이루어지는데, 이는 주목할 만한 일이다. 이러한 행동은 어떤 동물이 지성의 인도를 받고, 의지의 추동을 받아서 보여 주는 바로 그런 모습인데, 여기서 개구리는 지성과 의지를 담당하는 기관이 제거된 상태다.[10]

헨리 홀랜드(Henry Holland) 경이 내게 알려준 바에 따르면 아주 어린 아이들은 어느 정도 기침이나 재채기와 유사한 반응을 보이지 못하는데, 우리는 이들에게서 반사 작용과 자발적 동작의 차이를 확인할 수 있다. 다시 말해, 어린 아이들은 코를 풀지(즉 코를 압착해 관을 통해 강하게 콧김을 내뿜지) 못하고, 가래가 걸려 있는 목구멍을 깨끗이 할 수 없는데, 이로부터 반사 작용과 자발적 동작의 차이를 확인할 수 있다는 것이다. 아이들은 이러한 행동을 배워야 하지만 나이가 들면서 거의 반사 작용처럼 쉽사리 행할 수 있다. 하지만 기침과 재채기는 의지를 통해 제한적으로만 통제되거나 전혀 통제되지 않는다. 반면 목

　　　　　　　　인간과 동물의 감정 표현

구멍을 깨끗이 하고 코를 푸는 것은 완전히 의지를 통해 마음대로 할 수 있다.

콧구멍 혹은 기관에 거슬리는 조각이 붙어 있다는 사실을 의식할 경우, 다시 말해 기침과 재채기를 할 때처럼 동일한 감각 신경 세포들이 자극되었을 경우, 우리는 의지를 통해 이러한 관(管)으로 강하게 공기를 불어넣음으로써 조각을 제거할 수 있다. 그렇다고 우리가 반사 작용 못지않은 힘과 속도, 그리고 정확성으로 이러한 작업을 수행할 수는 없다. 반사 작용의 경우에는 감각 신경 세포가 우선 대뇌 반구 — 이는 우리의 의식과 의욕을 담당하는 영역이다. — 와 소통함으로써 힘을 전혀 낭비하지 않고 운동성 신경 세포를 자극한다. 모든 경우에서 '의지의 규제를 받는 것'으로서의 반사 작용과 '반사 자극 요인에 의한 것'으로서의 동일한 작용은 이를 수행하는 힘, 그리고 이를 촉발하는 용이함이라는 측면에서 크게 대비된다. 클로드 베르나르(Claude Bernard)가 주장하듯이, "결론적으로 대뇌의 영향은 반사 작용을 방해하고, 그 힘과 범위를 제한하는 경향이 있다."[11]

의식적으로 반사 작용을 일으키려 할 때에는, 설령 적절한 감각 신경이 자극을 받는다고 해도 반사 작용이 일어나지 않거나 방해받는 경우가 간혹 있다. 예를 들어 수년 전 나는 코담배를 피울 때 항상 재채기를 했다고 밝혔던 10여 명의 젊은이들과 소액의 내기를 한 적이 있다. 나는 그들이 재채기를 하지 않을 것이라는 데 돈을 걸었다. 그들은 모두 소량의 코담배를 피웠는데, 너무나 이기고 싶었는지 눈에 눈물이 그득했음에도 아무도 재채기를 하지 않았고, 결국 나는 모두에게 예외 없이 내기에 건 돈을 지불해야 했다. H. 홀랜드 경은 삼키는 행동에 주의를 기울일 경우, 제대로 삼키는 데 방해를 받는다고 주장한다.[12] 일부 사람들이 알약을 다소 삼키기 힘들어하는 것은 바로 이와 같은 이유 때문일 수 있다.

눈의 표면을 건드리면 무의식적으로 눈을 감게 되는데, 이는 친숙한 반사 작용의 또 다른 사례다. 주먹이 얼굴을 향할 때도 이와 유사한 동작이 이루어진다. 하지만 이는 습관적인 동작이지 엄밀한 의미의 반사 작용은 아니다. 이렇게 말하는 이유는 그러한 자극이 마음을 통해 전달되지 말초 신경이 자극을 받아 전달되는 것은 아니기 때문이다. 주먹이 얼굴을 향하게 되면 일반적으로 몸 전체와 머리가 갑자기 동시에 뒤쪽으로 젖혀진다. 하지만 이처럼 뒤로 젖히는 동작은 급박한 위험으로 느껴지지 않을 경우에 나타나지 않을 수 있다. 하지만 이성이 우리에게 위험이 없다고 말해 주는 것만으로는 충분치 않다. 이를 적절히 보여 주는, 당시 흥미로웠던 사소한 사실 한 가지를 언급해 보겠다. 당시 나는 동물원에서 아프리카산 큰 독사가 나를 공격해도 뒤로 물러서지 않을 굳을 결심을 하고 두꺼운 유리창 가까이에 얼굴을 대고 뱀을 마주하고 있었다. 하지만 뱀이 공격을 가하자 내 결심은 순식간에 무너졌고, 놀라울 정도로 빠르게 1~2야드 뒤로 껑충 뛰어 물러섰다. 나의 의지와 이성은 그때까지 전혀 경험해 본 적이 없었던 위험하다는 느낌에 아무런 힘을 발휘할 수 없었다.

얼마만큼 크게 놀라는지는 상상이 얼마만큼 생생하게 이루어지는지, 그리고 일상적이건 일시적이건 신경계가 어떤 상태에 놓여 있는지에 어느 정도 좌우된다. 자신의 지친, 그리고 그렇지 않은 말이 놀라는 모습을 주의 깊게 살펴본 사람은 순간적으로 위험성을 의

　　　　　　　　　　　　　인간과 동물의 감정 표현

심하면서 어떤 예기치 못한 대상을 그저 힐끗 본 순간부터 빠르고 격렬하게 도약하기까지의 추이가 얼마나 완벽하게 이루어지는지를 확인할 수 있을 것이다. 말이 의식적으로 선회를 한다면 그렇게까지 빠르게 선회할 수는 없을 것이다. 잘 먹어서 힘이 넘치는 말의 신경계는 그 명령을 운동계로 매우 신속하게 전달하는데, 때문에 말에게는 닥친 위험이 실제적인 것인지를 생각해 볼 시간적 여유가 허용되지 않는다. 말이 한 번 크게 놀라서 흥분을 하게 되면 혈액이 뇌로 다량으로 흘러가는데, 이때 또다시 크게 놀라기 십상이다. 내가 지적한 바와 같이 이는 어린 아이들 또한 마찬가지다.

갑작스러운 소리로 청각 신경을 통해 자극이 전달되면 깜짝 놀라게 되는데, 이때 성인은 언제나 눈을 깜박인다.[13] 하지만 내가 관찰한 바에 따르면, 생후 2주가 채 지나지 않은 우리 아이들은 갑작스러운 소리에 깜짝 놀라기는 했어도 눈을 깜박이지 않았다. 내 기억에 깜박인 적이 없다. 더 나이가 많은 아이들이 깜짝 놀란다는 사실은 그들이 무엇인가가 떨어지면 안 된다는 것을 막연하게나마 이해했음을 분명 나타낸다. 나는 생후 114일이 된 우리 아이의 눈 가까이에서 종이 상자를 흔들어 보았는데, 전혀 눈을 깜박이지 않았다. 하지만 상자에 눈깔사탕을 몇 개 집어넣고 그 전과 동일한 위치에서 상자를 흔들었더니, 그때마다 아이는 눈을 격렬하게 깜박이면서 조금 놀랐다. 보호를 잘 받는 아이가 경험을 통해 눈 근처에서 나는 달그락거리는 소리가 위험을 시사한다는 것을 배우기란 불가능하다. 그런데 수많은 세대를 거치는 동안에는 나이가 들면서 서서히 이러한 경험을 쌓았을 것이다. 그리고 유전에 대한 지식에 비추어 보았을 때,

부모가 어떤 습관을 최초로 습득했을 때의 나이보다 더 이른 시기에 자손에게 그러한 습관이 전달된다고 생각하지 말아야 할 하등의 이유가 없다.

앞에서 이야기한 내용으로부터 추정해 보면, 아득히 먼 옛날에 의식적으로 행해졌던 일부 행동들은 습관, 그리고 연계를 통해 반사 작용으로 전환되었으며, 이들은 현재 매우 확고하게 우리에게 고정되어 유전되고 있다. 이에 따라 아주 먼 옛날에 의지에 의해 행해졌던 행동을 촉발했던 동일한 원인이 오늘날의 인류에게 작용하게 되면, 설령 별다른 도움이 되지 않을지라도,[14] 사람들이 그와 같은 행동을 하게 되는 것이다. 이 경우에 감각 신경 세포는 우리의 의식과 의욕이 의존하고 있는 세포들과 먼저 통하지 않고서 운동 세포를 자극한다. 원래 기침과 재채기는 민감한 기관으로부터 불편함을 주는 이물질을 가능한 한 강하게 몰아내려는 습관을 통해 습득되었을 가능성이 크다. 이러한 습관들이 생득적이 되거나 반사 작용으로 전환되기에 충분한 시간 그 이상이 흘렀다. 이렇게 말하는 것은 이러한 모습을 대부분의 혹은 모든 고등 네발 동물에서 흔히 살펴볼 수 있으며, 따라서 까마득히 먼 옛날에 최초로 습득되었을 것임에 틀림없기 때문이다. 왜 목구멍을 깨끗이 하려는 행동이 반사 작용이 아니며, 이에 따라 아이들이 배워야 하는지는 잘 모르겠다. 하지만 왜 손수건에 코풀기를 배워야 하는지는 알 수 있다.

머리 없는 개구리가 산 한 방울 혹은 다른 물체를 넓적다리에서 걷어내려고 할 때의 동작은 특별한 목적을 위해 매우 잘 협조가 이루어지는 동작인데, 나는 이것이 처음에는 의도적으로 이루어졌고, 그

후 오랫동안 지속된 습관을 통해 용이하게 이루어지게 되었으며, 마침내 무의식적으로든 대뇌 반구와 독립적으로든 행해질 수 있게 된 것이라고 믿지 않을 수 없다.

이와 유사하게, 깜짝 놀라는 행동도 아득히 먼 옛날 우리의 감각이 우리에게 경고하는 상황에서 가능한 한 최대한 빨리 위험으로부터 몸을 날려 달아나는 습관을 통해 습득된 듯하다. 앞에서 살펴본 바와 같이 깜짝 놀라는 행동에는 신체에서 가장 부드럽고 민감한 기관인 눈을 보호하기 위해 눈을 깜박이는 동작이 수반된다. 그리고 내 생각에 이러한 동작이 이루어질 때에는 급작스럽고 강하게 숨을 들이쉰다. 이는 진력(盡力)을 다하기 위한 자연스러운 준비 태세다. 그런데 사람이나 말이나 깜짝 놀라면 심장이 쿵쾅거린다. 심장이야말로 의지의 제어를 받지 않는, 신체 전반의 반사 작용에 관여하는 장기라고 말할 수 있다. 이 점은 다음 장에서 다시 다룰 것이다.

망막이 밝은 빛의 자극을 받으면 홍채가 수축하는데, 이는 처음에는 자발적으로 수행될 수 없었지만 습관을 매개로 정착된 동작의 또 다른 사례다. 이렇게 말하는 이유는 지금까지 의지를 통해 홍채를 의식적으로 통제한다고 알려진 동물은 확인된 바가 없기 때문이다. 이러한 경우에 대해서는 습관과 어느 정도 구분되는 별개의 설명이 필요하다.

밝은 빛이 망막을 자극했을 때 재채기가 나오는 경우처럼, 강한 자극을 받은 신경 세포에서 이와 연결된 또 다른 세포로 신경력이 방사되는 경우 또한 일부 반사 작용의 기원을 이해하는 데 도움이 될 수 있을 것이다. 이와 같은 유형의 신경력 방사가 최초의 자극을 경감시키는 경향의 어떤 동작을 야기했다고(예컨대 너무 많은 빛이 망막에 도달하는 것을 막기 위해 홍채가 수축하는 경우처럼) 가정해 보자. 이후 이러한 신경력의 방사는 자극 경감이라는 특별한 목적을 위해 이용되면서 변경되었을 수 있다.

모든 신체 구조와 본능이 그렇듯이, 반사 작용은 약간의 변이(variation)가 생길 가능성이 매우 큰데, 이 또한 주목해야 할 사실이다. 도움이 되는 매우 중요한 변이들은 보존되어 유전되는 경향이 있었을 것이다. 이처럼 일단 한 가지 목적을 위해 습득된 반사 작용은 후일 의지 혹은 습관과 무관하게 어떤 뚜렷한 목적에 활용될 수 있도록 변경되었을 수 있다. 이는 다른 수많은 본능에서 일어난 상황과 유사하다. 우리가 이렇게 생각할 충분한 이유가 있는데, 이렇게 말하는 이유는 일부 본능은 그저 오래 이어져 온, 물려받은 습관을 통해 발달되어 왔지만, 다른 고도로 복잡한 본능의 경우는 기존 본능의 변이가 보존되면서 — 다시 말해 자연 선택(natural selection)을 통해 — 발달되어 왔기 때문이다.

매우 불완전한 방식이었음을 잘 알고 있지만 지금까지 나는 꽤 상세하게 반사 작용이 획득되는 방식에 대해 논의했다. 이렇게 한 이유는 이들이 흔히 우리의 감정을 표현하는 동작과 연결되어 작동하기 때문이다. 나는 적어도 이들 중 일부가 욕구를 충족시키기 위해, 혹은 불쾌한 감각을 제거하기 위해 의지를 매개로 최초로 습득될 수 있었음을 보여 줄 필요가 있었다.

인간과 동물의 감정 표현

동물의 습관적인 동작들 중 연계된 것들

나는 이미 다양한 마음 혹은 신체 상태와 연결된 인간의 동작 사례들을 여럿 제시했다. 이들은 지금은 목적이 없지만 원래는 유용한 것이었고, 일부 상황에서는 여전히 유용하다. 이러한 사실은 매우 중요한데, 때문에 다음 논의에서 나는 동물에서 살펴볼 수 있는 유사한 경우를 상당수 제시할 것이다. 비록 이들 중 다수가 크게 중요한 것은 아니지만 말이다. 나의 목적은 일부 동작이 원래 뚜렷한 목적을 위해 수행되었고, 이들이 전혀 도움이 되지 않음에도 거의 동일한 상황에서 습관을 통해 완고하게 수행되고 있음을 보여 주는 것이다. 앞으로 살펴볼 대부분의 사례에서 경향성이 물려받은 것임은 동일 종의 모든 개체가 노소를 가리지 않고 동일한 방식으로 그와 같이 행동하고 있음을 통해 추론해 볼 수 있다. 우리는 이들이 흔히 순환을 이루는 매우 다양한 연결을 통해, 그리고 어떤 경우에는 잘못된 연결을 통해 촉발됨을 살펴볼 것이다.

일반적으로 개들은 카펫이나 다른 딱딱한 바닥에 가서 자고 싶으면 뒹굴뒹굴 구르면서 아무 의미도 없는 방식으로 앞발로 바닥을 긁어 댄다. 마치 풀을 뭉개고 땅을 파서 우묵한 장소를 만들려는 듯말이다. 이는 의심의 여지없이 개들의 조상이 풀이 무성한 평원이나 숲에서 살았을 때 하던 행동이다. 동물원(Zoological Gardens, 이 책에서 다윈이 언급하는 동물원은 런던 동물원을 말한다. — 옮긴이)에 있는 자칼, 아프리카 여우, 그리고 동종의 다른 동물들은 이와 같은 방식으로 밀짚을 다룬다. 하지만 그들에게 동물원은 다소 어색한 환경이다. 이에 따라 사육사들은 늑대들이 몇 달 동안 이러한 행동을 하는 것을 보고 난 후에는 이러한 행동을 본 적이 없다. 내 친구는 약간 정신없는 개 — 이러한 상황에 놓인 개는 특별히 무의미한 습관을 따르는 경향이 있을 것이다. — 가 잠자러 가기 전 카펫 위에서 열세 번에 걸쳐 뒹구는 모습을 본 적이 있다.

다수의 육식 동물들은 먹이를 향해 기어가다 돌진하거나 달려들 준비가 되면, 머리를 수그리고 몸을 웅크린다. 이는 한편으로는 자신을 숨기고, 다른 한편으로는 돌진할 태세를 취하기 위함인 듯하다. 이러한 습관의 과장된 모습이 오늘날의 포인터와 세터에게 유전되었다. 나는 서로 모르는 개 두 마리가 길가에서 만나면, 상대방을 먼저 본 개가 비록 100~200야드의 거리에서라도 일반적으로 머리를 숙이고 약간 웅크리거나 심지어 드러눕는 모습을 수차례 보았다. 비록 길이 훤히 트여 있고, 멀리 떨어져 있음에도 개는 자신을 감추기에, 그리고 돌진하거나 달려들기에 적절한 태도를 취하는 것이다. 모든 종류의 개들은 먹잇감을 뚫어지게 쳐다보면서 서서히 다가갈 때 그다음 발걸음을 조심스레 디디기 위해 자신의 앞발 중 하나를 꽤 오랫동안 구부리고 있다. 이는 포인터의 전형적인 특징이다. 일단 집중을 하게 되면 이들은 다른 상황에서도 습관에 따라 정확히 그러한 방식으로 행동한다. (그림 4) 나는 높은 벽 밑바닥에 서 있는 개를 한 마리 보았는데, 개는 한쪽 다리를 구부린 채 반대편에서 나는 소리를 유심히 듣고 있었다. 이 경우에 개가 조심스레 다가설 의도를 가지고 있었던 것은 아니었다.

흔히 개들은 배변을 한 뒤 네 다리로 뒤쪽에, 긁은 자국을 만들

그림 4. 탁자 위의 고양이를 보고 있는 작은 개. 레일란데르가 찍은 사진을 바탕으로 그린 것이다.

어 놓는데, 심지어 쇄석 포도(碎石鋪道)에도 이러한 자국을 남긴다. 이는 흙으로 배설물을 덮어 버리려는 듯한 행동으로, 고양이와 거의 동일한 방식의 행동이다. 동물원의 늑대와 자칼도 완전히 이와 동일한 방식으로 행동한다. 하지만 사육사들이 알려준 바에 따르면, 개와 다를 바 없이, 늑대, 자칼, 그리고 여우 또한 설령 배설물을 덮을 수 있는 수단이 있어도 그렇게 하지 않는다고 한다. 그럼에도 이들은 남은 음식을 파묻는다. 고양이가 나타내는 모습과 유사한, 앞에서 언급한 개의 습관이 갖는 의미를 적절하게 이해할 경우에(이는 의심의 여지가 거의 없는데) 우리는 더 이상 목적을 갖지 않게 된 습관적 동작의 잔재를 한 가지 확보하게 된다. 이는 태곳적 어떤 갯과 동물의 먼 선조가 뚜렷한 목적을 충족시키고자 따랐던, 엄청나게 오랜 시간 동안 유지되어 왔던 동작이다.

개와 자칼은 썩은 고기에 몸을 굴리고 목과 등을 비벼 대면서 커다란 즐거움을 느낀다.[15] 개는 썩은 고기를 먹지 않지만 그 냄새가 그들에게 즐거움을 주는 듯하다. 바틀렛(Bartlett) 씨는 나를 위해 늑대를 관찰해 주었는데, 그가 썩은 고기를 주었지만 늑대는 고기에 몸을 굴리는 모습을 보여 주지 않았다. 나는 자칼의 후손인 비교적 작은 개들과는 달리, 늑대에서 유래한 큰 개들은 썩은 고기 위를 구르는 경우가 드물다는 말을 들었고, 이를 사실이라고 생각했다. 한 번은 배가 고프지 않은 우리 집 테리어에게 갈색 비스킷을 준 적이 있는데, 테리어는 이를 주자마자 비스킷을 이리저리 뒤척이다가 마치 이것이 쥐 혹은 다른 먹잇감인양 물고 흔들어 댔다. (나는 이와 유사한 사례들에 대해 들은 적이 있다.) 이어서 테리어는 마치 비스킷이 썩은 고기 조각인

인간과 동물의 감정 표현

듯이 그 위에서 반복적으로 몸을 굴리다가 결국 이를 먹어치웠다. 이 상황에서 테리어는 마치 맛없는 비스킷을 맛있는 것으로 상상해야만 하는 듯이 보였다. 그리고 이러한 효과를 만들어 내기 위해 개는 습관적인 방식으로 행동을 했던 것이다. 테리어는 비스킷이 살아 있는 동물, 혹은 썩은 고기와 같은 냄새가 나는 것이 아니라는 사실을 우리보다 더 잘 알고 있었다. 그럼에도 개는 마치 비스킷이 썩은 고기인 양 행동했다. 나는 이 테리어가 작은 새나 쥐를 죽이고 난 후에도 동일한 방식으로 행동했던 경우를 본 적이 있다.

개는 뒷발을 신속하게 움직여 자신의 몸을 긁는데, 등을 막대기로 문질러 주면 습관이 매우 강렬하게 작용해 무용하고도 익살맞은 방식으로 허공이나 땅을 신속하게 긁어 댈 수밖에 없다. 방금 언급한 테리어는 이처럼 막대기로 긁어 줄 경우, 또 다른 습관적인 동작, 즉 마치 허공이 내 손인 양 허공에 대고 핥는 동작을 취함으로써 기쁨을 드러내곤 했다.

말은 이빨로 도달할 수 있는 신체 부위들을 조금씩 물어뜯는 방법을 통해 몸을 긁는다. 하지만 이보다는 말 한 마리가 긁어 주었으면 하는 자신의 부위를 다른 말에게 보여 주고, 그 말이 그 부위를 물어뜯어 주는 경우가 더 흔하다. 이 주제를 다루면서 나는 내 친구가 관심을 가졌던 사례를 가져왔는데, 내 친구가 말의 목을 문질러 주었을 때의 일이었다. 이때 말은 목을 불쑥 내밀고, 이빨을 드러내며 턱을 움직이는 모습을 보여 주었는데, 이는 정확히 다른 말의 목을 물어뜯어 주는 모습이었다. 이를 그렇게 생각했던 이유는 말은 결코 자신의 목을 물어뜯을 수 없기 때문이다. 말은 빗질을 해 줄 때처럼 아주 간지러워지면 무엇인가를 물어뜯으려는 바람이 참을 수 없을 정도로 강해진다. 이때 말은 자신의 이빨을 부딪쳐 딱딱 소리를 내며, 조련사를 심하진 않지만 깨문다. 그러면서 말은 습관을 통해 마치 다른 말과 싸우고 있기나 한 듯 물리지 않기 위해 귀를 머리에 붙인다.

말이 길을 떠나고 싶어할 때는 발을 구르며 짧게 달리는 동작을 반복하곤 한다. 또한 사료를 주려고 할 때 마구간의 말이 견딜 수 없을 정도로 옥수수가 먹고 싶어지게 되면 포장된 바닥이나 밀짚을 발로 찬다.

내 소유의 말 두 마리도 이웃의 말에게 제공되는 옥수수를 보거나 그 소리를 들었을 때 이처럼 행동했다. 여기서 우리는 사실상 참된 표현이라 부를 수 있는 바를 접하게 된다. 이렇게 말하는 것은 바닥을 차는 것이 대개 몹시 하고 싶어함의 징표로 파악되기 때문이다.

고양이들은 자신들의 대소변을 흙으로 덮는다. 내 할아버지는 새끼 고양이가 난로에 쏟아진 소량의 물에 재를 뿌리는 모습을 보았다.[16] 이는 이전의 행동이나 냄새 때문이 아니라, 눈으로 본 것 때문에 습관적 혹은 본능적 행동이 잘못 촉발된 경우다. 고양이들이 발을 적시기 싫어한다는 것은 잘 알려진 사실이다. 아마도 이는 원래 그들이 이집트의 건조한 지역에 살았기 때문일 것이다. 이에 따라 고양이들은 발이 젖을 경우에 발을 거칠게 흔들어 댄다. 내 딸이 새끼 고양이의 머리 근처에서 물을 컵에 따른 적이 있다. 그러자 고양이는 곧장 평상시의 방식으로 다리를 흔들어 댔다. 이는 촉각 대신 연계된 소리 (associated sound) 때문에 습관적인 동작이 잘못 촉발된 경우다.

새끼 고양이, 강아지, 새끼 돼지, 그리고 아마도 수많은 다른 어

인간과 동물의 감정 표현

린 동물들은 두 앞발을 번갈아 가며 이용해 어미의 젖샘(유선)을 밀친다. 이는 더 많은 젖이 분비되거나 흐르게 하기 위함이다. 고양이들은 따뜻한 숄이나 다른 부드러운 것에 편안히 누워 있을 경우, 앞발을 번갈아 이용해 조용히 이를 탕탕 치는데, 이러한 모습은 어린 고양이들에게 매우 흔하고, 나이 든 평범한 종의 고양이와 페르시아 종(일부 박물학자들은 이들을 별종이라 생각한다.)의 고양이에게서도 드문 일이 아니다. 이러한 행동을 할 때 고양이들은 발가락을 활짝 펴고 발톱을 살짝 드러내는데, 이는 어미의 젖을 빨 때의 바로 그 모습이다. 흔히 고양이들은 그와 같은 동작을 취하면서 숄을 입으로 가져가 빨며, 일반적으로 눈을 감고 기분이 좋아져서 가르랑거리는데, 우리는 이를 통해 이것이 동일한 목적의 동작임을 분명히 파악할 수 있다. 일반적으로 이와 같은 흥미로운 동작은 따뜻하고 부드러운 표면에 대한 감각과 연결되는 경우에만 촉발된다. 그럼에도 나는 나이 든 고양이가 등을 긁어 줘서 기분이 좋아지자 동일한 방식으로 허공을 향해 두 발로 치는 동작을 나타내는 모습을 본 적이 있다. 결국 이와 같은 행동은 거의 즐거운 느낌을 드러내는 표현이 되었다.

지금까지 나는 빠는 행동에 대해 언급했다. 덧붙여 이야기하자면 빠는 행동은 복잡한 동작으로, 앞발을 교대로 내미는 행동과 마찬가지로 반사 행동이다. 이렇게 말하는 이유는 뇌의 앞부분을 제거한 강아지 입에 우유를 묻힌 손가락을 넣어도 강아지는 이러한 동작을 나타내기 때문이다.[17] 최근 프랑스에서 오직 후각을 통해서만 빠는 행동이 촉발된다는 연구 결과가 나왔는데, 만약 그렇다면 후각 신경이 훼손되었을 경우, 강아지는 빠는 행동을 전혀 나타내지 않을 것이다. 이와 마찬가지로 부화한 지 몇 시간이 지났을 뿐인 병아리는 부리로 작은 먹을거리를 들어 올리는 놀라운 능력을 발휘하는데, 이러한 동작은 청각을 통해 행동으로 옮기기 시작하게 되는 듯하다. 이렇게 말하는 이유는 어떤 훌륭한 관찰자가 확인한 것처럼, "어미 닭이 내는 소리를 흉내 낸, 손톱으로 판자를 두드려 내는 소리를 이용해 인공 열로 부화된 병아리에게 먹을거리를 쪼아 먹는 방법을 최초로 학습"[18]시켰기 때문이다.

습관적이면서 목적이 없는 동작의 또 다른 사례를 하나만 더 들어보도록 하자. 흑부리오리는 파도가 물러간 모래사장에서 먹을거리를 구하는데, 지렁이 똥이 발견되면 "발로 바닥을 두드리기 시작하는데, 이때 오리는 마치 춤을 추듯 그런 동작을 보여 준다." 이와 같은 동작의 결과로 지렁이가 밖으로 나오게 된다. 세인트 존(St. John) 씨에 따르면 자신의 길들인 흑부리오리가 먹을거리를 달라고 다가올 때면 조급해하면서 빠르게 땅바닥을 두드린다.[19] 이러한 사실로 미루어 보았을 때, 그러한 행동은 거의 배고픔의 표시로 간주해도 될 것이다. 바틀렛 씨는 플라밍고와 카구(Kagu, Rhinochetus jubatus)가 배고플 때면 특이한 방식으로 다른 오리들과 동일하게 발로 바닥을 두드린다고 알려 주었다. 물총새 또한 잡은 고기를 죽을 때까지 계속 패대기친다. 동물원에서는 간혹 그들에게 날고기를 제공하는데, 이때 물총새는 이를 삼키기 전에 항상 패대기친다.

나는 지금까지 첫 번째 원리가 참임을 충분히 보여 주었다고 생각한다. 이러한 원리는 감각, 욕구, 불호 등이 오랜 세대를 거치면서 어떤 자발적인 동작으로 자리 잡게 되면, 이와 동일한 감각, 혹은 이

　　　　　　　　　　　인간과 동물의 감정 표현

와 매우 유사하거나 연계된 감각 등이 경험되는 상황에서(매우 약해도) 이와 유사한 동작을 수행하려는 경향이 거의 확실하게 촉발된다는 것이었다. 심지어 이러한 동작은 그 상황에서 전혀 유용성이 없어도 촉발된다. 이와 같은 습관적인 동작들은 흔히, 혹은 일반적으로 후대로 이어진다. 이들은 반사 작용과 다르지만 그 차이가 크지는 않다. 나는 뒤에서 인간의 특별한 표정을 다루면서 이 장의 도입부에서 언급한 첫 번째 원리의 후반부가 타당하다는 사실을 밝혀낼 것이다. 다시 말해 습관에 따라 특정 마음 상태와 연계된 동작들이 의지 때문에 어느 정도 억압을 받는다고 해도, 순전히 비자발적인 근육들, 그리고 개별적으로 의지의 통제를 거의 받지 않는 근육들이 여전히 움직여지기 쉽다는 사실을 보여 줄 것이다. 대개 이 동작들은 마음을 매우 잘 표현한다. 이와 반대로, 의지가 일시적으로든 영구적으로든 힘을 제대로 발휘하지 못하는 상황이 되면 불수의근보다 수의근이 먼저 작동하지 않게 된다. C. 벨 경은 "뇌에 문제가 생겨 무기력증이 나타나면, 자연 상태에서 의지의 명령을 가장 잘 따르는 근육이 가장 크게 영향을 받는다."[20]라고 주장하는데, 이것은 병리학자들이 주지하고 있는 바다. 이어지는 장들에서 우리는 첫 번째 원리에 포함되어 있는 또 다른 명제, 즉 하나의 습관적인 동작을 막으려면 다른 사소한 동작이 필요한 경우가 간혹 있다는 명제를 고찰해 볼 것이다. 이때 이러한 사소한 동작들은 표현의 수단으로 활용된다.

2장

표현의 일반 원리 — 계속

반대의 원리는 상반되는 충동 하에서
의식적으로 행해지고 있는 반대 행동으로부터
탄생하지 않았다.

이제 두 번째 원리인 반대의 원리에 대해 고찰해 보자. 앞 장에서 살펴본 바와 같이 일부 마음 상태는 과거에, 혹은 지금도 여전히 도움이 되는 어떤 습관적인 동작으로 이어진다. 그런데 이와 정반대의 마음 상태가 촉발될 경우, 우리는 정반대의 특징을 갖는 동작을 강하고도 무의식적으로 수행하려는 경향이 나타남을 발견하게 된다. 비록 지금껏 도움이 된 적이 없었다고 하더라도 이와 같은 동작을 하게 되는 것이다. 나는 인간의 특별한 표정을 다루면서 반대의 원리와 관련된 인상적인 사례들을 몇 가지 제시하게 될 것이다. 하지만 인간의 '생래적이거나 보편적인, 그리하여 유일하게 참된 것으로 간주되어야 할 표정'과 '관습적인 혹은 인위적인 몸짓과 표정'은 유달리 혼동되기 쉽다. 이에 따라 이 장에서는 거의 하등동물에 대해서만 이야기하도록 하겠다.

어떤 개가 모르는 개나 사람에게 화가 나거나 적의를 가지고 접근할 때는 몸을 꼿꼿하게 세우고 매우 경직되게 걷는다. 이 상황에서 개는 머리를 약간 들어 올리거나 크게 수그리지 않는다. 경직된 꼬리는 빳빳하게 서 있고, 털, 특히 목과 등의 털이 곤두선다. 세워진 귀는 앞을 향해 있으며, 눈은 상대를 뚫어지게 바라본다. (그림 5와 그림 7) 지금부터 설명할 것이지만, 이는 적을 공격하려는 개의 의도에 이어지는 동작들이며, 이에 따라 상당 부분 그 행동의 의도를 파악할 수 있다. 개가 적을 향해 사납게 으르렁거리며 달려들 태세를 갖출 경우, 송곳니를 드러내며 귀를 뒤쪽으로 향하게 하고 머리에 바짝 붙인다. 하지만 여기에서 우리의 관심사는 이와 같은 행동이 아니다.

그런데 개가 다가서려는 대상이 모르는 사람이 아니라 주인임을 갑자기 알게 되었다고 가정해 보자. 이때 개의 태도가 얼마나 완벽하고도 즉각적으로 바뀌는지를 살펴볼 필요가 있다. 개는 몸을 꼿꼿하게 세우고 걷는 대신 몸을 밑으로 떨구거나 심지어 웅크리기도 하며, 굽이치는 동작을 보여 준다. 개는 꼬리를 경직되게 빳빳하게 들어 올리는 대신, 아래로 내리고 살랑살랑 흔들어 댄다. 털은 곧바로 부드러워지며, 귀를 낮추고 뒤쪽으로 향하게 하기는 하지만 머리에 붙을 정도까지 낮추진 않는다. 입술은 축 처진다. 이때 개는 귀를 뒤로 젖힘으로써 눈꺼풀이 길게 늘어지는데, 이 때문에 눈은 더 이상 동그랗고 응시하는 모습이 아니다. 개가 이러한 모습을 보일 경우에 기쁨에 들떠 있는 것인데, 이 경우에 신경력이 과도하게 산출되고 이것이 자연스레 일정 유형의 행동으로 이어지게 된다. 방금 언급한 동작들은 애정을 확실하게 드러내는 것들인데, 이는 개에게 전혀 직접적으로 도움이 되지 않는다. 내 생각에 이 동작들은 개들이 어떤 납득이 가는 이유로 싸우려 할 때 확인되는, 그래서 결과적으로 분노를 표현하는 수단으로 파악되는 태도나 움직임과 완전히 상반되거

인간과 동물의 감정 표현

그림 5. 적의를 가지고 또 다른 개에게 접근하
는 개의 모습. 리비에르의 그림.

그림 6. 애정을 담은 마음 상태의, 자신을 낮춘
개의 모습. 리비에르의 그림.

그림 7. 그림 5와 동일한 마음 상태의
잡종 셰퍼드의 모습. 메이의 그림.

그림 8. 주인에게 몸을 비벼 대는
동일한 개의 모습. 메이의 그림.

나 반대되는 동작이라 해야만 설명이 가능하다. 네 장의 그림을 보라. 이 그림들은 두 가지 마음 상태에 있는 개의 모습을 생생하게 전달하기 위해 그린 것이다. 개가 주인에게 몸을 비벼 대면서 꼬리를 살랑거리는, 애정을 담은 마음 상태를 나타내기란 결코 쉬운 일이 아니다. 그 이유는 그러한 표현의 핵심은 계속되는 요동 동작(flexuous movement)에 있기 때문이다.

이번에는 고양이로 화제를 돌려 보자. 고양이는 개가 위협을 할 경우, 놀라운 방식으로 등을 활처럼 구부리고, 털을 추켜세우며, 입을 열고 짧게 성난 소리를 낸다. 하지만 여기서의 관심은 우리가 잘 알고 있는, 이와 같은 분노와 결합된 실제적이고 인지 가능한 강한 위험으로 인해 발생하는 공포를 표현하는 태도가 아니고, 격노 혹은 분노를 표현하는 태도에 국한된다. 고양이가 이러한 표현을 빈번하게 나타내는 것은 아니다. 그럼에도 이러한 표현은 두 고양이가 싸움을 벌일 때 관찰할 수 있다. 나는 어떤 아이가 성가시게 굴었을 때 성난 고양이가 이러한 모습을 적절히 드러내 보여 주었던 경우를 목격한 바가 있다. 이러한 태도는 불안해서, 혹은 먹을거리를 두고 으르렁거리는 호랑이의 모습과 거의 동일하다. 사람들은 이러한 모습을 이동식 동물원에서 본 적이 있을 것이다. 고양이는 싸우려 할 때 자세를 웅크려 몸을 크게 보이려 한다. 이때 고양이의 꼬리는 전체가 혹은 오직 끝만 이리저리 살랑거리거나 말려 있다. 털은 조금도 곤두서 있지 않다. 여기까지는 고양이의 태도와 동작이 먹잇감에게 달려들 태세를 갖추었을 때, 그리고 말할 것도 없이 몹시 사나워졌을 때와 거의 동일하다. 하지만 싸울 태세를 갖추었을 때는 다음과 같은

인간과 동물의 감정 표현

차이가 있다. 즉 고양이는 귀를 뒤쪽으로 바짝 젖히고, 입을 약간 벌린 채 이빨을 보여 준다. 고양이는 발톱을 세운 채 간헐적으로 앞발을 휘두르며, 사납게 으르렁거리는 소리를 내기도 한다. (그림 9와 그림 10) 이들은 모두, 혹은 거의 모두 적을 공격하는 고양이의 방식과 의도로부터 자연스레 나오는 행동들이다. (이 행동들에 대해서는 뒤에서 설명할 것이다.)

이번에는 애정 어린 느낌으로 주인에게 몸을 비벼 대는, 정반대의 마음 상태에 있는 고양이를 살펴보자. 이때 고양이의 태도가 모든 측면에서 얼마나 상반되는지 주목해 보자. 고양이는 등을 다소 활 모양으로 구부린 채 몸을 곧추세우는데, 이로 인해 털이 다소 거칠게 보이게 되지만 그렇다고 털이 곤두서는 것은 아니다. 또한 이때 고양이는 꼬리를 한껏 펼치고, 좌우로 살랑거리는 대신 위로 수직으로 뻣뻣하게 세운 모습을 유지한다. 귀는 뾰족하게 세우고 입을 다문다. 그리고는 으르렁거리는 대신 가르랑거리면서 주인에게 몸을 문지른다. 애정을 느낄 때 고양이의 전체 모습이 개와 얼마나 많이 다른지 관찰해 보라. 개는 몸을 웅크리고 요동을 치며, 꼬리를 내리고 살랑거리며, 귀를 머리에 붙인 채 주인에게 몸을 비벼 댄다. 동일한 마음 상태, 즉 만족스러워하며 애정을 느낄 때 두 육식 동물이 보여 주는 태도와 동작은 대비된다. 내가 생각하기에 이는 두 육식 동물들이 사나워지면서 싸우려고 하거나 먹잇감을 낚아챌 태세를 갖추었을 때 자연스레 취하는 동작들과 정반대에 놓인 동작이라고 해야만 설명이 가능하다.

개와 고양이의 이러한 사례에서 적의와 애정의 몸짓이 생래적

그림 9. 사나워져서 싸울 준비가 된 고양이. 우드 씨의 그림.

그림 10. 애정을 느끼는 상태의 고양이.
우드 씨의 그림.

　　　　　　　　　　　　　　　　인간과 동물의 감정 표현

이거나 물려받은 것이라고 믿을 만한 충분한 이유가 있다. 이렇게 말하는 이유는 그러한 몸짓이 동일 종의 다른 품종에서, 그리고 노소를 막론하고 동일 종의 모든 개체들에서 거의 동일하게 나타난다고 해도 과언이 아닐 정도이기 때문이다.

다음은 또 다른 표현에서 살펴볼 수 있는 반대의 원리의 사례다. 이전에 나는 큰 개를 한 마리 키웠는데, 다른 모든 개처럼 산책 나가길 매우 즐겼다. 개는 내 앞에서 발을 높이 들고 완만하게 총총걸음을 하면서, 또한 머리를 많이 들고, 적당히 귀를 세우고, 꼬리를 높이 들긴 하되 빳빳하게 들지는 않으면서 자신의 즐거움을 표현했다. 우리 집에서 멀지 않은 곳의 오른쪽으로 갈림길이 나오고, 그 끝에는 온실이 있었는데, 나는 실험 식물들을 관찰하기 위해 그곳을 잠깐씩, 종종 방문하곤 했다. 이러한 방문은 개에게 항상 커다란 실망감을 주었는데, 그 이유는 개가 이러한 방문으로 인해 산책이 중단될 수 있다고 생각했기 때문이다. 그리하여 내 몸이 조금이라도 그 길로 틀어지면(나는 이를 시험 삼아 간혹 시도해 보았다.) 이때 개의 표정은 곧장, 그리고 완전하게 바뀌었는데, 이는 나를 웃음 짓게 했다. 개의 실의 (dejection)에 빠진 모습은 모든 가족이 알게 되었고, 우리는 이때 짓는 개의 표정을 "온실 얼굴"이라고 불렀다. 이는 머리를 많이 수그리고, 다소 가라앉은 상태에서 몸 전체를 움직이지 않는 모습이었다. 이때 개는 갑작스레 귀와 꼬리를 떨구었지만 꼬리는 전혀 흔들지 않았다. 귀와 커다란 턱을 떨구면서 그의 눈 모습은 현저하게 변했고, 나는 눈이 덜 빛난다는 생각이 들었다. 이때 보여 주는 개의 모습은 측은하게 느껴졌고, 아무런 희망 없이 실의에 빠진 모습이었다. 하지만 내가 앞에서 말했듯이 이는 그 원인이 사소했기 때문에 우스웠다. 개의 세부적인 태도는 이전의 즐거우면서도 당당한 모습과는 정반대였다. 이는 반대의 원리 말고는 다른 방식으로 설명할 수 없는 듯하다. 만약 변화가 즉각적으로 일어나지 않았다면, 나는 인간의 경우와 마찬가지로, 이를 신경계와 신경 순환, 그리고 결과적으로 개의 전체 근육 상태에 영향을 주는 언짢은 마음 탓이라고 생각했을 것이다. 실제로 이는 개가 보여 준 표현의 일부 원인일 수 있다.

이제 표현에서의 반대의 원리가 어떻게 나타나게 되었는지를 고찰해 보자. 사회적 동물에게는 다른 종이나 이성, 그리고 노소 간의 의사 소통뿐 아니라 동일 공동체 내의 성원들과 상호 의사 소통을 할 수 있는 능력이 매우 중요하다. 의사 소통은 일반적으로 목소리를 매개로 이루어지지만 몸짓과 표현 또한 서로 어느 정도 이해할 수 있음이 분명하다. 인간은 비분절적인 소리, 몸짓, 그리고 표현을 사용할 뿐만 아니라, 분절어를 발명하기도 했다. 만약 '발명'이라는 단어가 무수한 단계를 거쳐 완성된, 반의식적(half-consciously)으로 만들어진 어떤 과정에 적용될 수 있다면 말이다. 원숭이를 본 사람이라면 그들이 서로의 몸짓과 표현을 완벽하게 이해한다는 것을 의심하지 않을 것이다. 요하네스 루돌프 렝거(Johann Rudolf Rengger) 씨가 주장하는 바와 같이,[1] 그들은 인간의 몸짓이나 표현 또한 상당 정도 이해할 수 있다. 다른 동물을 공격하려 하거나 두려워하는 동물은 털을 곧추세워서 몸집을 부풀리고, 이빨을 보여 주거나 뿔을 휘두르며, 거친 소리를 냄으로써 자신을 무섭게 만드는 경우가 흔하다.

상호 의사 소통 능력은 분명 수많은 동물에게 큰 도움이 된다.

인간과 동물의 감정 표현

때문에 이미 특정 감정 표현에 쓰이고 있는 몸짓과 명백히 상반되는 성질의 몸짓이 처음에는 이와 상반되는 감정 상태의 영향을 받으면서 의식적으로 사용되었다고 가정해도 별다른 문제가 없다. 그러한 몸짓들이 오늘날 생래적이라는 사실을 들어 그것들이 오래전 과거에 의도적이었다는 생각이 잘못되었다고 말할 수는 없을 것이다. 그 이유는 수많은 세대 동안 반복적으로 행해졌을 경우, 그러한 몸짓이 마침내 유전될 것이기 때문이다. 그럼에도 곧 살펴볼 것이지만, 우리가 현재 반대의 원리라는 주제로 다루고 있는 경우들 중 어떤 것이 이와 같은 방식으로 유래했는지는 확실함과는 거리가 멀다.

귀가 들리지 않은 사람들과 말을 못 하는 사람들, 그리고 미개인들이 사용하는 것과 같은, 생래적이지 않은 관례적인 몸짓(sign)들의 경우는 반대의 원리 혹은 상반 원리가 어느 정도까지만 작동된다. 시토 수도회 수사들은 말하는 것을 죄라고 생각했지만, 어느 정도의 의사 소통은 피할 수 없었기 때문에 몸짓 언어를 개발했는데, 아마도 여기에는 반대의 원리가 활용되었을 것이다.[2] 엑세터(Exeter) 언어 장애인 시설의 스콧(Scott) 박사에 따르면, "반대말은 이에 대한 탁월한 감각을 가진 언어 장애인들을 교육할 때 매우 유용하게 사용된다." 그럼에도 나는 확실한 사례를 별로 제시할 수 없다는 사실에 놀랐다. 이는 모든 몸짓이 공통적으로 어떤 자연적인 기원을 가지고 있다는 사실을 통해, 그리고 청각 장애인, 언어 장애인, 그리고 미개인이 신속성을 위해 최대한 몸짓을 줄여서 사용하려는 관행이 있다는 사실을 통해 어느 정도 설명이 가능하다.[3] 이에 따라 그러한 몸짓들의 자연적 유래 혹은 기원은 의심스러워지거나 완전히 사라지게 되는 경우가 허다하다. 분절어의 경우도 마찬가지다.

대비되는 다수의 몸짓들은 각기 뚜렷한 기원을 가지고 있는 듯하다. 청각 장애인과 언어 장애인이 명암이나 강약을 표현할 때 사용하는 몸짓은 이러한 점을 잘 보여 준다. 이어지는 장에서 나는 긍정과 부정의 상반되는 몸짓, 즉 고개를 끄덕이고, 머리를 좌우로 흔드는 것이 자연스레 시작되었을 가능성이 크다는 사실을 보여 주고자 할 것이다. 일부 미개인들은 손을 좌우로 흔드는 것을 부정의 표시로 사용하는데, 이는 머리를 흔드는 것을 흉내 내면서 만들어졌을 수 있다. 하지만 긍정의 수단으로 쓰이는 얼굴에서부터 직선으로 손을 흔드는 정반대의 동작이 반대의 원리를 통해 만들어지게 되었는지 아니면 어떤 상당히 다른 방식으로 만들어졌는지는 분명하지 않다.

이제 동일 종의 모든 개체에게 생래적이거나 공통적이고 현재 우리가 고찰하고 있는 반대의 원리라는 주제에 포함되는 몸짓들에 대해 살펴보자. 이들 중에서 어떤 것이 처음에 의도적으로 만들어졌고 의식적으로 행해졌는지에 대해서는 전혀 확실치 않다. 인간의 경우, 다른 동작들과 정반대의 몸짓이면서, 반대되는 마음 상태에서 자연스레 표현될 것으로 가정되는 최선의 사례는 어깨를 으쓱하는 것이다. 이는 불능감(impotence) 혹은 유감을 표현한다. 다시 말해 행할 수 없는 무엇, 혹은 피할 수 없는 무엇을 표현하는 것이다. 이러한 몸짓은 의식적이면서 자발적으로 사용되기도 한다. 하지만 이것이 처음에 의도적으로 만들어졌고 습관을 통해 정착되었을 가능성은 매우 작다. 그것은 어린 아이도 이러한 마음 상태에서 어깨를 으쓱할 뿐 아니라, 이 문제에 유달리 관심을 가지지 않으면 1,000명에 한 명

인간과 동물의 감정 표현

도 의식하지 못할, 이에 수반되는 여러 동작을 하기 때문이다. 이에 대해서는 이어지는 장에서 살펴보게 될 것이다.

모르는 개에게 접근하는 개들은 동작을 통해 자신들이 우호적이며, 싸우고 싶어 하지 않는다는 사실을 보이는 편이 유용하다고 여길 수 있다. 놀고 있는 어린 개 두 마리가 으르렁거리면서 서로의 얼굴과 다리를 깨물 때, 그들은 서로의 몸짓과 태도를 서로 이해하고 있음이 명백하다. 실제로 강아지와 새끼 고양이는 놀 때 자신들의 날카롭고 작은 이빨 혹은 발톱을 아무렇게나 사용해서는 안 된다는 본능적인 지식을 어느 정도 갖추고 있는 듯하다. 물론 이를 사용하는 경우가 간혹 있으며, 그 결과 비명을 지르기도 하지만 말이다. 그렇게 하지 않을 경우에 그들은 종종 서로의 눈에 상처를 입힐 것이다. 우리 집에서 키우는 테리어가 장난으로 내 손을 물 때를 보면 그렇게 하면서 으르렁거리는 경우가 흔한데, 너무 세게 물어 내가 살살 물라고 말하는 데도 계속 무는 경우가 있다. 이때에는 "걱정 마요. 다 장난이에요."라고 답하듯 몇 번 꼬리를 흔들어 댄다. 이처럼 개들은 다른 개들과 사람들에게 자신이 우호적인 마음 상태에 있음을 표현하고 표현하고자 한다. 하지만 개들 스스로가 귀를 세우기보다는 뒤로 당겨서 바짝 붙이고, 꼬리를 뻣뻣하게 세우는 대신 내려서 흔드는 것이 사나운 기분일 때 취하는 몸짓과 상반된다는 사실을 알고 있고, 이 때문에 이러한 몸짓을 의도한다고 상상할 수는 없다.

고양이나 고양잇과 옛 조상 또한 마찬가지다. 이들은 친근감을 느끼면 등을 활처럼 휘고, 꼬리를 수직으로 치켜세우며, 귀를 세운다. 반면에 싸울 준비가 되었거나 먹잇감에 달려들려고 할 때는 꼬리를 좌우로 살랑거리며 귀를 바짝 붙이고 웅크린 자세를 취한다. 그런데 고양이가 자신들이 느끼는 마음과 정반대되는 몸짓을 의식적으로 표현하기를 원하는 것이라고 믿을 수 있을까? 우리 개가 앞서 취했던 유쾌한 태도 및 전체적인 거동과 완전히 대조되는 모습인 낙담한 태도와 '온실 얼굴' 모습을 의도적으로 취했다고 믿기는 더욱 어렵다. 내가 자신의 표정을 이해할 수 있음을 그가 알고 있고, 그가 이렇게 해서 내 마음을 누그러뜨려서 온실 방문을 포기하도록 만들 수 있음을 알고 있다고 생각할 수는 없는 것이다.

이렇게 보았을 때, 반대의 원리로 설명할 수 있는 동작이 발달하는 데는 의지와 의식과는 별개의 어떤 다른 원리가 개입하고 있음이 분명하다. 그 원리는 다음과 같은 것일 듯하다. 우리가 평생에 걸쳐 의도적으로 수행한 모든 동작은 특정한 근육의 움직임을 필요로 했다. 그리고 이와 정반대의 동작을 수행했을 경우, 일련의 정반대 근육들이 습관적으로 움직였다. 예컨대 왼쪽으로 돌거나 오른쪽으로 돌 때, 물체를 밀어내거나 우리 쪽으로 당길 때, 그리고 무거운 물건을 들어 올리거나 내릴 때 근육들이 그와 같이 움직였던 것이다. 우리가 어떤 물체를 어떤 방향으로 움직이길 몹시 원할 경우, 설령 우리가 아무런 영향력을 발휘할 수 없음을 잘 알고 있다고 하더라도 몸이 동일한 방향으로 움직이는 것을 피하기 어렵다. 이는 우리의 의도와 동작이 매우 강하게 연결되었기 때문에 나타나는 현상이다. 이 책의 「서론」에서 언급한 젊고 열정적인 당구 선수가 공의 궤적을 보면서 취했던 기이한 동작은 이 문제에 대한 훌륭한 사례다. 일반적으로 화가 난 성인이나 아이가 누군가에게 큰소리로 가 버리라고 고함

인간과 동물의 감정 표현

을 칠 경우, 그는 마치 그들을 밀치기라도 하듯 자신의 팔을 움직인다. 비록 화를 나게 만든 사람이 가까이 서 있지 않아도, 그리고 몸짓을 통해 의미하고자 하는 바가 무엇인지를 전혀 설명할 필요가 없는데도 말이다. 반면 누군가가 가까이 다가오기를 몹시 바랄 경우, 우리는 그를 우리 쪽으로 잡아당기는 듯이 행동한다. 이는 다른 무수한 사례에서도 마찬가지다.

서로 반대되는 의지의 충동에서 행해지는 서로 반대되는 유형의 일상적인 동작은 우리와 동물의 습관으로 자리 잡았다. 이에 따라 한 종류의 행동이 어떤 감각이나 감정과 굳게 연결되면서 정반대 유형의 행동을 하게 되는데, 이는 자연스럽게 느껴진다. 이는 아무런 소용이 없어도, 정반대의 감각이나 감정의 영향을 받으며 습관과 연결을 통해 무의식적으로 행해진다. 오직 이러한 원리를 통해서만 반대의 원리에 포섭되는 몸짓과 표현이 어떻게 유래했는지를 이해할 수 있다. 만약 이들이 비분절적인 소리나 언어의 도움을 받아 인간과 다른 동물들에게 실제로 유용한 기능을 발휘했다면, 이들은 의도적으로도 활용되었을 것이며, 그러한 습관은 그렇게 강화되었을 것이다. 하지만 유추를 통해 판단해 보건대, 반대의 감각 혹은 감정 아래에서 반대의 동작을 수행하려는 경향은 의사 소통 수단으로의 유용성 여부와 무관하게, 오랜 실천을 통해 유전되는 특성으로 자리 잡게 되었을 것이다. 반대의 원리에 기인한 여러 표현 동작들이 유전되었음은 의심의 여지가 있을 수 없다.

3장

표현의 일반 원리 — 결론

이제 세 번째 원리에 대해 살펴보도록 하자. 이 원리는 우리가 특정 마음 상태를 표현하는 것으로 파악하는 특정 행동이 신경계 구성의 직접적인 결과이고, 이것이 애초부터 의지와 독립되어 있으며, 상당 부분 습관과도 별개라는 내용이다. 신경 중추가 강한 자극을 받으면 신경력이 과도하게 산출되고, 이는 신경 세포의 연결에 의존해 특정 방향으로 전달된다. 근육계의 경우는 신경력이 습관적으로 실행되어 왔던 움직임의 특징에 따라 특정 방향으로 전달된다. 이러한 전달이 이루어지지 않을 경우, 대략 짐작할 수 있듯이, 신경력이 공급되지 않을 수 있다. 우리의 모든 동작이 신경계의 구성 방식에 따라 결정된다는 것은 말할 것도 없다. 하지만 여기에서 나는 의지에 따르거나 습관, 혹은 반대의 원리에 따라 이루어지는 행동들은 가급적 다루지 않고 있다. 우리가 현재 다루는 주제는 매우 막연하지만 그 중요성으로 보았을 때 어느 정도 상세히 다룰 필요가 있다. 그리고 자신의 무지를 분명히 인지하라는 충고는 늘 되새길 필요가 있다.

비록 드물고 비정상적이기는 하지만, 신경계가 강하게 영향을 받았을 경우에 신체에 미치는 직접적인 영향의 사례로 들 수 있는 것은 머리카락 색깔이 없어지는 경우다. 이는 매우 특이한 현상으로, 극단적인 공포나 슬픔을 느끼고 있는 사람에게서 간혹 관찰된다. 이와 같은 현상은 인도에서 한 남성이 끌려 나와 처형을 당하려는 상황에서 나타났는데, 이 사례는 신뢰할 만한 기록을 바탕으로 하고 있다. 이때 남성의 머리 색깔이 하도 빨리 변해 심지어 눈으로 확인할 수 있을 정도였다.[1]

또 다른 훌륭한 사례로는 근육의 떨림을 들 수 있다. 이는 인간, 그리고 수많은 혹은 대부분의 동물에서 흔히 살펴볼 수 있는 현상이다. 떨림은 별다른 도움이 되지 않고, 흔히 그 반대다. 분명 이는 처음에 의지를 통해 습득되지 않았을 것이고, 이후 어떤 감정과의 연결로 습관적인 것으로 자리를 잡았을 것이다. 어린 아이들은 떨지 않지만, 성인들은 극단적인 떨림이 초래되는 상황에서 경련을 일으키는데, 이는 정통한 소식통을 통해 확인한 바다. 떨림은 사람마다 매우 다른 정도로 일어나며 그 원인 또한 매우 다양하다. 예컨대 피부에 차가운 것이 닿았을 때, 체온이 정상 수준이지만 열이 나기 전에, 패혈증에 걸렸을 때, 알코올 중독으로 인한 진전섬망증(震顫譫妄症, delirium tremens, 진전섬망증이란 심한 과다 행동과 환각, 초조함과 떨림 등이 나타나는 현상을 말한다. ─ 옮긴이)이 왔을 때, 다른 질병에 걸렸을 때, 나이가 들어서 힘이 빠졌을 때, 과로로 몸이 지쳤을 때 떨림이 일어난다. 이밖에 화상과 같은 심각한 부상을 입었을 때 국부적으로 떨림이 일어나며, 카테터(catheter, 체내에 삽입해 소변 등을 뽑아내는 도관. ─ 옮긴이)가 통과할 때는 특별한 방식으로 떨림이 일어나기도 한다. 모든 감정 중에서 떨림을

　　　　　　　　　　　인간과 동물의 감정 표현

가장 야기하기 쉬운 것은 두려움이다. 하지만 큰 분노를 느끼거나 기쁠 때 떨림이 일어나기도 한다. 나는 첫 사격에서 새의 날개를 맞춘 한 소년을 본 일을 기억한다. 그 소년은 기쁨에 너무 손이 떨려 한동안 총을 재장전하지 못할 정도였다. 나는 총을 빌려 간 오스트레일리아 원주민에 대해 이와 유사한 이야기를 들은 적이 있다. 훌륭한 음악은 이러한 방식으로 일부 사람들에게 어렴풋한 감정을 촉발하는데, 이때 그들은 등을 따라 흐르는 전율을 느끼게 된다. 앞에서 언급한 여러 육체적 원인과 감정 중에서 떨림을 설명할 수 있는 공통적인 것은 거의 없는 듯하다. 내게 앞에서 언급한 내용들 중 많은 것들을 전해 준 제임스 패짓(James Paget) 경은 이 주제가 매우 모호하다고 알려주었다. 화가 났을 때, 기진맥진하기 훨씬 전, 그리고 어떤 경우에는 기쁠 때 떨림이 야기되기도 하는데, 이러한 사실로 미루어 보았을 때, 신경계가 강하게 흥분하면 이 때문에 근육으로 이동하는 신경력의 안정된 흐름이 방해를 받는 듯하다.[2]

소화관의 분비, 그리고 간, 콩팥, 혹은 유방 같은 분비샘에서의 분비는 감정의 영향을 크게 받는데, 그 방식은 의지와 무관하게, 혹은 유용한 연계 습관과 무관하게 감정 중추가 이러한 기관들에 직접적으로 작용하는 또 다른 훌륭한 사례다. 이와 같은 방식으로 영향을 받는 부위와 그러한 영향의 정도는 사람마다 편차가 매우 심하다.

심장은 놀라운 방식으로 쉬지 않고 밤낮으로 계속 작동하는데, 이는 외부 자극에 극히 민감하다. 잘 알려진 생리학자인 클로드 베르나르는 민감한 신경이 아무리 작게 흥분해도 이것이 심장 반응을 일으킨다는 사실을 보여 주었다.[3] 심지어 실험 동물의 어떤 신경이 고통을 느낄 수 없을 정도로 매우 가볍게 건드려져도 그러하다. 결론적으로 우리는 사람들이 크게 흥분하면 이것이 심장에 직접적인 방식으로 곧장 영향을 줄 것이라 생각해 볼 수 있다. 이는 누구나가 잘 알고 있는 사실이며, 우리는 실제로 그러하다고 생각한다. 클로드 베르나르는 심장이 영향을 받을 경우, 이것이 뇌의 반응을 일으킨다고 반복적으로 강조하고 있으며, 이는 특별히 유의할 만하다. 뇌의 상태는 또다시 폐위(肺胃) 신경(pneumo-gastric nerve, 오늘날의 미주 신경. ― 옮긴이)을 통해 심장의 반응을 촉발한다. 이처럼 흥분 상태에서는 우리 신체에서 가장 중요한 두 기관인 이들 간에 상호 작용과 반작용이 무수히 일어나게 될 것이다.

소동맥의 지름 조절에 관여하는 혈관 운동 신경계는 감각 중추에 의해 직접 작동되는데, 이는 부끄러움으로 얼굴이 붉어질 때 확인할 수 있다. 그런데 얼굴이 붉어지는 경우에 신경력이 규제를 받으면서 안면 혈관으로 전송되는 현상은 습관을 이용해(이는 흥미로운 방식인데) 어느 정도 설명이 가능하다고 생각한다. 이는 호기심을 끄는 방식이다. 우리는 공포와 격노의 감정을 느끼는 상황에서 머리털이 의지와 무관하게 곤두서는 것에 대해서도 매우 조금이지만 어느 정도 해명할 수 있을 것이다. 눈물의 분비가 일정 신경 세포의 연계 방식에 좌우됨은 의심의 여지가 없다. 그런데 여기서도 우리는 일부 단계들, 다시 말해 특정 감정 상태에서 신경력이 습관적으로 일정 경로를 따라 흘러갔고, 이것이 반복됨으로써 결국 습관으로 정착된 단계들을 추적해 볼 수 있을 것이다.

겉으로 표현된 일부 강력한 감각과 감정으로부터의 몸짓을 잠시나마 살펴볼 경우, 우리는 현재 고찰 중인 '신체에 대한 흥분된 신경계의 직접적인 작용 원리'가 '유용한 연계 습관의 원리'와 얼마나 복잡한 양상으로 결합하고 있는지를 다소 모호하게라도 파악할 수 있을 것이다.

고통으로 괴로워하는 동물들은 일반적으로 몸을 심하게 뒤틀며 몸부림친다. 그리고 평상시에 소리를 내는 동물들은 날카롭게 소리치거나 신음 소리를 낸다. 이때 거의 모든 신체 근육이 강하게 움직인다. 인간의 경우에는 입을 꽉 다물며, 더욱 흔하게는 이를 악물거나 가는데, 이때 입술이 뒤로 당겨진다. 지옥에서 "분노에 이를 간다."라는 말이 있다. 나는 창자에 난 염증으로 몹시 고통스러워하는 소가 어금니 가는 소리를 뚜렷하게 들은 일이 있다. 동물원의 암컷 하마는 새끼를 낳으면서 격심한 고통을 느꼈는데, 이때 하마는 입을 크게 벌렸다 닫았다 하며, 이빨을 부딪치면서 끊임없이 이리저리 걸어 다니거나 몸을 굴렸다.[4] 고통을 느낄 때 인간은 두려움에 놀랐을 경우처럼 사납게 응시하는 표정을 지으며, 이마를 잔뜩 찡그리기도 한다. 온몸이 땀으로 흠뻑 젖으며 땀이 얼굴을 타고 뚝뚝 떨어진다. 혈액 순환과 호흡 또한 크게 영향을 받는다. 이에 따라 콧구멍이 팽창하며 흔히 떨린다. 또한 숨을 멈춤으로써 혈액이 고여 얼굴이 자줏빛으로 변한다. 고통이 심해지고 계속될 경우에 이런 모든 징후들이 변한다. 즉 실신을 하거나 발작을 일으키면서 완전하게 탈진하게 되는 것이다.

민감성 신경은 자극을 받게 되면 신경 세포에 어느 정도 영향을 미치는데, 이 신경 세포로부터 영향력의 전달이 시작된다. 이 신경 세포는 그 영향력을 먼저 상응하는 신체 반대편의 신경 세포에 전달하고, 이어서 흥분의 세기에 맞춰, 크고 작은 방식으로 그 영향력을 뇌척수 기둥을 따라 위아래로 다른 신경 세포에 전달한다. 이와 같은 방식으로 최종적으로 전체 신경계가 영향을 받게 된다.[5] 이와 같은 비자발적인 신경력 전달은 의식적으로 이루어질 수 있고, 그렇지 않을 수도 있다. 신경 세포의 자극이 신경력을 산출하거나 방출시키는 이유에 대해서는 알려진 바가 없다. 하지만 이것이 사실이라는 점은 뮐러, 피르호, 베르나르 등의 모든 저명한 생리학자들이 도달한 결론인 듯이 보인다.[6] 허버트 스펜서 씨가 말했던 것처럼, "우리는 방출된 신경력으로 인해 불가사의한 방식으로 감정을 느끼게 되는데, 이 방출된 신경력은 어떤 방향에서 어느 순간 소진되어야 한다. 즉 그와 같은 신경력에 상응하는 힘이 어디에선가 분출되어야 하는 것이다. 이는 의심의 여지가 없는 진실로 받아들여져야 한다." 만약 이것이 사실이라면 뇌척추계가 크게 흥분해 신경력이 과도하게 방출될 경우, 이는 강렬한 감각, 활발한 사고, 격렬한 몸동작, 분비샘 활동의 증가 등으로 소모될 것이다.[7] 이에 덧붙여 스펜서 씨는 다음과 같이 말한다. "어떤 동기의 지시 없이 신경력이 과도하게 흘러나올 경우, 분명 이는 가장 일상적인 경로를 따라 흐를 것이다. 이것으로 충분치 않을 경우, 이보다 덜 일상적인 경로로 넘쳐흐를 것이다." 결과적으로 가장 많이 활용되는 안면 근육과 호흡 근육이 가장 먼저 작동할 가능성이 크다. 이어서 상지(上肢, 팔)의 근육이, 다음으로 하지(下肢, 다리)의 근육이, 마지막으로 전신 근육이 작동하게 될 것이다.[8]

어떤 감정은 매우 강렬할 수 있다. 하지만 만약 이러한 감정이 이의 경감 혹은 충족을 위한 자발적인 행동으로 이어지는 경우가 흔하지 않았다면, 이는 어떤 종류의 동작을 불러일으킬 가능성이 그리 크지 않았을 것이다. 그리고 촉발된 동작들의 특징은 동일한 정서 상태에서 어떤 뚜렷한 목적을 이루기 위해 흔히, 그리고 자발적으로 수행되어 왔던 동작에 의해 상당 부분 결정되었을 것이다. 영겁의 세월 동안 커다란 고통은 모든 동물로 하여금 고통의 원인으로부터 도망치려고 하는 매우 치열하면서도 다각화된 노력을 하도록 추동하고 있고, 또한 추동해 왔다. 심지어 사지 중 하나 혹은 다른 신체 부위에 상처를 입을 경우, 우리는 분명 불가능하지만 마치 그 원인을 흔들어 제거하기라도 하듯 그 부위를 흔들어 대는 경향을 흔히 볼 수 있다. 이처럼 모든 근육의 힘을 최대한 발휘하려는 습관은 커다란 고통을 경험할 때마다 확립되어 왔을 것이다. 가슴과 발성 기관의 근육이 일상적으로 사용되면서 특별히 작동하기 용이해졌을 것이며, 결국 크고 거칠게 고함을 치거나 소리를 지를 수 있게 되었을 것이다. 그런데 소리를 지르는 것은 중요한 장점으로 자리 잡게 되었을 가능성이 크다. 이렇게 이야기하는 것은 새끼 동물들은 대부분 곤경에 처하거나 위험할 때 크게 소리를 질러 부모에게 도움을 청하기 때문이다. 이는 동일 집단 구성원들이 서로 간에 도움을 청하는 경우와 다를 바 없다.

또 다른 원리, 즉 신경계의 힘 또는 능력이 부족하다는 내적인 의식은 비록 크지 않은 정도이지만 극단적인 고통을 받으면서 거칠게 행동하는 경향을 강화시켰을 것이다. 인간은 깊이 생각하는 방법을 통해 근육의 힘을 최대한 발휘할 수 있는 능력을 갖추고 있지 못하다. 히포크라테스가 오래전에 말했듯이, 우리가 두 가지 고통을 동시에 느낄 경우, 더 커다란 고통이 다른 고통을 경감시킨다. 종교적 열정으로 무아경에 빠진 순교자들은 매우 무시무시한 고문에도 흔히 고통을 느끼지 못하는 듯하다. 매질을 당했던 뱃사람들은 입에 납덩이를 물기도 했는데, 그들은 안간힘을 다해 납덩이를 물고 있음으로써 고통을 참았다. 만삭의 여성들은 고통에서 벗어나기 위해 자신들의 근육을 최대한 이용할 채비를 한다.

요컨대 극단적으로 고통을 느끼는 상황에서 매우 격렬하게, 거의 발작적으로 행동하는 경향이 나타나는 데는 다음의 두 가지가 공동으로 작용했다고 말할 수 있을 것이다. 먼저 최초로 영향을 받은 신경 세포로부터 신경력이 특별한 지향점 없이 방사(이는 고통의 원인으로부터 벗어나기 위해 노력함으로써 획득된, 오랫동안 계속되어 온 시도와 관련된 습관이다.)되고, 둘째, 수의근을 안간힘을 다해 움직이면 고통을 없앨 수 있다는 의식이 작용해 그러한 경향을 나타내게 되는 것이다. 발성 기관의 동작을 포함해 이와 같은 행동들은 극단적인 고통의 상황을 매우 잘 표현하는 것으로 잘 알려져 있다.

단순히 민감한 신경을 건드리기만 해도 심장이 직접 반응하는데, 하물며 극단적인 고통은 분명 유사한 방식으로, 하지만 훨씬 강력한 방식으로 심장의 반응을 불러일으킬 것이다. 하지만 심지어 이런 경우마저도 우리는 습관이 심장에 미치는 간접적인 영향을 간과해서는 안 된다. 이는 우리가 분노하는 모습을 고찰할 때 살펴보게 될 것이다.

사람은 고통으로 괴로워할 때 땀이 얼굴을 타고 흘러내린다. 한 수의과 의사는 이처럼 고통스러울 때 말의 배에서 땀이 떨어져 넓적

다리 안쪽으로 흘러내리는 모습, 그리고 소의 몸에서 땀이 떨어지는 모습을 종종 목격한 바가 있다고 전해 주었다. 만약 이들이 버둥거렸다면 땀을 흘리는 이유를 알 수 있었을 텐데, 수의사는 버둥거리지 않는 상황에서 이러한 장면을 목격했다. 앞에서 언급한 바와 같이 암컷 하마는 새끼를 낳을 때 붉은색 땀으로 전신이 뒤덮였다. 이처럼 고통스러울 때 외에 두려움을 느낄 경우에도 동물들은 땀을 흘린다. 방금 언급한 수의사는 말이 두려울 때 땀을 흘리는 모습을 자주 본 적이 있다. 바틀렛 씨는 코뿔소의 이러한 모습을 목격했다. 인간이 두려울 때 땀을 흘린다는 사실은 잘 알려져 있다. 이러한 상황에서 왜 땀을 흘리는지는 분명치 않다. 일부 생리학자들은 이것이 모세 혈관 순환 능력이 저하되는 것과 관련이 있다고 생각한다. 우리는 모세 혈관의 순환을 관장하는 혈관 운동계가 마음의 영향을 크게 받는다는 사실을 알고 있다. 인간과 동물의 특별한 표정을 다룰 경우, 우리는 커다란 고통을 느낄 때와 다른 감정 상태에 있을 때의 일부 안면 근육 움직임을 매우 만족스럽게 고찰할 수 있을 것이다.

이제 분노의 특징적인 징후에 대해 살펴보도록 하자. 이러한 강력한 감정 상태에서는 심장의 활동이 크게 빨라지거나[9] 크게 교란을 받을 것이다. 이때 얼굴은 붉어지거나 혈액 순환이 방해를 받아 자줏빛으로 변하거나 심하게 창백해진다. 호흡이 가빠지고, 가슴이 부풀려지며, 팽창된 콧구멍이 벌렁거린다. 또한 전신이 떨리고 목소리도 영향을 받는다. 이를 악물거나 갈며, 흔히 근육계가 자극을 받아 격렬하게, 거의 미친 듯이 활동을 한다. 그런데 이러한 상태에 있는 사람의 몸짓은 대개 아무 목적 없이 몸을 뒤틀거나 고통으로 괴로워하는 사람의 몸부림과는 다르다. 이렇게 말하는 이유는 분노했을 때의 몸짓은 상대를 가격하거나 적과 싸우겠다는 의지를 어느 정도 뚜렷하게 나타내고 있기 때문이다.

이 모든 격노의 징후는 대부분, 그리고 이들 중 일부는 전적으로 자극을 받은 감정 중추의 직접적인 활동에 영향을 받는 듯하다. 그런데 모든 종류의 동물들과 이들의 먼 조상들은 적으로부터 공격을 받거나 위협을 받게 되면 싸움을 벌이거나 자신을 보호하는 데 최대한 힘을 발휘했다. 어떤 동물이 이처럼 행동하지 않을 경우, 또한 적을 공격하려는 의도나 욕구가 없을 경우에는 화가 난 것이라고 말할 수 없다. 결과적으로 근육을 있는 힘껏 사용하는 유전된 습관은 분노와 연결되어 습득되었을 것이다. 이는 직간접적으로 다양한 기관들에 영향을 줄 것인데, 커다란 육체적 고통과 거의 동일한 방식으로 그러한 기관들에 영향을 줄 것이다.

심장이 이와 마찬가지의 직접적인 방식으로 영향을 받을 것임은 의심의 여지가 없다. 하지만 심장이 습관의 영향을 받을 가능성도 매우 큰데, 특히 의지의 통제를 받지 않을 경우에는 더욱 그러하다. 우리는 의도적으로 전력을 다할 경우, 이것이 여기에서 고찰할 필요가 없는 다른 기계적인 원리에 따라 심장에 영향을 준다는 사실을 알고 있다. 나는 1장에서 신경력이 습관적으로 지나다녔던 경로를 이용해 쉽게 흘러간다는 사실을 보인 바 있다. 다시 말해 자발적 혹은 비자발적으로 움직이는 신경을 통해, 그리고 감각 신경을 통해 흘러가는 것이다. 이처럼 적당한 정도로만 힘을 써도 심장은 영향을 받는 경향이 있다. 그리고 커다란 고통이나 격노(이는 습관적으로 많은 근육 활동으로 이어지는데)와 같은 어떤 감각 혹은 감정은 내가 이미 수많은 사례들을 제시했던 연계 원리에 따라 심장으로 신경력이 흘러가게 하는 데 즉각적으로 영향을 줄 것이다. 비록 그 순간 아무런 근육 활동이 없더라도 이는 마찬가지일 텐데, 우리는 이를 거의 확신할 수 있다.

내가 이미 언급한 바와 같이, 심장은 의지의 통제를 받지 않기 때문에 습관적 연결의 영향을 받기가 더욱 쉬울 것이다. 사람이 적당히 짜증을 내거나 분노할 경우, 신체 동작에 명령을 내릴 수는 있어도 심장이 빨리 뛰는 것을 막지는 못한다. 그의 가슴은 몇 번 들썩거릴 것이고 콧구멍도 벌렁거릴 것이다. 이런 현상이 나타나는 이유는 호흡 동작이 대부분 의지의 영향을 벗어나 있기 때문이다. 유사한 방식으로, 의지의 통제를 가장 받지 않는 안면 근육이 간혹 가볍게 스쳐 가는 감정을 드러낼 수도 있다. 분비샘 또한 의지에 완전히 독립해 있는데, 슬픔에 겨워하는 사람은 그 모습을 억누르려 할 수 있지만 눈에서 눈물이 흐르는 것을 막지는 못한다. 입맛을 돋우는 음식이 앞에 있을 때 배고픈 사람이 자신의 배고픔을 겉으로 드러내는 몸짓을 보이지 않을 수 있다. 하지만 침의 분비만큼은 억제하지 못한다.

즐거움 혹은 강렬한 기쁨에 도취되어 있는 사람은 목적 없는 여러 행동을 하려 하고, 다양한 소리를 내려는 경향을 강하게 나타낸다. 우리는 이러한 모습을 큰 소리로 웃고, 손뼉을 치며 즐거워서 껑충껑충 뛰는 어린 아이들에게서 본다. 또한 우리는 주인과 함께 산책하러 나갈 때 개들이 뛰어오르며 짖어 대는 데서, 그리고 들판에 나갔을 때 말들이 껑충껑충 뛰며 돌아다니는 데서 이러한 모습을 본다. 즐거움은 혈액 순환을 촉진하며, 뇌를 자극한다. 이는 또다시 전신에 반응을 일으킨다. 방금 언급한 목적 없는 행동들과 심장 활동의 증가는 주로 신경 중추가 흥분 상태에 이름으로써, 그리고 허버트 스펜서 씨가 주장하는 바와 같이 신경력이 그에 이어 목표 없이 과도하게 흐름으로써 나타나는 현상일 것이다.[10] 주목해야 할 점은 목적 없는 지나친 신체 동작을 취하고, 다양한 소리를 내게 되는 것은 그렇게 함으로써 실제로 즐겁기 때문이 아니라 대체로 쾌락을 얻으리라는 기대 때문이라는 사실이다. 이러한 사실은 아이들이 어떤 커다란 즐거움이나 큰 기쁨을 느낄 것을 기대할 경우에서 살펴볼 수 있다. 음식 그릇을 보고서 펄쩍펄쩍 뛰어다니던 개들도 막상 음식을 받으면 어떤 겉모습으로서의 징표를 통해 자신들의 즐거움을 드러내지 않으며, 심지어 꼬리를 살랑대지도 않는다. 그런데 모든 종류의 동물이 얻는 만족은 따스한 느낌, 그리고 휴식을 취함으로써 느끼는 만족을 제외하고는 대부분 능동적인 동작과 연계되어 있으며, 이는 오래전부터 연계되어 있었다. 사냥, 먹을거리 구하기, 그리고 구애 등은 그 예다. 나아가 오랜 휴식 혹은 감금 후에는 단순히 근육을 쓰는 것 자체만으로도 즐거워지는데, 이는 우리도 스스로 느낄 수 있고, 어린 동물들이 뛰노는 모습에서 확인할 수 있는 바다. 이러한 사실로 미루어 보았을 때, 우리는 여기에서만큼은 근육의 움직임과 생생한 즐거움을 느끼는 것이 조화를 이룬다고 생각해 볼 수 있을 것이다.

모든 혹은 거의 모든 동물, 심지어 조류마저도 공포를 느낄 경우에는 몸을 떤다. 이 경우 피부는 창백해지고, 땀이 나며, 털이 곤두선다. 또한 소화관과 신장에서의 분비가 증가하는데. 이러한 분비는 괄약근이 이완되면서 비자발적으로 이루어진다. 이러한 현상은 인간에게서 나타난다고 알려져 있고, 소, 개, 고양이 그리고 원숭이에게서도 나타나는 경우가 있다. 이때 심장 박동이 거칠어지고 격렬해지며 빨라진다. 하지만 이로 인해 몸 전체로 혈액이 더욱 효율적으로 전달되는지는 의문의 여지가 있다. 이때 피부가 창백해 보이고 근육의 힘이 이내 약해지기 때문이다. 나는 안장을 통해 겁먹은 말의 심장 박동을 너무 뚜렷하게 느낄 수 있었는데, 심지어 박동 숫자를 셀 수 있을 정도였다. 두려움을 느낄 때 정신 능력은 크게 교란된다. 완전한 쇠약이 오고 심지어 기절하는 경우도 있다. 두려움에 질린 카나리아 새는 떨면서 부리 기저 주변부가 창백해졌을 뿐만 아니라 기절하기까지 했다.[11] 한 번은 방에서 울새를 잡은 적이 있는데, 완전히 의식을 잃어 나는 잠시 새가 죽은 줄 알았다.

아마도 이러한 증상은 대부분 습관과 무관한 감각 중추 교란 상태의 직접적인 결과일 것이다. 하지만 이러한 증상이 전적으로 이렇게 설명되어야 하는지는 의문의 여지가 있다. 깜짝 놀란 동물은 거의 항상 미동도 하지 않고 잠시 서 있는데, 이는 감각을 모아 위험의 원천을 규명해 내기 위해, 그리고 어떤 경우는 발견되지 않기 위해 그렇게 하는 것이다. 하지만 얼마 있지 않아 황급한 줄행랑이 잇따르는데, 이때에는 싸우려 하는 상황과는 달리 힘을 절약해 쓰지 않고 전력을 다해 도망간다. 이 동물은 위험이 잔존하는 한 혈액 순환도 제대로 이루어지지 않은 상태에서 호흡도 제대로 하지 않고, 모든 근육들을 떨면서 땀으로 범벅이 되어 계속 도망가며, 이는 완전히 기진맥진해 더 이상 도망갈 수 없을 때까지 계속된다. 이렇게 보았을 때 연계된 습관의 원리가 앞에서 언급한 극단적 공포의 특징적인 징후들 중 일부를 어느 정도 설명하거나 적어도 보강할 수 있다는 생각이 설득력 없어 보이지는 않는다.

내 생각에 "연계된 습관의 원리가 앞에서 언급한 여러 강한 감정과 느낌을 표현하는 동작을 불러일으키는 데 중요한 역할을 한다."라는 입장에 대해서는 다음과 같은 방법으로 그 적절성을 가늠해 볼 수 있을 것이다. 첫째, 자발적인 동작이 이루어져야 해소 내지 충족되는 다른 어떤 강한 감정을 고찰해 본다. 둘째, 이른바 흥분된 마음 상태와 낙담한 마음 상태 간의 특징을 대비해 본다. 그 어떤 감정도 모성애보다 강하지 않다. 그럼에도 어머니가 모성애를 겉으로 드러나는 징표를 통해 보여 주지 않을 수 있다. 자기 혼자 아무것도 할 수 없는 아이에게 매우 깊은 애정을 느끼면서도 말이다. 혹은 어머니가 온화한 미소와 따스한 눈으로 아이를 쳐다보면서 가볍게 쓰다듬어 주는 동작만으로 그러한 감정을 보여 줄 수 있다. 하지만 누군가가 의도적으로 아이를 해코지하려 할 때, 어머니에게서 얼마나 커다란 변화가 일어나는지 보라! 그녀가 얼마나 위협적인 태도를 취하고, 눈에서 불똥이 튀고, 얼굴이 붉어지며, 가슴이 부풀어 오르고, 콧구멍이 팽창하며 가슴이 뛰는지를 보라. 이러한 모습이 나타나는 이유는 모성애가 아니라 분노가 습관적으로 행동을 이끌었기 때문이다. 이성 간의 사랑은 모성애와 커다란 차이가 있다. 우리는 연인들이 만나게 되면 가슴이 빨리 뛴다는 사실을 알고 있으며, 숨이 가빠지며, 얼굴이 붉어짐을 알고 있다. 이렇게 되는 이유는 이러한 사랑이 자식에 대한 어머니의 사랑처럼 은은한 것이 아니기 때문이다.

인간과 동물의 감정 표현

어떤 사람이 매우 사악한 증오(hatred)나 의심으로 마음이 가득 찰 수 있으며, 부러움과 질투에 마음이 잠식당할 수 있다. 하지만 이러한 느낌들은 곧장 행동으로 이어지지 않으며, 일반적으로 한동안 지속되기 때문에 겉으로 드러난 징표를 통해 확인되지 않는다. 이러한 상태의 사람이 유쾌하거나 즐거워 보이지 않는다는 사실은 제외하고 말이다. 이러한 느낌이 공공연한 행동으로 돌출될 경우, 격노가 그 자리를 차지할 것이며, 이는 명백하게 드러날 것이다. 화가들은 감정을 드러내 주는 보조 도구가 없을 경우, 의심, 질투, 부러움 등을 잘 그려 내지 못한다. 시인들도 "눈이 시퍼런 질투"와 같은 막연하고 별난 표현을 사용한다. 스펜서 씨는 의심을 "비열하고, 불쾌하며, 험상궂게 곁눈질하는 것"으로 묘사했으며, 셰익스피어는 질투를 거론하면서 이를 "역겨운 깡마른 얼굴"이라고 말하고 있다. 또 다른 작품에서 셰익스피어는 "아무리 나에 대해 흉악한 악의를 품어도 나를 죽음으로 몰아가지 못할 것"이며, "덧없는 질투라는 위협의 손아귀로부터 벗어났다."라고 말하기도 한다.

흔히 감정과 느낌은 흥분 혹은 낙담으로 분류되어 왔다. 몸과 마음의 모든 기관들, 즉 자발적, 비자발적으로 움직이는 기관들, 그리고 지각, 감각, 사고 등과 관련된 기관들이 평소에 비해 더 활기차고 신속하게 그 기능을 수행할 경우, 우리는 그 사람 혹은 동물이 흥분했다고 말할 수 있을 것이며, 그와 반대되는 상태에 있을 경우, 낙담했다고 말할 수 있을 것이다. 분노와 기쁨은 애초부터 흥분의 감정이며, 이들, 특히 기쁨은 자연스레 원기 왕성한 동작으로 이어진다. 이는 심장에 영향을 주고, 이는 또다시 뇌에 반응을 일으킨다. 한 번은

한 의사가 간혹 너무 지치게 되면 상상을 통해 기분을 상하게 해 자신을 정열의 감정 상태에 빠지게 하는 사람이 있었다는 이야기를 내게 들려주었는데, 그는 이와 같은 경우를 분노의 본질이 흥분임을 입증하는 근거로 제시했다. 그는 자신의 원기를 회복하기 위해 무의식적으로 그렇게 했던 것이다. 이러한 이야기를 듣고 난 후 나는 그의 생각이 충분히 설득력 있음을 간헐적으로 확인할 수 있었다.

다른 여러 마음 상태는 언뜻 보기에 흥분처럼 보이는데, 이내 극단적일 정도의 낙담으로 변한다. 어머니가 느닷없이 아이를 잃으면 슬픔에 미친 듯이 몸부림치는 경우가 있는데, 이는 분명 흥분 상태에 놓여 있는 것으로 간주되어야 할 것이다. 어머니는 이리저리 거칠게 걸어 다니고, 머리나 옷을 쥐어뜯으며, 손을 비튼다. 어쩌면 이는 반대의 원리로 인해 나타나는 행동일 수 있는데, 이는 무력감 (helplessness), 그리고 아무것도 할 수 있는 것이 없다는 내적인 느낌을 무심코 드러내고 있는 것이다.

거칠고 과격한 다른 동작들은 대략 근육의 힘을 소진함으로써 위안을 느끼기 위해 나타난다고 설명할 수 있으며, 흥분된 감각 중추로부터 신경력이 지향점 없이 넘쳐흘러서 이러한 동작들이 나타난다고도 설명할 수 있을 것이다. 하지만 사랑하는 사람을 갑자기 잃은 상황에서 맨 먼저, 그리고 가장 흔히 떠오르는 생각 중의 하나는 잃은 사람을 구하기 위해 더 할 수 있는 일들이 있었으리라는 생각이다. 아버지가 갑작스레 돌아가셨을 때 보여 주었던 한 소녀의 행동을 탁월하게 묘사한 한 관찰자는 그녀가 "미친 것처럼 팔을 비틀면서 '내 잘못이야.', '내가 아버지 곁을 떠나지 말았어야 했어.', '내가 아버지를 돌봐 드렸어야 했는데.'라고 되뇌며 집안을 돌아다녔다."라고 밝히고 있다.[12] 이런 생각들이 선명하게 떠오르게 되면, 우리에겐 연계된 습관의 원리를 통해 어떤 유형의 힘이 넘치는 행동을 하려는 매우 강력한 경향이 나타날 것이다.

고통에 빠진 사람이 아무것도 할 수 없음을 충분히 깨달으면 절망 혹은 깊은 슬픔이 미친 듯한 슬픔의 자리를 대신 차지한다. 이러한 사람은 움직이지 않은 채 앉아 있거나, 조용히 몸을 앞뒤로 흔든다. 혈액 순환은 활력을 잃고, 매우 약하게 호흡하면서 크게 한숨을 내쉰다. 이 모든 것이 뇌에 영향을 주고, 이로 인해 근육이 쇠약해지고 눈이 흐리멍덩해지면서 의기소침해진다. 이러한 상황에서 연계된 습관은 더 이상 고통에 빠진 사람의 행동을 촉발하지 않는다. 이때 친구들은 가만히 슬퍼하고 있지만 말고 의도적으로 힘을 내라고 말해 준다. 이러한 이야기를 들은 사람이 근육을 움직여 심장을 자극할 경우에 뇌에 영향을 주게 되는데, 이것은 마음이 무거운 하중을 견디는 데 도움이 된다.

심하게 고통을 느낄 경우에는 얼마 있지 않아 극단적으로 침울해지거나 쇠약해진다. 하지만 처음에는 고통이 자극으로 작용해 행동을 촉발하는데, 이러한 사실은 말에게 채찍을 가하는 경우, 그리고 외국에서 수레를 끄는 수소에게 무시무시한 고문을 가해 새로 힘을 쓰게 하는 경우에서 확인할 수 있다. 또한 두려움은 모든 감정 중에서 가장 커다란 침울함을 야기한다. 마치 위험에서 벗어나려고 매우 격렬하면서도 지속적으로 애를 쓴 결과로, 혹은 이처럼 애를 쓴 것과 연계해서 완전하고도 무기력한 쇠약이 초래되듯이, 이러한 감정은 그와 같은 노력이 실제로 이루어지지 않았음에도 그러한 쇠약을 초래할 수 있는 것이다. 그런데 심지어 극단적인 두려움이라 할지라도 처음에는 이러한 감정이 강력한 자극 요인으로 작용하는 경우가 흔히 있다. 공포로 인해 자포자기에 이른 인간이나 동물은 엄청난 힘을 발휘하게 되는데, 이때 극단적으로 위험하다는 사실이 잘 알려져 있다.

대체로 우리는 신체에 대한 감각 중추의 직접적인 작동 원리가 수많은 표현의 구체적인 모습을 결정하는 데 매우 커다란 영향력을 발휘한다고 결론 내릴 수 있다. 이러한 작동 원리는 신경계의 구성 방식에 좌우되고, 처음부터 의지에 독립해 있다. 다양한 감정과 느낌 아래에서 근육 떨림, 피부에서 나는 땀, 소화 기관과 분비샘의 분비 변화는 이에 대한 훌륭한 사례들이다. 그런데 이러한 유형의 활동은 대개 첫 번째 원리로부터 이어지는 다른 행동들과 연계를 이룬다. 여기서 첫 번째 원리란 특정 마음 상태에서 어떤 감각, 욕구 등을 충족하거나 해소하는 데 직간접적으로 도움이 되는 경우가 많았던 활동이 설령 전혀 도움이 되지 않는다고 해도 단순히 습관을 통해 유사한 상황에서 여전히 작동하는 것을 말한다.

우리는 이러한 유형의 결합을 격노했을 때의 미쳐 날뛰는 몸짓에서, 극단적인 고통을 느낄 때의 몸부림에서, 그리고 심장 박동과 호흡 기관의 활동이 증진되는 데서 어느 정도 살펴볼 수 있다. 심지어 심장 박동과 호흡 기관의 활동, 그리고 다른 감정이나 감각이 매우 약하게 야기될 때마저도 오랫동안 연계된 습관의 힘으로 인해 유사한 활동이 나타나는 경향이 있을 것이다. 이때 일반적으로 의지의

인간과 동물의 감정 표현

통제에서 가장 크게 벗어난 활동이 가장 오랫동안 유지될 것이다. 그리고 우리의 두 번째 원리인 반대의 원리도 이따금 작동했을 것이다.

마지막으로 표현과 관련된 수많은 동작들은 지금까지 논의한 세 가지 원리를 통해 설명될 수 있을 것이다. 나는 이러한 사실을 이 책을 통해 확인할 수 있음을 확신하며, 나중에는 모든 것이 이를 통해, 혹은 매우 유사한 원리를 통해 설명되리라 기대해 본다. 하지만 개별 사례에서는 이러한 원리들 중 어떤 것에 얼마나 많은 비중을 할당하고, 또 다른 것에 얼마나 많은 비중을 할당해야 할 것인지를 결정할 수 없는 경우가 흔히 있을 것이다. 그리고 표현 이론에서 제기되는 다수의 문제들은 여전히 설명을 기다리고 있다.

4장

동물의 표현 수단

이 장과 다음 장에서 나는 잘 알려진 몇몇 동물이 서로 다른 마음 상태에서 보여 주는 표정과 몸짓을 서술할 것이다. 이러한 서술은 오직 내가 다루려는 주제를 예시하기에 충분할 정도까지만 상세하게 서술할 것이다. 이들을 적당한 순서에 따라 고찰하기에 앞서, 나는 여러 불필요한 반복을 피하기 위해 이러한 동물들 대부분이 공통적으로 보여 주는 특정 감정 표현 수단부터 우선 검토해 볼 것이다.

소리 내기

발성 기관은 인간을 포함한 여러 종의 동물들에게 가장 효율적으로 자신을 표현할 수 있는 수단이다. 지난 장에서 우리는 감각 중추가 강한 자극을 받을 경우, 일반적으로 신체 근육이 격렬하게 활동하게 된다는 사실을 살펴봤다. 그리고 그 결과 평소에 아무리 소리를 내지 않고, 또한 소리가 별다른 소용이 없다고 해도, 그 동물은 그 상황에서 커다란 소리를 내게 된다. 예를 들어 내가 알기에 산토끼와 집토끼는 극단적인 고통을 느끼는 경우를 제외하고는 발성 기관을 사용하지 않는다. 가령 사냥꾼에 의해 상처를 입은 산토끼가 죽임을 당하는 경우나 어린 토끼가 담비에게 잡힌 경우가 아닌 이상, 그들은 발성 기관을 사용하지 않는다. 소와 말 역시 침묵 속에서 고통을 견딘다. 하지만 그 고통이 과할 경우, 특히 고통이 공포와 연결될 경우, 그들은 두려움을 드러내는 소리를 낸다. 나는 팜파스 초원 멀리에서 올가미 밧줄에 걸려 꼼짝 못 하게 된 소가 고뇌에 차서 죽을 듯이 울부짖는 소리를 자주 들었다. 말은 늑대에게 공격당할 때 절망에 찬 독특하고도 커다란 소리를 지르는 것으로 알려져 있다.

처음에는 앞에서 언급한 방식으로 가슴과 성대 근육이 목적 없이, 무의식적으로 수축해 목에서 소리가 나게 되었을 것이다. 하지만 오늘날 수많은 동물이 그러한 목소리를 다양한 목적으로 사용하고 있다. 이처럼 목소리를 서로 다른 상황에서 사용하게 된 중요한 요인은 습관인 듯하다. 박물학자들은 사회적 동물이 습관적으로 발성 기관을 상호 의사 소통의 수단으로 사용했고, 이로 인해 다른 상황에서도 다른 동물들보다 훨씬 자유롭게 이러한 기관을 이용하고 있다고 주장한 바 있는데, 나는 이것이 사실이라고 생각한다. 하지만 이러한 규칙에는 확실한 예외가 있는데, 가령 토끼는 이에 해당한다. 한편 매우 널리 영역을 확장한 연계의 원리 역시 목소리가 다양하게 활용되는 데 역할을 했다. 이처럼 목소리는 쾌락, 고통, 분노 등을 야기하는 특정 상황에서 유용한 보조 장치로 습관적으로 사용되어 왔고, 이에 따라 오늘날에는 매우 다른 상황에서 동일한 감각이나

인간과 동물의 감정 표현

감정이 촉발될 때도, 또한 이 감정들 혹은 자극들이 보다 약하게 촉발될 때도 일상적으로 사용되게 되었다고 말할 수 있다.

수많은 동물의 암컷과 수컷은 짝짓기 철 내내 끊임없이 서로를 불러댄다. 그리고 적지 않은 경우, 수컷들이 암컷들을 유혹하거나 자극하기 위해 이와 같은 노력을 기울인다. 내가 『인간의 유래와 성 선택』에서 보여 주고자 한 바와 같이, 실제로 이는 목소리가 태고에 사용되었던 본래의 목적이었고, 이는 목소리 발달의 수단이 되었다. 이와 같은 방식으로 발성 기관의 사용은 동물들이 느낄 수 있는 가장 강한 쾌락에 대한 기대와 연결되었다. 사회 생활을 하는 동물들은 흔히 서로 떨어져 있는 경우에 상대를 부르며, 서로 만나게 되면 분명 커다란 기쁨을 느낀다. 이는 말이 힝힝 울면서 찾았던 동료가 돌아왔을 때 보여 주는 모습에서 살펴볼 수 있다. 새끼를 잃은 어미는 끊임없이 새끼를 부른다. 예를 들어 암소는 송아지를 부르며 수많은 동물의 새끼들은 어미를 부른다. 양 떼가 흩어지면 암양은 끊임없이 "매애매애" 소리를 내어 새끼들을 부르며, 만나게 되었을 때 서로 기쁨을 느끼는 것은 너무나도 확실하다. 어떤 사람이 크고 사나운 네발 동물의 새끼를 건드렸고, 이때 그 동물이 새끼의 고통이 담긴 울음소리를 들을 경우에는 그 사람에게 화가 미칠 것이다. 격노는 성대 근육을 포함한 모든 근육을 극단적으로 사용하게 한다. 일부 동물들은 화가 날 경우, 자신의 힘과 사나움을 이용해 상대방의 간담을 서늘케 하고자 하는데, 예를 들어 사자와 개는 으르렁거리는 방법을 통해 그렇게 한다. 나는 이들의 목적이 상대를 겁에 질리게 하는 것이라고 추정하는데, 그 이유는 사자의 경우 그렇게 하면서 갈기의 털을 곤추세우고, 개들은 등의 털을 곤추세워 자신을 최대한 크고 무서운 듯이 보이려 하기 때문이다. 경쟁 관계의 수컷들은 목소리를 통해 상대를 압도하려 하면서 도전장을 내민다. 이는 목숨을 건 싸움으로 이어진다. 이와 같은 방식으로 목소리의 사용은 그것이 어떻게 촉발되었건, 분노의 감정과 연결되게 되었을 것이다. 우리는 분노와 마찬가지로, 격통 또한 격한 외침으로 이어지는 것도 살펴보았다. 소리를 힘껏 지르는 것 자체가 어느 정도 고통을 줄여 준다. 목소리의 사용은 이러한 방식으로 어떤 종류의 고통과 연결되었을 것이다.

동물들은 상이한 감정과 느낌을 가질 때 매우 다른 소리를 내는데, 이들이 왜 그렇게 다른 소리를 내게 되었는지는 전혀 분명치 않다. 상이한 감정과 느낌을 가질 때 내는 소리에 어떤 뚜렷한 차이가 있다는 법칙이 항상 옳은 것도 아니다. 예를 들어 개는 비록 구분이 되기는 해도 화가 나서 짖는 경우와 즐거워서 짖는 경우가 크게 차이 나지 않는다. 앞으로도 서로 다른 마음 상태에서 내는 독특한 소리의 원인이나 유래를 정확하게 설명할 수 있을 것 같지 않다. 우리는 일부 동물들이 길들여지고 난 후 그들에게 자연스럽지 않던 소리를 내는 습관을 터득했음을 알고 있다.[1] 길들인 개, 심지어 길들인 자칼마저도 이와 같이 짖는 방식을 습득했는데, 그들이 짖는 방식은 짖는다고 알려진 북아메리카산 코요테(Canis latrans)를 제외하고는 같은 속(屬)의 종이 일반적으로 내는 소리가 아니다. 일부 사육 종 비둘기 또한 새롭고도 매우 독특한 방식으로 "구구" 하는 소리를 습득했다.

인간이 다양한 감정의 영향을 받았을 때 내는 목소리의 특징에 대해서는 허버트 스펜서 씨가 음악에 관한 흥미로운 소론에서 논의

　　　　　　　　　인간과 동물의 감정 표현

한 바 있다.[2] 그는 상이한 상황에서 내는 목소리의 크기와 질, 다시 말해, 낭랑함과 음색, 음고와 음정이 크게 달라진다는 사실을 분명하게 보여 주고 있다. 유창한 웅변가나 설교자, 다른 사람을 짜증스럽게 부르는 사람, 놀라움을 표현하는 사람의 목소리를 들으면 그 어떤 사람도 스펜서 씨의 이야기에 동조하지 않을 수 없을 것이다. 사람들은 삶의 매우 이른 시기에 목소리의 변화를 통해 마음을 표현하는데, 이는 흥미로운 사실이다. 나는 내 아이가 두 살이 되지 않았을 때부터 어조가 매우 강한 약간의 조음(調音)을 통해 "흥" 하는 소리를 내어 동의를 나타냈고, 특이한 낑낑거리는 소리를 통해 완고한 부정을 표현했음을 뚜렷하게 확인한 바 있다. 한편 스펜서 씨는 감정을 담은 연설이 앞에서 언급한 모든 측면에서 성악(聲樂)과, 결과적으로 기악(器樂)과 밀접한 상관성이 있음을 보여 주려 한다. 그는 성악과 기악을 생리학적인 근거를 이용해 설명하고자 하는데, 다시 말해 "감정이 근육 운동을 자극한다는 일반 법칙"을 이용해 설명하고자 한다는 것이다. 내가 생각하기에 목소리가 이러한 법칙의 영향을 받는다는 사실은 인정해야 할지 모른다. 하지만 이러한 설명은 너무 일반적이고 막연해서, 소리의 크기를 제외하고는 일상적인 말과 감정을 담은 말, 그리고 노래 사이의 다양한 차이를 설명하는 데 크게 도움이 되지 않는다. 이러한 주장은 '강한 감정이 느껴지는 상황에서 말하는 데서 다양한 목소리의 음질이 유래되었고, 이와 같은 다양한 음질이 성악의 탄생으로 이어졌다.'라고 생각하는지와 무관하게 유효하다. 또한 내가 지지하듯이, '아름다운 소리를 내는 습관이 애당초 인간의 초기 선조들에게서 구애의 수단으로 발달했으며, 이것이 예컨대 열렬한 사랑, 경쟁 그리고 승리의 느낌처럼 인간의 선조들이 느낄 수 있는 가장 강한 감정과 연결되게 되었다.'라고 생각하는지와 상관없이, 이러한 주장은 유효하다.

우리가 일상적으로 새들의 노랫소리를 통해 들을 수 있는 것처럼, 동물들이 아름다운 음악 소리를 낸다는 사실은 모든 사람에게 익숙하다. 더욱 특이할 만한 사실은 긴팔원숭이(Gibbon)의 한 종인 어떤 원숭이가 반음조의 음계를 오르내리면서 정확한 옥타브의 음악 소리를 낸다는 사실이다. 우리는 "오직" 이 원숭이만이 "노래를 부르는 유일한 포유동물이라고 말할 수 있을 것이다."[3] 이러한 사실, 그리고 다른 동물들을 통해 유추해 보면서, 나는 인간의 선조가 분절된 언어 능력을 습득하기 전에 고른음을 낼 수 있었을 것이며, 그 결과 어떤 강한 감정 상태에서 목소리를 낼 경우에 연결 원리를 통해 그것이 음악적인 특징을 나타내게 되었을 것이라고 생각하게 되었다. 우리는 일부 동물의 수컷이 암컷을 즐겁게 하기 위해 목소리를 사용하고, 그들 자체가 스스로 내는 목소리에 즐거움을 느낀다는 사실을 뚜렷하게 파악할 수 있다. 하지만 특정한 소리를 내는 이유, 그리고 이러한 소리가 즐거움을 주는 이유에 대해서는 현재로서는 설명할 길이 없다.

목소리 음률의 높낮이가 특정한 감정 상태와 어느 정도 관련이 있다는 사실은 어느 정도 분명하다. 나쁜 처우에 대해 가볍게 불평을 하는 사람, 다소 고통을 받고 있는 사람은 거의 항상 높은 음률의 목소리로 말한다. 개는 약간 조바심이 날 경우에 흔히 코로 높은 피리 소리를 내는데, 이는 즉각적으로 우리에게 호소하는 느낌을 준

인간과 동물의 감정 표현

다.[4] 하지만 이러한 소리가 특정한 상황에서 본질적으로 호소의 소리인지, 아니면 그렇게 보일 따름인지를 경험을 통해 파악하기란 매우 어렵다. 렝거는 자신이 파라과이에서 키우던 원숭이(*Cebus azarae*)가 피리 소리와 으르렁거리는 소리를 반반 섞어 가며 자신이 놀랐음을 표현했고, 더욱 깊은 그렁거리는 목소리로 "후후" 하는 소리를 반복하며 화나 조바심을 표현했으며, 날카롭게 소리를 지름으로써 분노나 고통을 표현했다고 말하고 있다.[5] 웃음소리는 크거나 낮거나 둘 중의 하나다. 성인 남성의 웃음소리는 빅토르 알브레히트 폰 할러(Victor Albrecht von Haller)가 오래전 말한 바와 같이,[6] O나 A 모음(독일어로 발음했을 때)의 특징을 공유한다. 반면 아이와 여성의 경우에는 E와 I의 특징이 더욱 두드러진다. 헤르만 폰 헬름홀츠(Hermann von Helmholtz)가 보여 준 바와 같이, 후자의 모음 소리는 자연스럽게 음의 높이가 전자에 비해 높다. 그럼에도 두 웃음소리의 음조는 모두 기쁨이나 즐거움을 표현한다.

목소리가 감정을 표현하는 방식을 고찰하다 보면, 우리는 자연스레 음악에서 '표현(expression)'이라 불리는 바의 원인을 탐구하게 된다. 오랫동안 음악이라는 주제에 천착했던 리치필드(Litchfield) 씨는 친절하게도 이 문제에 관한 다음과 같은 이야기를 들려주었다. "음악적 '표현'이 무엇인가 하는 문제는 여러 모호한 문제들을 포함하고 있으며, 제가 아는 한 아직도 풀리지 않은 수수께끼입니다. 그러나 단순음을 통한 감정 표현에서 확인되는 모든 법칙은 더욱 발전된 노래 표현 양식에도 적용되어야 합니다. 이는 모든 음악의 범형으로 간주될 수 있습니다. 노래가 주는 정서적 효과 중 상당 부분은 소리를 내는 방식의 특징에 좌우됩니다. 예를 들어 격정을 표현하는 노래들에서 그 효과는 주로 목소리를 매우 힘 있게 내야 하는, 어떤 특색 있는 하나 혹은 두 구절에 흔히 좌우됩니다." 만약 노래를 부르는 사람이 특징적인 구절에서 충분한 힘과 음역의 목소리로 크게 힘을 기울여 노래를 부르지 않을 경우, 격정을 표현하는 노래가 적절한 효과를 거둘 수 없다는 사실은 어렵지 않게 파악된다. 이것이 음조를 바꿈으로써 빈번하게 나타나는 '효과 상실'의 비밀임에는 의심의 여지가 없다. 이처럼 노래가 주는 정서적 효과는 단지 실제로 내는 소리만이 아니라 소리를 내는 방법의 특징에도 어느 정도 좌우되는 것으로 보인다. 가락의 빠름과 느림, 즉 흐름의 매끄러움, 소리의 크기 등을 통해 한 노래의 '표현'을 느낄 때, 우리는 사실상 근육 활동을 일반적으로 해석하는 것과 동일한 방식으로 소리를 만들어 내는 근육 활동을 해석하고 있는 것이 분명하다. 하지만 이러한 설명은 노래의 음악적 표현이라고 부르는, 다시 말해 멜로디로 인해 얻게 되는 기쁨, 혹은 멜로디를 구성하는 개별 소리들로 인해 얻어지는 기쁨의 더욱 미묘하고 구체적인 효과에 대해서는 별다른 설명을 제공하지 않고 있다. 이는 말로 정의할 수 없는 효과로, 내가 아는 한 그 누구도 분석한 적이 없으며, 음악의 기원에 대한 허버트 스펜서 씨의 영민한 사색마저도 별다른 설명을 제시하지 않은 채 내버려 둔 효과이다. 일련의 소리들이 주는 선율 효과가 그 크기나 부드러움, 혹은 절대 음고(absolute pitch)에 의존하지 않음은 분명하다. 어떤 곡조는 항상 동일한 곡조이며, 이를 크게 부르건 부드럽게 부르건, 그리고 아이가 부르건 어른이 부르건 마찬가지다. 또한 이를 플루트로 연주를 하건 트

인간과 동물의 감정 표현

롬본으로 연주를 하건 달라지지 않는다. 어떤 소리의 순전히 음악적 효과는 기술적으로 '음계(音階)'라고 부르는 건반의 위치에 좌우된다. 동일 음은 하나 혹은 또 다른 일련의 소리와 결합되면 귀에 전혀 다른 효과를 만들어 낸다. "바로 이와 같은 상대적인 소리의 연결 방식에 '음악적인 표현'이라는 구절로 압축되는, 모든 주요한 특징적인 효과가 좌우됩니다. 하지만 특정한 소리의 조합이 그런 효과를 내는 이유는 우리가 아직 알지 못합니다. 그러한 효과들은 음계를 형성하는 소리 진동 비율들 간의 잘 알려져 있는 산술적 관계와 이런저런 방식으로 관련되어 있음이 분명합니다. 또한 단순한 제안에 불과하지만, 인간 후두의 진동 기관이 한 진동 상태에서 다른 진동 상태로 이동할 때 얼마만큼 용이하게 기계적으로 이동하는지가 다양한 일련의 소리가 주는 쾌락의 정도를 결정하는 주된 원인일 가능성이 있습니다."

하지만 이러한 복잡한 문제를 제쳐 두고 더욱 단순한 소리에 한정시킬 경우, 우리는 적어도 특정 종류의 소리를 특정 마음 상태와 연결하는 이유를 확인할 수 있다. 예를 들어 어린 동물들, 혹은 공동체의 성원 중 하나가 도움을 요청할 때 지르는 소리는 멀리까지 들릴 수 있도록 자연스레 크고 지속적이며 높은 소리가 될 것이다. 그 이유는 헬름홀츠에 따르면 인간 귓구멍 내부의 모양과 그 결과로서의 공명 능력으로 인해 높은 음조가 유달리 강한 인상을 주기 때문이다.[7] 수컷이 암컷을 즐겁게 하기 위해 소리를 낼 경우, 수컷은 자연스레 그 종의 귀에 달콤하게 들리는 소리를 내려 할 것이다. 그리고 그와 동일한 소리는 신경계의 유사성으로 인해 흔히 다른 동물들에게도 널리 즐거움을 주는 듯하다. 예를 들어 우리는 새들의 노랫소리에서 즐거움을 느끼며, 심지어 청개구리의 개굴개굴 우는 소리에서도 즐거움을 얻는다. 반면 적에게 위협을 가하기 위해 만들어지는 소리는 자연스레 거칠다는 느낌이나 불쾌감을 줄 것이다.

대략 짐작했을지 모르지만, 소리의 경우에도 반대의 원리가 적용되는지는 의심스럽다. 즐거울 때 인간, 그리고 다양한 원숭이 종이 내는 단속적인 웃음 혹은 킥킥거리는 웃음소리는 이들이 고통스러워하면서 내는 긴 비명 소리와는 극단적으로 다르다. 돼지가 음식에 만족스러워하며 내는 짧고 굵은 꿀꿀거리는 만족의 소리는 고통이나 두려움 때문에 내는 거친 비명 소리와는 크게 다르다. 하지만 앞에서 언급한 것처럼, 개는 화가 나서 짖어 대는 경우와 즐거워서 짖어 대는 경우에 정반대의 소리를 내지 않는다. 일부 다른 경우들도 마찬가지다.

확실하게 판단하기 힘든 또 다른 문제가 있는데, 즉 다양한 마음 상태에서 내는 소리가 입 모양을 결정짓는지, 아니면 그 모양이 독립적인 원인에 따라 결정되지 않고, 소리가 그에 따라 변형되는지의 문제가 그것이다. 어린 아이들은 울 때 입을 크게 벌리며, 이는 있는 힘껏 소리를 질러대기 위해 필요함이 분명하다. 하지만 이때 입 모양은 상당히 뚜렷한 원인으로 인해 거의 사각형 모양이 된다. 이는 지금부터 설명할 텐데, 눈을 꼭 감으면서 이에 따라 윗입술이 치켜올라감으로써 그렇게 되는 것이다. 이와 같은 네모의 입 모양이 울음(crying) 소리를 얼마만큼 바꾸어 놓을 수 있는지에 대해서는 말할 준비가 되어 있지 않다. 하지만 우리는 헬름홀츠와 다른 사람들의 연구를 통해 구

인간과 동물의 감정 표현

강(口腔)과 입술 모양이 발화되는 모음 소리의 특징과 높낮이를 결정한다는 사실을 알고 있다.

경멸(contempt)이나 혐오감(disgust)을 느끼는 상황에서는 이해 가능한 원인으로 입이나 콧구멍으로 무엇인가를 내뿜는데, 나는 이것이 "흥!" 또는 "쳇!" 같은 소리를 만들어 내는 경향이 있음을 다음 장에서 보여 줄 것이다. 누군가가 깜짝 놀라거나 갑자기 놀랐을 때, 이 또한 이해 가능한 이유로, 다시 말해 깊고 빠르게 숨을 들이쉬기 위해 입을 크게 벌리려는 즉각적인 경향이 나타난다. 이는 지속적으로 진력을 다하기 위한 준비 절차다. 이어서 크게 숨을 내쉴 경우에는 지금부터 논의할 원인으로 입이 약간 다물어지고, 입술이 다소 튀어나온다. 헬름홀츠에 따르면 이러한 입 모양은 소리를 낼 경우에 모음 O의 소리를 낸다. 군중들은 어떤 놀라운 광경을 목격하고 난 즉시 길게 이어지는 낮고 굵은 "오." 소리를 낸다. 놀라움이 수반된 고통이 느껴질 경우, 안면 근육을 포함해 신체의 모든 근육이 수축되는 경향이 있으며, 이때 입술이 뒤로 젖혀질 것이다. 이러한 사실은 소리가 높아지면서 "아!" 혹은 "악!" 하는 소리가 되는 이유를 설명할 것이다. 두려움은 신체의 모든 근육을 떨리게 하는데, 이때 목소리는 자연스레 떨리게 되고, 동시에 침샘이 활동을 하지 못하게 되어 입이 건조해지면서 목소리가 말라붙게 된다. 왜 인간의 웃음소리와 원숭이의 킥킥거리는 소리가 신속하게 반복되는 소리인지는 현재로서는 설명할 수가 없다. 이러한 소리를 내는 동안 입은 입가가 뒤로 젖혀지면서 위로 치켜올라가며, 가로로 늘어난다. 이 사실에 대해서는 다음 장에서 좀 더 상세하게 설명할 것이다. "서로 다른 마음 상태에서 내는 소리의 차이"라는 전반적인 주제는 확실하지 않은 점이 매우 많다. 때문에 내가 밝혀내는 데 성공한 것은 얼마 되지 않은 듯하다. 그리고 내가 한 이야기들도 오직 작은 의미를 가질 따름이다.

지금까지 살펴본 소리들은 모두 호흡 기관에 좌우되는 것들이었다. 하지만 전혀 다른 수단을 통해 내는 소리도 감정을 표현하는 수단일 수 있다. 토끼는 발로 땅을 구름으로써 동료들에게 신호를 보낸다. 만약 우리가 그 방법을 적절히 파악할 수 있다면 조용한 저녁에 주변에서 토끼들의 답하는 소리를 들을 수 있을 것이다. 일부 동물들과 다를 바 없이 토끼들도 화나게 했을 때 발로 땅을 구른다. 화가 난 호저는 가시에서 덜걱덜걱 소리를 내며 꼬리를 떤다. 내가 본 호저 한 마리는 우리에 살아 있는 뱀을 집어넣자 이와 같은 방식으로 행동했다. 꼬리에 난 가시는 몸에 나 있는 가시와 매우 다르다. 가시는 짧고 속이 비어 있고, 거위의 깃털처럼 얇으며, 그 끝이 횡으로 잘린 개방된 구조를 이루고 있다. 이러한 가시는 탄력 있는 잎자루 모양의 길고 가는 돌기가 받치고 있다. 바틀렛 씨에게 들은 바에 따르면 호저가 이러한 꼬리를 재빨리 흔들어 대면, 속이 빈 가시들이 서로 부딪히며 계속해서 독특한 소리가 난다. 호저가 가시 모양의 보호 돌기를 변형시켜 이와 같은 특별한 소리를 내는 도구를 갖게 된 이유는 이해 가능하다. 호저는 야행성 동물로, 어두운 곳에서 먹이를 찾아 헤매는 동물의 냄새나 소리를 들을 경우, 자신의 존재를 알리고, 자신이 위험한 가시로 무장했음을 적에게 경고하는 편이 매우 유리할 것이다. 이와 같은 방식으로 그들은 상대의 공격을 벗어날 수 있을 것이다. 덧붙이자면 그들은 자신들이 가지고 있는 무기의 힘을 너

인간과 동물의 감정 표현

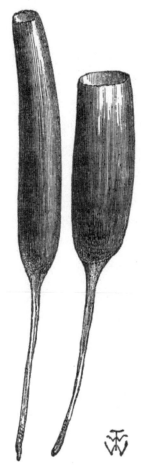

그림 11. 호저 꼬리에서 뽑은, 소리가 나는 가시.

무나 잘 알고 있으며, 이에 따라 화가 나면 가시를 뒤를 향해 곧추세운 채, 뒤로 돌격하려 한다.

　새들은 구애를 하는 동안 특별하게 적응된 깃털을 이용해 다양한 소리를 낸다. 황새가 흥분을 하면 부리를 이용해 덜커덕거리는 큰 소리를 낸다. 일부 뱀들은 삐걱거리거나 덜거덕거리는 소리를 낸다. 곤충들은 특별히 변형된 자신들의 단단한 외피 부위를 함께 마찰시켜 날카로운 소리를 낸다. 이러한 마찰음은 일반적으로 성적인 매력 발산 혹은 구애에 이용된다. 이와 같은 마찰음은 다른 감정을 표현하는 데 활용되기도 한다.[8] 예를 들어 벌들을 관찰한 사람이라면 누구나 그들이 화가 나면 붕붕거리는 소리가 달라진다는 사실을 알고 있다. 이는 침에 쏘일 위험이 있다는 경고의 표시로 이용된다. 내가 이러한 이야기를 조금 꺼낸 이유는 일부 저술가들이 지나칠 정도로 발성 기관 및 호흡 기관이 표현을 위해 특별히 적응되었다는 사실을 강조해 왔기 때문이다. 이 때문에 나는 다른 방식으로 만들어진 소리 또한 동일한 목적으로 적절히 사용될 수 있음을 보이는 편이 좋으리라 생각했다.

표피 부속기의 곤두섬

어떤 표현 동작도 머리카락, 날개 그리고 다른 표피 부속기(付屬器, 동물의 표피가 변해 생긴 기관으로, 우리 몸의 표피 부속기는 땀샘단위, 털피지단위, 그리고 손발톱으로 이루어져 있다. ― 옮긴이)의 비자발적인 곤두섬처럼 일반적으로

　　　　　　　　　인간과 동물의 감정 표현

나타나는 움직임은 별로 없을 것이다. 이렇게 말하는 이유는 세 커다란 척추동물 강(綱)을 통틀어 이것이 흔히 나타나는 현상이기 때문이다. 이러한 부속기는 화가 나거나 공포로 흥분했을 때 곤두선다. 더욱 구체적으로, 이러한 감정들이 한꺼번에 느껴지거나 한 감정과 다른 감정이 신속하게 이어질 경우, 이러한 기관이 곤두선다. 이러한 작용은 동물을 더욱 크게 보이게 하고, 적 혹은 경쟁자에게 더욱 두려움을 느끼게 한다. 이러한 작용에는 동일한 목적으로 적응된 다양한 자발적인 동작과 사나운 소리가 일반적으로 수반되기도 한다. 모든 종의 동물들을 매우 폭넓게 경험한 바틀렛 씨는 이것이 사실임을 의심하지 않는다. 하지만 곤두서게 하는 능력이 대체로 이러한 특별한 목적을 위해 습득된 것인지 아닌지는 다른 문제다.

먼저 나는 이러한 작용이 포유류, 조류, 그리고 파충류에서 얼마나 보편적으로 나타나는지를 보여 주는 상당한 양의 사실들을 제시하도록 하겠다. 인간에서 나타나는 이러한 작용은 다음 장으로 미루어 놓도록 하자. 영민한 동물원 사육사인 세스 서튼(Seth Sutton) 씨는 나를 위해 침팬지와 오랑우탄을 면밀하게 관찰해 주었다. 그는 천둥이 치거나 약을 올려서 화나게 했을 경우, 혹은 문득 두려움을 느끼는 경우에 이들의 털이 곤두선다고 말했다. 나는 석탄을 운반하는 흑인 인부를 보고 놀란 침팬지의 전신의 털이 곤두선 모습을 본 적이 있다. 그는 마치 그 사람을 공격이라도 하려는 듯 조금 앞으로 돌격하려는 태도를 취했는데, 이때 침팬지는 사육사가 밝히고 있는 바와 같이 실제로 그렇게 할 의도 없이, 그저 그를 두렵게 하려고 그런 동작을 취했다. 포드 씨가 서술한 바와 같이,[9] 고릴라는 화가 나면 갈기 털을 "세워 앞을 향하게 하고, 콧구멍을 팽창하며, 아랫입술을 아래로 늘어뜨린다. 동시에 고릴라는 특유의 소리를 지르는데, 이는 아마도 적을 위협하기 위해 고안된 듯하다." 나는 화가 난 개코원숭이(*Anubis baboon*, baboon, 비비. — 옮긴이)의 털이 목에서 허리에 이르기까지 등을 따라 곤두섰지만 엉덩이 혹은 신체의 다른 부위의 털은 곤두서지 않은 모습을 본 적이 있다. 한번은 내가 박제 뱀을 원숭이 우리에 집어넣은 적이 있는데, 그러자 여러 종의 원숭이들이 털, 특히 꼬리털을 곧추세웠다. 이러한 현상은 큰흰코원숭이(*Cercopithecus nictitans*)에게서 두드러지게 관찰되었다. 알프레트 에드문트 브렘(Alfred Edmund Brehm)은 신대륙 원숭이(*Midas œdipus*, 아메리카산 원숭이)가 흥분할 때면 갈기의 털을 곤두세운다고 했는데, 그가 덧붙여 말하고 있는 바와 같이,[10] 이는 가능한 한 최대로 자신을 무섭게 보이기 위함이다.

육식 동물의 경우, 털을 곤두세우는 것이 거의 보편화되어 있는 듯하다. 이는 흔히 이빨을 드러내며 사납게 으르렁거리는 소리를 내는 위협 동작과 함께 나타난다. 나는 몽구스가 꼬리를 포함해 거의 전신의 털을 곤두세운 모습을 본 적이 있다. 하이에나와 땅늑대(Proteles)는 등 쪽의 갈기를 특이한 방식으로 세운다. 성난 사자도 갈기를 세운다. 목과 등을 따라 난 털을 곤두세우는 개의 모습, 전신의 털, 특히 꼬리의 털을 세우는 고양이의 모습은 모든 사람에게 친숙하다. 고양이에게서 이러한 현상은 오직 두려울 때만 나타난다. 반면 개는 화가 날 때와 두려울 때 이러한 현상이 나타나는데, 내가 관찰한 바에 따르면 혹독한 사냥터 관리인에게 채찍질을 당하게 될 상황처럼 절망적인 두려움을 느낄 경우에는 털을 곤두세우지 않는다. 하

인간과 동물의 감정 표현

지만 간혹 살펴볼 수 있듯이 개가 저항할 경우에는 털을 곤두세운다. 나는 어둠 속에서 희미하게 보일 뿐인 어떤 대상을 보는 경우처럼 개가 화가 나면서도 두려울 경우, 털을 유달리 쉽게 곤두세우는 것을 흔히 목격했다. 한 수의사는 자신이 수술을 한, 그리고 또다시 수술을 하려는 말과 소가 털을 곤두세우는 모습을 평소에 봤다고 내게 확인해 주었다.

또 멧돼지에게 박제 뱀을 보여 주었을 때에도 털이 놀라운 방식으로 등을 따라 곤두섰다. 화가 난 수퇘지의 경우에도 마찬가지 현상이 나타났다. 미국에서 사람을 뿔로 받아 숨지게 한 말코손바닥사슴은 격노에 차서 캑캑 소리를 내면서 발을 땅에 구르다가 뿔을 휘둘렀다. "마침내 털이 서다가 쭈뼛쭈뼛해지는 것이 보였으며," 이윽고 공격하기 위해 앞으로 돌진했다.[11] 염소들도 털이 곤두서며, 에드워드 블라이스(Edward Blyth) 씨에게서 들은 바에 따르면, 일부 인도산 영양에게서도 동일한 현상이 일어난다. 나는 털이 덥수룩한 개미핥기에게서도 털이 곤두서는 모습을 본 적이 있으며, 설치류의 일종인 아구티(Agouti)에게서도 이러한 모습을 본 적이 있다. 감금 상태에서 새끼들을 키우던 암컷 박쥐는 누군가가 우리 속을 들여다보면 "등에 난 털을 곤두세우면서, 우리 안으로 집어넣은 손가락을 맹렬히 물어뜯었다."[12]

주요 종에 속하는 조류들은 화가 나거나 두려울 때 자신들의 깃털을 곤두세운다. 두 마리의 수탉이, 심지어 상당히 어린 것들마저도 목의 깃털을 세운 채 싸울 준비를 하는 모습을 보지 못한 사람은 없을 것이다. 이처럼 세운 깃털을 방어 수단으로 사용할 수는 없다.

이렇게 말하는 이유는 닭싸움 주최자들이 경험을 통해 발견한 바에 따르면 깃을 가다듬는 것이 방어에 유리하기 때문이다. 수컷 목도리도요(*Machetes pugnax*) 또한 싸울 때 깃털의 깃을 추켜세운다. 개가 병아리와 함께 있는 암탉에게 다가가면, 암탉은 날개를 펴고 꼬리를 들어 올리면서, 자신의 모든 깃털을 곤두세워 가능한 최대로 사납게 보이게 하며 개에게 돌진한다. 이때 꼬리가 항상 동일한 위치에 그대로 있는 것은 아니다. 간혹 너무 많이 추켜세워서 그림에서 살펴볼 수 있는 바와 같이 가운데 깃털이 거의 등에 닿을 정도가 되기도 한다. 백조도 화가 나면 날개와 꼬리를 들어 올리고 깃털을 곤추세운다. 그들은 물가에 지나칠 정도로 가까이 접근하는 사람에게 부리를 벌리고 철퍽철퍽 물을 튕기며 다소 빠른 속도로 돌진한다. 열대 지방의 새들은 둥지를 건드려도 날아서 도망가지 않고, "자신들의 깃털을 곤추세우고 그저 소리를 지른다."[13]라고 알려져 있다. 원숭이올빼미(Barn owl)는 누군가가 다가갈 경우, "즉각적으로 깃털을 부풀리고 날개와 꼬리를 활짝 펴고 쉿 소리를 내며 빠르고 힘 있게 부리를 부딪쳐 탁탁 소리를 낸다."[14] 다른 종의 올빼미들도 마찬가지다. 제너 와이어(Jenner Weir) 씨가 제공한 정보에 따르면 매 또한 유사한 상황에서 자신들의 깃털을 곤추세우고 날개와 꼬리를 활짝 펼친다. 일부 앵무새 종들도 깃털을 곤추세운다. 나는 개미핥기를 보고 화가 났을 때 화식조(火食鳥)가 이런 행동을 하는 것을 본 적이 있다. 둥지 속의 어린 뻐꾸기도 깃털을 세우고, 입을 크게 벌리면서 가능한 최대로 자신을 무섭게 보이려고 한다.

　　와이어 씨에게 들은 바에 따르면, 작은 새들, 가령 다양한 유형

　　　　　　　　　　　　　　　　인간과 동물의 감정 표현

그림 12. 병아리에게 다가서는 개를 쫓아내는 암탉. 우드 씨의 그림.

그림 13. 침입자를 쫓아버리는 백조. 우드 씨의 그림.

의 피리새, 멧새, 휘파람새 또한 화가 나면 자신들의 모든 깃털, 혹은 목 주변의 깃털을 곧추세우며, 날개와 꼬리깃을 활짝 펼친다. 그들은 깃털을 이러한 상태로 만들어 놓고, 부리를 벌리고 위협하는 자세를 취하면서 상대에게 달려든다. 와이어 씨는 자신의 폭넓은 경험을 통해 새들이 두려울 때보다는 화가 났을 때 훨씬 자주 깃털을 세운다고 결론 내리고 있다. 그는 오색방울새(gold-finch) 잡종을 가장 성미가 급한 새의 사례로 제시하는데, 이 새는 사육사 한 사람이 매우 가까이 접근하자 곧장 깃털을 세워서 자신의 몸을 공 모양으로 만들었다. 그가 생각하기에 일반적으로 새들은 두려울 경우, 자신의 모든 깃털을 압착해 크기를 축소하는데, 그 축소된 정도가 놀라운 경우가 흔하다. 그들은 두려움이나 놀람에서 원래 상태로 되돌아가면 제일 먼저 깃털을 털어 내는 일부터 한다. 두려움 때문에 깃털을 압착하고 몸집을 줄이는 새의 가장 훌륭한 사례는 와이어 씨가 말했던 메추라기와 초원앵무(grass-parrakeet)였다.[15] 대개 이 새들은 위험에 처해 있을 때 발견을 피하고자 땅바닥에 쭈그려 앉아 있거나 가지에 움직이지 않고 앉아 있는데, 이를 고려해 보았을 때, 이들이 깃털을 압착하고 몸집을 줄이는 습관이 있다는 사실은 이해할 만하다. 새의 경우, 깃털을 세우는 주요한, 그리고 가장 흔한 원인은 분노다. 하지만 누군가가 둥지 속의 어린 뻐꾸기들을 쳐다볼 때, 그리고 개가 병아리와 함께 있는 암탉에게 접근할 때, 새들은 적어도 어느 정도 공포를 느끼고 있을 가능성이 크다. 윌리엄 번하트 테게트마이어(William Bernhard Tegetmeier) 씨는 투계장에서는 오래전부터 머리 깃털을 세우는 모습을 싸움닭이 겁을 먹은 징표로 파악하고 있다고 알려주었다. 일부 도

　　　　　　　　인간과 동물의 감정 표현

마뱀 수컷들은 구애를 하는 동안 싸움을 벌이는데, 이때 목 밑 주머니 내지 주름을 확장하고, 등지느러미를 곤두세운다.[16] 하지만 알브레히트 카를 루트비히 귄터(Albrecht Carl Ludwig Gotthilf Günther) 박사는 그들이 개별적인 가시 모양의 돌기나 비늘을 일으켜 세울 수 있다고는 믿지 않는다.

지금까지 우리는 두 고등 척추동물 강을 통틀어, 그리고 일부 파충류에서 표피 부속기가 분노와 두려움의 영향 때문에 곤두서며, 이것이 얼마나 일반화되어 있는지를 살펴보았다. 우리가 쾰리커(Kölliker)의 흥미로운 발견을 통해 알고 있는 바와 같이, 이러한 활동은 흔히 털세움근(arrectores pili)이라 부르는 민무늬의 섬세하고 비자발적인 근육의 수축에 영향을 받는다.[17] 이러한 근육은 털이나 깃털 등의 피막(皮膜)에 부착되어 있다. 이러한 근육의 수축을 통해 우리가 개에게서 살펴볼 수 있는 것처럼, 털이 원래 박혀 있던 구멍에서 약간 빠져나오면서 곧장 세워질 수 있게 되는 것이다. 그 후 털은 신속하게 원래의 상태로 되돌아온다. 이러한 섬세한 근육은 털 많은 네발짐승의 전신에 퍼져 있으며 그 수의 엄청남은 놀라울 정도다. 하지만 일부 털이 기저 피부밑 근육층(panniculus carnosus)이라는 줄무늬수의근의 도움을 받아 곤두서기도 한다. 인간의 머리카락도 그렇다. 고슴도치는 바로 이러한 근육의 활동을 통해 자신의 가시를 곤추세우게 된다. 프란츠 라이디히(Franz Leydig)와 다른 사람들의 연구에 따르면,[18] 이러한 근육층으로부터 더욱 긴 수염, 예컨대 일부 네발 동물의 입가에 나 있는 코털과 같은 수염으로 줄무늬 섬유가 퍼져 있는 듯이 보이기도 한다. 털세움근은 앞에서 언급한 감정 상태에서만 수축되는 것이 아니라, 찬 것을 표피에 갖다 댈 때에도 그렇게 된다. 내가 남쪽의 따뜻한 나라에서 데려와 키우던 노새와 개들이 남아메리카의 산맥에서 살을 에는 듯한 추위 속에서 하룻밤을 보냈을 때의 일이다. 나는 그들이 몹시 두려워할 때와 마찬가지로 전신의 털이 곤두서 있었음을 기억한다. 우리는 열경련이 일어나기 전, 오싹함을 느끼는 동안 나타나는 소름에서도 마찬가지 현상이 일어남을 목도한다. 리스터는 피부 특정 부위의 주변부를 간질이면 털이 곤두서고 튀어나온다는 사실을 발견하기도 했다.[19]

이러한 사실들로 미루어 보았을 때, 표피 부속기의 곤두섬은 의지와 무관한 반사 작용임이 분명하다고 말할 수 있을 것이다. 이러한 작용이 분노나 두려움의 영향을 받아 일어났을 경우에는 어떤 이점을 얻기 위해 습득된 능력 때문이 아니라, 적어도 상당 부분 신경 중추가 영향을 받아 나타나는 우연한 결과로 파악되어야 한다. 만약 그 결과가 우연적이라면 이는 고통이나 공포의 격발로 인해 땀을 흠뻑 흘리는 경우에 비견될 수 있을 것이다. 그럼에도 두 마리의 개가 장난으로 싸움을 하는 경우처럼, 매우 사소한 흥분이라도 털을 곤두서게 하는 데 충분하다는 사실은 주목할 만하다. 한편 우리는 그 차이가 현저한 강(綱)에 속한 수많은 동물들에서 털이나 깃을 세우는 특징이 거의 항상 다양한 자발적 동작과 더불어 나타난다는 사실을 확인한 바가 있다. 예컨대 우리는 털이나 깃을 세우는 모습과 함께, 위협하는 몸짓, 입 벌리기, 이빨 드러내기, 조류의 날개와 꼬리 펼치기, 그리고 거친 소리 내기 등이 나타났음을 확인할 수 있었다. 이러한 자발적 동작의 목적은 의심의 여지가 없다. 이렇게 보았을 때, 어

인간과 동물의 감정 표현

떤 동물이 표피 부속기의 공동 작용을 통해 적이나 경쟁자에게 더 크고 무섭게 보이기 위해 털을 곤두세우는 것이 신경 중추 교란의 우연적이며 목적 없는 결과라고 생각하기는 어려운 듯하다. 그런 생각은 고슴도치의 가시 곧추세우기, 호저의 가시 세우기, 다양한 조류들의 구애 기간 화려한 깃털 세우기 등이 모두 아무런 목적 없는 행동이라는 주장을 믿을 수 없다고 말하는 것과 거의 비슷한 정도로 믿기가 어렵다.

여기서 우리는 커다란 어려움에 봉착하게 된다. 어떻게 특정한 동일 목적을 달성하기 위해 민무늬불수의털세움근의 수축과 다양한 수의근들의 수축이 공조해 올 수 있었을까? 만약 털세움근이 아득히 먼 옛날부터 수의근이었다고 믿을 수 있다면, 그리고 그때부터 줄무늬를 잃으면서 불수의근이 되었다면 문제는 비교적 단순해진다. 하지만 나는 이러한 생각을 지지할 만한 증거를 발견하지 못했다. 고등 동물의 태아, 그리고 일부 갑각류 유충의 수의근이 민무늬 상태인 데서 살펴볼 수 있듯이, 설령 반대 방향으로의 변화가 있었다고 해도 특별히 문제가 있다고 생각하지는 않았을 것이다. 한 걸음 더 나아가 라이디히에 따르면,[20] 성숙한 조류 피부 깊은 층의 근육 조직망은 과도적인 상태에 놓여 있다. 여기에서는 섬유질이 단지 가로줄무늬의 징후를 보이고 있을 뿐이다.

이와는 다른 설명도 가능한 듯하다. 우리는 아득히 먼 옛날 격노와 공포 때문에 신경계가 교란되었고, 이 영향으로 털세움근이 직접적인 방식으로 가볍게 작동하게 되었다는 생각을 받아들일 수 있다. 열병이 났을 때 이른바 소름이 돋는 경우는 의심의 여지 없이 바로 이러한 경우에 해당한다. 동물들은 수많은 세대에 걸쳐 격노와 공포 때문에 반복적으로 흥분해 왔다. 그 결과 표피 부속기가 교란된 신경계에 미치는 직접적인 효과가 습관을 매개로, 그리고 익숙한 경로를 쉽게 통과하는 신경력의 경향성을 매개로 거의 확실하게 증가해 왔을 것이다. 우리는 습관의 힘에 대한 이와 같은 생각이 매우 설득력이 있음을 이어지는 장에서 확인하게 될 것이다. 거기에서 나는 반복적인 격노와 공포의 격발로 인해 정신 질환자의 머리카락이 매우 특이한 방식으로 영향을 받는다는 사실을 보여 줄 것이다. 털을 곤두세우는 능력이 이와 같이 강화되고 증진되는 과정을 거치는 동안 동물들은 경쟁 관계에 놓인 분노한 수컷들이 털이나 깃털을 곤두세워 몸집을 키우는 모습을 종종 보았을 것이다. 이때 동물들이 의도적으로 위협적인 태도를 보이고 거친 소리를 내면서 적들에게 더 크게, 더 무섭게 보이고 싶어 했을 수가 있다. 이러한 태도와 소리는 시간이 지나면서 습관을 통해 본능으로 자리 잡게 된다. 이러한 방식으로 동일한 특수 목적을 달성하기 위해 수의근의 수축에 따라 수행된 행동들이 불수의근에 영향을 받은 근육들과 연결되었을 수가 있다.

심지어 흥분했을 때 털 상태가 변한다는 사실을 희미하게 의식하게 되었을 경우, 동물들이 반복적으로 관심을 가지고 의지를 투여함으로써 이러한 변화에 영향력을 행사했을 수도 있다. 이렇게 말하는 이유는 의지가 가령 장(腸)의 연동 운동 주기, 그리고 방광의 수축 작용 등 일부 민무늬 혹은 불수의근의 작용에 미소하게나마 영향을 미친다고 생각할 이유가 있기 때문이다. 우리가 간과해서는 안 될 또 다른 문제는 변이와 자연 선택의 역할이다. 압도적인 능력은 아닐지

인간과 동물의 감정 표현

라도 경쟁자에게, 혹은 다른 적들에게 아주 무섭게 자신을 보이는 데 성공한 수컷들은 평균적으로 다른 수컷들에 비해 더 많은 자손을 남겨서 자신들의 특징적인 자질을 후대에 물려주었을 것이다. 그러한 자질이 무엇이건, 그리고 어떻게 이를 최초로 습득했든 무관하게 말이다.

몸집 부풀리기, 그리고 적에게 두려움을 촉발하는 다른 수단들

곧추세울 가시도 없고, 이들을 곧추세울 근육도 없는 일부 양서류와 파충류는 놀라거나 화가 났을 때 공기를 들이마심으로써 몸을 부풀린다. 이는 두꺼비와 개구리에게서 살펴볼 수 있는 잘 알려진 사실이다. 개구리는 이솝 우화의 「암소와 개구리」이야기에서 허영심과 질투심으로 자신의 몸을 부풀리다가 결국 터져 버리는 동물로 나온다. 이러한 행동은 아주 오랜 옛날에도 관찰되었음이 분명하다. 이렇게 말하는 이유는 헨슬리 웨지우드(Hensleigh Wedgwood) 씨에 따르면,[21] 두꺼비라는 뜻의 toad가 모든 유럽의 언어에서 부풀리는 습관을 뜻하기 때문이다. 이는 동물원의 일부 외래종에게서도 관찰된 바 있다. 귄터 박사는 이 집단을 통틀어 몸집 부풀리기가 일반적으로 나타나는 현상이라고 생각한다. 유추를 통해 판단해 보건대, 부풀리기의 가장 큰 목적은 아마도 가능한 최대로 몸집을 크게 보여 적에게 두려움을 갖게 하는 데 있었을 것이다. 하지만 이와 같이 해서 또 다른, 어쩌면 더욱 중요한 부차적인 이점을 얻게 되었다. 개구리는 천적인 뱀에게 잡힐 경우, 자신의 몸을 놀라울 정도로 부풀린다. 이때 뱀의 크기가 작을 경우, 귄터 박사가 내게 알려준 바와 같이 뱀은 개구리를 삼키지 못하게 되며, 이와 같이 해서 먹이가 되지 않을 수 있게 된다. 카멜레온과 일부 다른 도마뱀들은 화가 날 경우, 몸을 부풀린다. 예컨대 오리건 주에 서식하는 종인 타파야 더글라시(Tapaya Douglasii)는 동작이 굼뜨고 물지 않는데, 그럼에도 사나운 측면이 있다. "이 도마뱀은 화가 났을 경우, 매우 위협적인 방식으로 자신을 찌른 대상에게 달려들려 하며, 이와 동시에 입을 크게 벌리고 들릴 정도로 쉭쉭 소리를 낸다. 그러고 나서는 몸을 부풀리고 화가 났음을 나타내는 다른 징표들을 보여 준다."[22]

여러 종의 뱀 또한 화가 났을 경우, 몸을 부풀린다. 이러한 측면에서 아프리카살무사(Clotho arietans)는 주목할 만하다. 하지만 이 독사를 면밀히 관찰하고 난 후 나는 이 뱀이 외형을 크게 보이기 위해 그렇게 하는 것이 아니라, 단순히 놀라울 정도로 크고 거친 쉭쉭 소리를 계속 내기 위해 공기를 충분히 흡입해 몸을 부풀린다고 생각하게 되었다. 안경코브라(Cobras-de-capello)는 화가 나면 자신의 몸을 약간 크게 하고, 적당한 크기의 소리로 쉭쉭 소리를 낸다. 하지만 코브라가 머리를 높이 들어 올리면서 가늘고 긴 앞쪽 갈비뼈를 이용해 몸을 부풀리게 되면 목의 양쪽 피부가 크고 납작한 평원반, 이른바 '두건(hood)'이라고 불리는 모습으로 바뀐다. 이렇게 하고 입을 크게 벌리고 있으면 두려운 모습을 하게 된다. 이처럼 몸을 부풀렸을 때 적이나 먹이를 공격하는 속도는 여전히 빠르기는 하지만 다소 줄어들게 되는데, 이는 넓고 얇은 판자가 작고 둥근 막대기에 비해 공기를 가르며 신속하게 움직이지 못하는 것과 마찬가지 원리다. 그럼에도 코브라가 이 대가로 얻는 이익은 상당할 것이다. 인도에 서식하는 독 없는 왕눈대나무뱀(*Tropidonotus macrophthalmus*, 오늘날 학명은 *Pseudoxenodon macrops*이다. ─ 옮긴이) 또한 화가 나면 목을 부풀린다. 이에 따라 이 뱀은 같은 유형의 치명적인 독을 가진 뱀인 코브라로 오인되는 경우가 흔히 있다.[23] 이처럼 유사하게 보임으로써 이 뱀은 자신을 보호하는 데 어느 정도 도움을 받을지도 모른다. 또 다른 독 없는 종인 남아프리카산 알뱀(*Dasypeltis*)도 몸집을 크게 하고 목을 부풀리며, 쉭쉭 소리를 내면서 불청객에게 달려든다.[24] 이와 유사한 상황에서 다른 여러 뱀들이 쉭쉭 소리를 낸다. 그들은 내민 혀를 빠르게 날름거리는데, 이는 자신의 모습을 더욱 두렵게 만드는 데 일조할 것이다.

뱀들은 쉭쉭 소리를 내는 방법 외의 다른 방법으로도 소리를 낸다. 수년 전 나는 남아메리카에서 독사 부시마스터(*Trigonocephalus*, 오늘날에는 부시마스터(*Lachesis*) 속으로 분류된다. ─ 옮긴이)를 건드린 적이 있다. 이때 뱀은 꼬리 끝을 빠르게 흔들어 댔는데, 꼬리 끝이 건초와 잔가지를 때리면서 1.8미터 떨어진 거리에서도 뚜렷하게 들릴 정도의 덜거덕거리는 소리를 냈다.[25] 사납고 치명적인 인도톱비늘살모사(*Echis carinata*)는 매우 상이한 방식으로 "쉭쉭거리는 것에 가까운 기묘한 소리"를 계속 낸다. 이 뱀은 머리를 거의 동일한 위치에 고정시킨 채 "몸에서 접힌 부분의 측면들을 서로" 비벼 대는 방법을 통해 이와 같은 소리를 낸다. 신체의 다른 부위와 달리 측면의 비늘은 톱날처럼 생긴 용골을 이루는데, 똬리를 튼 뱀은 측면을 같이 문지르기 때문에 이들이 서로 맞부딪혀 삐걱 소리가 나는 것이다.[26] 마지막으로 잘 알려진 방울뱀에 대해 이야기해 보자. 죽은 방울뱀의 방울을 흔들 경우, 살아 있는 방울뱀에서 나는 방울 소리가 제대로 나지 않는다. 너새니얼 사우스게이트 섈러(Nathaniel Southgate Shaler) 교수는 방울뱀의 방울 소리가 동일 지역에 서식하는 큰 수컷 매미(동시류 곤충)가 내는 소리와 구분하기 어렵다고 말하고 있다.[27] 동물원에서 방울뱀과 불룩살무사(puff-adders)가 동시에 매우 흥분해 있었는데, 그들이 내는 소리의 유사성은 매우 인상적이었다. 비록 방울뱀이 내는 소리가 불룩살무사의 쉭쉭 하는 소리에 비해 더 크고 날카롭기는 했어도, 나는 수 야드 거리에서 양자를 거의 구분하기 어려웠다. 한 종(種)이 내는 소리의 목적이 무엇이건, 나는 다른 종이 내는 그러한 소리가 동일한 목적에 기여한다는 점을 거의 의심할 수 없었다. 그리고 나는 많은 뱀들이 동시에 보여 주는 위협 행동을 근거로, 방울뱀의 방울 소리와 부시마스터의 꼬리에서 나는 방울 소리, 톱비늘살무사의 비늘에서 나는 삐걱거리는 소리 등이, 그리고 코브라의 우산 모양의 목 팽창이 모두 동일한 목적, 즉 적들에게 무섭게 보이기 위한 목적에 수렴된다고 결론 내린다.[28]

언뜻 보기에 앞에서 언급한 독사들은 이미 독니로 자신들을 잘 방어할 수 있기 때문에 다른 적들에게 공격을 전혀 당하지 않을 것이며, 이에 따라 추가적인 공포를 촉발할 필요가 없으리라고 결론 내리는 것이 설득력이 있는 듯하다. 하지만 이는 진실과 거리가 멀다. 많은 경우, 그들은 전 세계 도처에서 수많은 동물들의 먹잇감이 되고 있기 때문이다. 미국에서는 방울뱀이 수두룩한 지역을 정리하기 위해 돼지들을 활용한다는 사실이 잘 알려져 있다. 실제로 돼지들은 이

인간과 동물의 감정 표현

러한 일을 매우 능숙하게 해낸다.[29] 영국에서는 고슴도치가 독사를 공격해 먹어치운다. 토머스 클래버힐 저든(Thomas Claverhill Jerdon) 박사에게 들은 바에 따르면,[30] 인도에서는 여러 종의 매, 그리고 적어도 한 종의 포유류, 즉 몽구스가 코브라와 다른 독사들을 죽인다. 이는 남아프리카에서도 마찬가지다. 결론적으로 공격받을 경우, 상대에게 실질적으로 상처를 입힐 수 있는 독이 없는 종들과 비교해 보았을 때, 독이 있는 종들이 즉각적으로 자신들이 위험하다고 인식하게 만드는 소리나 신호를 냄으로써 도움을 받을 가능성이 전혀 없다고 할 수는 없다.

이처럼 뱀에 대해 많은 이야기를 했음에도, 나는 방울뱀이 방울을 발달시킨 방법에 대해 몇 마디 덧붙이고자 한다. 일부 도마뱀을 포함해 다양한 동물들은 흥분했을 경우, 꼬리를 둥글게 말거나 흔들어 댄다. 예컨대 여러 종의 뱀들이 그러하다.[31] 동물원에서 본, 독이 없는 종인 코로넬라 세이(Coronella Sayi)는 하도 빨리 꼬리를 흔들어대 거의 보이지 않을 지경이었다. 앞에서 언급한 바 있지만 부시마스터도 동일한 습관을 가지고 있다. 그 꼬리의 끝부분은 약간 넓직하고 끝에 방울이 달려 있다. 방울뱀과 매우 가까워 칼 폰 린네(Carl von Linné)가 동일 종에 포함시켰던 라케시스(Lachesis)의 꼬리 끝은 크고 단일한, 작은 창 모양의 돌출 부위 혹은 비늘로 이루어져 있다. 섈러 교수가 밝히고 있는 바와 같이, 일부 뱀들의 피부는 "신체의 다른 부위와 비교해 보았을 때 꼬리 근처에서 더 불완전하게 벗겨진다." 그런데 고대에 살았던 일부 미국 종 뱀의 꼬리 끝이 확대되었고, 이곳이 단일한 커다란 비늘에 덮여 있었다고 가정해 보자. 이 경우에 이 부위는 이어지는 허물벗기 과정을 거치면서도 제대로 벗겨지지 않았을 것이다. 이에 따라 이 부분은 계속 남아 있게 되었을 것이다. 그런데 뱀이 커지면서 성장의 각 단계마다 그 전의 것에 비해 더 큰 새로운 비늘이 그 위에 형성되었을 것이고, 이 또한 계속 남아 있게 되었을 것이다. 방울 발달의 토대는 이와 같은 방식으로 마련되었다. 방울뱀이 다른 여러 뱀과 마찬가지로 화가 날 때마다 꼬리를 흔들어 댔다면 방울은 습관적으로 사용되었을 것이다. 이때부터 방울이 발달해 소리를 내는 효과적인 도구로 사용되었다는 사실에 대해서는 의심의 여지가 거의 없다. 심지어 꼬리의 말단에 포함되어 있는 척추뼈마저도 그 모양을 바꾸고 협업을 하게 되었다. 하지만 방울뱀의 방울, 톱비늘살무사의 측면 비늘, 코브라의 드러나 보이지 않은 갈비뼈로 이루어진 목, 불룩살무사의 전신과 같은 다양한 구조들이 경고를 위해, 그리고 천적을 두려움에 떨게 해서 쫓아 버리기 위해 변경되었다는 생각이 조류, 예컨대 놀라운 뱀잡이새(Secretary-hawk, *Gypogeranus*, 현대에는 뱀잡이새속(*Sagittarius*)으로 분류된다. ─ 옮긴이)가 뱀을 안전하게 죽이기 위해 신체 구조를 전반적으로 변형시켰다는 생각보다 개연성이 없어 보이지는 않는다. 우리가 이전에 살펴본 것으로 판단해 보건대, 이 새가 뱀을 공격할 때 깃털을 곤두세울 가능성은 매우 크다. 그리고 몽구스는 뱀을 공격하기 위해 맹렬하게 달려들기 전 분명 전신의 털을 세울 것이며, 특히 꼬리의 털을 세울 것이 분명하다.[32] 우리는 뱀을 보고 화가 나거나 놀란 몇몇 호저들이 신속하게 자신들의 꼬리를 흔들어 대면서 속이 빈 가시를 함께 부딪쳐 독특한 소리를 내는 모습도 봤다. 이처럼 공격하는 쪽이건 공격받는 쪽이건 동물들

인간과 동물의 감정 표현

은 가능한 한 최대로 상대방에게 자신을 무섭게 만들고자 한다. 그리고 양쪽은 모두 이러한 목적을 위해 특화된 수단을 소유하고 있으며, 이러한 수단은 흥미롭게도 이들 경우 중 일부에서 거의 동일하다. 마지막으로 한편으로는 적들을 두렵게 해 도망가게 하는 데 최적화된 뱀들이 잡아먹힐 위험을 가장 잘 벗어났고, 다른 한편으로는 적을 공격하는 개체들 중 독사를 죽여서 먹어치우는 위험한 작업에 가장 잘 적응된 개체들이 더 많이 살아남았다고 가정해 보자. 만약 양쪽 모두에서 관련 형질의 편차가 있다고 전제한다면, 우리는 최적자(最適者, the fittest)의 생존을 통해 도움이 되는 변이들이 보존되는 경우가 많았으리라 생각해 볼 수 있을 것이다.

귀를 뒤로 젖히고 머리에 붙이려는 압력

많은 동물들은 귀를 움직이는 방법을 이용해 자신의 감정을 매우 잘 표현한다. 하지만 인간, 고등 유인원, 그리고 다수의 반추동물을 포함한 일부 동물들은 이러한 능력을 상실했다. 귀 위치의 미묘한 차이는 서로 다른 마음 상태를 매우 뚜렷한 방식으로 표현한다. 이는 우리가 개에게서 일상적으로 살펴볼 수 있는 바다. 여기에서 나는 귀를 머리에 붙이고 뒤로 젖히는 문제에만 초점을 맞출 것이다. 동물들이 화가 나 있다는 것은 이와 같은 행동을 통해 드러나는데, 이와 같은 행동으로 자신의 마음 상태를 드러내는 것은 오직 치아로 싸움을 벌이는 동물의 경우에만 국한된다. 이들은 적들에게 귀를 물리지 않기 위해 신경을 쓰는데, 이는 그들이 왜 귀를 머리에 붙이고 뒤로 젖히는지를 설명해 준다. 결론적으로 개들이 다소 사나워지거나 장난을 치면서 사나워질 경우에 귀가 뒤로 젖혀지는 것은 습관과 연계를 통해서다. 이것이 적절한 설명임은 많은 동물의 싸우는 방식과 귀를 뒤로 젖히는 동작 사이의 관련성으로부터 추론해 볼 수 있을 것이다.

모든 육식 동물은 송곳니를 이용해 싸움을 한다. 그리고 내가 관찰한 한에 있어 모든 육식 동물은 사나워졌을 때 귀를 뒤로 젖힌다. 이는 개들이 진짜 싸움을 벌일 때, 그리고 강아지들이 장난으로 싸울 때 반복적으로 살펴볼 수 있을 것이다. 이러한 움직임은 개가 즐거움을 느끼고, 주인이 쓰다듬어 줄 때 귀를 늘어뜨리고 약간 뒤로 젖히는 동작과는 다르다. 귀가 당겨지는 모습은 새끼 고양이들이 장난으로 싸울 때에도 살펴볼 수 있으며, 그림 9(110쪽)에 예시한 바와 같이, 충분히 성장한 고양이들이 진짜로 화가 났을 때에도 살펴볼 수 있다. 이와 같이 귀를 뒤로 젖힘으로써 고양이들의 귀는 상당 정도 보호된다. 그럼에도 나이 든 수컷 고양이들이 싸움을 벌일 때 귀가 크게 찢어지는 경우는 흔하다. 동물원 안에서 먹이를 놓고 으르렁거리는 호랑이, 표범 등에서도 동일한 동작이 매우 두드러지게 나타난다. 스라소니는 유달리 귀가 긴데, 우리 안에 있는 스라소니에게 다가갈 경우, 스라소니의 귀는 두드러지게 뒤로 당겨지며, 이는 화가 났음을 분명하게 표현하고 있는 것이다. 심지어 매우 작은 귀를 가지고 있는 강치 오타리아 푸실라(*Otaria pusilla*)마저도 사육사의 다리를 향해 사납게 달려들 때 귀를 뒤로 젖힌다.

말은 싸울 때 상대를 깨물기 위해 앞니를, 상대를 가격하기 위

인간과 동물의 감정 표현

해 앞다리를 사용하는데, 이는 말이 뒷다리를 사용해 뒤를 향해 발길질하는 경우보다 그 빈도가 훨씬 잦다. 이러한 모습은 종마들이 속박에서 벗어나 싸움을 벌일 때 관찰되었으며, 그들이 서로에게 입힌 상처의 유형으로부터 추론해 낼 수 있기도 하다. 누구나 말이 귀를 뒤로 젖힐 때 사납게 보인다는 사실을 잘 알고 있다. 이러한 동작은 뒤에서 들리는 소리를 듣는 동작과는 상당히 차이가 난다. 작은 마구간 안의 기분이 언짢은 말이 뒤를 향해 발길질하려 할 때는 비록 물려는 의지도, 그럴 능력도 없다고 하더라도 귀가 습관에 따라 당겨진다. 하지만 들판에 나섰을 때, 혹은 막 채찍질을 당해 뒷다리를 장난으로 들어 올릴 경우에는 일반적으로 말이 자신의 귀를 낮추지 않는다. 이때는 심술이 나지 않았기 때문이다. 과나코(Guanacoes, 소목 낙타과에 속하는 포유류로, 남아메리카의 페루와 아르헨티나 파타고니아의 고지나 반사막 지대에 서식한다. ─ 옮긴이)는 이빨을 이용해 사납게 싸운다. 그들은 이런 싸움을 상당히 빈번하게 벌이는데, 이렇게 말하는 이유는 내가 파타고니아에서 여러 마리의 과나코를 사냥했을 때, 이들의 가죽이 깊이 패어 있음을 발견했기 때문이다. 낙타 또한 마찬가지다. 이 두 동물은 화가 날 경우에 귀를 뒤로 바짝 젖힌다. 내가 살펴본 바에 따르면 과나코는 물려는 의도가 없지만 침입자에게 단순히 일정한 거리에서 공격을 위한 침을 뱉으려 할 경우, 귀를 당긴다. 심지어 하마도 어마어마한 입을 크게 벌려 동료를 위협하려 할 경우, 말과 다를 바 없이 자신의 조그만 귀를 뒤로 젖힌다.

그런데 싸울 때 이빨을 사용하고, 화가 났을 때 귀를 뒤로 젖히는 법이 없는 소, 양, 그리고 염소들과 방금 언급한 동물들은 실로 대비를 이룬다. 양과 염소는 온순한 동물처럼 보이지만 이들의 수컷은 흔히 격렬한 싸움을 벌인다. 사슴은 이들과 매우 밀접한 과(科)에 속하는데, 나는 이들이 이빨을 이용해 싸운다는 것을 몰랐다. 때문에 나는 캐나다의 말코손바닥사슴 농장 주인인 로스 킹(Ross King) 씨의 설명을 듣고 매우 놀랐다. 그가 말하기를, "두 마리의 사슴이 우연히 만나게 되면 귀를 뒤로 젖히고 이를 갈다가 섬뜩할 정도로 격노하면서 서로에게 돌진합니다."[33] 바틀렛 씨는 일부 사슴 종들은 이빨을 이용해 격렬하게 싸우는데, 이에 따라 말코손바닥사슴이 귀를 뒤로 젖히는 것은 우리의 법칙에 부합한다고 알려주었다. 동물원에서 사육되는 여러 종의 캥거루들은 앞발로 할퀴고 뒷발로 발길질을 하면서 싸운다. 하지만 이들이 서로 물어뜯는 경우는 없으며, 사육사들은 그들이 화가 났을 때 귀를 뒤로 젖히는 모습을 본 적이 없다. 토끼는 주로 발로 걷어차고 할퀴면서 싸운다. 하지만 그들 또한 서로 물어뜯는다. 나는 적의 꼬리 절반을 물어서 끊어 버린 토끼를 알고 있다. 그들이 싸움을 벌이기 시작할 때면 자신의 귀를 뒤로 젖히지만, 그다음에는 귀를 곤두세우거나 이리저리 크게 움직인다. 상대를 향해 튀어 오르면서 발길질을 하기 때문이다.

바틀렛 씨는 야생 수퇘지가 꽤 사납게 암퇘지와 싸우고 있는 장면을 보았다. 양쪽은 모두 입을 벌리고 귀를 뒤로 젖히고 있었다. 하지만 이것이 집돼지가 다툴 때에 흔히 살펴볼 수 있는 모습은 아닌 듯하다. 수퇘지는 엄니를 위로 치켜들어 상대를 찌르는 방법으로 싸움을 벌인다. 바틀렛 씨는 이때 그들이 귀를 뒤로 젖히는지에 대해 의문을 제기한다. 코끼리 또한 엄니를 이용해 유사한 방식으로 싸우

　　　　　　　　　　　인간과 동물의 감정 표현

지만 귀를 뒤로 당기지 않는다. 이와 반대로 코끼리는 상대방 코끼리 혹은 적에게 돌진할 때 귀를 곧추세운다. 동물원의 코뿔소는 뿔로 싸우며, 장난을 칠 때를 제외하고는 서로를 물어뜯으려 하는 모습이 관찰된 적이 없다. 사육사들은 말과 개와 달리, 코뿔소들은 화가 났을 때에도 귀를 뒤로 젖히지 않는다고 확신한다. 이로 미루어 보았을 때, 베이커 경의 다음과 같은 주장,[34] 즉 북아프리카에서 사냥한 코뿔소는 "귀가 없었다. 그들은 싸우는 동안 또 다른 코뿔소에 의해 거의 귀뿌리까지 잘려져 나갔다. 이와 같이 절단이 이루어지는 경우는 매우 흔하다."라는 주장은 납득이 가지 않는다.

　마지막으로 원숭이에 관한 이야기다. 귀를 움직일 수 있고, 이빨을 이용해 싸우는 일부 원숭이 종들, 예컨대 서아프리카붉은긴꼬리원숭이(Cercopithecus ruber)는 개와 마찬가지로 화가 났을 때 귀를 뒤로 젖힌다. 이때 그들은 매우 험상궂은 모습을 한다. 다른 종들, 예컨대 북아프리카바바리마카크(Inuus ecaudatus)는 분명 이와 같이 행동하지 않는다. 또 다른 원숭이 종들은 쓰다듬어 줘서 즐거울 때 귀를 젖히고 이빨을 보이면서 캑캑 소리를 지른다. 이 종들은 다른 대부분의 동물들과 비교해 봤을 때 매우 이례적이다. 나는 이러한 모습을 두세 종의 마카크(Macacus)와 검은원숭이(Cynopithecus niger)에게서 관찰한 바 있다. 원숭이를 잘 모르는 사람은 이러한 표정이 기쁘거나 즐거울 때의 표정임을 절대 알지 못할 것이다. 아마도 우리에게 친숙한 동물은 개이기 때문일 것이다.

귀 쫑긋 세우기

이러한 동작을 확인하기 위해 굳이 일부러 관심을 기울일 필요는 없다. 귀를 자유롭게 움직일 수 있는 능력을 갖춘 동물들은 모두 다 놀랄 경우, 혹은 어떤 대상을 가까이서 관찰할 때 그 방향에서 들려오는 소리를 듣기 위해 자신들이 보고 있는 방향으로 귀를 쫑긋 세운다. 동시에 그들은 일반적으로 머리를 든다. 마치 모든 감각 기관이 머리에 위치하고 있다는 듯이 말이다. 그리고 일부 소형 동물들은 뒷다리로 선다. 위험을 피하기 위해 땅에 웅크리고 있거나 즉시 도망가는 종들은 일반적으로 위험의 원천과 본질을 확인하기 위해 순간적으로 이러한 모습을 보여 준다. 머리를 들고, 귀를 쫑긋 세우고 눈을 앞으로 향하는 모습은 의심의 여지 없이 어떤 동물이 면밀하게 주의를 기울이고 있다는 느낌을 준다.

5장 동물들의 특별한 표정

개

앞에서 나는 적대적인 의도를 가지고 또 다른 개에게 다가가는 개의 모습을 묘사한 바 있다. (그림 5와 그림 7) 이때 개는 귀를 세우고, 눈은 전방을 응시하며, 목과 등의 털을 곤두세우고, 꼬리를 세워서 치켜올린 채 매우 뻣뻣한 걸음을 걷는다. 이러한 모습은 우리에게 익숙하며, 이에 따라 우리는 간혹 화가 난 사람을 묘사할 때 "등을 치켜올렸다."라고 말하기도 한다. 방금 열거한 개의 모습들 중에서 뻣뻣한 걸음걸이와 치켜올린 꼬리는 좀 더 논의가 필요하다. 벨 경은 호랑이나 늑대가 조련사에게 맞아서 갑자기 사나워지게 되면, "모든 근육이 팽팽해지고, 사지는 튀어오를 태세의, 긴장된 모습을 하게 된다."[1]라고 했다. 이와 같은 근육의 긴장, 그리고 이에 이어진 뻣뻣한 걸음걸이는 연계된 습관의 원리로 설명할 수 있을 것이다. 이러한 원리로 설명할 수 있다고 말하는 이유는 분노가 계속적으로 격렬한 싸움으로 이어졌고, 그 결과 이러한 감정이 모든 신체 근육의 격렬한 활동으로 이어졌을 것이기 때문이다. 한편 근육계가 강하게 작동하기에 앞서 약간의 준비 단계, 혹은 어느 정도의 신경 자극 전달이 필요한 것은 아닌가 생각해 볼 만한 이유가 있기도 하다. 내 느낌이 이처럼 추측하게 하지만 나는 이것이 생리학자들이 받아들일 결론인지는 잘 모르겠다. 그럼에도 제임스 패짓 경이 내게 알려준 바에 따르면 근육이 아무 준비 없이, 강한 힘으로 갑작스레 수축하면 파열되기 쉽다. 마치 우리가 뜻하지 않게 미끄러지는 경우에 그런 것처럼 말이다. 그러나 어떤 움직임이 의도적으로 수행될 경우, 그것이 아무리 격렬하다 해도 근육이 파열되는 경우는 좀처럼 없다.

올림근(elevator muscle, 거상근)의 힘이 내림근(depressor muscle, 하제근)의 힘보다 강할 경우, 꼬리가 곧추서는 현상이 나타나는 듯하다. (이것이 실제로 그런지에 대해서는 확인된 바 없다.) 그리하여 신체 뒷부분의 모든 근육이 긴장 상태에 있을 경우, 꼬리가 곧추서게 된다. 격앙되고 유쾌한 마음 상태의, 탄력적인 걸음걸이로 주인 앞에서 총총걸음을 하는 개는 화가 났을 때처럼 매우 뻣뻣하게 꼬리를 치켜들지 않는다. 그럼에도 일반적으로 개는 자신의 꼬리를 높이 쳐든다. 들에 처음 나선 말은 머리와 꼬리를 높이 치켜들고, 길고 탄력 있는 걸음으로 구보를 하는 것처럼 보인다. 심지어 소들도 기뻐서 깡충깡충 뛰어다닐 때는 우스꽝스러운 모습으로 꼬리를 들어 올린다. 동물원의 여러 동물도 마찬가지다. 하지만 꼬리의 위치가 특별한 상황에 좌우되기도 한다. 예컨대 말은 갑자기 전력 질주를 하게 될 경우, 꼬리를 내려서 공기로 인한 저항을 최소화하려 한다.

개는 경계의 대상에게 달려들고자 하는 순간 사납게 으르렁거

인간과 동물의 감정 표현

그림 14. 으르렁거리는 개의 머리. 우드 씨의 그림.

린다. 귀를 바짝 뒤로 젖히고, 이빨, 특히 송곳니가 보이도록 윗입술을 끌어당긴다. (그림 14) 이러한 동작이 놀고 있는 개와 강아지에게서 관찰되는 경우도 있다. 어쨌든 놀다가 실제로 성이 나면 표정이 즉시 바뀐다. 이는 단지 매우 강한 힘으로 입술과 귀를 뒤로 젖힘으로써 나타나는 결과다. 개가 또 다른 개를 보고 으르렁거릴 경우에는 일반적으로 오직 한쪽 입술. 다시 말해 적을 향한 쪽만이 오므라든다.

주인에게 애정을 드러낼 때 보여 주는 개의 동작은 2장에서 서술한 바 있다. (그림 6과 그림 8) 이는 꼬리를 뻗어 이쪽저쪽으로 흔들면서 머리와 몸 전체를 낮추고, 몸을 이리저리 살랑거리는 동작으로 이루어진다. 귀는 수그러져 뒤로 다소 젖혀지는데, 이로 인해 눈꺼풀이 늘어나 얼굴 전체의 모습이 바뀐다. 입술은 늘어지고 털은 매끄러운 상태를 유지한다. 내 생각에 이러한 동작 혹은 몸짓은 정반대 마음 상태에 놓인 사나운 개가 자연스레 취하는 동작과 완전히 반대되는 입장이라고 설명할 수 있다. 주인이 그저 자신의 개에게 말을 하거나 단순히 개를 쳐다보는 데 그칠 경우, 개는 몸을 움직이지 않고, 심지어 귀마저도 낮추지 않은 채 꼬리를 가볍게 살랑거리는데, 여기에서 우리는 앞에서 언급한 동작들의 마지막 자취를 확인하게 된다. 개는 주인에게 자신의 몸을 비비려 하면서, 그리고 주인이 비벼 주거나 가볍게 두드려 주기를 바라는 모습을 통해 주인에 대한 애정을 드러내기도 한다.

그라티올레는 앞에서 설명한 개의 애정 표시 방법을 다음과 같이 설명한다. 독자들은 이러한 설명이 만족스러운지 판단해 볼 수 있을 것이다. 그는 개를 포함한 동물 일반에 대해 말하며 이렇게 밝히고 있다.[2] "애무나 쓰다듬음을 받기를 원하는 곳은 항상 가장 민감한 부위이다. 개는 옆구리 전체와 몸통이 민감한데, 이 부위를 쓰다듬어 주면 몸을 굽이치며 긴다. 이와 같은 살랑거림이 체절(體節)과 유사한 근육을 타고 척추의 말단까지 전달되면 개는 꼬리를 굽이굽이 흔들어 댄다." 이어서 그는 개가 애정을 느낄 경우, 모든 소리를 차단하기 위해 귀를 낮추는데, 이는 주인이 쓰다듬어 주는 데 관심을 집중하기 위함이라고 덧붙이고 있다.

개가 애정을 표현하는 또 다른 인상적인 방식이 있는데, 바로 주인의 손이나 얼굴을 핥음으로써 애정을 표현하는 것이다. 다른 개를 핥기도 하는데, 이 경우에 항상 입가를 핥는다. 나는 친구 고양이를 핥는 개를 본 적도 있다. 아마도 이러한 습관은 암컷들이 강아지들 — 자신들이 가장 사랑하는 대상 — 을 깨끗하게 해 주기 위해 정성스레 핥아 주는 데서 유래했을 것이다. 이들은 새끼와 잠깐 떨어졌다가 만나면 서둘러 새끼를 몇 번 핥아 주는데, 이는 애정 표현임이 분명하다. 이러한 습관은 그 후 어떻게 촉발되건, 사랑의 감정과 연결되었을 것이다. 오늘날 핥아 주는 습관은 확실하게 유전되거나 생래적인 것이 되었고, 그리하여 양성 모두에게 동등하게 전달되고 있다. 내가 키우는 암컷 테리어는 최근 새끼들을 잃었는데, 이 개는 평소에 매우 애정이 넘치기는 했지만 새끼를 잃은 이후 본능적 모성애를 나에게까지 확장해 충족하려 했고, 나는 이러한 모습에 감명을 받았다. 내 손을 핥으려는 테리어의 욕구는 만족을 모르는 열정의 수준에 이르렀다.

아마도 동일한 원리를 이용해 개들이 애정을 느낄 때 주인에게 몸을 비벼 대기를 좋아하는 이유가 무엇이며, 주인이 몸을 비벼 주고 쓰다듬어 주는 것을 좋아하는 이유가 무엇인지를 설명할 수 있을 것이다. 즉 새끼들을 돌보면서 개의 마음속에서 '애정을 느끼는 대상과의 접촉'과 '애정이라는 감정'이 견고하게 연계되었던 것이다.

주인에 대한 개의 애정은 두려움에 가까운, 강한 복종의 감정과 결합되어 있다. 이런 이유로 개는 주인에게 다가갈 때 단지 신체를 낮추고 약간 수그릴 뿐만 아니라 배를 위로 하고 땅에 드러눕기도 한다. 이는 저항의 몸짓을 보일 때 나타낼 수 있는 모습과는 완전히 반대되는 모습이다. 과거에 나는 다른 개들과의 싸움을 전혀 두려워하지 않는 큰 개 한 마리를 키운 적이 있었다. 당시 이웃에 늑대를 닮은 셰퍼드가 살고 있었는데, 이 개는 사납지 않았고 우리 개처럼 힘도 세지 않았다. 그런데 이 개는 우리 개에게 이상한 지배력을 행사했다. 이들이 길에서 만나면 우리 개는 그 개를 만나러 뛰어가곤 했는데, 이때 우리 개는 꼬리를 다리 사이에 살짝 밀어 넣었고 털을 곧추세우지도 않았다. 이어서 우리 개는 배를 위로 한 채 땅에 드러누웠다. 이러한 행동을 통해 우리 개는 "보세요. 저는 당신의 노예랍니다."라고 직접 말하는 것보다 훨씬 뚜렷하게 이처럼 말하는 듯했다.

일부 개들은 애정과 연결된 즐겁고 흥분된 마음 상태를 매우 독특한 방식, 다시 말해 이빨을 드러내는 방식으로 표현한다. 이는 오래전 윌리엄 소머빌(William Somerville)이 목격한 바 있다. 그는 다음과 같이 개를 묘사한다.

우아하게 이빨을 드러내고, 아양을 떠는 사냥개가

인간과 동물의 감정 표현

콧구멍을 벌려 당신에게 인사를 하네.

파르스름한 까만 눈동자에는 아첨하는 기운이 역력하네.

—「추적(The Chase)」1권

    스콧 경의 유명한 스코틀랜드산 그레이하운드 마이다(Maida)에게도 앞에서 언급한 바와 같은 습관이 있었는데, 이는 테리어에게 흔한 습관이다. 나는 이러한 모습을 스피츠(spitz, 짧고 뾰족한 얼굴에 귀가 서고, 몸은 희고 긴 털로 덮인 개의 한 품종. — 옮긴이)와 목양견(牧羊犬)에게서도 보았다. 리비에르 씨는 이러한 표정에 유달리 관심을 가졌는데, 그는 이러한 표정이 완벽하게 나타나는 경우는 드물지만 다소 약하게 나타나는 경우는 꽤 흔하다고 알려주었다. 활짝 웃는 동안 윗입술은 으르렁거릴 때처럼 끌어당겨져서 송곳니가 드러나며, 귀는 뒤로 젖혀진다. 하지만 일반적으로 보여 주는 모습을 통해 보았을 때, 이때 개가 화가 난 상태는 분명 아니다. 벨 경은 다음과 같이 말한다.[3] "개가 좋아함을 표현할 때에는 입술이 뒤집어지며, 장난을 치는 동안 이빨을 드러내며 코를 쿵쿵거린다. 이는 웃는 모습을 닮아 있다." 일부 사람들은 이빨을 드러내는 모습을 미소라고 말하기도 하는데, 만약 이것이 실제 미소라면, 우리는 개가 기뻐서 짖을 때도 입술과 귀에서 유사한 동작을 살펴볼 수 있어야 한다. 비록 더 뚜렷한 모습으로 나타나겠지만 말이다. 하지만 개가 이빨을 드러내고 난 후 기뻐서 짖는 경우가 흔하기는 해도 항상 그런 것은 아니다. 이러한 사실로 미루어 볼 때, 나는 일부 개들이 애정과 결합된 강렬한 쾌락을 느낄 때면 항상 습관과의 연계를 통해 장난삼아 서로를 혹은 주인의 손을 깨물 때와 동일한 근육을 움직이게 되는 것이 아닌가 생각해 본다.

2장에서 나는 즐거울 때 개가 보여 주는 걸음걸이와 모습, 그리고 같은 개가 낙담하고 실망했을 때 보여 주는 정반대의 모습을 서술한 바 있다. 이때 개는 머리, 귀, 몸, 꼬리, 그리고 턱을 늘어뜨리고, 눈도 활기를 잃은 모습을 하고 있었다. 개가 커다란 기쁨을 기대하고 있을 경우에는 어수선하게 이리 뛰고 저리 뛰며 즐거워서 짖어 댄다. 이러한 마음 상태에서 짖는 경향은 유전을 통해, 혹은 번식을 통해 다음 세대로 전달된다. 그레이하운드는 좀처럼 짖지 않지만, 스피츠는 주인과 산책을 시작할 때부터 끊임없이 짖어 대서 귀찮을 지경에 이른다.

개가 고통을 표현하는 방식은 다른 많은 동물과 거의 동일하다. 다시 말해 울부짖고 몸부림치며 몸 전체를 뒤트는 방법을 통해 고통을 표현하는 것이다.

개가 관심을 기울인다는 것은 머리를 들고 귀를 곤추세우며 대상을 뚫어지게 바라보거나 샅샅이 감시하듯 살펴보는 모습에서 확인할 수 있다.

만약 관심의 대상이 소리인데 어디에서 나는 소리인지 모를 경우, 흔히 개는 매우 의미심장한 방식으로 자신의 머리를 이쪽저쪽으로 비스듬히 돌린다. 분명 이는 어떤 지점에서 소리가 났는지를 정확하게 판단하기 위한 동작이다. 하지만 나는 익숙하지 않은 소음에 개가 크게 놀란 모습을 본 적이 있는데, 이때 개는 소리가 어디에서 났는지 분명하게 지각했음에도 습관적으로 머리를 한쪽으로 돌렸다. 앞서 밝힌 바와 같이, 개는 흔히 어떤 방식으로든 대상을 바라보거나 소리를 들으면서 집중하게 되면 마치 천천히, 살며시 다가가려는 듯 한쪽 다리를 치켜올리면서 웅크린다. (그림 4)

극단적인 공포를 느끼는 개는 엎드려서 낑낑거리며 오줌을 싼 다. 하지만 내 생각에 분노를 느끼기 전까지는 털을 곤두세우지는 않 는다. 나는 집 밖에서 큰소리로 연주를 하는 악단을 보고 크게 두려 움을 느낀 개를 본 적이 있는데, 개는 전신의 근육이 부들부들 떨렸 고, 심장이 매우 빨리 뛰어 박동 수를 세어 보기 힘들 정도였으며, 입 을 크게 벌리고 숨을 쉬기 위해 헐떡였다. 이는 사람이 두려움을 느 꼈을 때와 다를 바 없는 모습이었다. 하지만 이 개는 스스로 그렇게 하려고 노력한 것은 아니었다. 개는 추운 날씨에 그저 천천히, 부산 하게 방을 이리저리 돌아다녔을 뿐이었다.

개들은 심지어 두려움을 아주 조금 느낄 때에도 항상 다리 사이 에 꼬리를 집어넣는다. 이처럼 꼬리를 집어넣는 모습은 귀를 뒤로 젖 히는 현상과 함께 나타난다. 하지만 으르렁거릴 때와는 달리 귀를 머 리에 바짝 붙이지는 않고, 즐거울 때나 애정을 느낄 때처럼 귀를 낮 추지도 않는다. 강아지 두 마리가 서로를 쫓아다니며 뛰어노는 모습 을 보노라면, 도망가는 녀석은 항상 자신의 꼬리를 다리 사이로 찔 러 넣는다. 개가 너무 기분이 좋아 원을 그리거나 8자 모양을 그리면 서 주인 주변을 미친 듯이 뛰어다닐 때도 마찬가지다. 이때 개는 마 치 다른 개가 자신을 쫓아오듯 행동한다. 이러한 흥미로운 놀이 방식 은 개를 유심히 관찰해 본 사람들에게는 익숙할 텐데, 이러한 모습 은 예컨대 주인이 어두컴컴한 데서 갑자기 달려들어 개가 약간 놀라 거나 두려움을 느낄 때 유달리 촉발되기 쉽다. 강아지 두 마리가 서로 쫓아다니며 장난을 칠 때와 마찬가지로, 이 경우에도 도망가는 녀석은 다른 녀석에게 꼬리를 물릴까 봐 두려워하는 것처럼 행동한다. 하지만 내가 살펴본 바에 따르면, 개들이 실제로 상대의 꼬리를 무는 경우는 극히 드물다. 나는 평생 여우 사냥개를 키운 한 남성에게 사냥개가 여우를 이와 같은 방식으로 잡는 경우를 본 적이 있는지 물었고, 그 남성은 경험이 풍부한 다른 사냥꾼들에게 물어보았다. 하지만 그들은 그런 경우를 본 적이 없다고 답했다. 추적을 당할 때나 뒤에서 물릴 위험에 처했을 때, 혹은 뒤에서 무엇인가가 습격할 때, 개는 자신의 뒷다리와 엉덩이 전체를 가능한 한 최대한 신속하게 움츠리고자 하며, 어떤 근육 간의 공조 혹은 연계가 꼬리를 안쪽으로 바짝 집어넣게 만드는 듯하다.

하이에나에게서도 뒷다리와 엉덩이, 그리고 꼬리 사이에서 이와 유사한 방식의 연계 동작이 관찰된다. 바틀렛 씨는 내게 하이에나 두 마리가 싸움을 벌일 경우, 서로가 서로의 엄청난 턱 힘을 의식하기에 극단적으로 신중해진다는 사실을 알려주었다. 이들은 자신의 다리를 물릴 경우, 뼈가 곧바로 산산조각이 날 것임을 잘 알고 있다. 이에 따라 그들은 최대한 다리를 안쪽으로 향하게 하고, 몸 전체를 굽히고, 무릎을 꿇다시피 한 상태에서 서로에게 다가서는데, 이는 눈에 띄는 부위를 보이지 않기 위함이다. 이와 동시에 하이에나들은 꼬리를 다리 사이에 꽉 찔러 넣는다. 이러한 태도를 취하면서 하이에나들은 비스듬히 다가서며, 심지어 뒤에서 다가서기도 한다. 이와 마찬가지로 사슴, 그리고 다른 여러 종의 동물들도 사나워져서 싸움을 벌일 때는 꼬리를 다리 사이로 찔러 넣는다. 들판의 말이 장난

인간과 동물의 감정 표현

을 치면서 다른 말의 후반신을 깨물려고 할 때, 혹은 거친 아이가 당나귀를 뒤쪽에서 때렸을 때, 이들은 후반신을 움추리고 꼬리를 안쪽으로 끌어당긴다. 물론 이것이 전적으로 꼬리를 다치지 않기 위해 하는 행동은 아니지만 말이다. 우리는 이와 상반되는 동작도 본 적이 있다. 어떤 동물은 매우 탄력 있는 발걸음으로 총총걸음을 할 경우, 꼬리가 거의 항상 위로 치켜올라가 있다.

내가 언급한 바와 같이, 개는 쫓기거나 도망갈 때 귀가 뒤쪽을 향하지만 그럼에도 여전히 귀를 열어 놓는다. 이는 분명 뒤쫓아 오는 대상의 발소리를 듣기 위함이다. 개는 뚜렷한 위험에 직면했을 때, 대개 귀를 이와 같은 모습으로 유지하고, 꼬리를 안으로 찔러 넣는데, 이는 습관에 따른 것이다. 나는 내가 키우는 겁 많은 테리어가 앞에 있는 어떤 대상이 무서울 때, 불편함을 주는 그 형상을 쳐다보면서 방금 언급한 방식으로 자신의 귀와 꼬리의 모습을 오랫동안 유지하는 경우를 여러 번 본 적이 있다. 테리어는 그것이 무엇인지를 너무나도 잘 알고 있고, 굳이 확인해 볼 필요가 없었음에도 그렇게 행동했다. 두려움 없는 불편함 또한 이와 유사한 방식으로 표현된다. 하루는 문밖을 나섰는데, 이 테리어가 내가 저녁을 가져왔다고 생각할 바로 그때였다. 나는 개를 부르지 않았지만 개는 나를 몹시 따라오고 싶어 했고, 저녁을 몹시 먹고 싶어 하는 눈치였다. 개는 자신의 꼬리를 안으로 찔러 넣고 귀를 뒤로 젖힌 채 서서 처음에는 한쪽을, 이윽고 다른 쪽을 쳐다보았는데, 이는 당혹스러워하며 불편해하는 모습이 분명했다.

여기서 서술한 거의 모든 표현 동작은 즐거워서 이빨을 드러내는 경우를 제외하고는 생래적이거나 본능적인 것이다. 이들은 모든 품종의 개에게서 노소를 막론하고 공통적으로 나타나는 현상이기 때문이다. 이 표현 동작들은 대부분 개의 원래 조상, 즉 늑대나 자칼에게도 공통적으로 나타났다. 이들 중 일부는 동일 군의 다른 종에서도 나타난다. 길들인 늑대와 자칼은 주인이 쓰다듬어 주면 기뻐서 날뛰고 꼬리를 흔들며 귀를 낮추고 주인의 손을 핥고 몸을 웅크리며 심지어 배를 위로 하고 땅바닥에 드러눕는다.[4] 나는 가봉에서 온 여우처럼 생긴 아프리카산 자칼이 쓰다듬어 줄 때 자신의 귀를 낮추는 모습을 본 적이 있다. 늑대와 자칼은 두려움을 느끼게 되면 꼬리를 확실하게 다리 사이로 찔러 넣는다. 길들인 자칼은 꼬리를 다리 사이에 두고 마치 개처럼 원을 그리거나 8자 모양을 그리며 주인의 주변을 뛰어다니는 것으로 그려지고 있다.

여우는 아무리 길들여도 앞에서 언급한 표현 동작들을 전혀 나타내지 않는다고 일컬어진다.[5] 하지만 이것이 정확한 이야기는 아니다. 수년 전 나는 동물원에서 사육사가 아주 잘 길들인 영국산 여우를 쓰다듬어 주자 여우가 꼬리를 흔들고, 귀를 납작하게 하며, 배를 위로 한 채 땅바닥에 엎드리는 모습을 보았고, 당시 나는 이러한 사실을 기록한 바 있다. 북아메리카산 검은 늑대 또한 미세하게 자신의 귀를 납작하게 했다. 하지만 여우들은 주인의 손을 핥은 적이 없으며, 두려움을 느낄 때에도 꼬리를 다리 사이로 찔러 넣지 않을 것이다. 만약 개의 애정 표현에 대한 나의 설명이 받아들여진다면, 길들여져 본 적이 없는 동물들, 예컨대 늑대, 자칼 심지어 여우마저도 반대의 원리를 통해 일정한 표현 동작을 습득했을 것이라 생각해 볼 수

인간과 동물의 감정 표현

있다. 이렇게 말하는 이유는 이러한 동물들이 우리에 갇혀 있으면서 개를 흉내 내어 그러한 동작들을 학습했을 가능성은 별로 없기 때문이다.

고양이

앞에서 나는 두려움을 느끼지 않지만 화가 났을 때 고양이가 취하는 행동에 대해 서술한 바 있다. (그림 9) 이러한 상황에서 고양이는 웅크린 자세를 취하며, 발톱을 드러내고 간혹 앞발을 내밀면서 공격할 태세를 갖춘다. 이때 고양이의 꼬리는 한껏 뻗쳐진 채 소용돌이를 치거나 좌우로 살랑거린다. 털을 곤두세우지는 않는다. 적어도 내가 관찰한 얼마 되지 않은 경우에 국한하자면 그렇다. 또한 고양이는 귀를 바짝 뒤로 젖히고 이빨을 드러낸다. 그리고 낮은 소리로 사납게 으르렁거린다. 우리는 고양이가 다른 고양이와 싸울 태세를 갖출 때 취하는 태도, 혹은 매우 화가 났을 때 취하는 태도가 적의를 가지고 어떤 개가 다른 개에게 다가서는 경우와 크게 다른 이유를 이해할 수 있다. 그것은 고양이가 공격할 때는 앞발을 사용하는데, 이때 구부리는 자세가 편리하거나 필요하기 때문이다. 또한 개와 비교해 보았을 때, 고양이는 숨어서 웅크리고 있다가 갑자기 먹잇감을 습격하는 데 훨씬 익숙하다. 꼬리를 좌우로 흔들거나 살랑거리는 이유에 대해서는 확실하게 밝혀진 바가 없다. 이러한 습관은 다른 여러 동물들, 예컨대 퓨마가 도약을 하려 할 때 흔히 살펴볼 수 있다.[6] 하지만 여우가 숨어서 기다리다 토끼를 덮치는 모습에 대한 세인트 존 씨의 설명으로 미루어 보건대, 이러한 습관은 개나 여우에게 흔한 것은 아니다. 이미 우리는 일부 종류의 도마뱀과 여러 종의 뱀들이 흥분했을 때 꼬리 끝을 빠르게 흔들어 댄다는 사실을 살펴본 바 있다. 크게 흥분한 동물들은 자극받은 감각 중추로부터 방류된, 통제를 벗어난 신경력으로 인해 어떤 종류의 통제할 수 없는 동작을 취하려는 욕구를 가지고 있는 듯하다. 그리고 꼬리를 굽히거나 살랑대는 것은 꼬리가 자유롭고 꼬리를 움직인다고 해서 몸의 전반적인 자세가 영향을 받는 것은 아니기 때문이다.

고양이가 애정을 느낄 때의 모든 동작은 방금 서술한 내용과 정반대의 모습이다. 고양이는 똑바로 서서 약간 등을 구부리고 꼬리를 수직으로 세운 채 귀를 쫑긋 세운다. 그리고는 자신의 뺨과 옆구리를 주인에게 비벼 댄다. 애정을 느낄 때 무엇인가에 비벼 대려는 고양이의 욕구는 매우 강한데, 이에 따라 이들이 자신의 몸을 의자나 책상 다리 혹은 문설주에 비벼 대는 모습은 흔히 볼 수 있는 장면이다. 개의 경우와 마찬가지로, 고양이의 애정 표현 방식 또한 아마도 연계에서 비롯되었을 것이다. 즉 어미가 새끼를 돌보거나 귀여워하는 것, 그리고 어쩌면 새끼들이 서로 애정을 느끼며 함께 노는 것과 연결되어 이러한 표현이 비롯되었으리라는 것이다. 즐거움을 표현하는 또 다른 매우 상이한 동작, 다시 말해 즐거울 때 새끼뿐 아니라 심지어 나이 든 고양이에게서도 살펴볼 수 있는 특이한 동작에 대해서는 이미 서술한 바 있다. 마치 어미의 젖꼭지를 앞발로 밀쳐 내면서 빨 때의 모습처럼, 고양이는 즐거울 때 발가락을 벌린 채 자신들의 앞발

인간과 동물의 감정 표현

을 번갈아 내미는 것이다. 이러한 습관이 무엇인가에 비벼 대는 습관과 매우 유사한 사실로 미루어 보았을 때, 두 습관 모두 양육기의 행동에서 유래한 것이 명백하다. 개 또한 주인과의 접촉을 통해 기쁨을 느끼지만 고양이가 개에 비해 비벼 대면서 애정을 표현하는 경우가 훨씬 많은 이유가 무엇인지, 개는 친구들의 손을 항상 핥아 주는 데 반해 고양이는 간혹 그렇게 하는 데 그치는 이유가 무엇인지는 잘 모르겠다. 고양이는 몸을 정기적으로 핥아서 스스로를 청결히 하는 경우가 개에 비해 빈번하다. 하지만 더욱 길고 유연한 개들의 혀와 비교해 보았을 때, 고양이의 혀는 이러한 일을 하기에 덜 적합한 것처럼 보인다.

고양이가 겁을 먹으면 몸을 최대한 크게 보이게 하고, 잘 알려진 우스꽝스러운 모습으로 등을 활처럼 구부린다. 이들은 성났음을 드러내는 소리를 짧게 내거나 쉭 하는 소리를 내며 으르렁거린다. 또한 전신의 털, 특히 꼬리의 털을 곤두세운다. 내가 관찰한 사례에서는 고양이 꼬리 밑둥이 똑바로 곧추세워지고, 끝부분은 한쪽 방향으로 던져져 있었다. 하지만 꼬리가 약간 치켜올라가고, 거의 밑둥부터 한쪽으로 구부러져 있는 경우도 간혹 있다. (그림 15) 이런 감정 상태에서 고양이는 귀를 뒤로 젖히고, 이빨을 드러낸다. 새끼 고양이들이 함께 장난을 칠 때를 살펴보면 한쪽이 흔히 이와 같은 모습을 보여 다른 쪽에게 두려움을 주려 한다. 앞 장에서 살펴본 것들로부터 방금 언급한 것들에 이르기까지 고양이의 모든 표현들은 극단적으로 등을 활처럼 구부리는 경우를 제외하고는 충분히 이해할 수 있다. 여러 조류들은 최대한 자신을 크게 보이기 위해 깃털을 곤두세우고

그림 15. 개를 보고 겁이 난 고양이. 우드 씨의 그림.

인간과 동물의 감정 표현

날개와 꼬리를 쭉 펼치는데, 나는 고양이 또한 이와 동일한 방식으로 동일한 목적을 이루기 위해 흔히 똑바로 서서 등을 활처럼 휘어 몸길이를 최대한 늘리고, 꼬리 밑둥을 들어 올리며 털을 곧추세우는 것이 아닌가 생각해 본다.

스라소니는 공격받을 경우에 자신의 등을 활처럼 구부린다고 알려져 있다. 브렘의 묘사에 따르면 그렇다. 하지만 동물원 사육사들은 이보다 대형 고양잇과 동물들, 가령 호랑이나 사자 등에서는 이러한 행동 경향을 본 적이 없다고 한다. 이들은 다른 동물들을 두려워 할 이유가 별로 없다. 고양이는 감정 표현의 수단으로 목소리를 많이 사용하는데, 다양한 감정과 욕구에 따라 적어도 여섯 개 혹은 일곱 개의 다른 소리를 낸다. 만족하며 내는 가르랑거리는 소리는 들숨과 날숨을 내쉬는 동안 만들어지는데, 이는 가장 흥미로운 현상 가운데 하나다. 퓨마, 치타 그리고 표범과 비슷한 스라소니 또한 가르랑거린다. 반면 호랑이는 기분이 좋을 때 "눈을 감으면서 짧고 특이한 콧소리를 낸다."[7] 사자, 재규어, 표범은 가르랑거리지 않는다고 알려져 있다.

말

말은 사나워지면 자신의 귀를 바짝 뒤로 젖히고 머리를 내밀며 자신의 앞니를 부분적으로 드러내면서 깨물 태세를 갖춘다. 뒷발질하려 할 때는 일반적으로 습관을 통해 귀를 뒤로 젖힌다. 이때 눈이 특이한 방식으로 뒤를 향한다.[8] 말은 몹시 바라던 음식을 마사(馬舍)로 가져다주는 경우처럼 즐거울 때면 머리를 들면서 목을 끌어당기고, 귀를 세우며, 흔히 히힝거리면서 자신의 친구를 뚫어지게 쳐다본다. 도저히 못 참겠다는 듯한 표정은 앞발로 땅을 찰 때 드러난다. 말이 크게 놀랐을 때의 표정에는 그 감정이 매우 잘 담긴다. 하루는 내 말이 방수포로 덮어 놓은 굴착기를 보고 크게 두려움을 느껴 들판에 드러누워 버렸다. 이때 말은 자신의 머리를 높이 쳐들었는데, 그러다 보니 목이 거의 수직을 이루게 되었다. 말의 이러한 행동은 습관으로 인한 것이다. 이렇게 말하는 이유는 굴착기가 언덕 밑에 있었기 때문에 머리를 든다고 해서 더 명확하게 볼 수 있었던 것은 아니며, 설령 어떤 소리가 기계에서 난다고 하더라도 그 소리를 더 뚜렷하게 들을 수 있는 것도 아니었기 때문이다. 말의 눈과 귀는 정면을 향해 집중되어 있었고, 나는 안장을 통해 심장의 박동을 느낄 수 있을 정도였다. 말은 붉게 팽창된 콧구멍을 통해 거칠게 숨을 내쉬면서 빙글빙글 뛰어다녔는데, 내가 제지를 하지 않았다면 전속력으로 달음질쳤을 것이다. 콧구멍이 확장되는 것은 위험이 어디로부터 비롯되었는지 냄새를 맡기 위해서가 아니다. 이렇게 이야기하는 이유는 말이 어떤 대상의 냄새를 조심스레 맡고 놀라지 않을 경우에는 콧구멍을 확장하지 않기 때문이다. 말은 목구멍에 밸브가 있으며, 이 때문에 헐떡거리며 호흡을 할 때에는 열린 입을 통해서가 아니라 콧구멍을 통해 호흡을 한다. 그리고 이로 인해 결과적으로 콧구멍이 엄청난 팽창력을 갖게 된 것이다. 코를 불 때의 거친 호흡과 콧구멍 팽창, 그리고 심장 박동은 오랜 세대를 거치면서 공포의 감정과 확고하게 연계가 이

인간과 동물의 감정 표현

루어지게 된 행동들이다. 이렇게 말하는 것은, 말이 공포를 느끼게 되면 습관적으로 온 힘을 다해 위험 요인으로부터 전속력으로 달아나는데, 방금 언급한 신체적인 변화는 바로 이와 같은 상황에서 나타나는 변화이기 때문이다.

반추동물

소나 양은 극단적인 고통을 느끼는 경우를 제외하고는 자신들의 감정이나 느낌을 거의 나타내지 않는다는 점에서 특이할 만하다. 격노한 황소는 콧구멍을 팽창한 채, 머리를 수그리고, 큰소리로 우는 방식으로만 분노를 드러낸다. 황소가 앞발로 땅을 박차는 경우도 흔히 있다. 하지만 앞발로 땅을 박차는 이와 같은 행동은 조바심을 느끼는 말의 그것과는 사뭇 다른 듯하다. 이렇게 말하는 이유는 땅이 푸석푸석할 경우, 소는 이러한 상황에서 먼지 구름을 일으키기도 하기 때문이다. 나는 파리 때문에 짜증이 난 황소들이 이들을 쫓아 버리기 위해 이와 같은 방식으로 행동을 한다고 생각한다. 야생종 양과 샤무아(chamois, 알프스산양. —옮긴이)는 놀랄 경우, 발을 구르며 코를 통해 휘파람과 유사한 소리를 낸다. 이는 동료들에게 위험을 알리는 기능을 한다. 북극 지역의 사향소 또한 마주치게 되면 발을 구른다.[9] 나는 이와 같이 발을 구르는 동작이 어떻게 나타나게 되었는지 모르겠다. 그 이유는 내가 탐구한 바에 따르면 이러한 동물들은 앞다리로 싸우지 않는 것처럼 보이기 때문이다.

일부 사슴 종은 사나워지면 소, 양 혹은 염소에 비해 훨씬 많은 표현들을 보여 준다. 앞에서 언급한 바와 같이 이들은 자신의 귀를 뒤로 젖히고 이를 갈고 털을 곤두세우고 깩깩 울고 발을 구르며 뿔을 휘두른다. 하루는 동물원에서 타이완꽃사슴(Formosan deer, *Cervus pseudaxis*)이 머리를 다소 비스듬히 하고 주둥이를 위로 높이 들어 뿔이 등 뒤를 찌르는 흥미로운 모습으로 내게 다가왔다. 눈 표정으로 보았을 때, 나는 사슴이 분명 화가 나 있음을 느낄 수 있었다. 사슴은 천천히 다가왔고, 쇠창살에 가까이 접근한 순간, 머리를 숙여 나를 들이받으려 하지 않고, 갑작스레 머리를 안쪽으로 구부렸다가 엄청난 힘으로 뿔을 이용해 철창을 들이받았다. 바틀렛 씨는 일부 다른 사슴 종 또한 화가 났을 때 동일한 태도를 취한다고 알려주었다.

원숭이

다양한 종과 속의 원숭이들은 다양한 방식으로 자신들의 감정을 표현한다. 이는 이른바 인간이라는 종을 서로 다른 종 혹은 변종으로 구분해야 하는가 마는가 하는 질문에 어느 정도 함의하는 바가 있기 때문에 흥미로운 사실이다. 이렇게 말하는 이유는 우리가 이어지는 장들에서 살펴보게 되겠지만 서로 다른 종의 인간은 전 세계를 통틀어 자신의 감정과 느낌을 표현하는 데 놀랄 만큼 동일한 모습을 보여주기 때문이다. 원숭이들의 일부 표현 동작은 또 다른 측면에서 흥미로운데, 인간의 그것과 매우 유사하기 때문이다. 나는 어떤 특정한 종의 원숭이 집단을 모든 상황 속에 놓고 관찰할 기회가 없었다. 때문에 나의 두서없는 이야기는 원숭이들의 서로 다른 마음 상태를 범주로 묶어서 다룰 때야 제대로 정리가 될 것이다.

기쁨, 즐거움, 애정

기쁘거나 즐거울 때 원숭이가 나타내는 표현을 애정의 표현과 구분하기란 불가능하다. 적어도 나보다 더 경험이 풍부하지 않으면 불가능하다. 어린 침팬지는 자신들이 마음에 두는 누군가가 돌아와서 기쁠 때 짖는 소리를 낸다. 이러한 소리를 낼 때면 입술이 튀어나온다. 사육사들은 이를 웃음이라고 부른다. 하지만 이들은 다양한 다른 감정을 느낄 때도 마찬가지 표현을 보여 준다. 그럼에도 나는 그들이 즐거울 때 나타내는 입술 형태가 화가 났을 때 보여 주는 형태와 약간 다르다는 사실을 느낄 수 있었다. 어린 원숭이를 간질이면 (아이들의 경우처럼, 이들이 특히 간지럼을 많이 타는 부위는 겨드랑이다.) 매우 뚜렷하게 낄낄거리거나 웃는 소리를 낸다. 간혹 웃는 소리가 들리지 않기도 하지만 말이다. 이때 입가가 뒤로 젖혀지는데, 이에 따라 아래 눈꺼풀에 약간의 주름이 생기는 경우도 있다. 이러한 주름은 우리가 웃을 때 살펴볼 수 있는 특징인데, 이는 일부 다른 원숭이들에게서 더욱 뚜렷하게 관찰할 수 있다. 침팬지가 웃음소리를 낼 때는 윗니가 드러나지 않는데, 이는 우리와 다른 점이다. 하지만 침팬지의 표정을 집중적으로 관찰한 바 있는 W. L. 마틴(W. L. Martin) 씨가 밝히고 있는 것처럼,[10] 이 경우에 그들의 눈은 반짝이고 더욱 빛난다. 어린 오랑우탄을 간질이면 이들 또한 씩 웃으며 낄낄거리는 소리를 낸다. 마틴 씨는 이때 그들의 눈이 빛난다고 말한다. 웃음이 그치는 바로 그 순간, 그들의 얼굴에 하나의 표정이 스쳐 지나감을 탐지할 수 있는데, 월리스 씨가 내게 말해 준 바와 같이 이를 미소라고 부를 수 있을 것이다. 나는 이와 동일한 모습을 침팬지에서도 발견했다. 뒤셴 박사(나는 그보다 더 나은 권위자를 인용할 수 없다.)는 내게 자신의 집에서 1년 동안 매우 유순한 원숭이를 키웠던 이야기를 해 주었다. 식사 시간에 원숭이에게 양질의 맛있는 음식을 주었을 때, 박사는 원숭이의 입가가 약간 올라가는 모습을 관찰할 수 있었다. 원숭이의 만족감을 표현하는 이와 같은 표정은 시초의 웃음이 갖는 특징을 공유하고 있으며, 인간의 얼굴에서 흔히 살펴볼 수 있는 표정과 유사하다. 이러한 표정은 원숭이에게서 뚜렷하게 관찰된다.

세부스올빼미원숭이(*Cebus azarae*)는 사랑하는 사람을 다시 만나서 즐거울 때면 독특한 킥킥거리는 웃음소리를 낸다.[11] 이 원숭이는 입가를 뒤로 젖히며 기분 좋은 느낌을 소리를 내지 않고 표현한다. 렝거 씨는 이러한 동작을 "웃음(laughter)"이라 부르는데, "미소(smile)"라고 부르는 것이 더욱 적절할 것이다. 이 경우에 입 모양은 고통이나 두려움을 느낄 때의 모습과는 다르며, 원숭이는 이러한 모습을 보이면서 고성(高聲)을 질러댄다. 동물원에 있는 또 다른 세부스 종의 원숭이(*C. hypoleucus*)는 만족감을 느낄 경우, 반복적으로 날카로운 울음소리를 내며, 세부스올빼미원숭이와 마찬가지로 입가를 뒤로 젖힌다. 이는 분명 우리와 동일한 근육이 수축함으로써 나타나는 현상이다. 북아프리카바바리마카크는 이와 같은 현상이 더욱 두드러진다. 나는 이 원숭이의 아래 눈꺼풀에 크게 주름이 진다는 사실을 관

인간과 동물의 감정 표현

찰했다. 이와 동시에 이 원숭이는 이빨을 드러낸 채, 아래턱 혹은 입술을 경련을 일으키는 방식으로 신속하게 움직였다. 하지만 이때 내는 소리는 이른바 '소리 없는 웃음(silent laughter)'이라고 부르는 것과 거의 구분이 되지 않았다. (너무 웃다가 지나치게 웃게 될 때 소리가 나지 않으면서 눈에서 눈물이 나는 경우가 있는데, 이러한 상태에서의 웃음을 '소리 없는 웃음(silent laughter)'이라고 한다. ─옮긴이) 두 명의 사육사가 이러한 작은 소리는 이 원숭이의 웃음이라고 알려주었는데, 내가 이 문제에 대해 의문을 제기하자(당시에는 잘 알지 못했기 때문이다.) 사육사들은 그 원숭이에게 같은 우리 안에 살고 있는, 그가 싫어하는 한 인도 하누만랑구르(Entellus monkey)를 공격하거나 위협하도록 했다. 그러자 그 즉시 북아프리카 바바리마카크의 얼굴 전체 표정이 싹 달라졌다. 원숭이는 훨씬 입을 크게 벌리고 송곳니를 더욱 완전하게 보여 주었으며 목이 쉰 듯한 짖는 소리를 냈다.

노랑개코원숭이(Cynocephalus anubis)는 처음에 사육사에게 모욕을 당해서 크게 화가 났는데(이는 쉽게 있을 수 있는 일이다.), 얼마 있지 않아 친구가 되어 악수를 하기까지 했다. 화해가 이루어지자 개코원숭이는 자신의 턱과 입을 위아래로 신속하게 움직였는데, 이때 원숭이는 즐거워 보였다. 우리가 실컷 웃을 경우에도 턱에서 유사한 동작 혹은 떨림이 어느 정도 뚜렷하게 관찰된다. 그럼에도 양자는 어느 정도 차이가 있는데, 즉 이러한 개코원숭이, 그리고 다른 일부 원숭이들은 턱과 입술 근육이 파르르 떨리는 반면, 인간은 가슴 근육이 더욱 두드러진 움직임을 보여 준다.

앞에서 나는 마카크원숭이 두세 종과 검은긴꼬리원숭이가 누군가 쓰다듬어 줘서 즐거울 때 보여 주는 특이한 행동 방식, 즉 귀를 뒤로 젖히고 가볍게 캑캑거리는 소리를 내는 모습에 대해 언급한 바 있다. 검은긴꼬리원숭이의 경우, 입가가 동시에 뒤로 젖혀지면서 위로 치켜올라가며, 이로 인해 이빨이 노출된다. (그림 17) 때문에 이러한 표정을 잘 모르는 사람이 보았을 경우, 이를 절대로 즐거움의 표정이라고 생각할 수 없을 것이다. 이때 원숭이의 이마에 나 있는 긴 털은 눌려 있고, 머리 피부 전체가 뚜렷하게 뒤로 젖혀진다. 이렇게 함으로써 눈썹이 약간 위로 치켜올라가고, 눈은 응시하는 모습을 하게 된다. 아래 눈꺼풀에도 약간 주름이 진다. 하지만 이런 주름은 얼굴에 영구적으로 나 있는 가로 주름 때문에 뚜렷하게 보이지 않는다.

고통스러운 감정과 감각

가벼운 고통 혹은 슬픔, 고민, 질투 등의 고통스러운 감정을 나타내는 원숭이의 표정은 어느 정도 화가 나 있을 때의 표정과 쉽사리 구분되지 않는다. 이러한 마음 상태는 쉽게, 그리고 신속하게 다른 마음 상태로 전환된다. 하지만 일부 종은 울음을 통해 확실하게 슬픔을 표현한다.

보르네오산으로 알고 있던 원숭이(*Macacus maurus* 또는 *M. inornatus* of Gray, 콜롬비아 또는 베네수엘라 원산의 회색손올빼미원숭이다. ― 옮긴이)를 동물원에 판 한 여성은 원숭이가 자주 소리 내어 울었다고 말했다. 이 원숭이는 슬픔에 빠져 있을 때, 심지어 크게 동정을 받을 때도 너무 슬피 울어 눈물이 뺨을 타고 흘러내렸으며, 사육사 서튼 씨와 바틀렛 씨도 이러한 모습을 여러 번 봤다고 한다. 하지만 이 경우는 뭔가 석연치

그림 16. 검은긴꼬리원숭이가 평온한 상태에 있을 때의 모습. 울프 씨의 그림.

그림 17. 쓰다듬어 주었을 때 즐거워하는 검은긴꼬리원숭이의 모습. 울프 씨의 그림.

않은 점이 있다. 왜냐하면, 사육사와 내가 동물원에서 연이어 사육된, 동종으로 추정되는 두 마리의 원숭이를 면밀하게 관찰했음에도 그들이 엄청 괴로워하면서 큰 소리로 비명을 지를 때 눈물을 흘리는 경우를 본 적이 없었기 때문이다. 렝거 씨는 세부스올빼미원숭이가 매우 가지고 싶어 하는 것을 가지지 못하거나 크게 두려움을 느낄 때 그의 눈이 눈물로 가득했지만, 넘쳐흐를 정도는 아니었다고 말한 바 있다.[12]

알렉산더 폰 훔볼트(Alexander von Humboldt) 또한 한 다람쥐원숭이 (*Callithrix sciureus*)가 "두려움을 느끼게 되면 눈이 즉시 눈물로 가득 찬다."라고 주장한다. 하지만 동물원에서 이 작고 예쁜 원숭이를 크게 울리기 위해 약을 올렸을 때 이러한 일은 일어나지 않았다. 그럼에도 나는 훔볼트의 주장이 정확하다는 것을 추호도 의심하고 싶지 않다. 어린 오랑우탄과 침팬지가 건강이 좋지 않아 실의에 빠진 모습은 아이들 못지않게 뚜렷하고, 아이들과 거의 다를 바 없이 애처롭다. 그들이 이와 같은 심신 상태에 놓여 있음은 그들의 힘없는 동작, 낙담한 표정, 흐린 눈, 그리고 변한 안색 등을 통해 드러난다.

분노

마틴 씨가 밝히고 있는 바와 같이,[13] 이러한 감정은 여러 종류의 원숭이들에게서 흔히 나타나며, 서로 다른 수많은 방식으로 표현된다. "일부 종은 화가 나면 입술을 삐죽 내밀고 적을 사납게 뚫어지게 쳐다보며, 마치 돌진하려는 듯 짧은 도약을 반복하면서 안으로 향하는 쉰 소리를 내기도 한다. 다수의 원숭이들은 느닷없이 걸음을 내

인간과 동물의 감정 표현

디디며 급작스럽게 앞으로 나서는 방법을 통해, 그리고 입을 벌리고 입술을 오므림으로써(이는 치아를 감추기 위한 행동이다.) 분노를 드러낸다. 이때 원숭이는 사납게 대응하려는 상황에 있다는 듯 대담하게 눈을 적에게 고정한다. 일부 종, 주로 긴꼬리원숭이는 화가 났을 때 이빨을 드러내고 악의 있는 표정을 지으며 날카롭고도 급한 소리를 반복적으로 낸다." 서튼 씨는 일부 종들은 화가 날 경우, 이빨을 드러내는 데 비해, 다른 종들은 입술을 불쑥 내밀어서 이빨을 감추며, 일부 종들은 귀를 뒤로 젖힌다는 주장을 확인해 주고 있다. 얼마 전 언급한 검은긴꼬리원숭이는 화가 났을 때 이마의 털을 내리누르고, 이빨을 보이면서 귀를 뒤로 젖힌다. 그리하여 이 원숭이의 분노했을 때 얼굴 표정은 즐거울 때와 거의 동일하다. 두 표정은 오직 이 원숭이 종을 잘 알고 있는 사람만이 구분할 수 있다.

개코원숭이들은 흔히 자신들의 격노와 적에 대한 위협을 매우 특이한 방식으로 나타낸다. 즉 그들은 마치 하품을 하듯이 입을 크게 벌림으로써 격노나 위협을 표현하는 것이다. 바틀렛 씨가 처음 두 마리의 개코원숭이를 같은 우리 안에 수용했을 때의 일이다. 그는 이 원숭이들이 서로 마주 보고 앉아 번갈아 가며 입을 벌리는 모습을 종종 보았다. 대개 이러한 행동은 실제 하품으로 마무리되는 듯이 보였다. 바틀렛 씨가 생각하기에 이 상황에서 두 원숭이가 입을 벌렸던 이유는 자신들이 엄청난 이빨을 가지고 있음을 보여 주기를 원하기 때문이었다. 아마도 이것은 분명한 사실일 것이다. 내가 이들이 화가 났을 때 실제로 하품하는 모습을 보이는지를 의심하자, 바틀렛 씨는 나이 든 개코원숭이를 약 올려서 격노하게 만들었다. 그랬더니 과

연 개코원숭이는 거의 즉각적으로 하품하는 모습을 보여 주었다. 일부 마카크와 긴꼬리원숭이(Cercopithecus) 종들도 이와 동일한 방식으로 행동한다.[14] 한편 개코원숭이들은 또 다른 방식, 즉 "화가 난 사람이 주먹으로 책상을 내려치듯" 한 손으로 땅을 치는 방법을 통해 자신들이 화가 났음을 보여 주기도 한다. 이는 브렘이 에티오피아에서 키웠던 개코원숭이들에게서 관찰한 바다. 나는 동물원의 개코원숭이가 이러한 행동을 하는 모습을 본 적이 있다. 하지만 이러한 행동이 돌을 찾거나 짚으로 만든 잠자리에서 다른 무엇인가를 찾으려는 모습처럼 보이는 경우도 간혹 있었다.

서튼 씨는 마카크의 얼굴이 몹시 화가 났을 때 붉어지는 모습을 흔히 목격했다. 그가 내게 이러한 이야기를 하고 있는 그 순간, 또 다른 원숭이가 마카크를 공격했는데, 이때 마카크의 얼굴이 마치 몹시 화가 난 사람의 얼굴처럼 뚜렷하게 붉어지는 것을 보았다. 싸움이 있은 지 수 분 후, 이 원숭이의 얼굴은 본래의 빛깔을 되찾았다. 흥미로운 것은 원숭이의 얼굴이 붉어졌을 때, 항상 붉은색을 유지하고 있는, 털이 덮여 있지 않은 신체 부위가 더욱 붉어지는 듯했다는 점이다. 하지만 확실하게 그렇다고 이야기하지는 못하겠다. 맨드릴(Mandrill)은 흥분할 경우, 털 없는 부위의 화려한 색이 더욱 선명해진다고 한다.

여러 개코원숭이 종들은 눈 위 이마 돌출 부분이 많이 튀어나왔는데, 이곳에는 우리의 눈썹에 해당하는 일부 긴 털들이 산재해 있다. 개코원숭이들은 이러한 털들에 늘 관심을 쏟으며, 위를 쳐다보고자 할 때 눈썹을 치켜올린다. 아마도 그들은 이와 같은 방식으로 눈썹을 빈번하게 움직이는 습관을 획득하게 되었을 것이다. 이러한 주장이 진실인지의 여부와 상관없이, 많은 종의 원숭이들, 특히 개코원숭이들은 화가 나거나 흥분할 경우, 털이 많이 난 이마 부위뿐만 아니라 눈썹 또한 위아래로 신속하고도 끊임없이 움직인다.[15] 인간이 눈썹을 위아래로 움직이는 경우는 특정 마음 상태와 연계된다. 이에 반해 원숭이가 거의 끊임없이 눈썹을 움직이는 경우는 특별한 의미가 부여되지 않는다. 나는 어떤 특정 감정을 느끼지 않으면서도 눈썹을 계속해서 치켜 올리는 재주를 지닌 사람을 본 적이 있는데, 이 사람은 그 표정 때문에 바보처럼 보였다. 마치 바보가 웃는 것처럼, 유쾌하지도 않고 즐겁지도 않은 상태에서 계속 입가를 약간 뒤로 당긴 채 위쪽으로 올리고 있는 일부 사람들 역시 바보처럼 보인다.

어린 오랑우탄이 이빨을 조금 드러내고, 투정 부리는 소리를 내면서 사육사에게서 등을 돌리는 경우가 있는데, 이러한 행동을 통해 오랑우탄은 또 다른 원숭이를 돌봐주는 사육사에 대한 질투심을 드러낸다. 오랑우탄과 침팬지가 약간 더 화가 나면 입술을 크게 불쑥 내밀고, 귀에 거슬리는 짖는 소리를 낸다. 어린 암컷 침팬지는 몹시 화가 나면 동일한 상황의 아이들과 신기할 정도로 유사한 모습을 보인다. 침팬지는 입을 크게 벌린 채 크게 소리를 질렀으며, 입술이 당겨져 이빨이 완전히 노출되었다. 침팬지는 팔을 마구 휘둘렀고, 간혹 팔로 머리를 감싸 쥐기도 했다. 또한 땅바닥에 등을 대거나 배를 대고 뒹굴기도 했고, 가까이 있는 것은 무엇이건 깨물어 버렸다. 어린 샤망(Hylobates syndactylus) 또한 거의 정확히 이와 동일한 방식으로 행동한다고 알려져 있다.[16]

어린 오랑우탄과 침팬지는 입술을 불쑥 내미는데, 여러 상황 속에서 그들이 놀라울 정도로 입술을 내미는 경우가 있다. 그들이 이런 행동을 하는 것은 단지 약간 화가 났거나 부루퉁해졌거나 실망했을 때뿐만 아니라, 무엇인가에, 한 가지 예로 거북을 보고 깜짝 놀랐을 때,[17] 그리고 즐거울 때도 그렇게 한다. 하지만 입을 불쑥 내미는 정도도, 입 모양도 모든 경우에 정확히 똑같지는 않을 것이라 생각한다. 이때 내는 소리도 다르다. 다음 그림 18은 오렌지를 받았다가 빼앗긴 침팬지가 부루퉁해진 모습을 보여 주고 있다. 비록 훨씬 미소한 정도지만 침팬지와 유사한 입 내밀기 혹은 입술 샐쭉거리기를 부루퉁한 아이들에게서도 살펴볼 수 있다.

수년 전 동물원에서 나는 두 마리의 어린 오랑우탄 앞에 거울을 가져다 놓은 적이 있었다. 당시 그들은 거울을 한번도 본 적이 없었던 것으로 알려져 있었다. 처음에는 계속해서 놀라면서 자신의 모습을 쳐다보았고, 시선을 자주 바꾸어 보기도 했다. 그러고 나서 그들은 가까이 다가가 마치 키스라도 할 것인 양 스스로의 모습을 향해 자신들의 입술을 불쑥 내밀었다. 이는 며칠 전 그들을 같은 방에 처음 집어넣었을 때 상대에게 취했던 모습과 완전히 동일했다. 이어서 그들은 온갖 종류의 찡그린 모습을 지어 보였고, 거울 앞에서 다양한 태도를 취해 보였다. 그들은 거울 표면을 누르고 문질렀으며, 거리를 달리며 거울 뒤로 자신들의 손을 뻗쳐 보기도 했다. 또한 그들은 거울 뒤를 들여다보았고, 종국에 가서는 어느 정도 두려워하는 듯했으며, 약간 움찔하고 짜증스러워하다가 더 이상 거울을 쳐다보지 않았다.

인간과 동물의 감정 표현

그림 18. 실망해서 부루퉁해진 침팬지. 우드 씨의 그림.

어떤 어렵고 정확성을 필요로 하는 조그마한 행동, 예컨대 실을 꿰는 것과 같은 일을 하려 할 때, 일반적으로 우리는 입술을 굳게 다문다. 나는 이것이 숨 때문에 우리의 동작을 방해받지 않으려는 이유로 취하는 행동이라고 생각한다. 나는 어린 오랑우탄이 동일한 행동을 하는 모습을 확인한 바 있다. 가엾은 어린 오랑우탄은 아팠고, 주먹으로 창유리에 앉아 있는 파리를 잡으려 하면서 지루함을 달래고 있었다. 하지만 이는 파리가 윙윙거리면서 날아다녔기 때문에 어려운 일이었는데, 이러한 시도를 할 때마다 오랑우탄은 입술을 굳게 다물었고, 이와 동시에 입을 가볍게 내밀었다.

오랑우탄과 침팬지의 표정, 특히 몸짓은 어떤 측면에서 마음을 매우 잘 표현하고 있다. 하지만 나는 이들의 표정이나 몸짓이 전반적으로 일부 다른 종류의 원숭이들만큼 마음을 잘 표현하고 있는지에 대해서는 확신을 하지 못하고 있다. 아마도 이는 이들이 귀를 움직일 수 없고, 눈썹이 나지 않아서 귀와 눈썹의 움직임이 덜 뚜렷하게 보이기 때문일 것이다. 하지만 눈썹을 치켜올릴 경우에 그들의 이마에는 우리와 마찬가지로 가로로 주름이 만들어진다. 내가 관찰할 수 있는 한에서, 그리고 내가 유심히 살펴본 바에 따르면, 인간과 비교해 보았을 때 그들의 얼굴은 표정을 제대로 담지 못한다. 이는 대체로 그들이 어떤 감정 상태에서도 얼굴을 찡그리지 않기 때문이다. 인간의 표정 가운데 가장 중요한 것 중 하나인 찡그림은 눈썹주름근의 수축으로 만들어진다. 이러한 수축은 눈썹을 아래로 처지게 하고 모이게 하여, 이마에 가로로 주름을 형성한다. 오랑우탄과 침팬지는 모두 이러한 근육이 있다고 알려져 있는데,[18] 이것이 뚜렷한 방식으

인간과 동물의 감정 표현

로 작동하는 경우는 드문 듯하다. 나는 우리 안에 손을 넣어 그 안에 맛있어 보이는 과일을 집어넣었다가 어린 오랑우탄과 침팬지가 안간힘을 다해 잡으려 하면 다시 빼냈다. 그들은 다소 짜증이 났음에도 찡그린 얼굴 표정을 보여 주지 않았다. 화가 났을 때도 그들은 얼굴을 찡그리지 않았다. 나는 두 번에 걸쳐 두 마리의 침팬지를 다소 어두운 방에서 갑작스레 밝은 햇볕이 비추는 곳으로 데리고 나갔는데, 이 경우에 우리라면 분명 얼굴을 찡그릴 것이다. 침팬지들은 눈을 가늘게 뜨고 눈을 깜박였는데, 그들이 매우 가볍게나마 찡그린 모습을 본 것은 단 한 번에 불과했다. 또 다른 경우에 나는 침팬지의 코를 지푸라기로 간질였는데, 이로 인해 얼굴이 찌그러지면서 세로로 된 가벼운 주름이 눈썹 사이에 생겼다. 나는 오랑우탄의 이마에 주름이 생긴 경우를 본 적이 없다.

고릴라가 화를 낼 때는 머리 갈기를 곤추세우고, 아랫입술을 뭉그러뜨리며, 콧구멍을 팽창시키고, 사납게 소리를 지르는 것으로 묘사된다. 새비지와 와이만 씨는 고릴라의 머리 가죽이 앞뒤로 자유롭게 움직이며, 흥분하게 되면 강하게 수축한다고 주장한다.[19] 하지만 이들이 '강한 수축'을 통해 뜻하는 바는 '머리 가죽이 아래로 늘어진다.'라는 것이 아닌가 추정된다. 그 이유는 이들이 어린 침팬지가 소리를 지를 때도 "눈썹이 강하게 수축"된다고 이야기하기 때문이다. 고릴라, 다수의 개코원숭이 및 기타 원숭이들의 머리 가죽을 움직이는 커다란 힘은 복귀 유전(reversion, 부모 세대에서는 없어졌으나 조상에게는 있었던 형질이 유전되는 것. ― 옮긴이)을 통한 것이든, 존속 유전(persistence, 부모에게 있던 형질이 다음 세대에 나타나는 유전. ― 옮긴이)을 통한 것이든, 일부 소

수의 인간들이 자발적으로 머리 가죽을 움직일 수 있는 힘과 비교해
볼 때 주목할 만하다.[20]

경악, 공포

나의 요청으로 원숭이 여러 마리가 살고 있는 동물원 우리에 살
아 있는 민물 거북을 집어넣은 적이 있다. 그랬더니 원숭이들은 경악
을 누를 수 없었을 뿐 아니라 다소 두려워하기도 했다. 이는 그들이
움직이지 않고, 눈을 크게 뜨고 눈썹을 위아래로 빈번하게 움직이면
서 거북을 열심히 쳐다보는 모습을 통해 드러났다. 원숭이들의 얼굴
은 다소 길게 늘어진 듯이 보였다. 그들은 더 잘 보기 위해 뒷다리로
서기도 했다. 그들은 수차례 몇 발자국 물러서다가 고개를 돌려 또다
시 뚫어지게 쳐다보았다. 원숭이들은 이전에 내가 우리에 살아 있는
뱀을 집어넣었을 때에 비해 거북을 훨씬 덜 두려워했는데, 이는 흥미
로운 일이었다.[21] 그들이 두려워하지 않았다고 말하는 이유는 몇 분
이 지나자 일부 원숭이들이 다가가서 거북을 만지려 했기 때문이다.
반면 몸집이 더 큰 일부 개코원숭이들은 매우 두려워하면서 마치 소
리를 지르려는 순간처럼 이빨을 드러냈다. 검은긴꼬리원숭이는 내
가 옷을 입힌 조그만 인형을 보여 주자 움직이지 않고 서서, 눈을 크
게 뜨고 뚫어지게 쳐다보았으며, 귀를 약간 앞으로 내밀었다. 하지
만 우리에 거북을 집어넣었을 때는 이 원숭이가 자신의 입술을 기묘
하고도 신속하게, 마치 재잘거리기라도 하는 듯 움직였는데, 사육사
는 이것이 거북을 달래거나 만족시키기 위한 동작이라고 말했다.

원숭이들은 종종 눈썹을 위아래로 움직인다. 하지만 나는 그들

인간과 동물의 감정 표현

이 놀랐을 때 눈썹을 계속 치켜올리는지를 분명하게 확인할 수 없었다. 인간이 경악하기에 앞서 집중할 때의 모습을 보면 눈썹을 약간 치켜올린다. 뒤센 박사는 앞에서 말한 원숭이에게 새로운 음식을 주자 눈썹을 약간 들어 올려 매우 집중하는 모습을 취했다고 말해 주었다. 이러한 모습을 보이고 나서 원숭이는 음식을 손가락으로 집어 들었고, 눈썹을 내리거나 일직선으로 만들어 숙고하는 듯한 표정을 지으면서 음식을 긁어 보거나 냄새를 맡으면서 신중하게 확인해 보았다. 이와 같은 과정에서 '숙고의 표정'이 만들어졌다. 원숭이는 머리를 약간 뒤로 뺐다가 또다시 갑작스레 눈썹을 치켜올렸고, 다시 신중하게 음식을 확인하다가 종국에 가서 음식의 맛을 봤다.

어떤 원숭이도 놀랐을 때 입을 벌리고 있는 경우는 없었다. 서튼 씨는 나를 위해 어린 오랑우탄과 침팬지를 꽤 오랜 기간에 걸쳐 관찰해 주었다. 그런데 아무리 놀라도, 혹은 어떤 이상한 소리에 귀를 기울여도 그들이 입을 벌리고 있지는 않았다. 이는 의외의 사실인데, 인간이 취하는 표정 중에서 경악했을 때 입을 크게 벌리는 것 이상으로 일반적인 표정은 별로 없기 때문이다. 내가 관찰할 수 있었던 바에 국한하자면, 원숭이들은 인간에 비해 콧구멍으로 자유롭게 숨을 쉬는 경우가 많다. 그리고 이것이 원숭이들이 경악했을 때 입을 벌리지 않는 이유를 설명할 수 있을지 모른다. 이렇게 말하는 이유는 이어지는 장에서 살펴보겠지만 인간은 놀랐을 때 처음에는 숨을 충분히, 그리고 신속하게 들이마시기 위해, 다음으로는 최대한 조용히 숨을 쉬기 위해 분명 입을 벌리기 때문이다.

여러 종의 원숭이들은 날카롭게 비명을 지르고, 입술을 뒤로 당겨 이빨을 드러냄으로써 공포를 표현한다. 이때 털이 곤두서는데, 특히 분노까지 했을 경우, 그러하다. 서튼 씨는 마카크의 얼굴이 두려움에 창백해진 경우를 뚜렷하게 본 적이 있다. 원숭이는 두려울 때 몸을 떨기도 하고, 오줌을 지리기도 한다. 나는 사로잡힌 원숭이가 과도한 공포로 거의 실신한 경우도 본 적이 있다.

지금까지 다양한 동물의 표정과 표현에 관한 사실들을 충분히 살펴보았다. 벨 경은 "동물들의 얼굴은 주로 격노와 공포를 표현하는 듯하다."[22]라고 했는데, 나는 이 말에 동의할 수가 없다. 또한 동물들의 모든 표현들은 "의지에 의한 동작이나 필요한 본능적 동작을 나타낸다는 것이 어느 정도 확실하다."라는 그의 말에도 동의할 수 없다. 다른 개나 사람을 공격할 때의 개, 주인에게 애정 표시를 할 때의 개를 본 사람이라면, 혹은 모욕당했을 때의 원숭이의 얼굴 표정을 보았거나 사육사가 예뻐할 때의 얼굴 표정을 본 사람이라면, 그들의 표정이나 몸짓이 거의 인간 못지않게 마음을 표현하고 있음을 인정하지 않을 수 없을 것이다. 동물의 일부 표현들에 대해서는 설명을 제시할 수 없다. 하지만 대다수의 것들은 1장을 시작하면서 제시한 세 가지 원리를 이용해 설명할 수 있을 것이다.

인간과 동물의 감정 표현

6장

인간의 특이한 표현 — 괴로움과 눈물 흘림

아이들의 악을 쓰며 울기와 눈물 흘림

|

이와 같은 감정을 느낄 때 나타나는 특징

|

눈물 흘림이 시작되는 연령

|

눈물 흘림을 습관적으로 제한함으로써 나타나는 효과

|

꺼이꺼이 울기

|

악을 쓰며 우는 동안 눈 주변 근육이 수축되는 원인

|

눈물 분비의 원인

(영어에서는 구분해서 사용하는 단어들이 우리말에서는 구분되지 않는 경우가 있는데, 감정이나 정서를 나타내는 단어들은 그 대표적인 예다. 때문에 이러한 단어를 우리말로 옮기기가 여간 어렵지 않았는데, 이중에서 이 장의 weeping(눈물 흘림), crying(악을 쓰며 울기), sobbing(꺼이꺼이 울기)을 잠시 구분해 보면 먼저 weeping과 crying은 모두 눈에서 눈물이 나는 것은 공통적이다. 이중에서 weeping은 울 때 내는 소리가 아닌, 눈물에 초점이 맞추어진 울음이다. 일반적으로 사람들이 weeping할 경우에는 소리 없이 눈물을 흘린다. 이렇게 보자면 아기가 weeping하는 경우는 없다. 그리고 사람들은 즐거울 때건 슬플 때건 다양한 이유로 weeping할 수 있다. 반면 사람들이 crying할 경우에는 큰소리를 내는 것이 일반적이다. 이는 소리에 초점을 맞춘 울음이다. 아기들이 울 때는 반드시 crying을 한다. 한편 sobbing은 슬플 때 큰소리로 꺼이꺼이 우는 것을 말한다. 우리는 행복할 때 weeping을 할 수 있어도 sobbing을 할 수는 없다. — 옮긴이)

이번 장과 다음 장에서는 다양한 마음 상태에서 인간이 나타내는 표현들을 내 힘이 닿는 범위 내에서 서술하고 설명할 것이다. 나의 관찰은 내가 가장 편리하다고 생각했던 순서에 따라 배열할 것이다. 대체로 나는 반대되는 감정과 느낌을 번갈아 가며 설명할 것이다.

심신의 고통 ― 눈물 흘림

이미 나는 3장에서 전신을 비틀고 이를 악물거나 갈면서 악을 쓰며 울거나 신음을 내는 방식을 통해 보여 주는 극심한 고통의 징표들에 대해 충분히 상세하게 묘사한 바 있다. 이러한 징표들에는 흔히 많은 땀, 창백함, 전율, 극도의 놀람 혹은 기절이 동반되거나 이어진다. 어떤 고통도 극단적인 두려움이나 공포로 인한 고통에 비해 크지 않은데, 그럼에도 여기에는 특이한 감정이 작동한다. 이는 다른 곳에서 다루게 될 것이다. 계속되는 고통, 특히 마음의 고통이 계속될 경우,

의기소침해지고 슬퍼지며 실의나 좌절감을 느끼게 된다. 이러한 상태는 다음 장의 주제가 될 것이다. 이 장에서 나는 눈물 흘림 혹은 울음, 좀 더 구체적으로 아이들의 눈물 흘림이나 악을 쓰는 울음에 거의 국한해서 이야기할 것이다.

아이들은 심지어 조그마한 고통을 느껴도, 그리고 어느 정도 배가 고프거나 불편함을 느껴도, 격렬하게, 오랫동안 소리 지르고 악을 쓰며 운다. 이처럼 오랫동안 격렬하게 소리 지르고 악을 쓰며 울 때 그들은 눈을 꼭 감는데, 이로 인해 눈 주변의 피부에 주름이 잡히며 이마가 찡그려진다. 이때 입술이 독특한 방식으로 수축된 채 크게 벌려지는데, 이로 인해 입은 네모난 모습을 하게 되고, 잇몸과 치아가 어느 정도 드러난다. 이러한 상황에서 아이들은 숨을 거의 발작적으로 들이마신다. 악을 쓰며 우는 아이들의 모습을 관찰하기란 어렵지 않다. 하지만 나는 속성 과정을 통해 현상된 사진들이 더 많은 논의거리를 제공하고, 관찰에 훨씬 적합하다는 사실을 알게 되었다. 그래서 나는 열두 장의 사진들을 수집했는데, 이들은 대부분 나를 위해 일부러 찍어 준 것들이다. 이 사진들은 모두 보편적으로 확인되는 동일한 특징을 보여 주고 있었는데, 이에 이 사진들 중 6장을 헬리오타입 제판술로 복제해 달라고 했다.[1] (사진 I)

곧 상세하게 설명하겠지만, 눈을 꼭 감아서 안구를 압박할 경우 ― 이는 다양한 표정을 짓기 위한 가장 중요한 요소이다. ― 눈에 지나치게 많은 혈액이 몰리는 것을 막을 수 있다. 눈을 꼭 감을 때 다양한 근육들이 수축하는 순서는 사우샘프턴의 랭스태프(Langstaff) 박사가 관찰한 바의 도움을 받았으며, 나 또한 근육들이 동일한 순서로

인간과 동물의 감정 표현

수축한다는 사실을 여러 번 관찰했다. 이러한 순서를 관찰하기 위한 최선의 방법은 먼저 어떤 사람에게 눈썹을 치켜뜨도록 하는 것인데, 이로 인해 이마에는 가로 주름이 만들어진다. 다음으로 아주 점진적으로, 있는 힘껏 눈 주위의 모든 근육들을 수축하게 한다. 얼굴의 해부학적 구조가 낯설게 느껴지는 독자들은 70~71쪽을 펼쳐서 그림 1~3을 보면 좋을 것이다. 수축이 이루어지는 최초의 근육은 눈썹주름근인 것처럼 보인다. 이러한 근육이 수축해 눈썹이 아래로, 그리고 코의 기저부 안쪽으로 향하면서 두 눈썹 사이에 가로 주름, 다시 말해 찡그림이 나타나게 된다. 이와 동시에 이러한 수축으로 인해 앞이마에 난 가로 주름이 사라지게 된다. 둘레근은 눈썹주름근과 거의 동시에 수축되고, 이때 눈가에 주름이 생긴다. 하지만 눈썹주름근의 수축으로 어느 정도 도움을 받을 경우, 둘레근은 더 강하게 수축할 수 있다. 마지막으로 코배세모근이 수축한다. 코배세모근이 눈썹을 끌어당길 경우, 이마의 피부가 더욱 아래로 내려간다.[2] 그 결과 코의 기저 부분에 짧은 가로 주름이 생기게 된다. 나는 이 근육들 혹은 눈을 둘러싸고 있는 근육을 간편하게 눈둘레근(orbicular, 윤상근)이라 부르겠다.

이러한 근육이 강하게 수축될 때면, 윗입술로 이어진 근육들[3] 또한 덩달아 수축하면서 윗입술이 치켜올라간다. 이렇게 될 것이라 예견할 수 있는 이유는 이러한 근육 중의 하나인 협면 근육(malaris)이 눈둘레근과 연결되어 있기 때문이다. 눈가의 근육들을 점차 수축시키면서 힘을 가할 경우, 그 힘에 비례해 눈가 근육들 중 하나에 의해 움직이는 콧방울과 윗입술이 거의 항상 약간 위로 당겨진다. 눈 주변 근육을 수축하고 있으면서 입을 계속 굳게 다물고 있다가 갑자기 입술의 긴장을 풀어 보라. 이때 우리는 자신의 눈에 대한 압력이 곧바로 증가함을 느낄 수 있을 것이다. 또 다른 예를 들어 보자. 맑고 눈부신 날에 먼 곳을 보려 하면서 눈꺼풀을 조금 닫지 않을 수 없을 경우, 우리의 윗입술은 거의 항상 어느 정도 치켜올라간다. 근시가 심한 일부 사람들은 눈조리개를 습관적으로 줄이지 않을 수 없는데, 그들의 입은 이와 동일한 이유로 치아를 드러내는 표정을 짓게 된다.

윗입술을 위로 들어 올릴 경우, 뺨의 윗부분 살이 위로 치켜올라가며, 양쪽 뺨에 강한 흔적이 남는 주름이 만들어진다. 이는 코입술주름(naso-labial fold)이라고 하는 것인데, 이는 콧방울 부근으로부터 입주변과 그 밑으로 이어지는 주름이다. 이러한 주름은 모든 사진에서 살펴볼 수 있다. 이와 매우 유사한 주름이 웃거나 미소 지을 때도 만들어지긴 한다. 그럼에도 이는 소리 내어 우는 아이의 표정에서 나타나는 두드러진 특징이다.[4]

악을 쓰며 울게 되면 방금 설명한 방식으로 윗입술이 많이 치켜올라가게 된다. 이에 따라 입가의 내림근들(그림 1과 그림 2에서 K를 볼 것)이 계속 입을 크게 벌릴 수 있도록 강하게 수축된다. 이러한 수축이 이루어지는 이유는 최대한 큰 소리가 터져 나오게 하기 위함이다. 이와 같이 위아래 상반된 근육 움직임으로 인해 사진에서 살펴볼 수 있듯이 입 모양이 직사각형, 거의 정사각형이 된다. 한 훌륭한 관찰자는 젖을 먹으면서 소리 내어 울고 있는 아기를 묘사하면서 다음과 같이 말한다.[5] "아기는 자신의 입을 정사각형으로 만들었으며, 입의 네 구석 모두에서 포리지가 흘러나왔다." 하지만 다음 장에서 재차 언

　　　　　　　　인간과 동물의 감정 표현

급하겠지만, 나는 인접한 다른 근육들에 비해 입가의 내림근이 의지의 개별적인 통제를 받지 않는 편이라고 생각한다. 이에 따라 어린 아이가 소리 내어 울려고 할 때는 일반적으로 이러한 근육이 제일 먼저 수축하며, 가장 마지막으로 수축이 멈춘다. 이보다 나이 든 아이가 소리 내어 울기 시작할 때는 흔히 윗입술에 이르는 근육이 제일 먼저 수축한다. 이러한 차이가 나타나는 이유는 나이 든 아이는 크게 악을 쓰며 울려는 강한 경향을 가지지 않으며, 그 결과 입을 크게 벌리지 않기 때문일지도 모른다. 앞에서 거론했던 내림근이 강하게 움직이지 않는 것은 바로 이러한 이유 때문일 수 있다.

나는 우리 아이를 생후 8일부터 한동안 관찰했다. 악을 쓰는 울음이 점차 시작되는 상황을 관찰해 보면, 악을 쓰는 울음의 첫 번째 징후는 이마 눈썹주름근의 수축으로 생기는 약간의 찡그림이었다. 피가 몰리면서 머리카락이 나지 않은 머리 부위와 얼굴의 모세 혈관이 동시에 붉어지기 시작했다. 실제로 악을 쓰며 울기 시작하면 눈 주위의 모든 근육이 강하게 수축했고, 앞서 언급한 방식으로 입이 크게 벌어졌다. 이처럼 발달 초기 아동들이 막 울기 시작하는 순간에 살펴볼 수 있는 특징은 나이가 더 들었을 때와 별반 다를 바 없었다.

피데리트 박사는 소리 내어 우는 표정의 두드러진 특징으로, 코를 밑으로 끌어내리고 콧구멍을 좁히는 어떤 근육이 수축한다는 사실을 크게 강조한다.[6] 방금 우리가 살펴본 바와 같이, 이 경우 대개 입꼬리내림근이 동시에 수축하는데, 뒤센 박사에 따르면, 이는 방금 언급한 근육과 동일한 방식으로 코에 간접적으로 영향력을 행사한다. 독감에 걸린 아이에게서도 이와 유사한, 움츠린 코의 모습이 목격된다. 랭스타프 박사가 내게 들려준 바에 따르면, 이는 적어도 계속 코를 계속 훌쩍거리는 데 어느 정도 기인하며, 줄기차게 코 양쪽에 대기의 압력이 가해지기 때문에 생기는 결과다. 독감에 걸리거나 소리 내어 우는 아이들의 콧구멍이 이처럼 수축하는 것은 눈물과 콧물이 아래로 흐르지 못하게 막고, 이러한 분비물이 윗입술에 흘러 퍼지지 못하게 하려는 목적을 갖는 듯하다.

오랫동안 심하게 악을 쓰며 울고 나면 두피와 얼굴, 그리고 눈이 붉어진다. 격렬하게 숨을 쉬려 하다 보니 혈액이 머리에서 심장으로 되돌아가지 못하게 되기 때문이다. 하지만 자극을 받은 눈은 대체로 눈물을 많이 흘렸기 때문에 붉어진다. 강하게 수축한 여러 안면 근육들은 여전히 약간 실룩거리고, 윗입술도 입가가 다소 밑으로 처진 상태에서 여전히 가볍게 치켜올라가거나 뒤집힌다.[7] 나도 느낀 바고, 다른 성인들에게서도 관찰한 바지만, 슬픈 이야기를 읽으면서 눈물을 억지로 참으려 할 때, 여러 근육들의 가벼운 씰룩거림 혹은 경련의 발생을 저지하기란 거의 불가능하다. 이러한 근육들의 강한 움직임은 어린 아이들이 악을 쓰며 우는 경우에 잘 살펴볼 수 있다.

아주 어린 아이들은 눈물을 흘리거나 흐느끼지 않는데, 이는 간호사들과 의사들이 잘 알고 있는 사실이다. 이것이 전적으로 아직 눈물이 분비되지 않는 눈물샘 때문에 나타나는 현상이라고 말할 수는 없다. 내가 이러한 사실을 처음 목격한 것은 내 코트 소매로 생후 77일이 지난 내 아이의 뜬 눈을 스쳤을 때였다. 이로 인해 아이의 스친 눈에서 눈물이 쏟아졌다. 그런데 아이가 악을 쓰며 울기는 했어도 다른 쪽 눈에서는 눈물이 흐르지 않았거나 흘렀다고 해도 아주 조금 눈

인간과 동물의 감정 표현

물이 고여 있는 정도에 불과했다. 이와 유사하게, 이러한 일이 있기 열흘 전에도 아이가 악을 쓰며 울었는데, 이때에도 아이의 두 눈에는 약간의 눈물만 고였을 뿐이었다. 생후 122일이 되었을 때에도 아이가 악을 쓰며 울었지만 눈물이 넘쳐 뺨을 타고 흘러내리지는 않았다. 최초로 눈물이 흘러내린 시기는 생후 139일이 되었던 날로, 그러한 일이 있고 나서 17일 후였다. 나는 다른 몇몇 아이들을 관찰했는데, 흐느끼는 시기는 아이들마다 편차가 컸다. 어떤 경우에는 생후 20일에 불과한 아이의 눈에 눈물이 조금 맺혔고, 또 다른 경우에는 생후 62일이 된 아이에게서 이러한 모습을 살펴볼 수 있었다. 두 아이는 생후 84일, 그리고 110일에도 눈물이 얼굴로 흘러내리지 않았다. 하지만 세 번째 아이는 생후 104일이 지났는데 눈물이 흘러내렸다. 내가 분명히 확인한 어떤 사례에서는 매우 이례적으로 이른 시기인 생후 42일에 눈물이 흘러내렸다. 물려받은 여러 교감 동작과 미각이 자리를 잡아 완성되기까지는 어느 정도 연습이 필요하다. 이와 마찬가지로 눈물샘이 쉽게 자극을 받아 작동하려면 이에 앞서 대략 동일한 방식으로 다소간의 개인적인 연습이 필요한 듯하다. 눈물 흘림과 같은 습관의 경우는 더욱 그럴 가능성이 큰데, 이는 눈물 흘리며 울지 않는 유사 인간 유인원의 공동 조상에서 사람(Homo) 속이 분기된 시기부터 습득되었음이 분명하다.

　고통이나 어떤 감정을 느끼는 데도 매우 어린 시기에 눈물을 흘리지 않는다는 사실은 특기할 만하다. 이렇게 말하는 것은 이후의 삶에서 눈물 흘리며 우는 것 이상으로 보편적이거나 매우 두드러지게 나타나는 표현은 없기 때문이다. 일단 아이가 우는 습관을 습득하면, 이는 육체적 고통과 정신적 고뇌를 막론하고 모든 종류의 고통에서 매우 뚜렷한 방식으로 표현된다. 설령 두려움이나 격노와 같은 다른 감정이 수반된다고 해도 그렇다. 하지만 울음의 특징은 아주 어린 시기에 변하는데, 이는 내 아이들에게서 확인한 바다. 가령 화가 나서 소리 내어 우는 경우와 슬퍼서 우는 경우는 다르다. 한 여성은 자신의 9개월 된 아이가 화가 났을 때는 악을 쓰며 울되 눈물을 흘리지 않았음에 반해, 탁자 쪽으로 등받이를 향하도록 의자를 돌려놓는 벌을 받았을 때는 눈물을 흘렸다고 내게 귀띔해 주었다. 우리가 곧 살펴보게 될 것이지만, 이러한 차이는 나이가 들면서 슬플 때를 제외한 거의 대부분의 경우에 흐느끼지 못하게 제지를 받기 때문에 나타나게 되는 현상일 수 있고, 최초로 이러한 제약을 가했을 때보다 삶의 이른 시기에 유전을 통해 그 경향이 전달되기 때문에 나타나는 현상일 수도 있다.

성인, 특히 남성들은 어릴 때와는 달리 더 이상 신체적 고통 때문에 눈물 흘려 울지 않고, 신체적 고통을 울음으로 표현하지도 않는다. 이는 남성이 겉으로 드러나는 어떤 징표를 통해 육체의 고통을 드러내는 것이 나약함 혹은 사내답지 못함으로 인식되기 때문에 나타나는 현상이라고 설명할 수 있을 것이다. 이는 문명인이건 미개인이건 마찬가지다. 예외적으로 일부 미개인들은 아주 사소한 원인으로 눈물을 흘리기도 하는데, 존 러복(John Lubbock) 경은 이에 대한 사례들을 수집했다.[8] 한 뉴질랜드 추장은 "선원들이 자신이 좋아하는 외투에 밀가루를 뿌려 더럽히자 아이처럼 울었다." 나는 티에라 델 푸에고에서 발작을 일으키듯 소리 내어 울다가 자신을 즐겁게 하는

인간과 동물의 감정 표현

무엇인가에 대해 실컷 웃기를 반복하는 원주민을 본 적이 있다. 그는 형제를 잃은 지 얼마 안 된 원주민이었다. 유럽 문명 국가의 국민들도 눈물 흘림의 빈도라는 측면에서 서로 상당한 차이가 있다. 영국인들은 극도로 슬플 때를 제외하고는 소리 내어 우는 법이 거의 없다. 반면 유럽 대륙의 일부 지역 남성들은 훨씬 자유롭고 쉽게 눈물을 흘린다.

정신병자들은 거의 혹은 아무런 제약 없이 자신들의 감정에 굴복한다고 알려져 있다. J. 크라이튼브라운 박사는 단순 우울증 환자, 심지어 남성 우울증 환자도 아주 사소한 이유, 혹은 아무런 이유 없이 눈물 흘리며 우는 경향이 있으며, 아마도 이보다 더 특이한 현상은 없을 것이라고 내게 알려주었다. 그들은 정말로 눈물 흘리며 울어야 할 이유가 생겼을 경우, 상황에 어울리지 않을 정도로 울기도 한다. 일부 환자들은 흘리는 눈물의 양뿐만 아니라 눈물 흘리며 우는 시간의 길이도 경악할 만하다. 한 여성 우울증 환자는 하루 종일 울었는데, 그러고 나서 자신이 눈썹을 기르기 위해 눈썹을 밀어서 제거한 적이 있다는 사실을 기억하고는 그렇게 울었다고 크라이튼브라운 박사에게 고백했다. 시설에 수용된 환자 중 다수는 자신의 몸을 오랫동안 앞뒤로 흔들고 있는데, "말을 걸면 그러한 동작을 멈추고, 입을 오므린 채 입가를 늘어뜨리고 소리 내며 울기 시작한다." 이들 중 일부 경우에서는 말을 걸거나 친절하게 인사를 하는 것이 환자에게 어떤 망상적이고 슬픈 생각을 갖게 했다. 하지만 다른 경우는 어떤 종류의 노력이 슬픈 생각과 무관하게 눈물을 촉발했다. 이와 마찬가지로 급성 조증 환자들 역시 간혹 일관성 없이 헛소리를 하면서 격렬하게 소리 내어 울거나 흐느끼는 발작을 일으킨다. 하지만 정신병자들이 아무런 제약 없이 많은 눈물을 흘린다는 사실에 강조점을 두어서는 안 된다. 왜냐하면, 반신불수, 뇌 파괴, 노망과 같은 일부 뇌질환이 특별히 눈물을 촉발하는 경향이 있기 때문이다. 정신병자들은 흔히 눈물을 흘리는데, 심지어 이성 능력과 언어 구사 능력을 완전히 상실하고 나서도 눈물을 흘린다. 백치로 태어난 사람들도 눈물을 흘린다.[9] 하지만 크레틴 병(cretinism, 선천성 갑상선 기능 저하증. ― 옮긴이) 환자들의 경우는 눈물을 흘리지 않는다고 알려져 있다.

아이들에게서 살펴볼 수 있는 바와 같이, 눈물 흘리는 것은 극도의 육체적인 고통 때문이건 혹은 정신적인 고통 때문이건 어떤 종류의 괴로움에 대한 자연스럽고도 주요한 표현인 듯하다. 하지만 전술한 사실, 그리고 일상 경험을 통해 보았을 때, 특정 마음 상태와 연결된 눈물을 억제하기 위한 빈번하고도 반복적으로 이루어지는 노력은 습관을 저지하는 데 상당한 역할을 한다. 거꾸로 습관을 통해 눈물을 흘리는 능력이 증진될 수도 있는 듯하다. 뉴질랜드에 오랫동안 거주한 R. 테일러(R. Taylor) 목사는 그곳 여성들이 눈물을 의도적으로 쏟아낼 수 있다고 주장한다.[10] 여성들은 이를 고인을 추모하는 목적에 활용하며, "매우 애처롭게" 소리 내어 우는 데 자부심을 느낀다.

눈물샘을 억제하기 위해 들이는 단 한 번의 노력은 별다른 효과를 발휘하지 못하며, 실제로 그 반대의 결과에 이르는 경우가 흔한 듯하다. 나이가 든, 한 경험이 풍부한 의사가 내게 알려준 바에 따르면 자신과 상담을 했던 여성들은 간혹 사무치게 흐느꼈는데, 그들 자신은 이처럼 눈물을 흘리지 않기를 바랐다. 하지만 그는 울지 말라고

인간과 동물의 감정 표현

부드럽게 말해 주면서 그 무엇도 오랫동안 많이 소리 내어 우는 것 이상으로 마음을 진정시킬 수 있는 방법은 없다고 달래 주는 것만이 이를 막을 유일한 방법이었다고 이야기했다.

　유아들이 앙앙거리며 크게 울 때(screaming)에는 짧고 급박하게, 거의 발작적으로 숨을 들이키다가 길게 숨을 내쉰다. 유아들이 어느 정도 나이가 들면 이렇게 악을 쓰며 울고 나서는 꺼이꺼이 흐느낀다 그라티올레에 따르면,[11] 꺼이꺼이 우는 동안 주로 영향을 받는 것은 성대문(glottis)이다. 흐느끼는 소리는 "들숨이 성대문의 저항을 넘어서는 순간, 공기가 가슴으로 몰려 들어오면서" 들리게 된다. 전반적인 호흡 또한 경련이 일어나면서 격해진다. 이와 동시에 일반적으로 어깨가 올라가는데, 그것은 이러한 동작을 통해 호흡이 용이해지기 때문이다. 생후 77일이 된 내 아이는 매우 신속하고 강하게 숨을 들이쉬었는데, 그것이 흐느끼는 모습에 가까워졌다. 나는 생후 138일이 되었을 때 처음으로 아이에게서 뚜렷한 꺼이꺼이 우는 모습을 목격했는데, 자지러지게 소리 내어 울고 나면 항상 이러한 동작이 이어졌다. 호흡 동작은 어떤 면에서는 자발적이고 다른 면에서는 비자발적이었는데, 나는 아이들이 유아기 이후 발성 기관을 조절할 수 있는 능력을 어느 정도 갖추어 악을 쓰며 울지 않을 수 있게 됨으로써 어느 정도 꺼이꺼이 울 수 있게 되는 것으로 이해했다. 하지만 이들은 호흡근에 대한 통제력을 비교적 갖추고 있지 않은 편이며, 이에 따라 이러한 근육은 격렬한 동작이 일어나고 난 후 한동안 비자발적 혹은 경련적 방식으로 계속 작동한다. 꺼이꺼이 우는 것은 인간 종의 독특한 특징으로 보인다. 이렇게 말하는 이유는 흔히 원숭이들이 추적을 당하거나 사로잡히게 되면 크게 악을 쓰며 울고 오랫동안 헐떡거리지만, 동물원 사육사들이 어떤 종류의 원숭이에게서도 꺼이꺼이 우는 소리를 들어본 적이 없다고 이야기하고 있기 때문이다. 이러한 사실로 미루어 보았을 때, 꺼이꺼이 우는 것과 눈물이 흘러내리는 것 사이에는 밀접한 유사성이 있다고 말할 수 있다. 아이들은 유아기 초기에는 꺼이꺼이 울지 않지만 그 후 어느 순간부터 다소 갑작스럽게 흐느끼기 시작하고, 그 후 나이가 들어서 이러한 버릇이 억제되기 전까지는 갑작스럽게 울음을 터트릴 때마다 눈물 흘림이 이어진다.

큰 소리로 악을 쓰며 우는 동안
눈 주변 근육이 수축되는 원인에 관하여

나는 아이들과 유아들이 악을 쓰며 크게 울면 눈 주변 근육이 수축되어 항상 눈을 꼭 감게 되고, 그리하여 얼굴에 온통 주름이 생긴다는 것을 언급했다. 이보다 나이가 많은 아이들, 심지어 성인들마저도 통제가 이루어지지 않은 채 격렬하게 소리 내어 울 때면 비록 보는 데 방해받지 않도록 흔히 제재가 이루어지기는 하지만 이와 동일한 근육이 수축되는 경향이 관찰될 것이다.

C. 벨 경은 이러한 동작을 다음과 같이 설명한다.[12] "크게 웃거나 눈물을 흘리며 우는 경우, 기침을 하거나 재채기를 하는 경우, 등처럼 격렬하게 날숨을 쉴 때면 눈둘레근의 섬유가 안구를 강하게 압박한다. 이러한 압박은 그 순간에 정맥 내의 혈액으로 전달되는 역행

성 흥분으로부터 눈 내부의 혈관계를 지탱하고 보호하기 위한 대비책이다. 우리가 가슴을 수축하여 공기를 뿜어낼 경우, 목과 머리의 정맥 속 혈액 흐름이 지체된다. 더 강하게 공기를 뿜어낼 경우, 혈액이 혈관을 확장하는 데 그치지 않고, 심지어 모세 혈관으로 역류하기까지 한다. 이때 눈에 적절한 압박이 가해지지 않을 경우, 그리고 충격에 대한 저항이 이루어지지 않을 경우, 눈 내부의 미세한 조직들에 돌이킬 수 없는 충격이 가해질 것이다." 그는 다음과 같이 덧붙인다. "발버둥치면서 악을 쓰며 우는 아이의 눈을 검사하기 위해 눈꺼풀을 들어 올릴 경우(이때 눈의 신경계에 대한 자연스러운 지원이 차단되고, 이때 발생하는 혈액이 갑자기 확 몰리는 현상을 막는 수단이 제거되는데), 결막에 갑자기 피가 몰리고 눈꺼풀이 뒤집힌다."

벨 경이 언급했고, 내가 흔히 목격한 바와 같이 눈 주변의 근육은 소리를 지르거나 크게 웃을 때, 기침할 때나 재채기를 할 때뿐 아니라 다른 여러 유사한 동작이 이루어질 때에도 강하게 수축한다. 어떤 남성은 코를 세게 풀 때 이러한 근육들이 수축했다. 나는 아들에게 가능한 한 가장 크게 소리를 질러 보라고 해 봤는데, 소리를 지르기 시작하자마자 눈둘레근이 강하게 수축했다. 나는 이를 반복해서 관찰했고, 나는 아들에게 그럴 때마다 매번 눈을 꼭 감는 이유가 무엇인지를 물어봤다. 그러면서 나는 아들이 자기가 그렇게 한 것을 의식하지 못했음을 알게 되었다. 본능적으로든 무의식적으로든 그렇게 행동했던 것이다.

공기가 실제로 가슴에서 배출되어야 이러한 근육이 수축되는 것은 아니다. 이를 위해서는 단지 성대문이 닫혀 공기가 빠져나가지 못하게 됨으로써 가슴과 복부의 근육이 강하게 수축되는 것만으로도 충분하다. 심한 구토나 구역질을 할 때 가슴에 공기가 가득 차게 되는데, 이때 횡격막이 밑으로 내려가게 된다. 횡격막은 그 자체의 섬유 조직이 수축되고, 이와 동시에 성대문이 닫힘으로써 그 위치를 유지한다.[13] 이때 복부 근육이 위(胃) 쪽으로 강하게 수축하고, 아울러 위 자체의 근육도 수축하는데, 이렇게 되면 음식물을 게워내게 된다. 토하려 할 때는 "머리로 피가 많이 몰려들어 안면이 붉어지면서 부풀어 오르고, 얼굴과 관자놀이의 커다란 정맥들이 눈에 띌 정도로 팽창한다." 내가 관찰해서 파악하게 된 바에 따르면 이와 더불어 눈 주위의 근육이 강하게 수축한다. 창자관 안의 내용물을 밖으로 내보내려 할 때는 복부 근육이 이례적인 힘으로 아래로 움직이는데, 이 경우에도 마찬가지 현상이 나타난다. 가슴 근육이 허파 속의 공기를 밖으로 내보내거나 압착하기 위해 강하게 작동하지 않을 경우, 설령 신체 근육을 매우 격하게 사용한다고 해도 눈 주변 근육의 수축이 이어지진 않는다. 나는 내 아들들이 팔만을 이용해서 일시적으로 정지해 있는 몸을 반복해서 들어 올리거나 땅에서 무거운 것을 들어 올리는 등 많은 힘을 사용해 체조 연습을 하는 모습을 관찰했는데, 이 상황에서 그들 눈가의 근육이 수축되는 흔적은 거의 보이지 않았다.

앞으로 살펴보겠지만, 격렬하게 숨을 내쉬는 동안 눈을 보호하기 위해 이 근육들이 수축하는 현상은 비록 간접적이기는 하지만 인간의 가장 중요한 여러 표정을 만들어 내는 데 필요한 핵심 요소이다. 이에 따라 나는 벨 경의 견해가 얼마만큼 입증될 수 있는지를 몹시 확인해 보고 싶었다. 시력과 눈의 구조에 관한 유럽의 최고 권위

인간과 동물의 감정 표현

자 중 한 사람으로 잘 알려져 있는 위트레흐트의 돈더르스 교수[14]는 친절하게도 나를 위해 현대 과학의 여러 창의적인 기계 장치를 이용해 이러한 탐구를 진행해 주었고, 그 결과를 출간했다.[15] 그는 격렬하게 숨을 내쉬는 동안에 외안(外眼)의 안구 내(intra-ocular) 혈관과 눈 뒤(retro-ocular) 혈관이 두 가지 방식으로, 다시 말해 동맥의 혈압이 상승하고 정맥 내 혈액의 복귀가 방해받는 방식으로 영향을 받는다는 것을 보여 주었다. 이러한 사실로 미루어 보았을 때, 눈의 동맥과 정맥은 격렬하게 숨을 내쉬는 동안 어느 정도 팽창하는 것이 확실하다. 상세한 증거는 돈더르스 교수의 귀중한 논문 보고서에서 확인해 볼 수 있다. 우리는 정맥이 두드러지게 불거져 나오는 데서, 그리고 숨이 절반쯤 막혀 심하게 기침을 하는 사람의 얼굴색이 붉어지는 데서 머리 정맥의 영향을 살펴볼 수 있다. 이와 비슷한 확신을 가지고, 우리는 격렬하게 숨을 내쉴 때 눈이 전체적으로 약간 앞으로 튀어나온다고 말할 수 있을 것이다. 이는 눈 뒷부분의 혈관이 팽창되어 나타나는 결과이며, 눈과 뇌가 밀접하게 관련되어 있다는 사실로 미루어 보면 그와 같이 생각해 볼 수 있다. 머리뼈의 일부가 제거된 상태를 살펴본 바에 따르면, 뇌는 호흡을 할 때마다 커졌다 작아졌다를 반복한다. 이는 유아의 아직 닫히지 않은 머리뼈 봉합선을 따라 살펴볼 수 있다. 나는 이것이 질식사한 사람의 눈이 마치 눈구멍에서 튀어나온 듯이 보이는 이유이기도 하다고 추정해 본다.

격렬하게 숨을 내쉬는 동안 눈꺼풀이 압력을 가함으로써 눈을 보호하는 현상에 대해 돈더르스 교수는 자신의 다양한 관찰을 바탕으로 이러한 동작이 혈관 팽창을 제한하거나 완전히 막는 것이 분명하다고 결론 내리고 있다.[16] 이에 덧붙여 그는 이러한 일이 일어날 때 사람들이 마치 눈동자를 지탱하고 보호하려는 듯 손을 눈꺼풀로 무심코 갖다 대는 경우를 드물지 않게 보게 된다고 말하고 있다.

그럼에도 숨을 거칠게 몰아쉴 때 지원이 이루어지지 않을 경우, 눈에 손상이 간다는 주장을 입증할 수 있는 여러 증거를 지금 당장 제시할 수는 없다. 하지만 그러한 증거가 어느 정도는 있다. "심한 기침 혹은 구토, 특히 재채기를 하면서 숨을 강하게 내쉬는 경우, 눈 (외부의) 모세 혈관들이 파열되는 경우가 있다. 이는 사실이다."[17] 내부 혈관과 관련해서는 거닝(Gunning) 박사가 최근 큰 기침의 결과로 안구가 돌출된 사례를 보고했다. 그의 견해에 따르면 이는 더 심층부의 혈관이 파열되어 나타난 결과다. 이와 유사한 또 다른 사례가 보고되기도 했다. 하지만 단순히 불편한 느낌을 갖는 것만으로도 눈을 둘러싼 주변 근육들이 수축해 안구를 보호하는 연계된 습관이 나타나기에 충분하다. 심지어 부상의 가능성이나 예측만으로도 눈둘레근이 충분히 수축될 것이다. 이때 눈둘레근은 눈 너무 가까이에서 물체가 움직일 때 무의식적으로 눈꺼풀을 깜빡이는 경우와 마찬가지 방식으로 수축될 것이다. 이렇게 보았을 때, 우리가 벨 경의 관찰, 특히 돈더스 교수의 매우 신중한 탐구를 바탕으로 아이들이 악을 쓰며 울면서 눈을 꼭 감는 것이 많은 의미를 갖는, 실로 도움이 되는 행동이라고 생각해도 그리 잘못은 아닐 것이다.

앞에서 우리는 눈둘레근이 수축할 경우, 윗입술이 치켜올라가게 되며, 결과적으로 입이 계속 크게 벌려져 있으면 입꼬리근이 수축해 입가가 아래로 처지게 된다는 사실을 살펴보았다. 마찬가지로

인간과 동물의 감정 표현

윗입술을 치켜올릴 경우, 뺨에 코입술주름(nasolabial fold, 비구순(鼻口脣) 주름)도 만들어진다. 이처럼 소리 내어 우는 동안 얼굴에 나타나는 모든 주요한 표현 동작들은 눈 주변 근육의 수축 때문에 나타나는 것이 명백하다. 우리는 눈물을 흘리는 것이 눈 주변 근육의 수축에 좌우되거나, 적어도 어느 정도 관련이 있음을 확인하게 될 것이다.

앞에서 언급한 일부 경우, 특히 재채기나 기침을 하는 경우에 이루어지는 눈둘레근의 수축은 매우 심한 충격이나 진동으로부터 눈을 보호하는 기능을 할 수 있다. 내가 이렇게 생각하는 이유는 비록 개가 크게 짖을 때 눈을 감지 않기는 하지만, 개와 고양이가 단단한 뼈를 깨물어 부술 때를 보면 항상 눈을 감으며, 재채기를 할 때에도 간혹 이러한 모습을 보이기 때문이다. 서튼 씨는 나를 위해 어린 오랑우탄과 침팬지를 세밀하게 관찰해 주었는데, 그는 이들이 재채기를 하고 기침을 할 때에는 항상 눈을 감지만 악을 쓰며 울 때에는 그렇게 하지 않는다는 사실을 발견했다. 나는 아메리카산 원숭이인 꼬리감는원숭이에게 조그만 코담배를 줘 본 적이 있는데, 재채기를 하면서 눈을 감았다. 하지만 커다란 울음소리를 낼 때에는 눈을 감지 않았다.

눈물을 흘리는 원인

마음이 영향을 받아 눈물을 흘리게 된다고 주장하는 모든 이론이 감안해야 할 중요한 사실은 눈 주변 근육이 혈관을 압축해 눈을 보호하기 위해 무작위적으로 강하게 수축될 경우, 눈물이 흘러나오는데, 이때 눈물이 뺨을 타고 흘러내릴 정도로 충분히 분비되는 경우가 흔하다는 것이다. 이러한 현상은 매우 기쁘거나 슬픈 감정 상태에 있을 때, 심지어 아무런 감정이 느껴지지 않을 때도 나타난다. 이처럼 근육의 무작위적인 강한 수축과 눈물의 분비는 밀접하게 관련되는데, 여기에는 부분적이기는 하지만 예외가 있다. 바로 유아다. 유아들은 눈을 꼭 감고 격렬하게 악을 쓰며 울 때 대개 눈물을 흘리지 않으며, 생후 2~4개월이 되어서야 눈물을 흘리며 운다. 그럼에도 유아들의 눈에 눈물이 그렁그렁하게 맺히는 것은 이보다 훨씬 이른 시기의 일이다. 이미 언급한 바와 같이 눈물샘은 훈련이 이루어지지 않았거나 다른 어떤 이유로 매우 어린 시기에는 충분히 기능이 발휘되지 않는다. 아이들이 조금 더 나이를 먹고 난 후 아파서 울거나 소리 내어 울 경우에는 예외 없이 흐느끼는데, 이때 눈물 흘리는 것과 우는 것이 동의어가 된다.[18]

커다란 기쁨이나 즐거움과 같은 슬픔에 대한 정반대의 감정을 느낄 경우, 만약 너무 심하게 웃지만 않는다면 눈 주변 근육의 수축은 거의 일어나지 않으며, 이에 따라 얼굴이 찌푸려지지 않는다. 하지만 웃음을 크게 터뜨릴 경우에는 빠르고 격렬하게 날숨을 내쉬면서 얼굴에 눈물이 흘러내린다. 나는 커다란 웃음을 터뜨리고 난 사람의 얼굴을 한 번 이상 주목해 보았는데, 이때 나는 그의 눈둘레근과 윗입술로 이어지는 근육들이 여전히 어느 정도 수축해 있음을 살펴볼 수 있었다. 이와 같은 수축과 눈물로 얼룩진 뺨 탓에 그의 얼굴 상반부는 슬퍼서 엉엉 울고 있는 아이의 표정과 구분이 되지 않았다.

인간과 동물의 감정 표현

모든 인간 종은 공통적으로 격하게 웃을 때 눈물을 흘린다. 이는 다음 장들에서 살펴보게 될 것이다.

재채기를 심하게 하면, 특히 숨이 막혔을 때 사람들의 얼굴은 자줏빛으로 변하고 정맥이 팽창하고 눈둘레근이 강하게 수축하며 눈물이 뺨을 흘러내린다. 사람들은 대부분 심지어 일상적인, 적당한 정도의 재채기를 하고 나서도 눈물을 닦아야 한다. 내가 경험했고 다른 사람에게서 보았던 모습이지만, 격렬하게 토하거나 구역질을 할 때는 눈둘레근이 강하게 수축하며 눈물이 뺨을 타고 흘러내리기도 한다. 누군가가 내게 이러한 일이 콧구멍으로 들어온 자극 물질 때문에 나타나고, 반사 작용을 통해 눈물이 분비되는 것일 수 있다고 귀띔해 주었다. 이에 따라 나는 내게 정보를 제공해 주는 한 외과 의사에게 위에서 아무것도 게워낼 것이 없을 경우에 나타나는 구역질 효과에 대해 알아봐 달라고 부탁했다. 그다음 날 희한한 우연의 일치로 의사 자신이 구역질을 느껴 고생하게 되었다. 그리고 3일이 지난 후 한 여성이 유사한 증세를 보였다. 의사는 두 경우 모두 위에서 게워낼 것이 하나도 없었다고 확신하고 있다. 그럼에도 이 경우 눈둘레근이 강하게 수축했으며, 눈물이 마구 흘러내렸다. 복근이 이례적으로 강한 힘으로 창자관을 향해 아래쪽으로 움직일 때, 눈 주변의 동일한 근육들이 격렬하게 수축하며, 이와 동시에 눈물이 마구 흘러내리는데, 나는 이 또한 확신을 가지고 말할 수 있다.

하품은 숨을 크게 들이쉬면서 시작되고, 길고도 강하게 숨을 내뿜는 동작이 이어진다. 이와 동시에 신체의 거의 모든 근육이 강하게 수축하는데, 여기에는 눈 주변의 근육도 포함된다. 이러한 동작이 이루어지면서 흔히 눈물이 분비되며, 나는 심지어 눈물이 뺨을 타고 흘러내리는 모습도 본 적이 있다.

나는 견딜 수 없을 정도로 가려운 어떤 부위를 긁을 때 사람들이 눈을 꼭 감고 있는 모습을 흔히 목격한다. 하지만 내 생각에 이때 그들이 우선 숨을 깊이 들이마신 다음 강하게 내뿜지는 않는다. 그리고 이러한 상황에서 사람들의 눈에 눈물이 가득한 경우를 본 적이 없다. 하지만 이런 경우가 없다고 말할 만큼의 확신은 없다. 어쩌면 눈을 꼭 감는 동작은 신체의 거의 모든 근육이 동시에 굳는 전신(全身) 동작의 일부에 불과할지도 모른다. 사람들은 흔히 달콤한 향기를 맡거나 달콤한 음식을 맛볼 때 지그시 눈을 감는데, 이는 눈을 통해 들어오는 방해가 되는 인상을 차단하려는 욕구에서 비롯되었을지도 모른다. 그런데 그라티올레가 말하듯이,[19] 이러한 상황에서 눈을 감는 것과 앞에서 이야기한 이유로 눈을 꼭 감는 것은 다르다.

돈더르스 교수는 다음과 같은 효과에 대한 편지를 내게 보내 주었다. "저는 매우 특이한 영향을 미치는 몇 가지 사례들을 관찰한 바 있습니다. 상처를 입은 것도, 타박상을 입은 것도 아닌 정도의 가벼운 접촉, 예컨대 외투에 가볍게 스치고 난 후 눈물이 엄청나게 쏟아지면서 눈둘레근의 경련이 1시간 동안 지속되었습니다. 이어서 몇 주 간격으로 눈물이 분비되면서 일차적 혹은 이차적으로 눈이 붉어졌으며, 이와 동시에 동일한 근육의 격렬한 경련이 재차 일어나곤 했습니다." 윌리엄 보먼(William Bowman) 씨는 자신이 이와 매우 유사한 경우를 이따금 봤으며, 이들 중 일부에서는 눈이 붉어지지도, 염증이 생기지도 않았다고 알려주었다.

인간과 동물의 감정 표현

나는 격렬하게 숨을 내쉴 때 눈둘레근이 수축하는 것과 눈물을 흘리는 것 사이에 관련성이 있는, 인간의 경우와 유사한 동물이 있는지를 확인해 보고 싶었다. 하지만 이러한 근육이 오랫동안 지속적으로 수축하거나 눈물을 흘리는 동물은 매우 소수였다. 이전에 동물원에서 눈물을 매우 많이 흘렸다고 하는 이른바 보르네오산 원숭이는 훌륭한 관찰 대상일 수 있었다. 하지만 현재 그곳에 있는 동일 종에 속하는 것으로 알려진 원숭이 두 마리는 눈물을 흘리지 않는다. 그럼에도 바틀렛 씨와 나는 그들이 크게 악을 쓰며 울 때를 유심히 관찰했는데, 이러한 근육을 수축시키는 것 같았다. 하지만 그들이 너무 잽싸게 우리에서 돌아다니는지라 확실하게 관찰하기는 어려웠다. 내가 아는 한, 다른 어떤 원숭이도 악을 쓰며 울면서 눈둘레근을 수축시키지 않는다.

인도코끼리도 간혹 눈물을 흘리는 것으로 알려져 있다. 스리랑카의 제임스 에머슨 테넌트(James Emerson Tennent) 경은 산 채로 잡혀서 묶여 있는 코끼리를 묘사하면서 다음과 같이 말한다. 일부 코끼리들은 "눈에 눈물을 가득 머금은 채 하염없이 눈물을 흘리는 것 말고는 다른 아무런 고통의 징후를 보이지 않고 바닥에 움직이지 않고 누워 있었다." 또 다른 코끼리에 대해 그는 다음과 같이 말한다. "코끼리는 윽박지르고 재촉할 때 슬픔이 극에 달했다. 코끼리의 과격함은 완전한 좌절로 전환되었고, 눈물이 뺨을 타고 흐르면서 숨이 막힐 듯 소리를 질렀다."[20] 동물원의 인도코끼리 사육사는 새끼와의 이별로 비탄에 빠진 나이 든 암컷 코끼리의 얼굴에 눈물이 흘러내리는 모습을 여러 번 보았다고 주장했다. 이러한 말을 듣고 나는 인간에게서 관찰되는 눈물이 나는 현상과 눈둘레근 수축 관계의 연장선상에서 코끼리 또한 악을 쓰며 울거나 크게 나팔과 같은 소리를 낼 때 이러한 근육들이 수축하는지를 몹시 확인해 보고 싶어졌다. 바틀렛 씨의 요청에 따라 사육사는 어미와 새끼 코끼리에게 나팔과 같은 소리를 내게 했다. 우리는 이들이 나팔과 같은 소리를 내기 시작하자마자 눈둘레근, 특히 아래쪽 눈둘레근이 뚜렷하게 수축한다는 사실을 반복해서 관찰할 수 있었다. 이어서 사육사는 나이 든 코끼리에게 더욱 크게 나팔 소리를 내게 했는데, 이전 경우와 다를 바 없이 위아래 눈둘레근이 모두 강하게 수축했으며, 이번에는 동일한 정도로 수축했다. 하지만 앞의 두 경우에서처럼 아프리카코끼리에게도 나팔 소리를 크게 내게 했는데, 이때 이들에게는 눈둘레근이 수축하는 아무런 징후도 나타나지 않았다. 일부 박물학자들은 이 코끼리들이 인도코끼리 종과 매우 다르다고 생각하며, 이에 따라 이들을 별개의 아종으로 분류하기도 한다.

　앞에서 살펴본 인간에 관한 여러 경우들로 미루어 보았을 때, 나는 격렬하게 숨을 내쉬거나 부풀려진 가슴을 강하게 압착할 때 이루어지는 눈 주변 근육의 수축이 눈물을 흘리는 것과 어떤 방식으로 밀접하게 관련이 있다고 생각하며, 이는 의심의 여지가 없다. 이는 크게 다른 감정을 느낄 때도 적용되는 이야기며, 감정과 독립적으로, 그와 같은 동작이 이루어질 경우에는 어떤 경우에도 적용되는 이야기다. 이렇게 말한다고 해서 눈 주변 근육이 수축하지 않고서는 눈물이 분비될 수 없다는 것은 아니다. 이렇게 말하는 이유는 흔히 눈을 감지 않은 상태에서, 그리고 눈썹을 찡그리지 않은 상태에서도 눈물이 흘러내린다는 사실이 알려져 있기 때문이다. 질식하는 순간에 는 본능적이고 지속적으로 근육이 수축하며, 재채기하는 동안에는 근육이 격렬하게 수축한다. 눈꺼풀을 단순히 무의식적으로 깜박거 린다고 해서 눈물이 나는 것은 아니다. 이를 자주 반복해도 마찬가지 다. 눈을 둘러싼 여러 근육을 의도적으로, 지속적으로 수축하는 것 으로도 충분치 않다. 아이들의 눈물샘은 쉽게 자극을 받는데, 나는 내 자신, 그리고 여러 상이한 연령의 아이들에게 이러한 근육을 반복 적으로 힘껏 수축해 보고, 가능한 한 최대한 계속 그렇게 해 보라고 요구해 본 적이 있다. 하지만 이는 별다른 성과가 없었다. 간혹 눈이 약간 축축해지기도 했지만, 기껏해야 이미 분비된 눈물을 눈물샘 안 에서 짜냈다고 설명할 수 있었다.

비자발적으로, 강하게 눈 주변 근육들을 수축하는 것과 눈물을 흘리는 것 사이의 관계의 특징이 무엇인지를 확실하게 말할 수 없지 만 그럼에도 개연성 있는 입장을 제안해 볼 수는 있을 것이다. 눈물 분비의 주요 기능은 일부 점액과 더불어 눈 표면을 매끄럽게 하는 것 이다. 그 이차적 기능은 일부 사람들이 생각하듯이 콧구멍의 습기를 유지해 흡입된 공기를 축축하게 하고,[21] 이와 더불어 후각 능력을 향 상시키는 것이다. 하지만 눈물의 또 다른, 그리고 적어도 마찬가지 로 중요한 기능은 눈에 들어갈 수 있는 먼지나 다른 미세한 물체를 씻어내는 것이다. 이러한 기능이 매우 중요하다는 사실은 눈과 눈꺼 풀이 움직이지 못하게 됨으로써 먼지가 제거되지 않아 염증이 생겨 각막이 흐릿해지는 사례를 통해 보았을 때 분명하다.[22] 이물질이 눈 에 들어가서 준 자극 때문에 눈물이 흐르는 것은 일종의 반사 행동이다. 그러한 물질은 어떤 감각 신경 세포에 느낌을 전달하는 말초 신경을 자극한다. 이는 다른 세포들에 영향을 전달하고, 이는 또다시 눈물샘에 영향을 전달한다. 이러한 눈물샘에 전달된 영향 때문에 더욱 작은 혈관 근육층이 이완된다. 이렇게 믿을 훌륭한 이유가 있다. 근육층의 이완은 선상 조직에 더 많은 혈액을 스며들게 하고, 이로 인해 많은 눈물이 흐르게 된다. 망막 혈관을 포함해 작은 혈관이 이와 매우 다른 상황에서 이완되는 경우, 가령 얼굴이 매우 붉어지면서 이완되는 경우에도 눈물샘이 유사한 방식으로 자극을 받는 경우가 있다. 이처럼 자극을 받는 이유는 이러한 상황에서도 눈이 눈물로 가득해지기 때문이다.

얼마나 많은 반사 행동이 만들어졌는지를 추측하기는 힘들다. 하지만 지금 검토하고 있는 눈 표면이 자극을 받음으로써 눈물샘이 영향을 받는 사례에 대해서는 다음과 같은 이야기를 해 볼 수 있을 것이다. 어떤 최초의 생물이 습관적으로 땅과 물 양쪽을 오가게 되면서 눈에 먼지가 들어가기 쉬워졌는데, 이를 씻어내지 않았다면 커다란 통증을 야기했을 것이다. 그런데 이러한 일이 자주 일어났고 신경력이 익숙한 통로를 따라 지나가는 경향이 있기 때문에 마침내 조그만 자극만으로도 충분히 많은 눈물을 분비하게 되었을 것이다.

이러한 방식으로든 어떤 다른 수단으로든 이러한 특징의 반사 행동이 확립되어 쉽게 반응이 나타날 수 있게 되고 나서 얼마 있지 않아 찬바람, 서서히 진행되는 염증, 혹은 눈꺼풀에 대한 가격처럼 눈 표면에 가해지는 다른 자극 요인들이 눈물을 많이 흘리게 했을 것이다. 이는 우리가 익히 알고 있는 바다. 눈물샘은 주변 부위에 대한

　　　　　　　　　　　　　인간과 동물의 감정 표현

자극을 통해서도 활성화된다. 눈을 꼭 감고 있어도 콧구멍이 자극적인 연기 때문에 자극을 받게 되면 눈물이 다량으로 분비된다. 예컨대 권투 장갑으로 코를 가격당했을 때도 마찬가지다. 내가 확인한 바있는, 얼굴을 따끔하게 철썩 때리는 경우에도 동일한 효과가 나타났다. 이와 같은 경우, 눈물이 우연한 결과로 분비된 것이고, 이것이 직접적인 유용성이 있는 것은 아니다. 눈물샘을 포함해 이 부분에는 동일한 신경, 다시 말해 다섯 번째 신경의 지맥들이 연결되어 있는데, 이러한 사실을 근거로 우리는 어떤 하나의 지맥이 흥분되어 나타나는 효과가 다른 지맥의 신경 세포나 뿌리로 확산되는 현상을 어느 정도 이해할 수 있다.

어떤 상황에서는 눈의 내부 또한 반사 작용과 같은 방식으로 눈물샘에 작용한다. 다음은 보먼 씨가 친절하게 내게 보내 준 편지에 적혀 있는 말이다. "하지만 관련 주제는 다루기가 매우 미묘한데, 그이유는 눈의 모든 부분들이 서로 긴밀하게 연결되어 있고, 다양한 자극 유발 요인에 민감하게 반응하기 때문입니다. 정상적인 상황에서 강한 빛이 망막을 자극할 경우에는 사람들이 눈물을 흘리게 되지 않습니다. 하지만 예컨대 각막에 조그만 종기가 오랫동안 박혀 있는, 눈에 문제가 있는 아이의 경우는 각막이 빛에 과도할 정도로 민감하게 반응하게 됩니다. 그리하여 심지어 평범한 일광에 노출되기만 해도 눈을 오랫동안 굳게 감고, 많은 눈물을 흘리게 되죠. 돋보기를 써야 하는 사람들은 습관적으로 수용 조절 능력을 긴장시키게 되는데, 이에 따라 뜻하지 않은 눈물을 자주 흘리며, 망막이 빛에 지나칠 정도로 민감해지기 쉽습니다. 일반적으로 눈 표면에 문제가 생기거나 수용 작용에 관계되는 모양체에 문제가 생길 경우, 눈물이 과도하게 분비되는 경향이 있습니다. 안구가 단단해졌다는 것은 설령 염증이 유발되지 않았아도 안구 내 혈관에서 배출된 체액과 재차 흡수된 체액 사이에 균형이 무너졌음을 암시하는데, 이 경우에는 대개 눈물을 흘리지 않습니다. 반대 방향의 불균형이 초래되어 눈이 너무 말랑말랑해지면 눈물을 흘릴 가능성이 상대적으로 커집니다. 마지막으로 여러 눈병, 눈 구조의 변형, 심한 염증이 생기면 눈물이 별로 나오지 않거나 전혀 나오지 않는 상황이 함께 나타날 수 있습니다."

비록 현재 논의 중인 주제에 간접적으로 시사하는 바가 있는 것이지만, 우리는 눈과 그 주변부가 눈물샘과 관련된 반사 작용 외에 엄청난 수의 반사 작용과 이와 연계된 움직임, 감각, 동작 들의 영향 아래 있다는 사실에도 주목할 필요가 있다. 밝은 빛이 한쪽 눈의 망막을 때리면 곧바로 홍채가 수축되지만 다른 쪽 눈의 홍채는 적당한 시간 간격을 두고 수축이 이루어진다. 마찬가지로 홍채는 먼 곳이나 가까운 곳을 볼 때, 그리고 두 안구가 한곳으로 모일 때도 각 경우에 맞추어서 움직인다.[23] 매우 밝은 빛을 쪼이면 눈썹이 불가항력적으로 밑으로 내려간다는 사실을 모르는 사람은 없다. 어떤 물체가 눈 근처에서 움직일 때, 혹은 어떤 소리가 갑자기 들릴 때 우리는 속눈썹을 깜박거리기도 한다. 일부 사람들은 밝은 빛을 보게 되면 재채기를 하게 되는데, 이는 잘 알려진, 더욱 흥미로운 사실이다. 이 경우에 망막과 연계된 특정 신경 세포로부터 코의 감각 세포로 신경력이 방사되며, 이로 인해 코가 간지럽게 된다. 다음 단계로 신경력은 다양한 호흡근(여기에는 눈둘레근이 포함된다.)을 관장하는 세포로 방사되는데,

이때 호흡근은 아주 특이한 방식으로 공기를 배출한다. 다시 말해 오직 콧구멍을 통해서만 공기가 빠르게 지나가도록 하는 것이다.

이제 우리의 논점으로 되돌아가서 다음과 같은 질문을 해 보자. 악을 쓰며 울거나 거칠게 숨을 내쉬려는 노력을 하는 동안 눈물이 분비되는 이유는 무엇인가? 눈썹을 가볍게 쳐도 눈물이 쏟아지는데, 이러한 사실로 미루어 보았을 때, 안구를 강하게 압박함으로써 눈꺼풀에 경련성 수축이 일어날 경우에도 이와 유사한 방식으로 눈물이 분비될 수 있다. 동일한 근육을 자발적으로 수축할 경우, 이와 같은 효과가 산출되지 않는다. 그럼에도 이는 가능한 듯하다. 우리는 자동으로 재채기나 기침을 하는 경우와 거의 동일한 강도로 자발적으로 재채기나 기침을 할 수 없음을 알고 있다. 눈둘레근의 수축에 대해서도 마찬가지 이야기를 할 수 있다. C. 벨 경은 이와 관련한 실험을 해 봤는데, 그는 어두운 곳에서 갑자기 눈을 꼭 감으면 손가락으로 눈꺼풀을 가볍게 두드릴 때 야기되는 경우와 유사하게 섬광이 보인다는 사실을 발견했다. "하지만 재채기를 할 때는 더욱 빠르고 강하게 눈을 꼭 감게 되며, 섬광이 더욱 강하게 나타난다." 이러한 섬광이 눈꺼풀의 수축 때문에 나타나는 것임은 분명하다. 이렇게 말하는 이유는 "재채기를 하면서 눈을 뜨고 있을 경우, 어떤 빛의 감각도 경험되지 않기 때문이다." 돈더르스 교수와 보먼 씨가 이야기해 준 특이한 몇몇 사례에서, 관찰의 대상이었던 사람은 눈을 아주 가볍게 다치고 나서 여러 주가 지난 후 눈꺼풀의 간헐적인 수축이 연달아 일어났으며, 이와 더불어 눈물을 많이 흘렸다. 하품할 때의 눈물은 눈 주변 근육의 돌발적인 수축 때문에 흘리게 되는 것이 분명하다. 이러한 일들이 있음에도, 설령 눈꺼풀에 의해 안구 표면에 압력이 가해진다고 해도, 그러한 압력이 반사 작용의 일환으로 눈물을 분비하게 할 만큼 충분하다고 (격렬하게 숨을 내쉬려 할 때 눈물을 흘리게 되는 많은 경우에서와 같이) 믿기는 어려워 보인다. 이 경우에 발작적으로, 그래서 자의적인 압력을 가할 때보다 훨씬 강한 힘이 가해지지만 말이다.

또 다른 원인이 공동으로 작동할 수 있다. 앞에서 우리는 어떤 상황에서 눈의 내부가 눈물샘에 반사 작용과 같은 방식으로 작동한다는 사실을 살펴봤다. 우리는 거칠게 숨을 내쉬려 할 때 눈 혈관 내 동맥혈의 압력이 증가하고, 정맥혈의 귀환이 제지를 받는다는 사실을 알고 있다. 이러한 사실로 미루어 보았을 때, 이와 같이 야기된 눈 혈관의 확장이 반사 작용에 따라 눈물샘에 영향력을 발휘할 수 있다고 생각하는 것도 개연성이 없지는 않다. 눈꺼풀이 눈 표면에 주는 돌발적인 압박이 미치는 효과는 이러한 방식으로 증진된다.

이러한 견해가 얼마나 설득력이 있는지를 고찰하고자 할 때, 우리는 무수한 세대를 거치는 동안 유아들의 눈이 악을 쓰며 울 때마다 이처럼 이중적인 방식으로 작동했음을 의식할 필요가 있다. 이와 더불어 신경력이 익숙한 경로를 쉽사리 통과한다는 원리에 따라 안구가 어느 정도까지만 압박을 받고, 또한 눈 혈관이 어느 정도까지만 팽창을 한다고 해도, 습관을 통해 눈물샘의 영향을 받는다는 것을 염두에 둘 필요가 있다. 이와 유사한 경우는 혈관이 팽창하지 않고, 안구 내부에 불쾌감이 촉발될 수 없는 조용히 소리 내어 우는 상황에서도 눈둘레근이 거의 항상 작게나마 수축하는 데서도 살펴볼 수 있다.

여기에 덧붙여, 복잡한 행동 혹은 동작이 완전히 연계되어 오랫동안 함께 수행되어 왔고 이들이 어떤 원인에서건 처음에는 자발적으로, 이후에는 습관적으로 특정 상황에서 함께 작동하도록 상호 견제가 이루어졌다고 가정해 보자. 이 경우에 적절한 촉발 상황이 발생하면, 과거와 다를 바 없이, 대개 의지의 통제가 최소로 이루어지는 어떤 행동이나 동작 중 일부가 의지와 무관하게 행해질 것이다. 그런데 눈물샘의 분비는 뚜렷하게 의지의 영향으로부터 벗어나 있다. 이에 따라 개인이 나이가 들어서, 혹은 어떤 인종의 문화가 발전해 크게 소리를 내어 울거나 악을 쓰며 우는 습관이 억제되고, 그리하여 눈의 혈관 팽창이 일어나지 않아도 눈물은 여전히 분비될 수 있다. 얼마 전 언급한 바와 같이, 우리는 감동적인 이야기를 읽고 있는 사람의 눈 주변 근육이 탐지해 내기 힘들 정도로 미세하게 수축하거나 떨리는 모습을 볼 수 있다. 이 경우에 악을 쓰며 울거나 혈관의 팽창은 일어나지 않았지만 특정 신경 세포들이 습관을 통해 눈 주변 근육에 명령을 내리는 세포에 소량의 신경력을 보낸다. 이러한 세포들은 눈물샘에 명령을 내리는 세포에도 신경력을 보낸다. 이렇게 말하는 근거는, 이와 같은 경우가 발생하면 흔히 이와 동시에 눈이 눈물로 촉촉해지게 되기 때문이다. 설령 눈 주변 근육의 떨림과 눈물의 분비가 완벽하게 제지된다고 하더라도, 이와 동일한 방향으로 신경력을 전달하려는 어떤 경향이 있을 것임에는 거의 확실하다. 그리고 설령 밖으로 보이는 다른 징표가 나타나지 않는다고 해도, 눈물샘은 의지의 통제를 완전히 벗어나 있기 때문에 여전히 두드러지게 작동한다. 이에 따라 마음을 통과하는 감동적인 생각이 무심코 겉으로 드러나게 되는 것이다.

다음 이야기는 여기서 개진한 입장에 대한 추가적인 예시다. 모든 종류의 습관들이 쉽게 확립될 수 있는 삶의 이른 시기에, 아이들이 마치 괴로울 때 악을 쓰며 울듯이, 즐거울 때 함박웃음을 흔히, 그리고 지속적으로 터트리는 데(이때 눈의 혈관이 팽창한다.) 익숙해진다면, 그 후의 삶에서 눈물은 괴로울 때 못지않게 즐거울 때도 다량으로, 때마다 분비될 가능성이 크다. 잔잔한 웃음, 미소, 심지어 즐거운 생각만으로도 충분히 어느 정도 눈물을 흘리게 된다. 우리가 따스한 느낌을 다룰 이어지는 장에서 살펴보게 되겠지만 실제로 이러한 방향으로의 경향성은 뚜렷하게 나타난다. 루이 드 프레이시네(Louis de Freycinet)에 따르면,[24] 샌드위치 섬 사람들의 경우, 눈물을 흘리는 것을 실제로 행복의 징표로 인정한다. 하지만 이 문제에 대해서는 지나가는 여행객이 제시하는 증거 자료보다는 더 나은 것이 필요하다. 따라서 다시 우리 아이들에 대해 말하자면, 만약 아이들이 수많은 세대에 걸쳐, 그리고 개별적으로는 수년에 걸쳐 거의 매일 지속적인 목멤(choking, 기도 폐색)으로 고생을 했다면(이 경우에 눈의 혈관은 팽창하고 눈물이 다량으로 분비되는데), 그 후의 삶에서는 연계된 습관의 힘으로 인해 마음이 괴롭지 않은 상태에서 단지 목메는 것을 생각만 해도 얼마든지 눈물이 날 수 있다.

이 장을 요약하자면 다음과 같다. 눈물 흘림은 다음과 같은 어떤 사건들의 연쇄로 나타난다고 말할 수 있을 것이다. 대부분의 새끼 동물들처럼, 아이들은 배가 고프거나 고통을 느낄 때, 때로는 부모들에게 도움을 요청하기 위해서, 또 때로는 배고픔과 고통에서 벗어나기 위한 몸부림 차원에서 크게 소리 내어 운다. 지속적으로 악을

인간과 동물의 감정 표현

쓰며 울 경우, 눈 혈관은 불가피하게 팽창된다. 그리고 이는 처음에는 눈을 보호하기 위해 눈을 둘러싼 근육의 의식적인 수축으로, 나중에는 습관적인 수축으로 이어지게 될 것이다. 이와 동시에 안구 표면에 돌발적인 압박이 가해짐으로써, 또한 안구 내부의 혈관이 팽창함으로써 반사 작용을 통해 눈물샘이 자극을 받을 것이다. 이때 반드시 어떤 의식적인 감각이 수반되는 것은 아니다. 마지막으로 세 가지 원리, 다시 말해 신경력이 익숙한 경로를 따라 쉽게 통과한다는 원리, 그 힘이 크게 확장된 연계의 원리, 그리고 일부 행동은 다른 행동에 비해 의지의 통제를 많이 받는다는 원리가 작동해 다른 행동이 반드시 동반되지 않으면서도 고통을 느낄 때 눈물을 쉽게 흘리게 되었을 수가 있다.

이러한 견해를 일관되게 견지한다면 우리는 눈물 흘림을 우연적인 결과로 생각해야 한다. 다시 말해 우리는 눈물 흘림을 눈 밖을 가격당했을 때 눈물을 흘리는 것처럼, 혹은 밝은 빛의 영향을 받은 망막이 재채기를 하게 만드는 것처럼 아무런 목적이 없는 것으로 간주해야 한다. 하지만 그렇다고 해서 눈물 흘림이 고통을 경감하는 데 어떻게 활용되는지를 이해하는 일과 관련해서 곤란함을 겪게 되는 것은 아니다. 매우 격렬하거나 신경질적으로 눈물을 흘릴수록 위안은 더욱 커질 것이다. 이것은 몸 전체를 비틀거나 이를 갈 경우, 그리고 날카로운 비명을 지를 경우, 고통으로 인한 비애가 경감되는 것과 동일한 원리에 따라 그렇게 되는 것이다.

7장

의기소침, 근심, 슬픔, 실의, 좌절

갑작스레 격심한 슬픔이 밀려와 마음이 아프고 나면, 그리고 그러한 원인이 여전히 지속될 경우, 우리는 의기소침한 상태에 빠지거나 극도로 우울해져서 실의에 빠지게 된다. 설령 극심한 고통은 아닐지라도 육체적 고통이 지속될 경우, 일반적으로 동일한 마음 상태에 빠지게 된다. 고통이 예견될 경우, 우리는 걱정을 한다. 이를 벗어날 희망이 없을 경우, 우리는 좌절한다.

앞 장에서 서술한 바와 같이, 너무 슬플 경우, 사람들은 흔히 과격한, 그리고 미친 듯이 날뛰는 행동을 통해 이를 벗어나려 한다. 하지만 고통이 어느 정도 완화되기는 했어도 계속 지속될 경우, 사람들은 더 이상 행동하고 싶어 하지 않고, 움직이지 않은 채 반응을 나타내지 않으며, 몸을 앞뒤로 살살 움직이는 경우도 있다. 혈액 순환은 잘 이루어지지 않고, 얼굴이 창백해진다. 근육은 흐물흐물해지고 눈꺼풀이 축 처진다. 얼굴은 오그라든 가슴에 걸려 있고, 입술, 뺨, 그리고 아래턱은 모두 그 무게로 아래로 처진다. 이처럼 모든 모습이 축 늘어진다. 이에 따라 사람들은 나쁜 소식을 접했을 때 얼굴이 내려앉는다고 말한다. 티에라 델 푸에고의 원주민들은 양손으로 자신들의 뺨을 끌어내려 얼굴을 가능한 한 최대로 길게 만듦으로써 자신들의 친구인 고기잡이배 선장이 넋이 나갔음을 설명하려 했다. 버넷 씨는 오스트레일리아 원주민들이 넋이 나갈 경우, 턱이 밑으로 늘어진 모습을 보여 준다고 알려주었다. 고통이 지속되면 눈에 활기가 없어지고 표정도 사라지며 흔히 약간의 눈물을 머금는다. 이때 눈썹이 드물지 않게 기울어지는데, 이는 눈썹 안쪽 끝이 올라가기 때문에 나타나는 현상이다. 이로 인해 이마에 특이한 모습의 주름이 생기는데, 이 모습은 단순한 주름과는 매우 다르다. 어떤 경우에는 주름이 하나만 생기기도 한다. 입가는 아래로 처지는데, 이는 의기소침의 징표로 널리 알려져 있어서 모르는 사람이 거의 없을 정도다.

이러한 마음 상태에서는 호흡이 완만해지고 약해지며, 깊은 한숨으로 중단되는 경우도 흔하다. 그라티올레가 말하고 있는 바와 같이,[1] 우리가 무엇인가에 오랫동안 골몰하게 되면 숨 쉬는 것을 잊게 되는데, 그리고 나서는 깊이 숨을 들이쉬면서 집중에서 벗어난다. 슬픈 사람이 완만한 호흡과 원활하지 못한 혈액 순환 때문에 내게 되는 탄식은 매우 특징적이다. 이러한 상태에 있는 사람의 슬픔은 간헐적으로 반복되고, 점차 증가하다가 마침내 격발에 이르는데, 이는 호흡근에 영향을 주게 된다. 이때 그는 마치 무엇인가(이는 이른바 히스테리구(globus hystericus)라고 불린다.)가 목구멍에서 치밀어 오르는 듯한 느낌을 받게 된다. 이와 같은 격발 동작은 분명 아이들이 꺼이꺼이 울 때의 동작과 관련이 있으며, 너무 슬퍼서 목이 멜 때 나타나는 격심한 경련의 잔재다.[2]

인간과 동물의 감정 표현

눈썹의 기울어짐

앞의 설명에서 매우 특이한 현상 두 가지를 추가적으로 설명할 필요가 있다. 바로 눈썹의 안쪽 끝이 올라가는 현상과, 입가가 아래로 처지는 현상이 그것이다. 먼저 눈썹에 대해 말하자면, 간혹 깊은 실의나 근심으로 괴로워하고 있는 사람의 눈썹이 기울어진 모습을 하고 있는 장면이 목격된다. 한 예로 나는 아픈 아들 이야기를 하고 있는 어머니에게서 이러한 모습이 나타나는 것을 본 적이 있다. 이러한 모습은 매우 하찮거나 순간적인, 실제 혹은 거짓의 정신적 고통으로 인해 촉발되기도 한다. 이와 같은 눈썹의 모습은 이마 근육 중앙 근막이 강력한 힘을 발휘함으로써 특정 근육(즉 눈둘레근, 눈썹주름근, 그리고 코배세모근. 이들은 공동으로 눈썹을 밑으로 내려가게 하고 수축하게 하는 경향이 있다.)의 수축이 부분적으로 견제를 받아 나타나게 된다. 이마 근육 중앙 근막 (latter fasciæ)은 수축을 통해 눈썹의 안쪽 끝만을 들어 올린다. 이와 동시에 눈썹주름근이 눈썹을 함께 끌어당기기 때문에 눈썹의 안쪽 끝은 주름이나 덩어리 모양으로 찌푸려진다. 사진 Ⅱ의 2와 5에서 살펴볼 수 있는 바와 같이, 눈썹이 기울어지게 되었을 때의 모습에서 이런 주름은 매우 특징적으로 나타난다. 이와 동시에 눈썹털이 삐죽 튀어나와 어느 정도 거칠어진다. 크라이튼브라운 박사는 우울증 환자가 눈썹을 계속 기울어진 상태로 유지하면서 "위 눈꺼풀을 뾰족한 아치형의 독특한 모습"으로 만드는 것을 목격하기도 했다. 이에 대한 흔적은 사진에서 젊은 남성의 왼쪽과 오른쪽 눈꺼풀을 비교함으로써 확인해 볼 수 있을 것이다. (사진 Ⅱ의 2) 이렇게 말하는 이유는 그가 양쪽 눈썹을 동일하게 움직일 수 없었기 때문이다. 이는 그의 이마 양쪽 측면에서 살펴볼 수 있는 서로 다른 주름을 통해 드러나기도 한다. 내가 생각하기에 눈꺼풀이 뾰족한 아치형을 이루기 위해서는 눈썹의 안쪽 끝만이 올라가야 한다. 그것은 눈썹 전체가 위로 올라가 아치형을 이룰 경우, 위쪽 눈꺼풀이 눈썹 전체와 경미하지만 동일하게 움직이기 때문이다.

하지만 앞에서 언급한 근육들이 상반된 방향으로 수축함으로써 나타나는 가장 두드러진 결과는 이마에 생긴 독특한 주름에서 나타난다. 이러한 주름이 생길 때 함께, 하지만 반대 방향으로 움직이는 근육들을 편의상 간단하게 '비애근'이라고 부를 수 있을 것이다. 우리가 전체 이마 근육을 수축시킴으로써 눈썹을 치켜올릴 때, 이마 전체에 가로 주름이 확장된다. 하지만 슬플 때는 중앙 근막만이 수축되고, 이에 따라 가로 주름이 이마의 가운데 부분에만 만들어진다. 또한 눈둘레근의 바깥쪽 부분이 수축되어 아래로 당겨지면서 양 눈썹 바깥쪽 부분의 피부가 맨들맨들해진다. 눈썹도 눈썹주름근이 동시에 수축되면서 한데 모인다.[3] 이와 같은 움직임은 피부가 밑으로 처지게 된 이마 바깥쪽 부분과 중앙의 올라가게 된 부분을 가르면서 세로 주름을 만들어 낸다. 이러한 세로 주름과 중앙의 가로 주름이 합쳐져서 말발굽에 비견되어 온 표지가 이마에 남는다. (사진 Ⅱ의 3) 하지만 좀 더 엄격하게 말하자면 이러한 주름은 직사각형의 세 면을 만들어 낸다. 이는 눈썹이 기울어지게 될 때 성인 혹은 준(準)성인의 이마에 흔히 두드러지게 새겨진다. 하지만 어린 아이들의 경우에 피부에 쉽게 주름이 생기지 않기 때문에 이러한 모양을 좀처럼 살펴

1   3   5

2   4   6

사진 I.

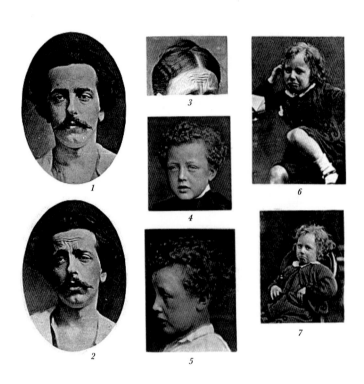

1 2 3 4 5 6 7

사진 II.

1   4

2   5

3   6

사진 III.

1

2

사진 IV.

1

2

3

사진 V.

1

2

3

4

사진 VI.

1

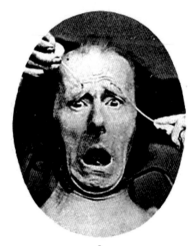

2

사진 VII.

보기 어려우며, 단지 이들의 흔적만이 탐지된다. 이러한 독특한 주름은 사진 Ⅱ의 3, 즉 의도적으로 필요한 근육에 이례적인 정도의 힘을 실을 수 있었던 젊은 여성의 이마에 잘 표현되어 있다. 사진을 찍을 당시 그녀는 이를 보여 주는 데 몰두하고 있었는데, 이로 인해 그녀의 얼굴 표정은 전혀 슬퍼 보이지 않는다. 때문에 나는 그녀의 이마만을 보여 주고 있다. 같은 사진 Ⅱ의 1은 뒤센 박사가 찍은 사진을 축소 복사한 것인데,[4] 이는 훌륭한 배우였던 젊은 남성의 자연스러운 상태에서의 얼굴 모습을 보여 주고 있다. 사진 Ⅱ의 2에서 그는 연기를 통해 슬픈 표정을 보여 주고 있는데, 앞에서 언급한 바와 같이 두 눈썹이 동일하게 움직이고 있지 않다. 이러한 표정이 거짓처럼 보이지 않는다는 사실은, 마음 상태에 대한 단서를 전혀 제공하지 않았음에도 사진 원본을 보여 준 열다섯 명 중에서 열네 명이 즉각적으로 "절망적인 슬픔을 느끼는", "고통을 인내하는", 혹은 "우울에 빠진" 등의 모습이라고 대답했다는 사실로부터 추론해 볼 수 있다. 사진 Ⅱ의 5를 찍게 된 배경은 다소 특이하다. 나는 가게 진열창에서 사진을 보고 이를 레일란데르 씨에게 가져갔다. 누가 사진을 찍었는지 알아내기 위해서였다. 그러면서 나는 그에게 표정이 매우 애처로워 보인다고 말했다. 그랬더니 그가 "제가 찍었고, 애처로워 보일 것입니다. 그 아이가 얼마 있지 않아 울음을 터뜨렸거든요."라고 대답했다. 이윽고 그는 평온한 상태에서 찍은 같은 아이의 사진을 보여 주었다. 책에 사용한 사진은 그것을 복제한 것이다. (사진 Ⅱ의 4) 사진 Ⅱ의 6에서는 눈썹이 기울어진 흔적을 탐지해 낼 수 있을 것이다. 하지만 이 사진은 사진 Ⅱ의 7과 마찬가지로 입가의 처짐을 보여 주기 위한 것이다. 이제 이 주제에 대해 이야기해 보도록 하자.

어느 정도 연습을 하지 않고서 자발적으로 비애근을 움직일 수 있는 사람은 그리 많지 않다. 하지만 반복적인 연습을 하고 나서는 상당수의 사람들이 이를 움직일 수 있었는데, 이를 움직일 수 없는 사람도 있었다. 눈썹의 기울어진 정도는 의식적으로 눈썹을 기울이려 했건, 무의식적으로 그랬건 사람마다 편차가 크다. 일부 사람들은 유달리 강한 코배세모근을 가지고 있는데, 설령 이마 근육 중앙 근막이 강하게 수축된다고 해도 — 이는 이마의 정사각형 주름을 통해 확인할 수 있는 바인데 — 이들의 경우에는 이 때문에 눈썹 안쪽 끝이 치켜올라가지는 않는다. 이러한 수축은 다만 눈썹이 밑으로 많이 처지는 것을 방지할 따름이다. 아마도 이와 같은 수축이 이루어지지 않는다면 눈썹은 크게 밑으로 처지게 될 것이다. 내가 관찰한 범위에 국한해 보았을 때, 비애근은 남성보다는 아이나 여성에게서 훨씬 빈번하게 움직였다. 성인들에게서는 이러한 근육이 육체적 고통보다는 거의 전적으로 정신적인 고뇌 때문에 작동한다. 어느 정도 연습을 하고 나서 비애근을 움직일 수 있게 된 두 사람이 있었는데, 그들은 거울을 보면서 눈썹을 기울어지게 만들었다. 그런데 그들은 이때 의도하지 않게 입가도 동시에 처진다는 사실을 발견했다. 이는 이러한 표정을 지을 때 흔히 나타나는 자연스런 현상이다.

다른 거의 모든 인간의 능력과 마찬가지로, 비애근을 자유자재로 움직일 수 있는 능력은 유전되는 듯하다. 위대한 배우들을 유달리 많이 배출한 것으로 잘 알려진 집안 출신이고, 이러한 표정을 "남달리 정확하게" 지을 수 있는 한 여성은 가족 모두가 이와 같은 능력을

인간과 동물의 감정 표현

상당한 정도로 갖추고 있다고 크라이튼브라운 박사에게 귀띔해 주었다. 또한 크라이튼브라운 박사에게서 들었는데, 이 가계의 마지막 후손에게서도 이와 동일한 유전적 경향이 발견되었다고 한다. 이 이야기는 월터 스콧(Walter Scott) 경의 소설『붉은 장갑(Red Gauntlet)』의 소재가 되었다. 주인공은 어떤 강한 감정을 느낄 때 자신의 이마를 찡그려 말발굽 표시를 만드는 것으로 묘사되고 있다. 나 또한 느껴지는 감정과 무관하게, 이마가 거의 습관적으로 그처럼 찡그려지는 젊은 여성을 본 적이 있다.

비애근이 매우 빈번하게 작동하는 것은 아니며, 대개 순식간에 작동하기 때문에 놓치기 일쑤다. 이러한 표정은 보편적으로, 그리고 즉각적으로 슬픔 혹은 근심의 표정으로 인식된다. 하지만 관련 주제에 대해 연구해 본 적이 없는 사람이라면 1,000명 중 단 한 명도 어떤 변화가 고통을 겪고 있는 사람의 얼굴을 스치고 지나갔는지에 대해 정확하게 말할 수 없다. 이에 따라 내가 아는 한『붉은 장갑』과 또 다른 한 소설을 제외하고는 이러한 표정은 심지어 언급된 경우조차 없다. 내가 전해 들은 바로는 또 다른 소설을 쓴 여성 저자는 방금 언급했던 배우를 배출한 것으로 잘 알려진 집안 출신이다. 이에 따라 그녀가 관련 주제에 대해 유달리 관심을 갖게 된 것일 수 있다. 라오콘(Laocoön)과 아로티노(Arrotino)의 조각상에서 살펴볼 수 있는 바와 같이, 고대 그리스의 조각가들은 슬픈 표정을 익히 알고 있었다. 하지만 뒤셴 박사가 밝히고 있듯이 그들은 이마 전체에 걸쳐 가로로 된 주름을 새겨 넣었는데, 이는 커다란 해부학적 실수를 범한 것이다. 이는 오늘날의 조각상에서도 다를 바 없다. 하지만 내가 생각하기에, 이 문제와 관련해서는 놀라울 정도로 정확한 이 관찰자들이 실수를 했을 가능성보다는 그들이 아름다움을 위해 진실을 의도적으로 희생시켰을 가능성이 더 크다. 이렇게 말하는 이유는 이마에 나 있는 사각형 모양의 주름을 그냥 둘 경우, 대리석 석상의 위엄을 해칠 것이기 때문이다. 이와 마찬가지 이유로, 내가 확인할 수 있는 범위에 한하자면, 과거의 거장들의 그림에서도 이러한 표정은 완전한 형태로 제대로 묘사되지 않고 있다. 하지만 이러한 표정을 익히 잘 알고 있는 한 여성은 피렌체에 있는 프라 안젤리코(Fra Angelico)의 그림 「십자가에서 내려지는 예수(Descent from the Cross)」 오른쪽에 있는 한 인물에게서 이와 같은 표정을 뚜렷하게 살펴볼 수 있다고 내게 알려주었다. 나는 이외에도 몇몇 다른 사례들을 제시할 수 있다.

나의 요청에 따라 웨스트 라이딩 정신 병원(West Riding Asylum)의 제임스 크라이튼브라운 박사는 자신이 담당하고 있는 여러 정신 이상 환자들의 표정을 면밀히 관찰해 주었다. 그는 비애근의 움직임을 찍은 뒤셴의 사진을 익히 알고 있었다. 그는 우울증, 그리고 특히 심기증(hypochondria, 건강을 지나치게 염려하면서 별다른 이상이 없는데도 스스로 병들었다고 생각하는 심리 상태. ─옮긴이) 환자들에게서 이러한 근육이 활발하게 움직이는 모습을 흔히 볼 수 있었다고 알려주었다. 또한 그는 습관적인 수축으로 만들어진, 지워지지 않는 선 혹은 주름이 이 두 부류에 속하는 정신 질환자의 관상학적 특징이라고 알려주기도 했다. 크라이튼브라운 박사는 상당 기간에 걸쳐 나를 위해 비애근이 지속적으로 수축되어 있던 심기증 환자 세 명을 신중하게 관찰해 주었다. 그중 한 사람은 51세의 과부였는데, 자신이 내장을 모두 잃어버려 몸

인간과 동물의 감정 표현

이 비어 있다는 환상을 가지고 있었다. 그녀는 커다란 고통을 느끼고 있는 표정을 짓고 있었고, 수 시간 동안 반쯤 움켜쥔 손을 규칙적으로 서로 부딪히고 있었다. 비애근들은 계속 수축되어 있었으며, 위쪽 눈꺼풀이 활 모양으로 굽어 있었다. 이와 같은 상태는 몇 달간 지속되었는데, 그러고 나서는 정상을 회복했고, 그녀의 표정은 정상으로 되돌아왔다.

　친절하게도 서섹스 정신 병원의 패트릭 니콜 씨 또한 나를 위해 여러 경우들을 관찰해 주었고, 서신을 통해 그들 중 세 명에 대해 매우 상세하게 설명해 주었다. 여기서 굳이 이를 일일이 제시할 필요는 없는 듯하다. 니콜 씨는 우울증 환자에 대한 관찰을 바탕으로 그들의 이마에는 뚜렷하게 주름이 새겨져 있으며, 눈썹의 안쪽 끝이 거의 항상 어느 정도 치켜올라가 있다고 결론 내리고 있다. 이들 중 한 젊은 여성에게서는 이러한 주름이 계속 미세하게 움직이는 현상이 관찰되었다. 일부 경우에는 입가가 처져 있었지만, 흔히 미세하게 그렇게 되는 데 그쳤다. 우울증 환자들의 표정은 어느 정도 차이가 있기 마련이다. 그럼에도 일반적으로 눈꺼풀은 축 처지고, 눈꺼풀 바깥쪽 구석 근처의 피부와 그 밑 피부에 주름이 진다. 또한 그들에게는 콧방울로부터 입가에 이르기까지 코입술에 주름이 두드러지게 생기기도 하는데, 이는 엉엉 우는 아이들에게서 매우 현저한 모습이다.

　흔히 정신병자들의 비애근은 계속적으로 활동한다. 그럼에도 일상적으로 이러한 근육은 정말 어이없이 사소한 원인에 기인해 무의식적으로 순간적인 활동이 일어나기도 한다. 어떤 남성이 젊은 여성에게 정말 형편없는 선물을 주었다. 선물을 받은 여성은 마음에 상처를 입은 듯했는데, 그녀는 남성을 힐책하면서 이마에 적당한 정도로 주름이 졌고, 눈썹이 극단적으로 기울어졌다. 또 다른 젊은 여성과 청년은 모두 매우 기분이 좋았는데, 이들은 엄청나게 빠른 속도로 서로 열정적으로 이야기를 주고받고 있었다. 나는 젊은 여성이 논박을 당해 빠르게 말을 이어 갈 수 없게 될 때마다 매번 눈썹이 위로 비스듬히 치켜올라갔고, 사각형의 주름이 이마에 만들어지는 모습을 목격했다. 이러한 방식으로 그녀는 매 순간 고통의 깃발을 내걸었다. 그녀는 수 분 동안 여섯 번에 걸쳐 이러한 표정을 지었다. 나는 관련 주제에 대해 아무런 언질도 주지 않은 채 그녀에게 비애근을 움직여 봐 달라고 요청했다. 이를 자발적으로 움직일 수 있는, 그곳에 있던 또 다른 소녀는 요구하는 바를 보여 주었다. 하지만 그녀는 반복적으로 이를 시도했음에도 결국 완전히 실패하고 말았다. 하지만 그녀의 이러한 근육은 매우 사소한 원인, 즉 충분히 빠르게 이야기하지 못함으로써 느끼는 고통만으로도 반복적으로 활발하게 움직였던 것이다.

비애근이 수축되어 나타나는 슬픈 표정은 유럽 인종에 국한되지 않고, 모든 인간 종족에 공통적으로 나타나는 듯하다. 나는 적어도 인도인, 단가르(Dhangar) 인(이들은 인도 산악 부족 원주민이며 인도인과는 상당히 다른 종족에 속한다. 주로 인도 마하라슈트라(Maharashtra) 주에 거주하는 목자(牧者) 카스트 사람들을 가리킨다. ─ 옮긴이), 말레이 인, 흑인, 오스트레일리아 원주민에 관한 신뢰할 만한 설명을 입수했다. 오스트레일리아 원주민에 대해서는 두 사람의 관찰자가 나의 질문에 긍정적으로 답변을 했지만 상세한 이야기를 해 주지는 않았다. 그럼에도 태플린 목사는

　　　　　　　　　　　　인간과 동물의 감정 표현

내가 묘사한 것에 대해 "바로 그거예요."라는 말을 덧붙여 주었다. 다음은 흑인종의 경우다. 내게 프라 안젤리코 그림에 대해 말해 주었던 그 여성이 나일 강에서 보트를 예인해 가는 한 흑인을 보았는데, 그녀는 그가 장애물을 맞닥뜨렸을 때 이마 한가운데 주름이 뚜렷하게 생기면서 비애근이 강하게 움직이는 것을 목격했다. 기치 씨는 말라카에서 입가가 크게 처지고 눈썹이 기울어진, 그리고 이마에 깊고 짧게 패인 주름이 있는 말레이 인을 지켜봤다. 이러한 표정이 지속된 시간은 아주 짧았다. 기치 씨는 이러한 표정이 "특이했으며, 커다란 손실을 입어 막 소리 내어 울려고 하는 사람의 표정과 매우 유사했다."라고 밝히고 있다.

인도에서는 H. 어스킨 씨가 원주민들이 이러한 표정에 익숙하다는 사실을 발견했다. 캘커타 식물원에 근무했던 J. 스콧 씨는 친절하게도 두 가지 사례에 대한 매우 상세한 설명을 담은 편지를 보내 주었다. 그는 나그푸르(Nagpur) 출신의 매우 젊은 단가르 인 여성을 한동안 몰래 관찰했다. 그녀는 식물원 직원의 아내였으며, 숨지기 직전의 아기를 돌보고 있었다. 이때 그는 여성의 눈썹 안쪽 구석이 치켜올라가 있었고, 이마의 한가운데 주름이 새겨져 있던 모습을 뚜렷이 목격했다. 그녀의 입은 가볍게 벌어져 있었고, 입가가 크게 처져 있었다. 그는 식물들로 이루어진 장막 뒤에서 걸어 나와 이 가엾은 여성에게 말을 걸었는데, 그녀는 갑자기 쓰디쓴 눈물을 펑펑 쏟으면서 아기를 치료해 달라고 애원했다. 두 번째는 힌두스탄 남성에 대한 관찰인데, 그 남성은 질병과 가난으로 자신이 좋아하는 염소를 팔지 않을 수 없는 상황에 놓여 있었다. 그는 돈을 받고 나서 마치 다시 물려야 하는 것이 아닌지를 고민하기라도 하듯이 거머쥐고 있는 돈을 쳐다보다가 염소를 쳐다보길 반복했다. 그러다가 그가 데려갈 채비를 갖추어 묶어 놓은 염소에게 다가갔는데, 이때 염소가 뒷다리로 서서 그의 손을 핥았다. 그러자 그의 눈은 이리저리 흔들렸고, "입가가 매우 뚜렷하게 처졌으며, 입은 어느 정도 다물어져 있었다." 마침내 가엾은 남성은 염소와의 이별을 결단한 듯이 보였는데, 스콧 씨의 관찰에 따르면 눈썹 안쪽 끝이 찌부러지거나 부풀어 오르면서 다소 기울어졌지만, 이마에 주름이 나타나지는 않았다. 이러한 모습으로 그 남성은 잠시 서 있다가 깊은 한숨을 내쉬면서 눈물을 와락 흘리기 시작했다. 그는 자신의 두 손을 들어 염소를 축복해 준 후, 다시는 염소를 쳐다보지 않고 뒤돌아서 가 버렸다.

고통스러울 때 눈썹이 기울어지는 원인에 관하여

수 년 동안 내게는 우리가 여기에서 고찰하고 있는 이 표정보다 완전한 당혹스러움을 주는 표정은 없었던 듯하다. 슬픔 혹은 근심이 눈 주변 근육과 함께 이마 근육의 중앙 근막만을 수축시키는 이유는 무엇일까? 이 경우에 슬픔의 표현이라는 유일한 목적을 달성하기 위해 복잡한 움직임이 일어나는 듯이 보인다. 하지만 이는 비교적 드문 표정이라 간과되기 십상이다. 언뜻 보기와는 달리, 이를 설명하는 것은 그다지 어렵지 않은 듯하다. 뒤셴 박사는 앞에서 언급한 젊은 남성의 사진을 내게 주었는데, 사진에서 이 남성은 위쪽에 있는

인간과 동물의 감정 표현

강한 조명을 받는 물체를 보면서 무의식적으로 슬픔에 관련된 근육들을 과도할 정도로 수축시키고 있었다. 나는 그의 사진을 까맣게 잊고 있었는데, 내 등 뒤에서 햇볕이 내리쬐는 매우 화창한 날이었다. 나는 말 등에 올라타 있었는데, 이때 한 소녀를 만났다. 그녀가 나를 올려다보았는데, 이때 이마에 적당히 주름이 잡히면서 눈썹이 극단적으로 기울어졌다. 그 후 나는 유사한 상황에서 나타나는 동일한 눈썹의 움직임을 여러 번 관찰했다. 집에 돌아오면서 나는 나의 세 아이들에게 내 목적에 대한 아무런 단서도 주지 않은 채, 매우 밝은 하늘을 뒤로하고 서 있는 키 큰 나무 꼭대기를 가능한 한 오랫동안, 그리고 유심히 쳐다보라고 일러 주었다. 아이들의 눈둘레근, 눈썹주름근, 그리고 코배세모근은 반사 작용을 매개로 망막 자극의 영향을 받아 강하게 수축되었다. 이는 강한 빛으로부터 눈을 보호하기 위함이었다. 하지만 아이들은 위를 쳐다보기 위해 안간힘을 썼는데, 이때 '이마 전체 혹은 이마 중앙 부분의 근육'과 '눈썹을 내리거나 눈꺼풀을 닫는 데 쓰이는 근육' 사이에서 돌발적인 씰룩거림을 수반한 흥미로운 버둥거림을 관찰할 수 있었다. 그리고 코배세모근이 무의식적으로 수축됨으로써 코 아래 부분에 가로로 된 깊은 주름이 만들어졌다. 세 아이 중 하나에게서는 눈썹 전체가 순간적으로 치켜올라갔다가 전체 이마 근육과 눈 주변 근육이 번갈아 가면서 수축하면서 내려갔는데, 이로 인해 이마 전체에 주름이 생겼다 없어졌다를 반복했다. 다른 두 아이의 이마는 오직 가운데 부분에만 주름이 졌는데, 이렇게 해서 사각형의 주름이 만들어졌다. 그리고 눈썹의 안쪽 끝에 주름이 지면서 그 부분이 부풀어 올랐다. 이러한 모습은 한 아이에게서는 가벼운 정도로 나타났고, 다른 아이에게서는 뚜렷하게 나타났다. 이와 같은 눈썹 기울기 차이는 눈썹을 일반적으로 얼마만큼 잘 움직일 수 있고, 코배세모근이 얼마만큼 강한지에 따라 달라지는 것이 분명하다. 이 두 경우에서 눈썹과 이마는 강한 빛의 영향으로 움직였는데, 이들은 슬픔 혹은 근심의 영향 아래에서와 세부적인 특징에서 정확히 동일한 방식으로 작동했다.

뒤센 박사는 코의 배세모근이 눈 주변의 다른 근육에 비해 의지의 통제를 상대적으로 받지 않는다고 주장한다. 그에 따르면,[5] 대부분의 안면 근육뿐 아니라 비애근을 매우 잘 움직일 수 있는 젊은이들이 막상 배세모근은 수축시키지 못했다. 하지만 이러한 능력은 의심의 여지없이 사람마다 차이가 있다. 배세모근은 눈썹의 안쪽 끝, 그리고 눈썹 사이 이마의 피부를 끌어내리는 데 활용된다. 이마의 중앙 근막은 배세모근과 상반되는 역할을 하는데, 이에 따라 배세모근의 움직임이 특별히 견제를 받아야 할 경우, 이러한 중앙 근막이 수축해야 한다. 만약 강한 배세모근을 가지고 있는 사람이 부지불식간에 밝은 빛을 받으면서도 눈썹이 아래로 기울지 못하게 하려 한다면, 그는 이마 근육의 중앙 근막을 움직여야 한다. 그리고 이러한 근막의 수축이 눈썹주름근과 눈둘레근의 수축과 더불어 배세모근을 압도할 정도로 충분히 강할 경우, 이들의 수축은 눈썹과 이마에 대해 방금 서술한 방식으로 영향을 미칠 것이다.

아이들이 악을 쓰며 울거나 소리 내어 울 때, 그들은 우리가 알다시피 일차적으로 눈을 압착하기 위해 눈둘레근, 눈썹주름근, 그리고 배세모근을 수축하며, 이를 통해 혈액이 가득 차는 것으로부터 눈을 보호한다. 그리고 이차적으로는 습관적으로 이러한 근육들을 수축한다. 이러한 사실을 바탕으로 나는 아이들이 울지 않으려 할 때 혹은 울다가 울음을 그치려 할 때, 그들이 위에서 내리쬐는 밝은 빛을 쳐다볼 때와 동일한 방식으로 앞에서 언급한 근육이 수축하지 못하게 할 것이고, 그 결과 이마 근육의 중앙 근막이 움직일 것이며, 나는 이를 확인할 수 있으리라 예측했다. 나는 그런 상황에 있는 아이들을 관찰하기 시작했고, 일부 의사를 포함해 다른 사람들에게 동일한 관찰을 해 달라고 요청했다. 관찰은 면밀하게 이루어질 필요가 있었는데, 그 이유는 아이들의 이마에는 어른들과는 달리 쉽사리 주름이 지지 않으며, 때문에 이 근육들에 특징적인 상반된 움직임이 아주 뚜렷하게 나타나지 않기 때문이다. 그럼에도 나는 얼마 지나지 않아 아이들이 울지 않으려 하거나 울음을 그치려 할 때 비애근이 두드러지게 움직인다는 사실을 매우 빈번하게 확인할 수 있었다. 여기서 내가 관찰한 모든 사례들을 일일이 제시할 필요는 없을 것이며, 몇몇 사례만을 이야기해 보도록 하겠다. 생후 1년 6개월 된 어린 여아가 다른 아이들에게 놀림을 당했는데, 눈물을 터뜨리기 전에 눈썹이 뚜렷하게 기울어졌다. 이보다 나이가 많은 여아에게서도 눈썹의 안쪽 끝이 두드러지게 주름지면서 눈썹이 기울어지는 것이 목격되었다. 이와 동시에 아이의 입가가 아래로 처졌다. 그런데 아이가 울음을 터뜨리자 그 모습이 모두 바뀌면서 독특한 표정이 사라졌다. 또 다른 사례다. 조그만 사내아이가 예방 주사를 맞았고, 아이는 악을 쓰면서 격하게 울었는데, 의사는 관찰을 위해 준비한 오렌지를 아이에게 주었고, 이를 받은 아이는 크게 기뻐했다. 아이가 울음을 그치자 모든 특징적인 움직임이 관찰되었는데, 여기에는 이마 중간에 정사각형의 주름이 만들어지는 것도 포함되었다. 마지막으로 나는 서너 살되는 어린 여아를 길에서 만났는데, 아이는 개 때문에 두려움을 느끼고 있었다. 무슨 일인지 묻자 아이는 훌쩍임을 멈추었고, 이때 곧바로 눈썹이 크게 기울어졌다.

　여기서 우리는 '이마 근육의 중앙 근막과 눈 주변의 근육이 슬플 때 서로 반대 방향으로 수축되는 이유' 문제를 해결할 수 있는 단서를 분명 발견할 수 있다. 다시 말해 슬픔을 느낄 때 이러한 현상이 우울증이 있는 정신병자에서처럼 지속되는지, 아니면 순간적으로만 나타나는지의 문제를 해결할 수 있는 단서를 찾아낼 수 있다는 것이다. 우리는 모두 어릴 때부터 악을 쓰며 울 때 눈을 보호하기 위해 반복적으로 우리의 눈둘레근, 눈썹주름근, 그리고 배세모근을 수축해 왔다. 우리보다 앞서 살았던 선조들 또한 수 세대에 걸쳐 동일한 동작을 반복해 왔다. 나이가 들어 가면서 우리는 마음이 아파도 어렵지 않게 악을 쓰며 울지 않을 수 있게 되었지만, 오랜 습관으로 인해 이 상황에서 앞에서 언급한 근육들이 가볍게 수축하는 것을 막지는 못한다. 또한 우리는 자신의 이러한 근육들이 수축하는 모습을 관찰하지 않으며, 이러한 근육들의 수축을 조금이라도 막으려 하지 않는다. 이중에서 배세모근은 다른 관련 근육들에 비해 의지의 명령에서 더 벗어나 있는 듯하다. 이러한 근육이 잘 발달해 있을 경우, 이의 수축은 오직 이마 근육의 중앙 근막이 반대 방향으로 수축해야만 저지될 수 있다. 그런데 근막이 강하게 수축할 경우, 눈썹의 안쪽 끝이 쭈그러들면서 비스듬히 치켜올라가게 되며, 이마 가운데 부분에 정사각형의 주름이 만들어진다. 이는 근막 수축에 따른 필연적인 결과다. 아이와 여성은 남성보다 소리 내어 우는 경우가 훨씬 많으며, 남녀 성인은 정신적인 고통을 느끼는 경우가 아니라면 좀처럼 눈물을 흘리며 울지 않는다. 이러한 사실을 통해 우리는 비애근이 움직이는 모습이 남성보다는 아이와 여성에게서, 그리고 양성의 성인들이 정신적인 고통을 느낄 때 더욱 빈번하게 관찰되는 이유를 이해할 수 있다. 앞에서 서술한 일부 경우, 예를 들어 가련한 단가르 인 여성과 인도인 남성은 비통한 눈물을 터뜨리고 난 후 금방 비애근이 움직였다. 고통이 크건 작건, 우리의 뇌는 오랜 습관을 통해 이를 느끼는 모든 경우에 특정 근육이 수축하도록 지령을 내리는 경향이 있다. 마치 우리가 여전히 막 악을 쓰며 울려는 아이인 듯 말이다. 하지만 우리는 의지의 놀랄 만한 힘, 그리고 습관을 통해 이러한 지령에 어느 정도 대항할 수 있다. 비록 대항 수단이 무의식적으로 작동하는 것이기는 하지만 말이다.

입가가 처지는 현상에 대하여

이러한 움직임은 입꼬리내림근(anguili oris, 구각하제근)의 영향을 받는다. (그림 1과 그림 2 K) 이러한 근육 섬유는 위쪽 수렴부 말단이 입 가장자리 주변, 그리고 가장자리 약간 안쪽의 아랫입술에 부착되어 있으면서 아래쪽으로 분기되어 내려간다.[6] 일부 섬유들은 커다란 광대뼈 근육과 상반되는 작용을 하는 것으로 보이고, 다른 섬유들은 윗입술의 외곽 부분과 이어지는 일부 근육들과 상반되는 작용을 하는 것으로 보인다. 이러한 근육의 수축은 윗입술의 바깥 부분을 포함해 입가를 아래쪽과 바깥쪽으로 당기고, 심지어 콧구멍 옆을 가볍게 당긴다. 입을 다문 상태에서 이러한 근육이 움직이면 입의 접합 부분 또는 윗입술과 아랫입술이 만나는 두 부분이 오목한 부분을 아래로 하면서 곡선을 이루며,[7] 일반적으로 입술, 특히 아랫입술이 약간 튀어나온다. 이러한 상태에서 살펴볼 수 있는 입 모양은 레일란데르 씨의 두 사진에 잘 표현되어 있다. (사진 Ⅱ의6과7) 위의 남자 아이(사진 Ⅱ의6)의 사진은 다른 아이에게서 뺨을 얻어맞고 나서 울다가 막 울음을 그친 사진이다. 레일란데르 씨는 이 아이를 관찰하기에 참으로 적합한 순간을 포착해서 사진을 찍었다.

이러한 근육이 수축되어 의기소침, 슬픔 혹은 실의의 표정이 나타난다는 사실은 이 주제에 대해 글을 쓴 사람들이 모두 다 파악하고 있는 바다. 어떤 사람의 입이 밑으로 처져 있다고 말하는 것은 그가 의기소침해 있다고 말하는 것과 다를 바 없다. 크라이튼브라운 박사와 니콜 씨가 이미 언급한 것을 근거로 말하자면, 입가가 처지는 현상은 우울증에 걸린 정신병 환자에게서 흔히 살펴볼 수 있으며, 두 사람이 보내 준, 자살하려는 경향을 강하게 나타내는 일부 환자들의 사진에서도 잘 드러나고 있다. 이러한 표정은 다양한 인종의 사람들에게서 관찰된 바 있다. 가령 이는 인도인, 인도의 어두운 언덕 부족(dark hill-tribes), 말레이 인에게서 관찰되었으며, 목사 하게나우어 씨가 알려준 바에 따르면 오스트레일리아 원주민들에게서도 관찰되었다.

아이들이 악을 쓰며 울 때는 눈 주변 근육이 강하게 수축하며,

이로 인해 윗입술이 치켜올라간다. 이때 아이들은 입을 계속 크게 벌리고 있는데, 이로 인해 입가로 이어지는 내림근 또한 강하게 움직인다. 이 때문에 항상은 아니지만 일반적으로 입가 주변의, 양쪽 아랫입술이 모나게 약간 구부러진다. 위아랫입술이 이와 같이 움직이게 됨으로써 입은 네모난 모습을 하게 된다. 내림근의 수축은 맹렬하게 악을 쓰며 울 때가 아닌, 소리를 지르기 바로 전, 혹은 악을 쓰며 울기를 멈추었을 때의 아이들에게서 유달리 잘 관찰된다. 아이들의 얼굴은 이때 극단적으로 측은한 모습이 된다. 이는 내가 직접 생후 6주와 2~3개월 사이의 내 아이들에게서 계속적으로 확인한 것이다. 울음을 참으려 할 경우, 간혹 아이들의 입 모양은 지나칠 정도로 굽어서 마치 편자처럼 보이기도 하며, 이때 징징거리는 표정이 익살맞은 풍자화처럼 변한다.

의기소침함 혹은 실의의 영향을 받으면서 이러한 근육이 수축되는 현상은 눈썹이 기울어지는 현상을 설명할 때와 다를 바 없는 일반 원리를 통해 설명이 가능하다. 뒤셴 박사는 자신이 수년 동안 계속 관찰한 바를 바탕으로, 이러한 근육이 의지의 통제를 가장 적게 받는 안면 근육 중의 하나라고 결론 내렸다고 알려 주었다. 이러한 사실은 방금 언급한, 막 울려고 하거나 그만 울려고 하는 아이에 대한 설명에서 추론해 낼 수 있다. 이렇게 말하는 이유는 일반적으로 이와 같은 상황에서 아이들이 다른 모든 얼굴 근육은 효과적으로 통제를 함에 반해, 입가의 내림근은 그렇게 하지 못하기 때문이다. 관련 주제에 대한 자신의 이론을 가지고 있지 않은 두 명의 훌륭한 관찰자가 있었는데, 그들 중 한 명은 의사였다. 그들은 나를 위해 나이

든 아이들과 여성들이 울음을 터뜨리는 시점에 점차 가까워질 때를 조심스럽게 관찰해 주었는데, 그중 일부는 울음을 참으려고 애쓰지 않았다. 두 관찰자는 모두 다른 근육이 움직이기 시작하기에 앞서 내림근이 움직인다고 확신했다. 내림근은 수세대를 거치면서 유아기에 반복적으로 강하게 움직였고, 이에 따라 그 역사가 오래된 연계된 습관의 원리에 따라, 나중에는 심지어 가벼운 고통의 느낌이 경험되어도 신경력이 다른 여러 안면 근육 외에 이러한 근육으로도 흘러가는 경향이 생겼을 것이다. 하지만 다른 대부분의 근육에 비해 내림근은 의지의 통제에서 어느 정도 벗어나 있다. 이에 따라 우리는 다른 근육들이 움직이지 않고 그대로 있을 때도 이러한 근육이 가볍게 수축되리라 생각해 볼 수 있다. 한편 조금만 입가가 처져도 의기소침한 표정이나 낙담한 표정이 만들어지게 되는데, 이는 놀라운 일이다. 이에 따라 내림근이 아주 가볍게 수축해도 이러한 마음 상태를 무심코 드러내기에 충분할 것이다.

이쯤 해서 작은 관찰 사례 한 가지를 언급해 보도록 하자. 이는 우리가 현재 다루고 있는 주제를 압축적으로 보여 주는 데 도움이 될 것이다. 편안하지만 무엇인가에 몰입한 표정의 나이 든 한 여성이 기차 안에서 내 맞은편에 앉아 있었다. 그녀를 보면서 나는 그녀의 입꼬리내림근이 아주 미묘하게, 하지만 뚜렷하게 수축해 있음을 확인할 수 있었다. 하지만 그녀의 표정은 계속 평온함을 유지하고 있었는데, 나는 이러한 수축이 얼마나 의미가 없으며, 얼마나 현혹되기 쉬운지 속으로 생각했다. 그런데 이런 생각을 하고 있는 바로 그 순간, 그녀의 눈이 갑자기 눈물로 가득 차 거의 흘러넘칠 지경이 되었고,

그녀의 전체 표정이 침울해졌다. 나는 어떤 가슴 아픈 과거에 대한 회상, 어쩌면 잃어버린 지 오래된 아이에 대한 회상이 그녀의 마음을 스쳐 지나갔을 수 있음을 의심할 수 없었다. 이처럼 그녀의 감각 중추가 자극을 받게 되자, 오랜 습관에 따라 특정 신경 세포가 즉시 울음에 대비하라고 모든 호흡 근육과 입 주변 근육에 명령을 전달했다. 하지만 의지 혹은 뒤늦게 습득한 습관에 따라 반대 명령이 내려졌고, 이에 따라 입꼬리내림근의 약간의 저항을 제외하고는 근육들이 모두 반대 명령에 따랐다. 심지어 입은 열리지도 않았고 호흡도 빨라지지 않았다. 그리고 입가를 끌어내리는 근육을 제외하고는 어떤 근육도 영향을 받지 않았다.

우리는 이 여성의 입이 의지와 무관하게 무의식적으로 소리 내어 우는 모습에 부합되는 모습을 나타내기 시작했고, 그러자마자 오랫동안 익숙해져 있는 경로를 통해 일부 신경 영향력이 혈관 운동 중추에 전달되었으리라고 거의 확신할 수 있을 것이다. 여기서 혈관 운동 중추는 다양한 호흡 근육과 눈 주변 근육, 그리고 눈물샘으로 흘러 들어가는 혈액의 공급을 관장한다. 그녀의 눈에 눈물이 가득 찼다는 사실은 이와 관련된 명백한 증거라 할 수 있을 것이다. 우리가 이와 같이 판단할 수 있는 근거는 눈물샘이 안면 근육보다 의지의 통제를 덜 받기 때문이다. 이와 동시에 마치 눈이 혈액으로 가득 차지 못하게 막기라도 하듯이 눈 주변 근육이 어느 정도 수축하려는 경향이 나타났다. 하지만 이러한 수축은 완전히 통제되었으며, 그녀의 이마는 주름이 잡히지 않은 채 그대로 남아 있었다. 만약 수많은 사람에게서 그러하듯, 코배세모근, 눈썹주름근, 그리고 눈둘레근 또한 의지의 통제를 그다지 받지 않았다면, 어느 정도 움직였을 것이다. 이마 근육의 중앙 근막이 반대 방향으로 수축했을 것이고, 이마에 사각형의 주름이 나타나면서 눈썹이 밑으로 기울어지게 되었을 것이다. 이 경우에 그녀의 표정은 낙담, 혹은 슬픔에 빠져 있는 상태를 더욱 뚜렷하게 표현했을 것이다.

　이와 같은 단계를 살펴보면서 우리는 어떻게 어떤 우울한 생각이 뇌리를 스쳐 지나가면, 입가가 뚜렷하게 처지거나 눈썹의 안쪽 끝이 가볍게 치켜올라가거나, 두 동작이 함께 나타나며, 이에 이어서 곧장 가볍게 눈물이 고이게 되는지를 이해할 수 있게 된다. 신경력의 파동이 습관적으로 통과했던 여러 경로를 따라 전달되며, 오랜 습관을 통해 의지가 커다란 억제력을 획득하지 못한 어떤 지점에서 그 효과가 나타난다. 앞에서 살펴본 활동들은 빈번하고도 오래 유지되었던 어릴 적 악을 쓰며 울기의 흔적으로 간주될 수 있을 것이다. 다른 많은 경우와 마찬가지로 여기에서도 연결 과정은 인간의 다양한 얼굴 표정을 만들어 내는 원인과 결과를 서로 이어 주는 실로 놀라운 역할을 한다. 이러한 연결 과정은 어떤 일시적인 감정이 마음을 스쳐 지나갈 때 우리의 의지와 무관하게 무의식적으로 수행되는 특정한 동작의 의미를 설명해 준다.

　　　　　　　　　　　　인간과 동물의 감정 표현

8장

즐거움, 기분 좋음, 사랑, 따스한 느낌, 헌신

사람들이 매우 기쁠 경우, 목적 없는 여러 행동을 하게 된다. 예를 들어 기뻐 날뛴다든가, 손뼉을 친다든가, 발을 구른다든가 크게 웃는다든가 하는 행동을 하게 된다. 대개 웃음은 단순히 기쁨이나 행복의 표현인 것처럼 보인다. 우리는 놀고 있는 아이들이 거의 항상 웃고 있음을 뚜렷하게 볼 수 있다. 아동기가 지난 젊은이들도 기분이 아주 좋을 경우, 항상 의미 없이 많이 웃는다. 호메로스는 신들의 웃음을 "일상적인 향연을 벌인 후에 넘쳐나는 신성한 기쁨"으로 서술했다. 우리가 길거리에서 옛 친구를 만나게 되었을 경우, 달콤한 향수 냄새를 맡고서 가벼운 기쁨을 느끼는 것처럼 미소를 짓게 된다. 그리고 우리가 앞으로 살펴보겠지만 이러한 미소는 점차 웃음으로 전환된다.[1] 로라 브리지먼(Laura Bridgman)은 앞을 보지 못하고 귀로 들을 수 없었기 때문에 모방을 통해 어떤 표현을 습득할 수가 없었다. 그럼에도 몸짓 언어를 통해 그녀가 사랑하는 친구에게서 온 편지를 읽어 주었을 때, 그녀는 "웃으면서 손뼉을 쳤으며, 뺨이 불그스레해졌다." 또 다른 경우에는 기쁨에 발을 구르는 장면도 목격되었다.[2]

웃거나 미소를 짓는 것이 대체로 행복이나 기쁨의 표현임을 보여 주는 또 다른 훌륭한 증거로는 백치나 지능이 낮은 사람들을 들수 있다. 크라이튼브라운 박사(다른 수많은 경우에서와 마찬가지로, 나는 그가 폭넓은 경험을 통해 얻은 결과로부터 도움을 받았다.)는 백치의 모든 감정 표현 중에서 가장 흔하고 빈번한 것이 웃음임을 알려주었다. 백치들 중 상당수는 침울하고 성미가 급하며 침착하지 못하다. 또한 그들은 마음이 괴로운 상태에 있거나 매우 둔감해 전혀 웃지 않는다. 이에 반해 일부 백치들은 아무 분별없이 웃는 경우가 흔하다. 한번은 이런 일이 있었다. 말 못하는 한 백치 소년이 크라이튼브라운 박사에게 보호소 내의 다른 소년이 자신을 때려 눈이 검게 멍들었다고 몸짓 언어로 호소하고서는 "웃음을 터뜨리면서 만면에 미소를 지었다." 많은 사람이 속해 있는 이와는 또 다른 부류의 백치가 있는데, 그들은 항상 즐겁고 친절하며, 늘 웃거나 미소짓는다.[3] 그들은 흔히 판에 박힌 미소를 짓는데, 음식이 앞에 있을 때나 쓰다듬어 줄 때, 밝은 색을 보여 주거나 음악을 들려줄 때는 늘 즐거움이 배가되어 이를 드러내고 웃거나 낄낄대거나 킥킥거린다. 그들 중에는 산책을 할 때, 혹은 근육을 써서 일을 할 때 평상시보다 더 많이 웃는 사람들이 있다. 크라이튼브라운 박사가 언급하고 있는 바와 같이, 이러한 백치들의 즐거움은 대체로 어떤 뚜렷한 관념과 연결되어 있지 않다. 그들은 그저 만족감을 느끼고 이를 웃음이나 미소로 표현할 따름이다. 이들보다 다소 지능이 높지만 보통 사람보다 낮은 사람들이 웃는 가장 흔한 원인은 개인적인 허영심인 것처럼 보이며, 다음으로는 자신들의 행위에 동조해 줌으로써 얻은 만족감이 원인이 되는 것처럼 보인다.

인간과 동물의 감정 표현

성인들의 웃음은 유아기 때와는 상당히 다른 원인으로 촉발된다. 하지만 미소의 경우는 거의 그렇지 않다. 이러한 측면에서 보자면 웃음은 울음에 비견된다. 성인들은 정신적인 비탄에 빠졌을 경우에 한해서 눈물을 흘리지만, 아이들은 두려움이나 분노를 느낄 때뿐만 아니라 정신적, 육체적 고통을 느낄 때도 눈물을 흘린다. 성인들이 웃게 되는 원인에 대해서는 다수의 흥미로운 논의들이 글로 씌어졌다. 이 주제는 엄청나게 복잡하다. 성인들은 행복한 마음 상태에 놓여 있으면서 앞뒤가 맞지 않거나 설명할 수 없는 무엇을 접하게 되었을 때, 흥취를 자극하는 놀라움을 느낄 때, 그리고 웃음을 지으면서 어떤 우월한 느낌을 가질 때, 가장 흔히 웃게 되는 듯하다.[4] 주변 상황은 웃음을 야기하는 결정적인 요인이 아니다. 예컨대 갑자기 거액의 재산을 상속받게 되었다는 이야기를 들었을 때 웃거나 미소짓는 가난한 사람은 없다. 즐거운 느낌 때문에 마음이 크게 고무되어 있는데, 이러한 상황에서 기대치 않은 어떤 조그만 사건이 발생하거나 생각이 떠오르면, 허버트 스펜서 씨가 말한 것처럼,[5] "다량의 신경력이 그에 상응하는 양의 막 생겨나려 하는 새로운 사고와 감정을 산출하는 데 사용되지 못하고 흐름이 중단되어 버린다. …… 과도한 신경력은 어떤 다른 방향으로 배출되어야 하는데, 이로 인해 운동 신경을 통해 여러 부류의 근육으로 신경력이 유입된다. 바로 이때 우리가 웃음이라고 부르는 반경련적인 행동이 산출된다." 최근 독일군이 파리를 포위하고 공격을 시도했는데, 한 통신원은 이 과정에서 방금 언급한 내용이 담긴 관찰을 했다. 즉 극히 위험한 상황 속에 놓인 매우 흥분된 상태의 독일 병사들은 별것 아닌 우스갯소리에도 유달리 큰

소리로 웃음을 터뜨리는 경우가 흔했다. 이와 마찬가지로 어린 아이가 막 소리 내어 울기 시작할 때 예기치 못한 사건이 발생해 울음이 웃음으로 갑자기 전환되는 일이 간혹 있는데, 이러한 사건 또한 그들의 남은 신경력을 써 버리는 데 활용되는 것이 분명하다.

때로는 익살스러운 생각이 상상을 간질인다고 말하는 경우가 있다. (우리말에서는 '마음을 간질인다.'는 표현이 없고, 여기에서는 대체로 '촉발한다.'는 의미로 tickled가 쓰이고 있다. 그럼에도 맥락상 이곳에서는 부득이하게 이와 같이 번역했다. ─ 옮긴이) 그런데 흥미롭게도 몸을 간질이는 경우에도 이처럼 마음을 간질이는 것과 유사한 반응이 나타난다. 아이들을 간질일 때 아이들이 얼마나 정신없이 웃으면서 온몸에 경련을 일으키는지 모르는 사람은 없을 것이다. 우리가 살펴본 바와 같이 유인원들 또한 간질일 때, 특히 겨드랑이를 간질일 때 우리의 웃음에 해당하는 소리를 반복해서 낸다. 내가 종잇조각으로 생후 겨우 7일밖에 안 되는 우리 아기의 한쪽 발바닥을 건드렸더니 나이 먹은 아이들처럼 돌연 경련을 일으키면서 발가락을 구부렸다. 간질일 때의 웃음뿐만 아니라 이러한 행동들은 분명 반사 행동이다. 그리고 이는 간질인 피부 주변을 수축시키면서 신체 위의 개개의 털을 곤두서게 하는 역할을 하는 미세한 민무늬근(unstriped muscle, 근육 중에서 가로줄 무늬가 없는 근육이다. 척추동물의 내장 근육은 심장 근육을 제외하고는 모두 민무늬근이다. 평활근이라고도 한다. ─ 옮긴이)에서도 살펴볼 수 있다.[6] 그럼에도 익살맞은 생각에서 오는 웃음은 비록 비자발적인 것이기는 하지만 엄밀히 말해 반사 행동이라 부를 수 없다. 이 경우, 그리고 간질일 때 웃는 경우, 마음은 당연히 유쾌한 상태에 있을 것이다. 하지만 모르는 사람이 간질일 경우, 아이

인간과 동물의 감정 표현

는 두려움에 악을 쓰며 울 것이다. 웃음이 터지려면 접촉이 가벼워야 하며, 생각 또는 사건이 심각해서는 안 된다. 가장 쉽게 간지럼을 타는 신체 부위는 겨드랑이나 발가락 사이처럼 흔히 접촉이 이루어지지 않는 곳이거나 발바닥처럼 널따란 표면에 대한 접촉이 이루어지는 부위다. 하지만 우리가 앉을 때 접촉되는 부위는 이러한 규칙에 대한 예외다. 그라티올레에 따르면,[7] 어떤 신경은 다른 신경에 비해 간지럼에 민감하다. 대부분의 경우에 아이는 자신을 간질이지 못하며, 설령 간질인다고 하더라도 다른 사람들이 간질이는 경우에 비해 훨씬 간지럼을 타지 않는데, 이러한 사실로 미루어 보았을 때 정확히 어느 곳을 건드려야 간지럼을 타게 되는지는 분명치 않은 것처럼 보인다. 이는 마음 역시 마찬가지다. 무엇인가 예상치 못했던 것 — 예를 들어 일상적으로 이루어지는 일련의 사유로부터 뜻하지 않게 터져 나온 새롭거나 우스운 생각 — 이 웃음을 자아내는 주요한 요인인 듯하다.

웃음소리는 흉부, 특히 횡격막의 짧고 간헐적인 경련성 수축에 이어지는 심호흡으로 인해 발생한다.[8] 때문에 우리는 "옆구리를 움켜잡고 웃는다."라는 말을 하는 것이다. 웃을 때는 몸이 흔들리면서 머리도 앞뒤로 끄덕끄덕 흔들린다. 흔히 아래턱도 위아래로 흔들린다. 이는 일부 종의 개코원숭이가 아주 기분이 좋을 때 보이는 모습과 다를 바 없다.

웃을 때 입은 다소 크게 벌어지는데, 이때 입언저리가 뒤쪽으로 크게 당겨지고, 위쪽으로 조금 당겨지면서 윗입술이 약간 올라간다. 입언저리가 뒤로 당겨지는 것은 온화하게 웃음 지을 때, 특히 크게 웃을 때 가장 잘 살펴볼 수 있다. 여기서 "크게"라는 수식어는 입의 벌어진 정도를 나타낸다. 사진 Ⅲ의 1부터 3까지의 모습은 서로 다른 정도로 웃거나 미소짓는 장면을 찍은 사진이다. 모자를 쓴 여아의 모습은 월리치 박사가 찍었는데, 이는 일부러 표정을 지은 것이 아니다. 나머지 두 모습은 레일란데르 씨의 사진이다. 뒤셴 박사는 즐거운 감정 상태에 있을 때는 입 언저리를 뒤와 위로 끌어당기는 데 사용되는 광대뼈 근육에 의해서만 입이 움직인다고 반복해서 주장하고 있다.[9] 하지만 내 자신의 감각뿐만 아니라 웃을 때나 크게 미소 지을 때 윗니가 항상 드러나는 모습으로 판단해 보건대, 윗입술로 이어지는 일부 근육들 또한 이러한 움직임에 어느 정도 영향을 주고 있음이 분명하다. 이때 위아래 눈둘레근은 다소 수축된다. 그리고 눈물 흘림에 관한 장에서 설명한 바와 같이, 눈둘레근, 특히 아래쪽 눈둘레근은 윗입술로 연결되는 일부 근육들과 서로 밀접하게 연결되어 있다. 헨레는 이 문제에 대해 다음과 같이 언급했다.[10] "우리가 한쪽 눈을 꼭 감을 때 같은 쪽의 윗입술은 반드시 뒤로 당겨지게 되어 있다. 반대로 자신의 손가락을 아래 눈꺼풀에 갖다 대고 윗앞니를 최대한 드러내려 할 때, 윗입술이 강하게 위쪽으로 당겨 올라가면서 아래쪽 눈꺼풀 근육이 수축되는 것을 느끼게 될 것이다." 헨레의 두 번째 목판화의 그림을 보면 윗입술로 이어지는 옆얼굴근(musculus malaris, 그림 2의 H)은 아래 눈둘레근과 거의 통합되어 있는 부위인 듯하다.

뒤셴 박사는 평상시와 다를 바 없이 평정심을 유지하고 있는 모습의 한 노인(이것은 사진 Ⅲ의 4로 축소되었다.)과 자연스레 웃고 있는 동일 인물(사진 Ⅲ의 5)을 찍은 커다란 사진을 제공해 주었다. 이중에서 후자

인간과 동물의 감정 표현

를 본 사람은 누구나 이를 자연스러운 모습으로 곧장 파악했다. 뒤센 박사는 자연스럽지 못한, 혹은 거짓 웃음의 사례로 동일 노인의 또 다른 사진(사진 Ⅲ의 6)도 아울러 제공했다. 이 사진에서는 광대뼈 근육에 전류를 통과시켰기 때문에 입언저리가 강하게 수축되고 있다. 이러한 표정은 분명 자연스럽지 못하다. 이렇게 말하는 이유는 내가 이 사진을 보여 준 스물네 명 중 세 명은 그 표정이 무슨 뜻인지 전혀 알지 못했고, 다른 사람들은 비록 그러한 표정이 미소가 지닌 특징임을 간파했기는 했지만 그것을 "심술 궂은 익살", "웃으려는 노력", "억지 웃음", "반쯤 놀란 웃음" 등으로 답했기 때문이다. 뒤센 박사는 아래 눈둘레근이 충분히 수축하지 않았기 때문에 이와 같은 표정이 가짜로 보이는 것이라고 설명한다. 박사가 이렇게 설명하는 이유는 적절하게도 박사가 즐거움이 표현되는 데서 아래 눈둘레근의 수축을 대단히 중요하게 생각하고 있기 때문이다. 의심의 여지 없이 이러한 견해에는 상당한 진실이 담겨 있다. 하지만 내게는 이것이 완전한 진리로 보이지는 않는다. 우리가 살펴본 바와 같이 아래 눈둘레근의 수축과 윗입술의 치켜올려짐은 언제나 동시에 나타난다. 나는 만약 사진 Ⅲ의 6에서 윗입술이 가볍게 치켜올려졌다면 웃음 지을 때 생겨나는 굴곡이 덜 어색했을 것이고, 코와 입술 사이의 주름 또한 약간 달랐을 것이며, 아래 눈꺼풀이 더욱 강하게 수축함으로써 나타나게 된 더욱 두드러진 효과와는 별개로, 전체적인 표정이 더욱 자연스러웠을 것이라고 믿고 있다. 더욱이 사진 Ⅲ의 6에서는 눈썹주름근이 심하게 수축되어 얼굴이 찡그려졌다. 이 근육은 크게 소리 내어 웃거나 격하게 웃지 않는 이상 즐겁다 해서 움직이는 경우가 절대 없다.

광대뼈 근육의 수축을 통해 입언저리가 뒤쪽과 위쪽으로 끌어당겨짐으로써, 그리고 윗입술이 위로 올라감으로써 뺨은 위로 당겨진다. 이렇게 해서 눈 밑에 주름이 생기며, 노인들의 경우에는 주름이 양쪽 눈의 바깥쪽에 생긴다. 이처럼 주름이 생기는 것은 웃음이나 미소를 지을 때 나타나는 두드러진 특징이다. 감각을 의식하면서 거울을 통해 자신의 모습을 바라볼 경우, 사람들은 모두 다 가벼운 미소가 커다란 미소나 웃음으로 전환됨에 따라 윗입술이 위로 끌어당겨지고 아래 눈둘레근이 수축하면서 아래 눈꺼풀과 눈 아래의 주름이 훨씬 깊어지고 커진다는 사실을 느끼고 관찰할 수 있을 것이다. 동시에 내가 반복적으로 주장한 바와 같이 눈썹이 약간 내려가는데, 이는 아래 눈둘레근뿐만 아니라 위 눈둘레근 또한 적어도 어느 정도는 수축한다는 사실을 보여 준다. 비록 우리의 감각이 이를 감지하지 못한 채 지나쳐 버리지만 말이다. 평소에 보여 주는 평온한 모습의 노인(사진 Ⅲ의 4)의 원본 사진을 자연스레 웃는 모습(사진 Ⅲ의 5)과 비교할 때 후자에서 눈썹이 약간 처져 있음을 살펴볼 수 있다. 나는 이것이 오랫동안 연계된 습관의 힘에 따라, 윗눈둘레근이 아랫눈둘레근(이는 윗입술을 위로 치켜올리는 것과 연결되어 스스로 수축한다.)과 어느 정도 조화를 이루어 움직이도록 되어 있는 데 기인한다고 생각한다.

유쾌한 감정 상태에서 광대뼈 근육이 수축되는 경향은 크라이튼브라운 박사가 내게 보낸 서신에서 언급한 흥미로운 사실을 통해 확인할 수 있었다. 이는 정신병성 전신 마비 증세로 고통 받는 환자에 관한 이야기였다.[11] "이러한 질병에 걸린 환자는 거의 항상 낙천적이며 재산, 지위, 권세에 대한 환상을 갖습니다. 그들은 비정상적으

인간과 동물의 감정 표현

로 유쾌하고 자비로우며 낭비를 하죠. 이러한 질병에 걸렸을 때 가장 먼저 나타나는 육체적 증세는 입언저리와 눈둘레의 떨림인데, 이는 잘 알려진 사실입니다. 아래 눈꺼풀과 광대뼈 근육의 계속되는 진동성 떨림은 전신 마비의 초기 단계에 나타나는 증세입니다. 그들은 만족스럽고 자비로운 표정을 하고 있습니다. 병이 진행되면서 다른 근육들이 연관되지만, 완전히 아둔한 상태에 이르기 전까지는 대체로 자비로운 표정을 잔잔하게 나타냅니다."

웃거나 크게 미소 지을 때는 뺨과 윗입술은 크게 치켜올라가고, 코가 짧아지는 것처럼 보이고, 콧마루의 피부에는 미세하게 가로 주름이 생기면, 그 양쪽에도 세로로 비스듬히 주름이 생긴다. 이때 위 앞니가 일반적으로 노출된다. 또한 코입술 주름이 뚜렷하게 형성된다. 이는 콧구멍 양옆으로부터 입가에 이르면서 만들어진다. 이러한 주름은 흔히 나이 많은 사람들에게서 더욱 깊게 잡힌다.

입언저리와 윗입술이 뒤로 당겨지고, 이로 인해 주름이 생기는 것이 기쁘거나 즐거운 마음 상태에 있을 때의 특징이듯이, 눈이 빛나면서 반짝이는 것도 이러한 상태에 있을 때의 특징이다. 이러한 상태에 있을 때는 심지어 뇌가 심하게 퇴화해 말하는 것을 전혀 배울 수 없는 이상(異常) 소두 백치의 눈마저도 약간 밝아진다.[12] 지나치게 웃을 경우에는 눈물이 차서 눈이 반짝이지 않지만 적당히 웃거나 미소 짓는 동안 눈물샘에서 스며 나온 수분이 눈을 반짝거리게 하기도 한다. 하지만 눈을 빛나게 하는 데 수분은 전적으로 부차적인 중요성을 가질 따름이다. 슬플 때도 대개 눈이 촉촉해지지만 눈빛은 흐릿해지기 때문이다. 눈은 주로 눈둘레근의 수축과 당겨 올라간 뺨의 압력으로 야기된 긴장 탓에 반짝거리는 것처럼 보인다.[13] 하지만 이 문제를 다른 어떤 저술가보다 철저하게 논의한 바 있는 피데리트 박사에 따르면,[14] 이러한 긴장은 대체로 즐거움이 고조됨에 따라 혈액 순환이 촉진되면서 안구가 혈액과 다른 액체로 가득 차기에 발생하는 것일 수도 있다. 그는 혈액 순환이 신속하게 이루어지는 소모성 열병 환자의 눈과 육신에 남아 있는 거의 대부분의 액체가 빠져나가 버린 콜레라 환자의 눈의 모습의 차이에 대해 언급한다. 순환을 늦추는 원인은 그 어떠한 것이라도 눈의 생기를 없앤다. 나는 매우 더운 날 오랫동안 과중한 일을 하다가 완전히 기진맥진한 사람을 본 기억이 있다. 그를 옆에서 보고 있던 사람은 그의 눈을 삶은 대구의 눈에 비유했다.

웃는 동안 내는 소리로 되돌아가 보도록 하자. 우리는 어떤 종류의 음의 발화가 어떻게 즐거운 마음 상태와 자연스레 연결되게 되었는지에 대해 막연하게나마 파악할 수 있다. 동물의 세계에서는 많은 경우에 음성과 다른 수단을 이용해 내는 소리가 이성을 부르거나 유혹하는 데 사용된다. 이러한 소리는 부모와 자식 사이, 동일 공동체에 속해 있는 친근한 성원 사이에서 만남의 즐거움을 드러내기 위해 활용되기도 한다. 하지만 우리는 인간이 즐거울 때 반복되는 독특한 소리를 내며 웃는 이유에 대해 잘 알지 못한다. 그럼에도 우리는 그러한 소리가 적어도 악을 쓰며 울 때 내는 소리나 고통으로 인해 울 때 내는 소리와 크게 다르다는 정도는 알고 있다. 슬플 때 소리를 내는 경우에는 길고 연속적으로 숨을 내쉬며, 짧고 단속적으로 숨을 들이마신다. 이러한 방식으로 우리는 즐거워 소리를 내는 경우에 짧고 단속적으로 숨을 내쉬고 길게 숨을 들어 마실 것이라 예상해 볼 수

　　　　　　　　　　인간과 동물의 감정 표현

있다. 이는 실제로 그러하다.

평상시 웃을 때 입 언저리가 수축하고 윗입술이 치켜올라가는 이유 또한 풀기 어려운 문제다. 이 상황에서는 입이 최대한 벌어져서는 안 된다. 왜냐하면, 과도한 웃음이 격발되는 동안 이러한 일이 일어날 경우, 어떤 소리도 거의 나지 않거나 그 음색이 변해 목구멍의 깊은 곳에서 소리가 나오는 듯이 느껴지기 때문이다. 동시에 호흡과 관련된 근육, 심지어 팔다리와 관련된 근육마저도 빠른 진동 운동이 일어난다. 흔히 아래턱도 이러한 운동이 함께 일어나는데, 이 때문에 입이 크게 벌어지지 않게 된다. 하지만 커다란 소리가 터져 나와야 하기 때문에 입의 구멍이 커지지 않으면 안 된다. 입 언저리가 수축하고 윗입술이 치켜올라가는 것은 어쩌면 이와 같은 목적을 달성하기 위해서인지도 모른다. 비록 웃는(이로 인해 눈 밑에 주름이 만들어지는데) 동안의 입 모습, 웃을 때 특이하게 반복되는 소리, 턱의 떨림 등이 설명하기 어렵기는 해도, 우리는 이 모든 결과들이 어떤 공통적인 원인으로 인해 나타나게 되었다고 추론할 수 있다. 이렇게 말하는 이유는 이들이 만족스러운 마음 상태의 여러 원숭이 종에서 살펴볼 수 있는 특징인 동시에 표현이기 때문이다.

폭소로부터 적당한 웃음, 환한 미소, 따스한 미소, 그리고 즐거움에 대한 단순 표현에 이르기까지 연속적으로 전환이 이어질 수 있다. 크게 웃을 때는 흔히 전신을 뒤로 젖히고 흔들며, 거의 경련 상태에 이른다. 이 경우에 호흡에 커다란 곤란을 겪게 되며 혈관이 팽창하면서 두부와 안면에 혈액이 충만해진다. 또한 눈둘레근이 눈을 보호하기 위해 경련을 일으키듯이 수축하며, 눈물이 자신도 모르게 흐른다. 이로 인해 앞서 언급한 바와 같이, 과도한 웃음이 터져 나온 후에 눈물로 얼룩진 사람의 얼굴과, 걷잡을 수 없이 슬퍼서 소리 내어 울고 난 후의 얼굴의 차이를 지적하기란 쉽지 않다.[15] 이것은 아마도 이처럼 커다란 차이가 있는 감정이 야기한 경련성 활동이 매우 유사하기 때문일 것이다. 이에 따라 히스테리 환자는 격하게 소리 내어 울다가 웃기를 반복하고, 아이 또한 갑작스레 한쪽의 상태에서 다른 상태로 전환을 하는 것이다. 스윈호 씨는 깊은 슬픔에 잠겼을 때 갑자기 히스테릭한 웃음을 터뜨리는 중국인들을 자주 보았다고 내게 알려주었다.

나는 대부분의 인종에서 사람들이 과도하게 웃을 때 자신도 모르게 눈물을 흘리는지에 대해 알고 싶었다. 편지를 주고받는 사람들에 따르면 대부분의 인종의 사람들은 그와 같은 상황에서 눈물을 흘렸다. 한 사례는 인도인에게서 관찰된 것인데, 그들 스스로가 그런 일이 흔히 일어난다고 말했다. 중국인의 경우도 마찬가지다. 간혹 있는 일이기는 하지만 말라카 반도의 말레이 인 원시 종족 여성들도 실컷 웃을 때 눈물을 흘렸다. 보르네오의 다약 인은 적어도 여성의 경우에 웃을 때 자주 눈물을 흘린다. 이렇게 말하는 이유는 라자 브룩에게서 "우리는 웃으면서 눈물을 흘린다."라고 말하는 것이 그들의 일상적인 표현이라는 이야기를 들었기 때문이다. 오스트레일리아 원주민들은 자신들의 감정을 자유롭게 표현하며, 나와 서신 교환을 하는 사람들은 그들이 기뻐서 이리저리 날뛰며 손뼉을 치며 흔히 크게 웃는 것으로 서술하고 있다. 이러한 상황에서 그들의 두 눈이 눈물로 젖는 것을 본 관찰자가 적어도 네 사람은 되었다. 그리고 눈물이 그들의 뺨을 흘러내리는 경우도 있었다. 빅토리아 주의 오지에서 선교 활동을 하고 있는 벌머 씨는 다음과 같이 말했다. "그들은 다른 사람을 조롱하는 감각이 탁월하다. 그들은 매우 흉내를 잘 내며, 어떤 사람이 부재 중인 같은 부족 누군가의 특징을 흉내 낼 때 온 마을 사람들의 포복절도하는 웃음을 듣는 것은 매우 흔한 일이다." 유럽 인에게서 흉내 내기 이상으로 쉽게 웃음을 자아내는 것은 거의 없을 것이다. 그런데 세상에서 가장 특이한 부족 중의 하나인 오스트레일리아의 미개인에게서도 동일한 사실을 발견한다는 사실은 꽤나 흥미롭다.

남아프리카 카피르의 두 종족, 특히 이 종족의 여성들은 흔히 웃는 동안 눈에 눈물이 가득하다. 추장 산딜리의 형제인 가이카 씨는 이 문제에 관한 나의 질문에 대해 "그래요. 그것이 그들에게서 흔한 관행입니다."라고 답했다. 앤드루 스미스 경은 호텐토트 여성의 채색을 한 얼굴이 한바탕 웃은 후에 온통 얼룩진 것을 보았다. 북아프리카의 에티오피아 인도 동일한 상황에서 눈물을 흘렸다. 마지막으로 북아메리카에서도 동일한 사실이 유달리 미개하고 고립된 종족에서도 관찰되었지만 이는 주로 여성에게서 관찰되었다. 다른 종족에서는 크게 웃을 때 눈물을 흘리는 장면이 단 한 번 관찰되었다.

앞에서도 밝힌 바와 같이, 과도한 웃음은 온화한 웃음으로 점차 전환된다. 후자의 경우, 눈 주위의 근육은 훨씬 덜 수축하며 얼굴을 거의 혹은 전혀 찡그리지 않는다. 온화한 웃음과 환한 미소 사이에는 후자에서 반복적인 소리가 나지 않는다는 점을 제외하고는 거의 차이가 없다. 비록 미소 지을 때 다소 강하게 한 번 숨을 내쉬거나 경미한 소음 — 웃음의 흔적 — 이 들리는 경우가 흔히 있지만 말이다. 온화한 웃음을 짓는 얼굴에서는 가볍게 눈썹이 밑으로 내려감으로써 위쪽 눈둘레근의 수축이 이루어짐을 적절히 파악할 수 있다. 아래 눈둘레근과 눈꺼풀 근육의 수축은 더욱 뚜렷하며, 이는 아래 눈꺼풀과 그 밑 피부의 주름과 더불어 윗입술이 가볍게 치켜올라감으로써 확인할 수 있다. 함박웃음은 아주 미세한 단계들을 거쳐 가장 온화한 미소로 옮겨 간다. 후자의 경우에는 얼굴 표정의 움직임이 훨씬 적고 완만하며 입은 다물고 있다. 코입술 주름의 굴곡 또한 두 경우에서 약간 다르다. 결과적으로 우리는 가장 격하게 웃는 경우로부터 매우 희미하게 미소 짓는 경우로 표정이 점차 변해 가는 과정에서 양자를 구분하는 어떤 뚜렷한 경계선을 그을 수 없음을 알 수 있다.[16]

이렇게 보았을 때, 미소는 웃음 발달 과정에서 첫 번째 단계라고 말할 수 있을 것이다. 하지만 이러한 생각과는 다른, 더욱 개연성 있는 입장을 제시해 볼 수 있다. 즉 즐거움을 느낄 때 반복되는 커다란 소리를 내는 습관으로 인해 먼저 입언저리와 윗입술이 수축했고, 이어서 눈둘레근이 수축했다고 생각해 볼 수 있는 것이다. 그리고 오늘날에 와서 연계와 오랜 습관에 따라, 어떤 자극이 더 강하게 느껴질 경우, 웃음으로 이어지는 느낌을 촉발하면 눈둘레근이 항상 가볍게 움직이기 시작하는데, 그 결과가 미소라고 제안해 볼 수 있다.

웃음을 미소가 완전히 발달한 형태로 파악할지, 아니면 수많은 세대를 거치는 동안 견고하게 확립된, 우리가 즐거울 때면 웃게 되는 습관의 최종적인 흔적으로 온화한 미소를 파악할 것인지(이것이 더욱 그럴듯하다.)를 확인하고자 할 경우, 우리는 아이들이 짓는 미소로부터

인간과 동물의 감정 표현

웃음으로의 점차적인 전환을 추적해 보면 좋을 것이다. 유아의 보육을 맡고 있는 사람들에게는 주지의 사실이지만, 아이들의 입가 움직임이 실제로 의미 있는 표현일 때가 언제인지, 다시 말해 그들이 실제로 미소를 지을 때가 언제인지를 확실하게 파악하기란 어렵다. 이에 따라 나는 나의 아이들을 관심 가지고 지켜봤다. 그중 태어난 지 45일 지난 아이는 기분이 좋을 때 미소를 지었다. 다시 말해 입 언저리가 수축했으며, 이와 동시에 눈빛이 유달리 빛났다. 나는 다음 날에도 동일한 현상이 나타남을 관찰할 수 있었다. 하지만 세 번째 날에는 아이의 몸 상태가 좋지 않았는데, 이 경우에는 미소의 흔적을 찾아볼 수 없었다. 이는 이전의 것이 진정한 미소였을 가능성이 크다고 생각하게 하는 대목이다. 이후 보름 동안 아이의 눈은 웃을 때마다 초롱초롱해졌으며, 동시에 코에는 가로 주름이 생겼는데, 이는 주목할 만한 사실이었다. 이는 조그만 재잘거리는 소리와 더불어 나타난 현상이었는데, 이는 어쩌면 웃음에 해당하는 것인지 모른다. 생후 113일이 지나자 숨을 내쉴 때 항상 들리던 이러한 작은 소리는 그 특징이 다소 달라지는 듯했으며, 꺼이꺼이 울 때처럼 더욱 단속적으로 소리가 났다. 이는 분명 웃음의 전조였다. 당시 나는 이러한 소리의 변화가 미소가 커지면서 입의 측면이 확장되는 것과 관련 있는 것처럼 여겼다.

　두 번째 아이에게서 진짜 웃음이 최초로 관찰된 것은 첫 아이와 같은 시기, 즉 생후 45일이 지난 후였다. 그리고 세 번째 아이에게서는 다른 아이들에 비해 다소 이른 시기에 진짜 웃음이 관찰되었다. 두 번째 아이는 생후 65일이 되자 앞서 언급했던 첫 번째 아이가 같은 시기에 보여 주었던 것보다 훨씬 크고 분명한 미소를 보여 주었다. 아이는 이처럼 이른 나이에 웃음과 매우 유사한 소리까지 냈다. 아이들이 웃는 습관을 점차적으로 획득하는 과정에서 우리는 눈물 흘리며 우는 것과 어느 정도 유사한 측면을 발견한다. 걷기와 같은 신체의 일상적인 움직임에도 연습이 필요하듯이, 웃음과 울음 또한 마찬가지인 것처럼 보인다. 반면 아이들에게 분명 유용한, 악을 쓰며 우는 습관은 매우 어렸을 때부터 적절하게 발달한다.

기분 좋음, 유쾌함

기분이 좋은 사람은 설령 실제로 미소짓지 않는다고 하더라도, 대개 입가가 약간 수축하는 경향이 있다. 흥겨워지면 혈액 순환이 빨라진다. 눈은 빛나고 안색이 좋아진다. 혈액의 흐름이 증진됨에 따라 자극을 받게 되는 두뇌는 정신력에 영향을 준다. 활기찬 생각들이 더욱 신속하게 마음을 통과하며 감정들이 데워진다. 나는 네 살이 채 되지 않은 아이에게 기분 좋은 상태가 무엇이냐고 물었더니 "웃고, 이야기하고 뽀뽀하는 것"이라고 대답했다는 말을 들었다. 이보다 참되고 실질적인 정의를 제시하기란 어려울 것이다. 기분이 좋은 상태에 있는 사람은 자신의 몸을 똑바로 세우고 머리를 똑바로 하며 눈을 크게 뜬다. 의기소침한 모습은 보이지 않으며 눈썹의 수축도 일어나지 않는다. 반대로 모로가 관찰한 바와 같이,[17] 앞이마의 근육은 약간 수축하는 경향이 있다. 이로 인해 이마가 반드럽게 되고 찡그리는 흔적이 모두 없어지며 눈썹이 약간 활 모양으로 휘며 눈꺼풀이 올라간다. '이마 주름을 펴다.'라는 뜻의 라틴 어 구절 *exporrigere frontem*이 '유쾌한' 혹은 '즐거운'이라는 의미를 갖는 것은 이 때문이다. 기분이 좋은 사람의 모든 표정은 슬픔에 가득 찬 사람의 표정과 정반대이다. C. 벨 경에 따르면 "유쾌한 감정 상태에서는 어떤 경우에도 눈썹, 눈꺼풀, 콧구멍, 그리고 입의 언저리가 올라간다. 우울한 감정일 때는 이와 정반대다." 이러한 감정 상태에서는 눈썹이 무겁고, 눈꺼풀, 뺨, 입, 그리고 머리가 전체적으로 축 처진다. 눈은 활기가 없다. 얼굴은 핼쑥하고 호흡이 느려진다. 기쁠 때는 얼굴이 펴지고 슬플 때는 길어진다. 이러한 상반된 표정을 만들어 내는 데서 반대의 원리가 직접적인 원인들(상세히 설명한 바 있고 충분히 확실한 원인들)을 도와 어떤 역할을 했는지에 대해서는 단도직입적으로 말하기가 어렵다.

기분 좋을 때의 표정은 어떤 인종에서건 모두 동일한 것처럼 보이며, 이에 따라 쉽게 파악이 가능하다. 신구 양세계의 다양한 지역에서 내게 정보를 제공해 주신 분들은 이러한 문제에 대한 나의 질문에 긍정적으로 답을 했으며, 인도인, 말레이 인, 그리고 뉴질랜드 인들에 대해서는 일부 특색 있는 정보를 제공해 주었다. 오스트레일리아 인의 반짝거리는 눈빛은 네 관찰자의 주의를 끌었으며, 인도인, 뉴질랜드 인, 그리고 보르네오의 다약 인들에게서도 이와 동일한 사실이 목격되었다.

미개인들은 미소뿐만 아니라 식사의 즐거움에서 오는 몸짓을 통해 자신들의 만족감을 표현하기도 한다. 이와 관련해 웨지우드 씨는 존 페서릭(John Petherick)의 말을 인용하고 있는데,[18] 그에 따르면 나일 강 상류에 사는 흑인들은 그가 목걸이를 보여 주었을 때 자신들의 배를 전체적으로 문지르기 시작했다. 프리드리히 빌헬름 루트비히 라이히하르트(Friedrich Wilhelm Ludwig Leichhardt)가 말한 바에 따르면 오스트레일리아 인들은 자신의 말이나 소를 보고서 자신들의 입을 세게 때리며 소리를 냈으며, 특히 캥거루 수렵견을 보고서 더욱 그런 소리를 냈다. 그린란드 인들은 "기꺼이 무엇인가를 긍정할 때, 특별한 소리를 내면서 공기를 들이마신다."[19] 이는 맛있는 음식을 먹어치울 때의 행동을 흉내 낸 것일 수 있다.

웃음은 입 주위 근육을 꽉 조이면 참을 수 있다. 이렇게 할 경우, 광대뼈 근육과 다른 근육들이 입술을 뒤쪽과 위쪽으로 끌어당기는 것을 방지할 수 있다. 간혹 치아로 아랫입술을 꽉 깨무는 경우가 있을 수 있다. 이렇게 할 경우, 얼굴 표정이 악한(惡漢)과 같이 되는데, 이는 맹인이면서 귀머거리였던 로라 브리지먼에게서 관찰된 모습이다.[20] 간혹 광대뼈근의 활동이 변할 수 있다. 나는 미소를 참으려 할 때 입 언저리 수축 근육이 강하게 움직이고 있는 젊은 여성을 본 적이 있다. 하지만 이로 인해 그녀의 얼굴 표정이 우울하게 보이지는 않았다. 그녀의 눈이 빛나고 있었기 때문이다.

일부 다른 마음 상태, 심지어 화를 감추거나 은폐하려 할 때에도 어색하게 웃는 표정을 짓는 경우가 흔히 있다. 우리는 자신들의 부끄러움이나 수줍음을 감추기 위해 웃고 있는 사람들을 흔히 본다. 미소를 지을 일이 없음에도, 혹은 마음대로 웃지 말아야 할 이유가 없음에도 마치 미소가 나타날 가능성을 막기라도 하듯 입을 오므릴 때는 짐짓 꾸미거나, 엄숙한, 혹은 아는 척하는 표정이 된다. 하지만 이와 같은 복합적인 표정에 대해서는 여기서 더 이상 언급할 필요가 없다. 조롱을 하는 경우의 웃음이나 미소는 그것이 참된 것이건 거짓된 것이건, 경멸할 때 전형적으로 나타나는 표정과 섞이는 경우가 흔하며, 이는 화가 난 경멸 또는 멸시의 표정으로 전환될 수 있다. 이러한 경우의 웃음이나 미소는 기분을 상하게 한 사람이 단지 재미를 유발하고 있을 따름임을 보여 주고자 하는 데 그 의미가 있다.

사랑, 따스한 느낌 등

사랑의 감정, 예를 들어 모성애는 마음에서 일어나는 가장 강한 감정의 하나지만, 이를 나타내는 어떤 고유하거나 독특한 표정이 있다고 말하기는 어렵다. 그리고 우리는 그 이유를 이해할 수 있다. 왜냐하면, 어떤 특별한 행동 방식이 늘 이러한 감정에 뒤따르지는 않기 때문이다. 그러나 애정은 유쾌한 감정이기 때문에 일반적으로 온화한 미소와 두 눈의 반짝거림을 일으킨다는 것은 의심의 여지가 없다. 흔히 사랑하는 사람에 대해서는 어루만지고자 하는 강한 욕구가 느껴진다. 그리고 사랑은 이러한 방법을 통해 다른 무엇보다도 뚜렷하게 표현된다.[21] 이에 따라 우리는 사랑하는 사람을 껴안고 싶어 한다. 이러한 욕구는 우리 자녀에 대한 양육과 돌봄, 그리고 애인들 사이의 상호 애무와 결부된 오랜 습관에 기인해서 만들어진 것처럼 보인다.

동물에서도 우리는 '사랑과 결부된 접촉에서 즐거움을 느끼게 된다.'는 원리가 적용되고 있음을 확인할 수 있다. 개와 고양이는 주인에게 몸을 비벼 댈 때, 그리고 주인이 쓰다듬어 주고 두드려 줄 때 분명 즐거움을 느낀다. 동물원 사육사들에게서 내가 확인한 바에 따르면, 많은 종류의 원숭이들은 서로 애무해 주고 애무를 받는 데서, 그리고 자신들이 좋아하는 사람들에게 애무를 받는 데서 즐거움을 느낀다. 바틀렛 씨는 일반적으로 이 나라에 들여오는 것들에 비해 다소 나이가 많은 두 마리의 침팬지를 처음 함께 들여왔을 때의 행동에 대해 나에게 서술해 주었다. 바틀렛 씨에 따르면, 그들은 마주 보고 앉아서, 입술을 불쑥 내민 상태에서 서로를 어루만져 주었다. 이윽고 한 놈이 자신의 손을 다른 놈의 어깨 위에 얹어 놓았다. 그리고 그들은 서로 포옹을 했다. 이어서 그들은 고개를 들고, 각각이 한 팔을 다른 놈의 어깨에 얹어 놓은 채 일어서서, 입을 벌리고 즐거워서 소리를 질렀다.

유럽 인들은 애정의 표시로 입을 맞추는 데 익숙해져 있어서, 이것이 인류에게 생래적으로 주어지는 것이라고 생각할 수 있다. 하지만 이는 사실이 아니다. 로런스 리치필드 스틸(Lawrence Litchfield Steele)은 "자연은 입맞춤의 창시자다. 이는 최초의 구애와 더불어 시작되었다."라고 말했는데, 이는 잘못이다. 푸에고 군도 사람인 제미 버튼(Jemmy Button)은 이러한 관행이 자신이 살고 있는 섬에서는 알려져 있지 않다고 내게 말해 주었다. 뉴질랜드 인, 타이티 인, 파푸아 인, 오스트레일리아 인, 아프리카의 소말리아 인, 그리고 에스키모 인에게서도 이런 관행은 알려져 있지 않다.[22] 그러나 입맞춤은 사랑하는 사람과의 친밀한 접촉을 통해 얻는 기쁨의 결과임이 분명하며, 이러한 측면에서 보자면 타고난 것이거나 자연스러운 것이다. 세상 여러 곳

인간과 동물의 감정 표현

의 사람들은 입맞춤을 대체한 다른 방법을 사용한다. 예를 들어 뉴
질랜드 인과 라플란드 인들은 코를 문지르는 것으로, 다른 곳에서는
팔, 가슴 혹은 배를 문지르거나 두드리는 것으로, 또 어떤 곳에서는
한 사람이 상대방의 손이나 발로 자신의 얼굴을 때리는 것으로 입맞
춤을 대체하고 있다. 어쩌면 애정의 표시로 다양한 신체 부위를 가격
하는 관행은 동일한 원리에 의거하고 있을지 모른다.[23]

　　따스함이라 불리는 느낌은 분석하기가 어렵다. 이는 애정, 즐거
움, 그리고 특히 공감이 복합적으로 섞여 있기 때문이다. 이러한 감
정은 예를 들어 고통으로 괴로워하고 있는 사람이나 동물의 소리를
들었을 때처럼 연민이 너무 깊거나 공포를 느끼는 경우를 제외하고
는 그 자체가 즐거움을 특징으로 한다. 오늘날의 견지에서 보았을 때
이러한 감정은 너무 쉽게 눈물을 촉발한다는 측면에서 주목할 만하
다. 오랫동안 떨어져 있다가 만나게 된 수많은 아버지와 아들은 눈
물을 흘렸으며, 이러한 만남이 뜻하지 않았을 경우에는 특히 그러했
다. 극도의 기쁨은 그 자체가 눈물샘을 자극하는 경향이 있음은 의심
의 여지가 없다. 하지만 이때 부자가 재회하지 못했다면 느낄 것으로
여겨지는 비애에 대한 막연한 생각이 그들 마음을 관통해 지나갔을
수도 있다. 그리고 그와 같은 비애로 인해 자연스레 눈물이 흐르게
되는 것이다.

　　그리하여 율리시스가 돌아오자 텔레마코스는 일어났고 아버지 품에
　　안겨 눈물 흘리며 울기 시작했다. 이와 같이 그들은 비탄에 잠긴 불안
　　속에서 애처롭게 흐느꼈다. 그들은 날이 저물도록 울었고, 그렇게 울

고 나서야 텔레마코스는 아버지께 할 말을 찾았다.

—「오디세이아」(워슬리 옮김) 16장, 27절

결국 자신의 남편을 다시 알아보게 되자 페넬로페의 눈꺼풀로부터 눈
물이 쏟아졌고, 남편에게 뛰어가 그의 목을 손으로 감싸 안고 뜨거운
입맞춤을 쏟아 부으며 말했다.

— 앞의 책, 23장, 27절

이전에 살던 집에 대한 생생한 기억, 오래 지나 버린 행복한 나
날들은 쉽사리 눈을 눈물로 가득 차게 만든다. 여기서 또다시 그러한
나날들이 다시는 돌아오지 않을 것이라는 생각이 자연스레 떠오른
다. 이러한 경우에 우리는 이전의 상황과 비교해서 우리의 현상황을
동정한다고 말할 수 있을 것이다. 그런데 타인의 고통에 동정심을 느
끼는 경우에도, 심지어 아무런 애정을 느끼지 않는 슬픈 이야기에 나
오는 여주인공의 상상 속의 불행을 보는 경우에도 우리는 쉽게 눈물
을 흘린다. 우리는 타인의 행복, 예컨대 수많은 역경을 뚫고 마침내
성공을 거두는 재미있는 이야기 속의 연인의 행복에 공감할 때도 쉽
사리 눈물을 흘린다.

공감은 다른 감정과는 별개의 것이거나 독특한 감정인 것처럼
보인다. 이는 특히 쉽사리 눈물샘을 자극하는 경향이 있다. 우리가
공감을 하건 공감의 대상이 되건 다를 바 없다. 사람들은 아이들이
조그만 상처를 입었을 때 달래 주면 얼마나 그들이 쉽게 소리 내어
우는 지 잘 안다. 크라이튼브라운 박사가 내게 알려준 바에 따르면

　　　　　　　　　　　인간과 동물의 감정 표현

우울증 환자는 친절한 말 한마디만 들어도 억누르지 못하는 눈물을 흘리는 경우가 종종 있다. 친구의 슬픔에 연민을 나타내면 곧바로 우리 눈에서 눈물이 흘러내리는 경우도 흔하다. 대개 공감이라는 감정은 흔히 다른 사람이 괴로워하는 것을 보거나 들었을 때 우리 스스로의 마음에 너무 생생하게 고통의 관념이 떠올라 우리 자신도 괴로워하게 되는 것이라고 설명한다. 하지만 이러한 설명 방식은 전혀 충분하지 못하다. 이는 공감과 애정이 긴밀하게 관련되어 있음을 설명하지 못하기 때문이다. 우리가 모르는 사람보다 사랑하는 사람에게 훨씬 깊이 공감을 느낀다는 것은 의심의 여지가 없다. 그리고 사랑하는 사람의 공감은 모르는 사람의 공감에 비해 훨씬 커다란 안도감을 준다. 그럼에도 우리는 우리가 전혀 애정을 느끼지 못하는 사람들에게도 분명 공감을 느낄 수 있다.

우리가 실제로 고통을 경험할 때 왜 눈물이 나려 하는지에 대해서는 앞 장에서 이미 논의한 바 있다. 즐거움을 표현하는 자연스럽고도 보편적인 방법은 웃음이다. 모든 인종의 사람은 크게 웃을 경우에 자연스레 눈물을 흘린다. 번뇌를 제외한 다른 어떤 원인도 웃음보다 쉽게 눈물을 흘리게 하는 것은 없다. 비록 웃음이 없어도 매우 기쁠 때는 눈에 눈물이 가득하게 되는데, 내 생각에 이는 악을 쓰며 울지 않지만 슬퍼서 눈물을 흘리는 경우와 동일한 원리에 바탕을 둔 습관과 연계를 이용해서 설명할 수 있을 것이다. 그럼에도 타인의 고통에 대한 공감이 우리 자신의 고통에 비해 더욱 쉽게 눈물을 자극한다는 것은 매우 주목할 만한 일이다. 그리고 이것은 분명 사실이다. 자신이 고통스러울 때는 한 방울의 눈물도 흘리지 않는 많은 남성이 사랑하는 친구가 고통스러워할 때는 눈물을 흘린다. 우리가 너무나도 사랑하는 사람들의 행복 혹은 행운에 공감하는 경우에 눈물을 흘리는데 반해, 우리 자신이 느끼는 유사한 행복에는 눈물을 흘리지 않는다는 사실은 더욱 주목할 만하다. 하지만 우리는 다음과 같은 사실을 명심해야 한다. 우리는 육체적으로 고통을 느낄 때는 쉽게 눈물을 흘리지 않는데, 이는 오랫동안 계속되어 온 관습의 제약 때문이다. 그런데 이러한 관습은 타인의 고통이나 행복에 공감을 느끼는 순간에 쏟아지려는 눈물을 참으려 할 때는 작동하지 않는다.

내가 다른 곳에서 보여 주려 한 바와 같이,[24] 음악은 먼 옛날 우리의 옛 선조들이 음성으로 서로 환심을 사고자 했을 때 느꼈던 강한 정서를 어렴풋하면서도 명확하지 않은 방식으로 회상하게 하는 놀라운 힘을 가졌다. 그리고 우리의 가장 강한 감정들 중 다수 ― 슬픔, 희열, 사랑, 그리고 공감 ― 가 눈물을 흘리게 하는 것처럼, 음악이 우리의 눈을 눈물로 가득하게 만들기 쉽다는 것은 놀랄 만한 일이 아니다. 특히 우리가 매우 따스한 느낌으로 마음이 포근해져 있는 경우에는 더욱 그러하다. 많은 경우, 음악은 또 다른 독특한 효과를 산출하기도 한다. 우리는 강한 감각, 감정, 혹은 흥분 ― 극도의 고통, 격노, 공포, 희열, 혹은 열정적인 사랑 ― 이 모두 근육의 떨림을 야기하는 특별한 경향이 있다는 것을 알고 있다. 그리고 음악에 크게 감흥을 느꼈을 때 많은 사람이 척추와 팔다리를 흘러내리는 전율과 가벼운 떨림을 느끼는데, 이는 마치 음악의 힘 때문에 가볍게 눈물을 흘림으로써 실제로 강한 감정을 느끼게 되어 흐느끼게 되는 것처럼, 앞에서 언급한 육체의 떨림과 동일한 관련성이 있는 듯하다.

인간과 동물의 감정 표현

헌신

헌신은 주로 두려움과 결합된 존경으로 이루어져 있지만 애정과도 어느 정도 관련이 있다. 때문에 이 마음 상태의 표현을 여기서 간단하게 서술해도 괜찮을 것이다. 과거와 현재의 일부 종파에서는 종교와 사랑이 묘하게 결합되어 있었다. 그리고 유감스러운 일이기는 하지만 거룩한 사랑의 입맞춤은 남성이 여성에게, 혹은 여성이 남성에게 입을 맞추는 것과 별 차이가 없다는 주장이 견지되어 왔다.[25] 헌신의 모습은 주로 눈동자가 위로 향한, 하늘을 향한 얼굴에 표현된다. C. 벨 경은 잠이 들거나 기절하거나 죽음이 임박했을 때, 눈동자가 위쪽과 안쪽으로 당겨진다고 주장한다. 그의 생각에, "우리가 헌신의 감정에 휩싸이고, 외부로부터의 인상에 관심을 기울이지 않을 때 두 눈은 학습되거나 습득되지 않은 작용을 통해 위로 향한다." 그는 이것이 앞의 사례들과 동일한 원인에 기인한다고 생각한다.[26] 돈더르스 교수에게서 들은 바처럼 눈이 잠을 자는 동안 위로 향한다는 것은 확실하다. 아기가 어머니의 젖을 빨면서 눈동자가 이와 같이 움직일 경우, 흔히 기쁨에 도취된 넋이 빠진 모습이 나타난다. 이러한 상황에서 눈이 잠을 자는 동안의 자연스러운 위치에 있지 않고 계속 버둥거리고 있음이 뚜렷하게 지각된다. 하지만 돈더르스 교수에게서 들은 바에 따르면, 이러한 사실에 대한 C. 벨 경의 설명, 즉 특정 근육이 다른 것에 비해 의지의 통제를 더욱 강하게 받는다는 가정에 의거한 그의 설명은 옳지 않다. 흔히 사람들은 기도를 할 때 눈이 위를 향하는데, 이때 마음이 수면 중의 무의식 상태에 이르는 것에 견줄 정도로 생각에 흠뻑 빠져들지는 않는다. 이렇게 보았을 때 눈을 위로 향하는 동작은 아마도 관습적이라 해야 할 것이다. 즉 우리가 기도하는 신의 권능의 원천이 되는 천국이 우리의 머리 위에 자리 잡고 있다는 일상적인 믿음의 결과일 수가 있는 것이다.

우리는 오랜 관습에 따라 두 손을 모으고 무릎 꿇고 앉아 있는 경건한 자세를 헌신에 매우 어울리는 자세라고 생각한다. 그리하여 우리는 이러한 자세가 선천적인 것이라고 생각하기도 한다. 하지만 나는 유럽 인종 외의 다른 여러 인간 종족에서 이에 대한 어떠한 증거도 발견하지 못했다. 한 뛰어난 고전학자에게서 들은 바에 따르면, 고전기 로마에서는 기도를 하는 동안 손을 모으지 않았다. 핸슬리 웨지우드 씨가 제대로 된 설명을 제시했음은 분명하다. 비록 그의 설명을 받아들인다면 이것이 사실상 노예가 굴종할 때의 자세라는 이야기지만 말이다.[27] "애원하는 사람이 무릎을 꿇고 두 손을 모을 경우, 그는 승리자에게 자신의 손을 묶으라고 내놓음으로써 완전히 상대에게 복종한다는 뜻을 나타내는 것이다. 이는 복종을 의미하는 라틴 어 *dare manus*를 시각적으로 나타내고 있는 것이다." 이렇게 보았을 때 헌신의 느낌을 가지고 있는 상태에서 눈을 위로 향하거나 두 손을 모으는 것이 생래적이거나 진정한 표현적 행동이라고 할 수는 없다. 그리고 실제로도 그러한 행동이 그러하리라고 생각하기는 어렵다. 오늘날 우리가 '헌신'이라고 분류해야 하는 것과 같은 느낌이 지난 여러 시대의 미개한 상황 속에서도 계속 존속되면서 인간의 마음을 움직였는지가 매우 의심스럽기 때문이다.

인간과 동물의 감정 표현

9장

숙고, 명상, 언짢음, 부루퉁함, 결심

찡그림
|
노력이 개입되는 숙고 혹은 어렵거나
유쾌하지 않은 무엇인가에 대한 지각
|
깊은 명상
|
언짢음
|
침울함
|
완고함
|
부루퉁함과 샐쭉거림
|
결단 혹은 결심
|
강한 함구

(숙고, 명상, 언짢음, 부루퉁함, 결심은 reflection, meditation, ill temper, sulkiness, determination을 옮긴 것이다. — 옮긴이)

눈썹주름근이 수축하면 이마에 수직으로 주름이 생기면서 양 눈썹이 밑으로 향한다. 이것이 찡그림이다. 눈썹주름근이 인간에게만 있다고 오인한 C. 벨 경은 이를 "인간의 얼굴에서 가장 주목할 만한 근육"으로 평가한다. "이는 강력한 힘으로 눈썹을 찌푸려지게 하며, 마음에 품은 관념을 설명할 수 없는 방식으로, 하지만 불가항력적 방식으로 전달한다." 그는 다른 곳에서 "눈썹이 찌푸려지고 마음의 에너지가 충분히 채워지면 사고와 정서가 야만적이면서 잔인한 동물적 분노와 한데 뒤섞인다."라고 주장하기도 한다.[1] 이러한 주장은 상당히 일리가 있다. 하지만 이것이 완전한 진리는 아니다. 뒤셴 박사는 눈썹주름근을 "반성의 근육"이라고 불렀다.[2] 하지만 이러한 명칭을 일정한 제한 없이 완전히 옳다고 말할 수는 없다.

우리가 매우 깊은 생각에 잠겨 있어도 이마가 계속 편평할 수 있다. 그러다가 추론 과정에서 어떤 장애를 만나거나 어떤 방해로 추론이 중단되면 그 순간 이마 위에 주름이 그림자처럼 지나간다. 한동안 굶은 사람은 어떻게 음식을 구할 수 있을까에 대해서만 골똘할 수 있다. 하지만 생각과 행동에서 어떤 어려움을 겪게 되지 않는 이상, 혹은 구한 음식이 구역질이 나지 않는 이상 그는 얼굴을 찡그리지 않을 것이다. 나는 자신이 먹고 있는 것이 이상하거나 맛이 좋지 않다고 느낄 때 거의 모든 사람이 즉시 얼굴을 찡그린다는 사실을 알게 되었다. 한번은 여러 사람에게 나의 목적을 말하지 않고 그것이 무슨 소리이며 어디에서 나는 소리인지 생각해 보라며 모두가 잘 알고 있는 똑똑 치는 매우 작은 소리에 집중해 보라고 요구한 적이 있다. 이때 얼굴을 찡그린 사람은 아무도 없었다. 하지만 우리 모두가 아주 조용한 가운데에서 무엇을 하고 있는지 미처 알지 못한 한 사람이 늦게 동참했는데, 소리를 들어보라고 요구하자 그는 기분이 언짢은 상태가 아니었음에도 얼굴을 많이 찡그렸으며, 우리 모두가 무엇을 원하는지 전혀 이해하지 못하겠다고 말했다. 동일한 취지에서 이루어진 관찰 내용을 발간한 피데리트 박사는 말을 더듬는 사람들이 일반적으로 말을 하면서 얼굴을 찡그리며, 장화를 잡아당기며 신는 것과 같은 하찮은 일을 하는 사람마저도 장화가 너무 꽉 끼인다고 생각하면 얼굴을 찡그린다는 말을 덧붙였다.[3] 어떤 사람들은 상습적으로 얼굴을 찡그리며, 이에 따라 단순히 말을 하려 해도 거의 항상 이마가 수축한다.

내가 제기한 질문에 대한 답장으로부터 추론해 보건대, 모든 인종의 사람들은 생각을 하다 당혹스러울 때 얼굴을 찡그린다. 하지만 나는 그들에게 편지를 보내면서 명상에 몰입한 경우와 혼란스러운 문제를 숙고(perplexed reflection)하는 경우를 혼동하면서 질문의 틀을 잘못 구성했다. 그럼에도 오스트레일리아 인, 말레이 인, 인도인, 그리고 남아프리카의 카피르 인이 당혹스러울 때 얼굴을 찡그리는 것은 확실하다. 마르틴 도브리츠호퍼(Martin Dobrizhoffer)의 설명에 따르면 남아메리카의 과라니 인도 유사한 상황에서 이마를 찌푸린다.[4]

이러한 고찰로 미루어 보았을 때, 찡그림은 아무리 깊이 숙고한다고 해도 단순히 숙고로부터 나타나는 표정은 아니며, 아무리 면밀하게 관심을 집중한다고 해도 그러한 집중으로부터 나타나는 표정 또한 아니다. 이는 일련의 사유 과정 혹은 행동에서 직면하게 되는 어려움이나 유쾌하지 못함을 드러내는 표정이라고 결론지을 수 있다. 하지만 별다른 어려움이 없는 상황에서 깊은 숙고가 오랫동안 지속되는 경우는 별로 없으며, 이에 따라 깊이 숙고할 때는 일반적으로 찡그림이 동반될 것이다. C. 벨 경이 말했듯이 찡그림이 지적인 에너지가 흐른다는 인상을 주는 것은 이 때문이다. 하지만 이러한 느낌을 주려면 눈이 맑고 안정되어 있어야 하며, 시선이 아래로 향해 있어야 한다. 이러한 모습은 깊은 사고에 빠져 있을 때 흔히 나타난다. 또한 이러한 인상을 주기 위해서는 언짢거나 까다로운 사람의 경우처럼, 혹은 눈에 활기가 없고 턱이 수그러짐으로써 지속적인 고통으로 인한 효과가 얼굴에 나타나는 사람의 경우처럼, 혹은 먹고 있는 음식에서 좋지 않은 맛을 느낀 사람이나 바늘에 실을 꿰는 것과 같은 하찮은 행동을 하는 것이 힘들다고 느끼는 사람의 경우처럼 얼굴 표정이 다른 요인들에 의해 교란되어서는 안 된다. 이러한 경우에 우리는 사람들이 얼굴을 찡그리는 모습을 흔히 보게 된다. 하지만 이 상황에서는 어떤 다른 얼굴 표정이 함께 나타날 것인데, 이로 인해 얼굴 표정에 지적인 에너지가 전혀 느껴지지 않게 되며, 심원한 사유를 하는 모습 또한 나타나지 않게 된다.

이제 우리는 사유 혹은 행동을 어렵거나 유쾌하지 않다고 인식했을 때 찡그린 얼굴이 이를 어떻게 표현하는가를 탐구할 수 있을 것이다. 박물학자들은 한 기관의 구조를 충분히 이해하기 위해서는 그 기관의 발생학적 발달 과정을 추적해 보는 것이 좋다고 생각한다. 마찬가지로 표현 동작을 충분히 이해하기 위해서도 동일한 방식을 최대한 따르는 편이 좋을 것이다. 갓난아이에게서 태어난 첫날 살펴볼 수 있는 최초의, 그리고 거의 유일한 표정이며, 이후에는 흔히 살펴볼 수 있는 표정은 악을 쓰며 우는 동안 보이는 표정이다. 처음에는, 그리고 그 후 한동안 악을 쓰며 우는 것은 괴롭거나 만족스럽지 못한 모든 감각과 감정, 다시 말해 배고픔, 고통, 화, 질투, 두려움 등으로 인해 촉발된다. 이 경우에 눈 주위의 근육이 강하게 수축한다. 나는 이것이 그 후 우리가 생활하면서 찡그리는 동작을 상당 부분 설명한다고 생각한다. 나는 생후 1주에서 2~3개월까지 내 아이들을 계속적으로 관찰했는데, 악을 쓰며 울기가 점차적으로 진행될 때 최초의 징후로 나타난 것은 눈썹주름근의 수축이며, 이로 인해 약간의 찡그림이 나타났다. 다음으로 눈 주위 다른 근육들의 수축이 신속하게 이어졌다. 아이가 불편하거나 몸 상태가 좋지 않을 때는 끊임없이 약간의 찡그림이 ─ 내가 노트에 기록해 놓은 것처럼 ─ 아이의 얼굴에 그림자처럼 지나가는 듯이 보였다. 이런 현상이 나타나면 일반적으로(항상은 아니지만) 조만간에 울음이 터졌다. 예를 들어 나는 생후 7~8주 된 영아가 차가워서 그에게 불쾌하게 느껴지는 우유를 빨고 있는 것을 한동안 보고 있었는데, 시종 얼굴을 다소 찡그리고 있었다. 이것이

인간과 동물의 감정 표현

실제 울음의 격발로 이어지지는 않았지만, 당장 울음을 터뜨릴 것 같은 모습을 간혹 관찰할 수 있었다.

　소리 내어 울거나 악을 쓰며 울기 시작할 때 눈썹을 수축시키는 이와 같은 습관은 수많은 세대를 거치면서 아기들에게 계속 이어졌으며, 이에 따라 이러한 습관은 괴롭거나 싫은 느낌이 생기는 것과 견고하게 연결되었다. 그리하여 이와 같은 습관은 나이가 들어서도 유사한 상황에서 계속 유지된다. 비록 울음의 격발로 이어지는 경우는 절대 없지만 말이다. 악을 쓰며 울거나 눈물을 흘리는 것은 어린 시절부터 자발적으로 통제가 이루어지기 시작함에 반해, 찡그리는 것은 어떤 나이에서건 억제가 이루어지는 경우가 거의 없다. 다른 아이들이라면 단순히 얼굴을 찡그리는 정도에 그치는 조그만 당혹스러운 일에도 잘 우는 아이들은 쉽게 눈물을 터뜨리는데, 이러한 사실은 주목해 볼 필요가 있을 것이다. 특정 부류의 정신 이상자들 또한 마찬가지다. 그들은 습관적으로 얼굴을 찡그리는 사람에게는 약간의 찡그림을 초래할 정도에 지나지 않는 아주 작은 정신적인 충격만으로도 억제하지 못할 정도의 눈물을 쏟는다. 무엇인가 괴로운 것을 처음 지각했을 때 눈썹을 찡그리는 습관은 비록 유아기에 습득한 것이지만 남은 삶 동안 계속 유지되는데, 이러한 사실이 인간과 동물이 어릴 때 습득하는 다수의 다른 연합 습관들을 영구적으로 유지한다는 사실에 비해 놀라운 것은 아니다. 예를 들어 완전히 성장한 고양이는 따뜻함이나 편안함을 느낄 때면 흔히 습관적으로 발가락을 쭉 뻗은 상태에서 자신들의 앞다리를 번갈아 가며 내미는데, 이러한 습관은 어미의 젖을 빨려는 뚜렷한 목적을 위해 형성된 것이다.

어떤 문제를 골똘히 생각하거나 어떤 어려움에 직면했을 때 얼굴을 찡그리는 습관은 또 다른 뚜렷한 원인으로 강화되었을 것이다. 시각은 모든 감각 중에서 가장 중요한데, 원시 시대에는 먹을 것을 구하거나 위험을 피하기 위해 끊임없이 멀리 있는 대상에 극도로 주의를 기울여야 했을 것이다. 내가 남아메리카의 일부 지역을 여행하던 중의 일이었다. 그 지역은 원주민이 있어 위험했다. 비록 무의식적인 것처럼 보였지만, 함께 다닌 덜 개화한 가우초 인은 끊임없이 지평선 전체를 면밀하게 살펴보았는데, 내가 이를 인상 깊어 했던 기억이 난다. 대낮에, 특히 하늘이 눈부시게 밝을 때 머리에 아무것도 쓰지 않고(원래 인류는 이렇게 살았을 것이다.) 먼 곳의 물체를 구분하기 위해 애쓸 때, 우리는 빛이 너무 많이 눈으로 들어오는 것을 방지하기 위해 거의 항상 이마를 찡그린다. 이와 동시에 눈구멍을 축소하기 위해 아래 눈꺼풀, 뺨, 그리고 윗입술이 동시에 위로 치켜올라간다. 나는 단지 시력을 시험해 보고자 할 따름이라고 말하면서, 의도적으로 여러 젊은 사람과 나이 든 사람에게 이와 같은 상황에서 멀리 떨어져 있는 대상을 쳐다볼 것을 요구했다. 이때 그들은 모두 앞에서 서술한 바와 같은 방식으로 행동을 했다. 그들 중 일부는 과도한 빛을 차단하기 위해 손바닥으로 눈을 가리기도 했다. 그라티올레도 이와 대동소이한 결과에 대해 몇 마디 언급한 후,[5] "이는 잘 보이지 않을 때 사람들이 취하는 태도다."라고 말했다. 그는 눈 주위의 근육이 부분적으로는 너무 많은 빛이 들어오는 것을 방지하기 위해(나에게는 이 점이 더욱 중요한 목적이라고 생각된다.), 부분적으로는 보고자 하는 대상으로부터 직접적으로 오는 광선을 제외하고는 망막을 때리는 모든 빛을

인간과 동물의 감정 표현

막기 위해 수축한다고 결론을 내린다. 나는 이 점을 보면 씨에게 의뢰해 보았는데, 그에 따르면 눈 주변을 둘러싸고 있는 근육의 수축은 방금 언급한 기능 외에 "안구가 자기 고유의 근육을 이용해 두 눈으로 무엇인가를 보는 동작을 더욱 견실하게 지원하기도 한다. 이와 같은 방법으로 눈 주변 근육의 수축은 두 눈의 협조 동작을 어느 정도 지탱해 준다."

밝은 빛 아래서 먼 대상을 찬찬히 바라보려는 노력은 힘들고도 짜증스러운 일이다. 원래 눈썹 부위는 유아기에 상당히 독자적인 이유, 다시 말해 악을 쓰며 우는 동안 두 눈을 보호하기 위한 첫 단계로 수축되었다. 수많은 세대를 거치면서 눈썹 부위는 이러한 노력과 더불어 습관처럼 수축했으며, 이렇게 해서 찡그리는 습관이 한층 더 강화되었을 것이다. 마음의 상태라는 관점에서 보자면 먼 대상을 유심히 바라보는 것과 사고의 애매한 연쇄를 추적해 보는 것, 혹은 조그맣고 성가신 기계적인 작업을 하는 것 사이에는 실로 커다란 유사성이 있다. '눈썹이 수축되는 습관은 너무 많은 빛을 차단할 필요가 전혀 없을 때도 이어진다.'라는 생각은 앞에서 언급한 여러 사례, 즉 눈썹 혹은 눈꺼풀이 유사한 상황에서, 유용한 목적에 유사하게 사용되어 왔고, 이에 따라 특정 상황에서 불필요한 방식으로 활동하고 있다는 사실을 통해 재차 확인된다. 예를 들어 우리는 어떤 대상을 보고 싶어 하지 않을 경우에 의도적으로 눈을 감으며, 어떤 제안을 거부할 경우에도 마치 이를 볼 수 없거나 보고 싶지 않다는 듯이 눈을 감는 경향이 있다. 또한 어떤 무서운 것을 생각하는 경우에도 눈을 감고는 한다. 우리는 재빨리 우리 주위를 둘러보려 할 때 눈썹을 치켜뜨며,

우리가 무엇인가를 몹시 기억해 내고 싶어 할 때도 흔히 동일한 모습을 나타낸다. 마치 우리가 그것을 보려고 애쓰기라도 하듯 행동하는 것이다.

망아, 명상

무심코 생각에 빠져 있을 때, 혹은 간혹 언급되는 것처럼 "멍하니 생각에 잠겨 있을 때" 우리는 얼굴을 찡그리지는 않지만, 눈은 풀려 있는 것처럼 보인다. 아래 눈꺼풀은 근시인 사람이 먼 대상을 구분하려고 할 때와 동일한 방식으로 대개 치켜올라가고 주름이 잡힌다. 이와 더불어 윗눈둘레근은 가볍게 수축된다. 이러한 상황에서 아래 눈꺼풀에 주름이 잡히는 모습이 일부 미개인들에게서 관찰되었는데, 예를 들어 다이슨 레이시 씨는 퀸즐랜드의 오스트레일리아 원주민들에게서, 기치 씨는 말라카 내륙의 말레이 인들에게서 이러한 현상을 여러 번 관찰한 바 있다. 현재로서는 이러한 움직임의 의미 혹은 원인이 무엇인지에 대해 설명할 수 없다. 하지만 여기에서도 우리는 마음의 상태와 연결되어 있는 눈둘레근 움직임의 또 다른 사례를 볼 수 있다.

풀려 있는 눈 표정은 매우 독특한 것으로, 이는 어떤 사람이 완전히 생각에 몰입되어 있음을 즉각적으로 나타낸다. 돈더르스 교수는 평상시와 다를 바 없는 친절함으로 나를 위해 이 주제를 연구해 주었다. 그는 이러한 상태에 놓여 있는 사람들을 관찰했는데, 자기 자신도 역시 테오도어 빌헬름 엥겔만(Theodor Wilhelm Engelmann) 교수의 관찰 대상이 되었다. 이때 눈은 어떤 대상에도 고정되어 있지 않았는데, 다시 말해 눈은 내가 상상했던 것처럼 어떤 먼 대상에 고정되어 있지 않았던 것이다. 심지어 두 눈의 시선이 약간 분기되는 경우도 흔히 있었다. 시준면(視準面, plane of sight)을 수평으로 하고 머리를 곧추세울 경우, 이런 분기의 정도는 최대 2도에 이른다. 이것은 먼 대상에 대한 교차된 이중상(二重像)이 관찰됨으로써 확인되었다. 근육이 전반적으로 이완되어 머리가 앞으로 수그러졌을 때(이는 생각에 깊이 잠긴 사람에게서 흔히 나타나는 현상이다.) 시야가 여전히 수평을 유지하고 있으면 두 눈이 약간 위를 향하게 되며, 이때 두 눈은 3도에서 3.5도로 분기된다. 눈을 더욱 치켜뜨면 6도에서 7도로 두 눈이 분기된다. 돈더르스 교수는 눈의 특정 근육이 거의 완전하게 이완되기 때문에 이와 같은 분기가 일어난다고 말한다. 이는 마음이 완전히 몰입됨으로써 나타나는 현상이다. 눈 근육이 활동하고 있는 경우에는 안구가 수렴된다. 돈더르스 교수는 완전한 망아(abstraction)의 상태에 빠져 있는 동안 두 눈이 분기되는 이유를 설명하기 위해 다음과 같은 이야기를 들려줬다. 한쪽 눈이 멀고 잠시 시간이 흐르게 되면 그 눈은 거의 항상 바깥쪽으로 이탈한다.[6] 그것은 눈둘레근이 안구를 안쪽으로 움직여 두 눈으로 보게 하는 데 더 이상 활용되지 않기 때문이다.

혼란스러운 문제에 대한 숙고에는 대개 특정 동작이나 몸짓이 뒤따른다. 이 경우에 우리는 흔히 손을 이마, 입 혹은 턱에 올려놓는다. 하지만 내가 본 바에 따르면, 우리가 어느 정도 명상에 잠겨 있으면서, 아무런 어려움을 만나지 않을 때는 이와 같이 행동하지 않는다. 플라우투스(Plautus)는 자신의 한 회곡 작품에서 혼란에 빠진 사람을 그리면서 다음과 같이 말한다.[7] "보시오. 그는 자신의 손으로 턱을 괴고 있소." 심지어 일부 미개인에게서는 손을 들어 얼굴에 갖다 대는 것과 같은 사소하고도 아무런 의미가 없음이 분명한 몸짓이 관찰되기도 했다. J. 맨슬 위일 씨는 남아프리카의 카피르 인들에게서 이러한 몸짓을 본 적이 있다고 한다. 그리고 원주민 추장인 가이카 씨는 이러한 상황에 있는 사람들이 "자신들의 수염을 잡아당기기도 한다."라고 덧붙였다. 북아메리카 서부 지역의 가장 미개한 일부 종족을 연구했던 워싱턴 매슈스(Washington Matthews) 씨는 그들이 생각에 몰두할 때 자신들의 "손, 엄지와 집게손가락을 얼굴의 일부분, 흔히 윗입술에 갖다 대는" 모습을 보았다고 말하고 있다. 우리는 깊은 생각을 하며 뇌를 많이 사용할 때 왜 이마를 압박하거나 문지르는지는 이해할 수 있다. 하지만 왜 손을 입이나 얼굴에 갖다 대는지는 분명하게 알지 못한다.

언짢음

우리는 찡그리는 것이 어려움에 직면했을 때, 혹은 유쾌하지 못한 생각이나 행동을 경험했을 때 나타나는 자연스러운 표정임을 살펴보았다. 그리고 마음이 이런 방식으로 흔히, 그리고 쉽사리 영향을 받는 사람은 쉽게 언짢아하거나 가볍게 화를 내거나 투정을 하는 경향이 있으며, 흔히 얼굴을 찡그림으로써 이러한 마음 상태를 드러내 보

인간과 동물의 감정 표현

인다. 하지만 찡그림으로써 부루퉁해진 표정은 눈을 밝게 빛나게 하고, 습관적으로 미소를 지음으로써 상냥하게 보이려 할 경우, 상쇄될 수 있다. 눈이 맑고 동요하지 않을 때, 그리고 매우 진지하게 숙고하는 경우에도 그렇게 될 것이다. 슬픔을 나타내는 징표인 약간 처진 입 언저리와 찡그림이 함께 나타나면 성마른 느낌을 준다. 만약 한 아이가 울면서 많이 찡그리지만 눈둘레근이 일상적인 방식으로 강하게 수축하지 않을 경우, 뚜렷이 식별되는 분노한 표정이, 심지어 격노의 표정이 고통과 뒤섞여 나타난다.[8] (사진 IV의 2)

만약 찡그린 눈썹 전체가 코배세모근의 수축으로 인해 아래로 크게 처질 경우, 코의 기부 전반에 가로 방향의 주름이 생기는데, 이때 침울한 표정이 만들어지게 된다. 뒤셴은 찡그림 없이 이러한 근육이 수축할 경우, 극단적으로 공격적인 무자비한 모습이 나타난다고 생각한다.[9] 하지만 나는 이것이 진정한 혹은 자연스러운 표정인가에 대해 많은 의구심을 느낀다. 나는 뒤셴이 촬영한, 전기 충격으로 이 근육이 강하게 수축된 한 젊은이의 사진을 열한 명의 사람들에게 보여 주었다. 여기에는 화가도 포함되어 있었다. 그런데 이들 중에서 그가 왜 그런 표정을 짓고 있는지를 알아맞힌 사람은 "매우 언짢다."라고 제대로 답한 한 소녀를 제외하고는 한 사람도 없었다. 어떤 의도로 찍은 사진인지 알고 있으면서 처음 이 사진을 보았을 때, 나는 필요한 것 한 가지, 즉 찡그린 눈썹을 추가하는 상상을 해 보았다. 그랬더니 진정성을 담은, 극단적으로 언짢은 표정으로 보였다.

밑으로 처져 있으면서 찡그린 눈썹과 굳게 다문 입모습은 결의에 차 있음을 느끼게 하며, 완고하면서 부루퉁한 마음 상태에 있다는 느낌을 준다. 굳게 다문 입이 어떻게 해서 결의에 차 있는 느낌을 주는가에 대해서는 곧 논의하도록 하겠다. 내게 정보를 제공해 준 분들은 오스트레일리아의 서로 다른 여섯 지역의 원주민에게서 나타난 무뚝뚝하고 완고한 표정을 뚜렷하게 확인했다. 스콧 씨에 따르면 이러한 표정은 인도인에게서 잘 드러난다. 이는 말레이 인, 중국인, 카피르 인, 에티오피아 인에게도 관찰된 바 있고, 로스록(Rothrock) 박사에 따르면 북아메리카의 미개한 원주민들에게서 두드러지게 나타났으며, D. 포브스(D. Forbes) 씨에 따르면 볼리비아의 아이마라스 (Aymaras) 인에게서도 발견된다. 나는 이를 칠레 남부의 아로카노스 (Araucanos) 인에게서도 발견했다. 다이슨 레이시 씨는 오스트레일리아 원주민들은 이러한 마음 상태에 있을 때 간혹 팔짱을 끼기도 했다고 말해 주었다. 이는 우리에게서도 살펴볼 수 있는 태도다. 굳건한 결심은 결국 완고함이 되는데, 이는 양어깨를 들어 올리는 모습을 통해 표현되기도 한다. 이러한 몸짓의 의미는 다음 장에서 설명하도록 하겠다.

부루퉁해진 어린 아이들은 입을 삐죽거리거나 '입을 내밀어서' 자신의 감정을 드러낸다.[10] 입의 언저리가 많이 처지면 아랫입술이 약간 뒤집히면서 튀어나온다. 이 또한 삐죽거림이라고 한다. 단 여기서 말하는 삐죽거림은 위아래 입술을 관(管) 모양으로 내미는 것을 말하는데, 코가 낮을 경우에는 코끝에 이르기까지 입술을 내밀기도 한다. 일반적으로 입 내밀기는 찡그림과 더불어 나타나며, 이때 "피" 또는 "홍" 하는 콧소리를 함께 내기도 한다. 이러한 표정은 적어도 유럽 인들에게서는 성인이 되었을 때보다 유아기에 훨씬 두드러

인간과 동물의 감정 표현

지게 나타나는, 내가 아는 한 거의 유일한 표정이라는 점에서 주목할 만하다. 하지만 화가 크게 났을 경우에는 모든 인종의 성인들이 어느 정도 입술을 내미는 경향이 있다. 일부 아이들은 부끄러울 때도 입을 내미는데, 이는 부루퉁함이라고 말하기 어렵다.

여러 대가족에 대한 나의 탐구로 미루어 보았을 때, 유럽 아이들에게서는 입 내밀기가 매우 흔한 현상은 아닌 듯하다. 하지만 이는 범세계적으로 나타나는 현상이며, 수많은 관찰자의 주의를 끈 것으로 미루어 보건대, 이는 대부분의 미개 인종들에게서도 흔히 나타나는 매우 두드러진 모습이다. 이는 오스트레일리아의 서로 다른 여덟 지역에서 확인되었다. 그리고 내게 정보를 제공해 준 사람 중 하나는 아이들의 입술이 얼마나 불쑥 튀어나오는지에 대해서 이야기해 주었다. 관찰자 두 명은 인도인 아이가 입을 내미는 것을 보았고, 또 다른 관찰자 세 명은 남아프리카의 카피르 인과 핑고 인, 그리고 호텐토트 인의 아이들이 그렇게 하는 것을 보았다. 그리고 두 명은 북아메리카의 미개한 원주민 아이들이 그렇게 하는 것을 보았다. 입을 내미는 것은 중국인, 에티오피아 인, 말라카의 말레이 인, 보르네오의 다약 인, 그리고 뉴질랜드 원주민에게서도 흔히 관찰되었다. 멘셀 윌 씨는 부루퉁할 때 카피르 인의 아이들뿐만이 아니라 성인 남녀 모두가 입술을 많이 내민다고 내게 알려주었다. 스택 목사는 뉴질랜드의 성인 남성에게서는 이따금, 그리고 여성에게서는 매우 빈번히 이러한 모습을 목격했다. 동일한 표정의 흔적이 성인 유럽 인에게서 탐지되기도 한다.

결론적으로 우리는 입술 내밀기, 특히 어린 아이들이 그렇게 하는 것이 이 세상의 많은 지역을 통틀어 부루퉁함의 특징임을 알 수 있다. 이러한 동작은 대체로 어린 시절에 원초적인 습성을 보존한 데 따른 결과임에 분명하며, 간혹 그러한 습성으로 되돌아감으로써 나타나기도 한다. 앞 장에서 언급한 바와 같이, 어린 오랑우탄과 침팬지는 불만족스러울 때, 다소 화가 났거나 부루퉁할 때 자신의 입술을 상당한 정도로 내민다. 또한 그들은 놀랐을 때, 약간 두려울 때, 그리고 심지어 약간 만족스러운 경우에도 이러한 동작을 취한다. 그들이 입을 내미는 것은 이와 같은 여러 마음의 상태를 나타내는 다양한 소리를 내기 위해서임이 분명하다. 그리고 내가 침팬지를 살펴본 바에 따르면 그들의 입 모양은 즐거울 때와 짜증 날 때 내는 소리에 따라 약간씩 달라졌다. 이들이 화가 났을 때는 입의 모양이 완전히 변하고 이빨이 드러난다. 어른 오랑우탄은 상처를 입었을 때 "처음에는 높은 음조로 이루어진 특이한 소리를" 냈으며, "이는 차츰 낮게 으르렁거리는 소리로 변했다. 높은 음조의 소리를 낼 때는 오랑우탄이 자신의 입술을 깔때기 모양으로 내밀었지만, 낮은 음조의 소리를 낼 때는 자신의 입을 크게 벌렸다."[11] 고릴라는 아랫입술을 매우 길게 늘어뜨릴 수 있다. 만약 인간에 가까웠던 우리 선조가 부루퉁할 때, 혹은 약간 화가 날 때 현존 유인원들과 동일한 방식으로 입술을 내밀었다면, 우리 아이들 또한 유사한 마음 상태에서 이와 동일한 표정과 소리를 내는 경향을 어느 정도 나타낼 수 있을 것이다. 이는 호기심을 자아내는 일일지언정, 이상한 일은 아니다. 동물들이 그들의 성인 선조가 원래 소유했던 특성들(어렸을 때에는 어느 정도 완벽하게 가지고 있다가 나중에는 상실하는 특성들)을 계속 유지하고 있고, 그들의 가까운 친척인 특정

인간과 동물의 감정 표현

종이 여전히 이를 계속 유지하고 있다는 것이 전혀 이상한 일은 아니기 때문이다.

문명화된 유럽 인 아이들에 비해 미개인의 아이들에게서 부루퉁할 때 입술을 내미는 경향이 더욱 강하게 나타난다는 사실 또한 이상한 일이 아니다. 미개성의 본질은 원시 상태를 유지하는 데 있기 때문이다. 심지어 이러한 주장은 신체적 특징에 대해서도 적절히 적용할 수 있다.[12] 이러한 입장에서 입을 내미는 기원을 설명하는 것에 대해서는 반론이 제기될 수 있다. 즉 유인원은 놀랐을 때, 심지어 약간 만족스러울 때도 입술을 내미는 데 비해, 우리는 일반적으로 이러한 표정이 마음이 부루퉁해 있을 때만 나타난다고 이의를 제기할 수 있는 것이다. 물론 다양한 인종의 사람들은 크게 놀라거나 경악했을 때 더욱 흔히 입을 크게 벌린다. 그럼에도 입술을 약간 내밀어서 자신이 놀랐음을 표현하는 경우도 있다. 이는 이어지는 장에서 살펴볼 것이다. 우리가 웃거나 미소지을 때 입 언저리가 뒤로 젖혀지는데, 만약 실제로 우리의 초기 조상들이 이와 같은 방식으로 즐거움을 표현했다면 우리는 즐거울 때 입술을 내미는 경향을 상실했을 것이다.

여기서 우리는 부루퉁한 아이가 나타내는 조그만 몸짓, 즉 '쌀쌀맞게 구는 행동(showing a cold shoulder)'에 주목해 볼 필요가 있을 것이다. 이는 내가 생각하기에 양어깨를 들어 올리는 것과 다른 의미를 갖는다. 부모의 무릎에 앉아 있는 성마른 아이는 어깨 부근을 들어 올리면서 마치 쓰다듬지 못하게 하려는 듯이 홱 잡아당기고, 이어서 기분을 상하게 한 사람을 떨쳐버리려는 듯이 어깨를 뒤로 당긴다. 나는 다른 사람에게서 어느 정도 거리에 떨어져 서 있는 아이가 자신의 한쪽 어깨를 들어 올려 약간 뒤로 움직이고 난 후, 자신의 몸 전체를 돌려 버림으로써 자신의 감정을 드러내는 모습을 보았다.

결단 혹은 결의

입을 굳게 다무는 것은 얼굴 표정에 결단 혹은 결의를 했다는 느낌이 묻어나게 한다. 결단을 한 사람치고 습관적으로 입을 벌리고 있는 사람은 하나도 없을 것이다. 이러한 사실을 근거로 사람들은 작고 약한 아래턱을 대개 우유부단한 성격의 특징으로 여긴다. 이러한 턱의 소유자는 입이 평소에 굳게 다물어지지 않는 듯이 보인다. 꾸준한 노력 (그것이 신체적이건, 정신적인 것이건)을 한다는 것은 이에 앞서 그러한 노력을 한 사람이 결의를 다졌음을 함축한다. 그리고 만약 근육계를 많이, 계속 사용하는 동안, 혹은 사용하기에 앞서 일반적으로 입이 다물어져 있음을 보여 줄 수 있다면, 우리는 연계의 원리에 따라 결심이 이루어짐과 동시에 입이 다물어질 것이라고 거의 확신할 수 있을 것이다. 그런데 여러 관찰자들이 주목한 바에 따르면 근육과 관련된 격렬한 활동을 시작하는 사람은 반드시 먼저 공기를 흡입해 허파를 확장하고, 이어서 가슴 근육을 강하게 수축함으로써 공기를 압축한다. 이를 위해 입을 굳게 다문다. 또한 그는 숨을 내쉬지 않을 때도 여전히 가슴을 최대한 부풀린다.

　왜 이와 같은 행동을 하는가에 대해서는 다양한 입장들이 제시되고 있다. C. 벨 경은 가슴 근육을 일정불변하게 지지하기 위해 가슴이 공기로 부풀려지고, 부풀려진 상태를 계속 유지하는 것이라는 입장을 견지한다.[13] 이에 따라 그가 언급하듯이, 두 사람이 맹렬한 싸움을 벌이려 할 때는 소름 끼치는 정적이 감도는데, 이는 곧 숨 막힐 듯한 거친 호흡에 의해 깨지고 만다. 이때 정적이 흐르는 이유는 어떤 소리를 내면서 공기를 배출할 경우, 팔 근육을 지지하는 힘이 약해지기 때문이다. 만약 어두운 곳에서 싸움이 벌어졌는데 고함 소리가 들렸다면, 우리는 둘 중 한 사람이 좌절하고 항복했음을 즉시 짐작할 수 있다.

그라티올레는 사람이 있는 힘을 다해 싸우려 할 때, 혹은 아주 무거운 것을 들어야 할 때, 오랫동안 강제적으로 동일한 태도를 계속 유지해야 할 때, 먼저 깊이 숨을 들이쉬고, 다음으로 호흡을 멈출 필요가 있음을 인정한다.[14] 하지만 그가 생각하기에 C. 벨 경의 설명은 문제가 있다. 그는 호흡이 정지될 경우, 혈액 순환이 지연된다는 입장을 견지한다. 이는 내가 생각하기에 의심의 여지가 없다. 이어서 그는 동물의 신체 구조로부터 일부 흥미로운 증거, 즉 근육을 계속해서 사용하기 위해서는 혈액 순환이 지연되어야 하며, 반대로 신속한 동작을 취하기 위해서는 혈액 순환이 빨리 이루어져야 한다는 사실을 보여 주는 증거를 제시한다. 이러한 견해에 따르면 우리가 큰 힘을 발휘하려 할 때 입을 다물고 호흡을 멈추게 되는데, 이는 혈액 순환을 지연시키기 위함이다. 그라티올레는 이 문제에 대해 다음과 같은 주장으로 자신의 입장을 요약한다. "이것이 바로 계속된 노력의 결과로 얻게 된 진실된 이론이다." 하지만 다른 생리학자들이 이러한 이론을 어느 정도까지 수용하는지에 대해서는 잘 알지 못한다.

피데리트 박사는 근육을 강렬하게 사용하는 동안 입을 굳게 다무는 현상을 "특별히 힘을 발휘할 때 반드시 작동되는 근육 이외의 다른 근육으로도 의지가 그 영향을 확장한다."라는 원리에 의거해서 설명한다.[15] 호흡 근육과 입 근육은 습관적으로 그와 같이 활용되어 왔으며, 때문에 유달리 그와 같이 작동하는 경향을 자연스레 나타낸다. 이러한 견해에는 어느 정도의 진리가 담겨 있다고 나는 생각한다. 우리는 전력을 다해 격렬하게 힘을 사용할 때 이를 악무는 경향이 있기 때문이다. 그런데 숨을 내쉬지 않으려면 가슴 근육을 강하게 수축시켜야 하지만 이를 악물 필요는 없다.

마지막으로 우리는 진력을 다할 필요는 없지만 그럼에도 섬세하고도 어려운 작업을 해야 할 때도 일반적으로 눈을 감고 잠시 호흡을 멈춘다. 하지만 이렇게 행동하는 것은 가슴 동작이 팔 동작을 방해하지 않도록 하기 위함이다. 예를 들어 우리는 어떤 사람이 바늘에 실을 꿸 때 입술을 굳게 다물고, 숨을 멈추거나 최대한 조용히 숨을 쉬는 장면이 보게 되는 경우가 있다. 앞서 말한 바와 같이, 이러한 모습은 창유리 위를 웽웽거리며 날아다니는 파리를 주먹으로 때려잡는 일을 즐기던 병든 어린 침팬지에게서도 살펴볼 수 있었다. 아무리 사소한 행동이라 해도 만일 어렵다면 이를 수행하기에 앞서 어느 정도의 사전적 결의가 필요하다.

앞에서 언급한 모든 원인들이 복합적이건 개별적이건 다양한 경우에 서로 다른 정도로 작동하고 있다는 주장에는 별다른 문제가 없는 것처럼 보인다. 그 결과 격렬하면서도 지속적으로 진력을 다하는 동안, 혹은 어떤 섬세한 작업을 시작할 때와 일을 하는 동안 입을

인간과 동물의 감정 표현

굳게 다무는 잘 확립된(어쩌면 생래적으로 물려받은) 습관이 나타날 것이다. 일단 마음이 어떤 행동이나 일련의 행동을 하려는 결심을 하면 연계의 원리에 따라 방금 언급한 것과 동일한 습관을 나타내려는 강한 경향성이 생겨날 것이다. 심지어 육체적인 진력을 다하기 전, 혹은 이러한 노력이 요구되지 않을 때도 그러한 경향성이 생겨날 것이다. 이런 사실로 인해 습관적으로, 그리고 굳게 입을 다무는 것은 그가 굳은 결심의 소유자임을 보여 주게 되었다. 한편 결단력은 쉽사리 완고함으로 전환된다.

10장

증오와 분노

(증오와 분노는 각각 hatred와 anger를, 분개는 indignation을, 냉소는 sneering을, 무시는 defiance를 우리말로 옮긴 것이다. — 옮긴이)

우리가 어떤 사람으로부터 고의로 상해를 당하거나 당할 것 같을 경우, 혹은 그가 어떻게든 우리에게 적의를 가질 경우, 우리는 그를 싫어한다. 그리고 혐오는 쉽사리 증오로 발전한다. 적당한 정도로 경험될 경우, 이러한 감정은 신체나 얼굴의 움직임에 뚜렷하게 표현되지 않는다. 이러한 감정이 행동의 심각성이나 언짢음으로 인해 표현될 수도 있지만 이는 예외다. 그럼에도 증오하는 사람을 오랫동안 생각하면서 분개나 격노의 감정을 느끼지 않거나 그 표정을 나타내지 않을 수 있는 사람은 소수다.

하지만 적의를 느끼게 하는 사람이 하찮은 사람일 경우, 우리는 단순히 업신여김이나 경멸의 생각을 품을 따름이다. 이에 반해 그 사람이 매우 권능 있는 사람일 경우, 증오는 공포로 변한다. 마치 노예가 잔인한 주인을 생각할 때나 미개인이 피에 굶주린 악신(惡神)을 생각할 때처럼 말이다.[1] 우리의 감정은 대부분 표현과 밀접하게 연결되어 있으며, 때문에 신체가 활동하지 않고 수동적인 상태에 머물러 있을 경우에는 특정 감정이 거의 느껴지지 않는 상황이라고 말할 수 있다. 즉 표현의 특징은 대개 이와 같은 특정 마음 상태에서 일상적으로 어떤 행동을 했느냐에 따라 결정된다. 예를 들어 어떤 사람이 자신의 목숨이 경각에 처해 있음을 깨닫고, 어떻게든 살아야겠다는 욕구를 가질 수 있다. 그럼에도 마치 폭도에 둘러싸인 루이 16세처럼 "내가 두려워하고 있는가? 내 맥박을 느껴 보라."라고 말할 수 있다. 이처럼 우리가 누군가를 몹시 증오할 수 있지만 신체가 영향을 받을 때까지는 화가 나 있다고 말할 수 없다.

격노

나는 3장에서 흥분된 감각 중추가 신체에 미치는 직접적인 영향을 습관적으로 연계된 활동과 아울러 논의하면서 이러한 감정을 다룬 바 있다. 격노의 표출 방식은 대단히 다양하다. 항상 영향을 받는 것은 심장과 혈액 순환이다. 얼굴은 이마와 목의 혈관이 팽창되면서 붉어지거나 진홍색이 된다. 얼굴이 붉어지는 것은 남아메리카의 구릿빛 원주민에게서도 관찰되며,[2] 심지어 오래된 부상으로 인해 흑인의 피부에 생긴 흰 상처 자국에서도 나타난다고 일컬어진다.[3] 원숭이들 또한 화가 났을 때 얼굴이 붉어진다. 생후 4개월이 채 안 된 내 아이 중 한 명에게서 나는 감정이 격해지려는 첫 징후가 혈액이 머리 가죽으로 몰려드는 것이었음을 반복적으로 관찰했다. 반면 화를 크게 냄으로써 심장의 활동이 크게 방해를 받는 경우도 있는데, 이때 안색이 창백해지거나 납빛이 되며,[4] 심장병이 있는 적지 않은 사람들이 이

인간과 동물의 감정 표현

러한 강력한 감정 상태에서 쓰러져 숨을 거둔다.

호흡 또한 마찬가지로 영향을 받는다. 가슴이 부풀고 콧구멍이 넓어져 벌름거린다.[5] 앨프리드 테니슨(Alfred Tennyson)이 적었듯이 "노여움으로 인한 격한 숨결이 그녀의 요정 같은 콧구멍을 부풀게 했다." 이에 따라 "화가 나서 숨을 내쉬다.", "분노로 씨근거리다." 같은 표현이 있는 것이다.[6]

뇌가 흥분할 경우, 근육에 힘이 실리고 의지에 에너지가 불어넣어지기도 한다. 이때 일반적으로 곧바로 행동을 취하기 위해 몸이 곧추서지만 손발이 어느 정도 굳은 상태에서 몸이 괴롭히는 사람을 향해 굽는 경우도 있다. 일반적으로 입은 굳게 결심을 한 듯 일반적으로 굳게 다물고 있으며, 이를 악물거나 간다. 마치 기분을 상하게 한 사람을 때리려는 듯이, 주먹을 꽉 쥐고 팔을 들어 올리는 자세를 취하는 모습을 흔히 볼 수 있다. 감정이 격해져서 기분을 상하게 한 사람에게 썩 꺼지라고 하는 사람 중 상대를 때리려는 듯한 행동을 취하거나 격하게 밀치는 등의 행동을 억제할 수 있는 사람은 얼마 없다. 실제로 때리려는 욕구가 참을 수 없을 정도로 강해져서 물건을 치거나 바닥에 팽개쳐 버리기도 한다. 이러한 몸짓은 목적을 완전히 상실하거나 광적인 것으로 전환되는 경우가 빈번하다. 어린 아이들은 매우 화가 날 때 등이나 배를 땅에 대고 데굴데굴 구르고, 악을 쓰며 울고, 발버둥을 치고, 할퀴고, 혹은 가까이 있는 모든 것을 물어뜯기도 한다. 스콧 씨에게서 들은 바에 따르면 인도인의 아이들 또한 마찬가지다. 그리고 우리가 살펴본 바와 같이 유인원의 새끼들 또한 다르지 않다.

하지만 근육계는 흔히 전혀 다른 방식으로 영향을 받는다. 이렇게 말하는 것은 극단적으로 분노했을 경우, 대개 그 결과로 전율이 나타나기 때문이다. 이때 입술은 마비되어 의지의 명령에 따르지 않으며, "목소리가 목구멍에 들러붙는다."[7] 또한 목소리가 커지고 격해지며 불협화음을 내기도 한다. 만약 말을 많이 하고 빨리 했다면 입에 거품이 인다. 머리카락이 곤두서기도 한다. 이 주제에 대해서는 격노와 공포가 혼합된 감정을 다루는 다른 장에서 다시 다루기로 하겠다. 대부분의 경우, 이러한 상황에서 사람들의 앞 이마에는 주름이 잔뜩 잡힌다. 이는 무언가에 집중하면서 불쾌하거나 어렵다는 느낌이 들 때 생기기 때문이다. 하지만 눈썹이 크게 수축하거나 아래로 처지는 대신, 매끄러움을 유지한 상태로 눈을 부릅뜨고 부라리는 경우도 있다. 이때 눈에서는 빛이 나며, 호메로스가 표현했듯이, 이글거릴 수 있다. 간혹 눈이 충혈되기도 하며, 이때 눈이 안와(眼窩, 눈구멍)로부터 튀어나와 보인다는 말을 하기도 하는데, 이는 혈관이 팽창될 때 나타나는 현상을 설명하면서 살펴본 바와 같이, 의심의 여지없이 머리에 혈액이 몰린 결과다. 그라티올레에 따르면,[8] 분노할 때는 동공이 항상 수축하며, 크라이튼브라운 박사에게서 들은 바에 따르면, 뇌막염으로 심한 정신 착란 상태에 빠졌을 때도 이와 동일한 현상이 나타난다. 하지만 다른 감정의 영향을 받고 있을 때 홍채의 움직임에 대해서는 거의 해명된 바가 없다.

셰익스피어는 격노의 핵심적인 특징을 다음과 같이 요약한 적이 있다.

　　　　　　　　　　　인간과 동물의 감정 표현

평화로울 때는 온화한 평정과 겸양만큼

인간을 인간답게 만드는 것은 없다.

그러나 한 번 진군의 나팔 소리가 우리의 귀를 울리면

호랑이의 행동을 흉내 낸다.

최고의 영광스러운 병사들이여!

근육을 굳게 하고 피를 용출시켜

눈을 무시무시한 모습으로 만들고

이를 악물고 콧구멍을 넓혀

숨을 힘차게 불어넣고

모든 정기를 끝없이 쏟아 넣어

전진, 전진하라!

—「헨리 5세」 3막 1장

　격노할 때는 입술이 간혹 앞으로 튀어나오는데, 그 의미는 우리 인간이 유인원과 유사한 동물에서 유래되었다고 생각지 않는 이상 나에게는 이해가 되지 않는다. 이에 관한 사례들은 유럽 인들뿐만 아니라 오스트레일리아 인과 인도인에게서도 관찰되었다. 하지만 이러한 경우보다는 치아를 드러내거나 악문 모습을 보이면서 입술을 안으로 끌어넣는 경우가 훨씬 흔하게 나타난다. 이러한 사실은 표정에 대해 글을 쓴 거의 대부분의 사람들이 파악하고 있다.[9] 이는 이를 드러내고 적에게 달려들거나 물어뜯을 태세의 모습이다. 비록 실제로 이러한 방식으로 행동할 의도가 없을지라도 말이다. 다이슨 레이시 씨는 오스트레일리아 인이 다투고 있을 때, 가이카 씨는 남아프리카의 카피르 인에게서 이러한 표정을 봤다. 디킨스는 화가 난 군중에게 둘러싸인, 막 잡힌 잔혹한 살인자에 대해 말하면서 "사람들이 겹겹이 서서 날뛰었고, 그들은 이를 드러내며 소리치면서 맹수처럼 그에게 달려들었다."라고 묘사하고 있다.[10] 어린 아이들과 일상을 상당 부분 함께하는 사람들이라면 누구나가 아이들이 격한 감정 상태에 있을 때 얼마나 자연스레 물려고 하는가를 보았을 것임에 틀림없다. 이는 마치 알에서 나오자마자 조그만 입을 탁 소리를 내며 닫는 어린 악어들처럼 아이들에게서 본능적인 것처럼 보인다.

이를 드러내는 표정과 입술을 내미는 모습이 동시에 나타나는 경우가 간혹 있다. 한 면밀한 관찰자는 자신이 격심한 증오 상태에 놓인(이는 다소 억제된 분노와 거의 구분할 수가 없다.) 동양인들을 많이 보았으며, 한 번은 나이 든 영국 여성이 이런 상태에 있는 경우를 보았다고 말했다. 이 모든 경우에서 "찌푸린 얼굴이 아니라 치아를 드러내는 표정만이 나타났다. 입술이 늘어나고, 뺨은 아래쪽으로 내려가고, 눈은 반쯤 감겼지만, 눈썹은 완전히 평온한 상태를 유지했다."[11]

사람들이 싸울 때 치아를 거의 사용하지 않는다는 사실을 감안한다면 분노가 격발되었을 때 괴롭히는 사람을 물어뜯을 듯이 입술을 뒤쪽으로 당기고 치아를 드러내는 것은 매우 특이한 현상이다. 때문에 나는 J. 크라이튼브라운 박사에게 그러한 습관이 격한 감정을 조금도 자제하지 않는 정신 이상자에게서도 일상적으로 나타나는지에 대해 문의를 해 보았다. 그는 자신이 정신 이상자와 백치에게서 이러한 모습을 되풀이해서 관찰했다고 알려주었으며, 내게 다음과 같은 실례를 들려주었다.

인간과 동물의 감정 표현

내 편지를 받기 바로 전, 그는 정신 이상 여성이 억누를 수 없는 분노를 격발하면서 망상에 사로잡혀 질시하는 모습을 목격했다. 처음에 그녀는 남편에게 욕을 했으며, 그렇게 하면서 입에 거품을 물었다. 다음으로 그녀는 입술을 굳게 다물고 증오에 찬 찡그린 얼굴로 그에게 다가갔다. 그리고는 자신의 입술, 특히 윗입술의 양쪽 언저리를 뒤로 당기면서 치아를 드러냈는데, 그러면서 그녀는 거세게 남편을 가격하려 했다. 두 번째는 연로한 군인의 사례다. 병원 측에서는 그에게 병원의 규칙에 따를 것을 요구했는데, 그는 이에 불만을 나타냈고, 종국에는 화를 냈다. 일반적으로 그는 크라이튼브라운 박사에게 먼저 자신을 그러한 방식으로 처우하는 것에 부끄러움을 느끼지 않는가를 물었다. 그러고는 그는 욕설과 불경스러운 말을 하면서 두 팔을 거칠게 휘두르면서 신경질적으로 왔다 갔다 했으며, 그러면서 가까이에 있는 사람들을 위협했다. 자신의 분노가 극에 달하자, 종국에 그는 크라이튼브라운 박사에게 독특한 옆걸음으로 와락 달려들어 꽉 쥔 주먹을 휘두르며 죽이겠다고 위협했다. 이때 그의 윗입술, 특히 입술 언저리가 치켜올라가는 것처럼 보였으며, 그리하여 그의 커다란 송곳니가 드러났다. 그는 꽉 다문 이 사이로 쉭쉭 소리를 내며 저주를 퍼부었으며, 그의 표정은 온통 극도의 광폭성을 드러내고 있었다. 또 다른 사람도 이와 유사한 모습이었다. 다만 그는 입에 거품을 물면서 침을 뱉고, 기묘하고도 잽싼 동작으로 춤을 추고 뛰어 돌아다니며, 찢어질 듯한 가성으로 저주를 퍼붓는다는 점이 달랐다.

크라이튼브라운 박사는 혼자서 움직일 수 없는, 간질병을 앓고 있는 백치의 경우에 대해서도 알려주었다. 그는 하루 종일 장난감을 가지고 놀았지만 까다로운 성격의 소유자였고, 쉽사리 격노하기에 이르렀다. 자신이 가지고 노는 장난감을 누군가가 만지면, 그는 일상적으로 아래로 향해 있던 고개를 서서히 들고, 느리지만 화가 난 찌푸린 모습으로 마음을 상하게 한 사람을 응시했다. 계속 성가시게 할 경우에 그는 자신의 두꺼운 입술을 뒤로 당기면서 일렬로 늘어선 섬뜩한 치아들을 드러냈다. ("특히 커다란 송곳니가 눈에 띄었다.") 그다음으로 잽싸고도 무자비하게 성가시게 한 사람을 우악스럽게 움켜쥐었다. 크라이튼브라운 박사가 밝히고 있듯이 그는 평소에 동작이 매우 느렸다. 그리하여 소리가 들려서 자신의 머리를 한쪽 방향에서 다른 방향으로 돌리는 데 대략 15초가 걸렸다. 이를 감안할 때 이러한 움켜쥠의 속도는 경이로운 것이었다. 화가 난 상태에서 손수건, 책, 혹은 다른 물건이 손에 쥐어질 경우, 그는 이를 입으로 가지고 가서 깨물었다. 니콜 또한 정신 이상 환자에 관한 두 가지 사례를 내게 이야기해 주었다. 이들의 입술은 분노가 격발하는 동안 뒤쪽으로 수축되었다.

모즐리 박사는 백치들에게서 살펴볼 수 있는 다양한 동물적인 특성들을 상세히 설명하고 난 후, 원시적 본능이 다시 나타남으로써 이러한 특성을 살펴볼 수 있게 된 것이 아닌지 묻는다. 이는 "아득히 먼 과거로부터의 희미한 흔적으로, 인간이 발전을 함으로써 거의 벗어나게 된 과거의 혈족 관계를 입증한다." 이에 덧붙여 그는 다음과 같이 주장한다. 인간의 뇌 발달 과정은 하등 척추동물에서 일어나는 것과 동일한 단계를 거치는데, 백치의 뇌는 발달이 억제된다. 이

인간과 동물의 감정 표현

에 따라 우리는 백치의 뇌가 "가장 원시적인 기능을 나타내고, 그 이상의 고등한 기능을 발휘하지 못할 것"이라고 추정해 볼 수 있다. 모즐리 박사는 일부 정신 질환 환자의 변질된 뇌에까지 이러한 관점을 적용할 수 있다고 생각한다. 이어서 그는 다음과 같이 묻는다. "일부 정신 질환자에게서 살펴볼 수 있는 야만적인 으르렁거리는 소리, 파괴적인 성향, 추잡한 언어, 거친 아우성, 공격적 습성"은 어디서 왔을까? 인간이 자신의 내부에 야수성을 가지고 있지 않다면, 일부 사람들이 이성을 잃을 경우, 야수와 같은 모습으로 변하는 이유를 설명할 수 있을까?[12] 어느 정도 짐작할 수 있는 바와 같이, 이러한 질문에 대해서는 야수성을 상정해야 한다고 답해야 할 것이다.

분노, 분개

이와 같은 마음 상태는 그 정도라는 측면에서 격노와 차이가 있을 뿐, 그 특징적인 징후라는 측면에서 별다른 차이가 없다. 어느 정도 화가 났을 때는 심장 활동이 다소 증가하며, 안색이 상기되면서 눈이 빛난다. 호흡도 마찬가지로 약간 빨라진다. 호흡 기능에 필요한 모든 근육은 연계해서 작동을 하는데, 이 일환으로 콧구멍의 양옆 또한 다소 치켜올라간다. 이는 자유롭게 공기를 흡입할 수 있게 하기 위함이다.

　이는 사람들이 분개했을 때 살펴볼 수 있는 두드러진 특징이다. 흔히 입은 굳게 다물고 있고, 거의 항상 이마는 찡그리고 있다. 분개한 사람은 극단적인 분노를 표현하는 미친 듯한 몸짓 대신 무의식적으로 적을 공격하거나 가격할 준비 자세를 갖추고, 마치 무시하려는 듯한 태도로 머리부터 발끝까지 상대를 면밀히 살펴볼 것이다. 그는 자신의 머리를 곧추세우고 가슴을 활짝 펴며 발로 땅을 단단히 디딜 것이다. 그는 한쪽 또는 양 팔꿈치를 펴거나 자신의 팔을 양 측면에 확고하게 고정하는 등 다양한 팔 자세를 취한다. 유럽 인은 흔히 주먹을 꽉 쥔다.[13] 사진 Ⅵ의 1과 2는 분개한 사람의 모습을 상당히 잘 보여 주고 있다. 성난 목소리로 모욕당한 것에 대한 해명을 요구하는 장면을 생생하게 상상해 본다면, 우리는 갑자기, 그리고 무의식적으로 그와 같은 태도로 변하는 자신의 모습을 거울 속에서 확인할 수 있을 것이다.

격노, 분노, 그리고 분개는 전 세계적으로 거의 동일한 방식으로 표현된다. 다음의 서술은 이에 대한 증거로 제시할 만할 것이며, 전술한 주장의 일부에 대한 예시로도 언급할 만한 가치가 있다고 생각한다. 단 주먹을 꽉 쥐는 모습은 예외인데, 이러한 모습은 주로 주먹으로 싸우는 사람들에게서만 살펴볼 수 있다. 내게 정보를 제공한 분들은 오직 한 명의 오스트레일리아 원주민들에게서만 주먹을 꽉 쥐는 모습을 보았다. 정보를 제공해 주신 모든 분들은 분노할 때 사람들이 몸을 곧추세운다는 것에 대해서는 의견이 일치했고, 두 사람의 예외를 제외하고는 모두가 눈썹이 심하게 수축했다고 주장했다. 정보 제공자들 중 일부는 꽉 다문 입, 팽창된 콧구멍, 그리고 빛나는 눈을 언급하기도 했다. 테플린 목사에 따르면 오스트레일리아 원주민들은 입술을 앞으로 내밀면서 눈을 부릅뜨는 모습을 통해 격노를

인간과 동물의 감정 표현

표현한다. 여성의 경우에는 날뛰면서 공중에 먼지를 날리는 방법으로 격노를 드러낸다. 또 다른 관찰자는 분노할 때 팔을 광폭하게 휘두르는 원주민에 대해 말하고 있다.

나는 주먹을 꽉 쥐는 것을 제외하고는 말라카 반도의 말레이 인, 에티오피아 인, 그리고 남아프리카 원주민에 대해서도 유사한 설명을 전해 들은 바 있다. 북아메리카의 다코타 인디언 또한 마찬가지였다. 그리고 매슈스에 따르면, 이 경우 그들은 자신의 머리를 곧추세우고 찡그린 채, 흔히 큰 걸음으로 성큼성큼 걸어 다닌다. 브리지스 씨는 푸에고 군도인에 대해 말해 주었는데, 그에 따르면 그들은 격노했을 때 흔히 발을 동동 구르고, 미친 듯이 왔다 갔다 하며, 때로는 소리 내어 울면서 얼굴이 창백해지기도 한다. 스택 목사는 한 뉴질랜드 인 남성과 여성이 말다툼을 벌이는 장면을 목격했는데, 그는 그 장면을 다음과 같이 노트에 적었다. "눈을 부릅뜨고 몸을 앞뒤로 심하게 요동했으며 머리를 앞으로 기울이고 주먹을 꽉 쥐고 등 뒤로 주먹을 날리는가 하면 다음에는 서로의 얼굴을 향해 주먹을 휘두르기도 했다." 스윈호 씨는 화난 사람이 일반적으로 화나게 한 사람 쪽으로 몸을 기울이고, 삿대질하면서 욕설을 퍼붓는다는 점을 제외하고는 자신이 중국인에게서 본 것과 내가 서술한 바가 일치한다고 말한다.

마지막으로 J. 스콧 씨는 인도 원주민이 격분했을 때 보여 주는 몸짓과 표현을 상세하게 서술해 내게 보내 주었다. 두 명의 하층 계급의 벵골 인이 돈을 빌려준 것을 놓고 논쟁을 벌이고 있었다. 처음에 그들은 조용하게 시작했지만 이내 격해졌고, 서로의 혈연과 수 세대 전의 선조에 대해 매우 상스럽게 욕을 퍼부었다. 그들의 몸짓은 유럽 인과는 많이 달랐다. 그들은 가슴과 어깨를 폈지만, 손을 쥐었다 폈다 하면서 팔꿈치를 안쪽으로 향한 채 팔을 거의 움직이지 않고 있었다. 그들은 자주 어깨를 아래위로 들썩거렸다. 또한 그들은 심하게 찡그린, 아래로 처진 눈썹 밑의 눈으로 서로를 무섭게 쏘아봤고 그들의 불쑥 내민 입술은 굳게 닫혀 있었다. 그들은 머리와 목을 앞으로 내밀고 서로에게 다가가 밀치고 할퀴고 서로를 움켜잡았다. 분노했을 때 이처럼 머리와 몸을 내미는 현상은 흔히 살펴볼 수 있는 몸짓인 것처럼 보인다. 나는 비속한 영국 여성이 거리에서 맹렬하게 말다툼을 하고 있을 때 이것과 똑같은 몸짓을 보았다. 이 경우 양쪽 모두 상대방에게 가격당하리라 생각지 않는 것으로 보였다.

식물원에 고용된 한 벵골 인이 원주민 관리자로부터 값비싼 식물을 훔쳤다는 이유로 스콧 씨의 면전에서 문책을 당했다. 그는 묵묵히 그리고 냉소하는 표정으로 문책을 듣고 있었다. 그는 가슴을 펴고 똑바로 서 있었으며 입을 다물고 입술을 내민 채 뚫어지게 한 곳만을 응시했다. 이윽고 그는 주먹을 꼭 쥐고 손을 들어 올린 상태에서 눈을 크게 뜨고 눈썹을 올린 채, 머리를 앞으로 내밀고 반항하듯이 자신의 무고함을 주장했다. 스콧 씨는 시킴(Sikhim) 주에서 임금 배분 문제로 말다툼을 벌이고 있는 두 명의 메치스(Mechis) 인도 봤다. 그들은 이내 격한 감정으로 치달았고, 그러자 머리를 앞으로 내밀면서 몸을 약간 굽혔다. 그들은 상대를 향해서 얼굴을 일그러뜨리면서 어깨를 들어 올렸다. 또한 그들은 팔꿈치를 안쪽으로 하면서 팔을 경직되게 구부리고 있었고, 덜덜 떨면서 주먹을 쥐었지만 그렇다고 꽉 움켜쥐지는 않았다. 그들은 계속적으로 서로 밀고 당기며, 마치 때릴 듯이 자신의 팔을 수시로 들어 올렸지만, 그들의 손은 펴져 있었으며 가격 또한 일어나지 않았다. 스콧 씨는 렙차스(Lepchas) 인(네팔, 부탄과 인도의 시킴, 다르질링에 거주하는 종족. ─ 옮긴이)이 말다툼을 벌이는 모습을 종종 목격했는데, 여기에서도 유사한 관찰을 했다. 이때 그들의 팔은 경직되었고, 신체와 거의 평행을 유지한 채 다소 뒤쪽으로 향해 있었으며, 주먹을 반쯤 쥐기는 했지만 꽉 쥐지는 않고 있었다.

냉소, 무시

한쪽 송곳니 드러내기

내가 여기에서 고찰하고자 하는 표현은 이미 서술한, 입술이 수축하고 악문 이가 드러날 때의 표정과 그다지 차이가 없다. 오직 얼굴 한 편의 송곳니만을 보이는 방식으로 윗입술이 수축한다는 점에서만 차이가 있을 따름이다. 이 상황에서 얼굴이 대개 약간 뒤로 젖혀지며 기분을 나쁘게 한 사람을 어느 정도 회피한다. 이때 다른 격노의 징후가 반드시 나타나는 것은 아니다. 격노가 실제로 느껴지지 않을 때도 이러한 표정이 다른 사람을 냉소하거나 무시하는 경우에 관찰되기도 한다. 예를 들어 사람들이 실수를 한 것에 대해 장난삼아 건네는 핀잔에 개의치 않는다는 반응을 나타낼 때 이러한 표정을 짓는 경우가 있다. 이러한 표정이 흔한 것은 아니지만 나는 다른 사람에게 놀림을 당한 한 여성에게서 이러한 표정이 아주 분명하게 나타난 것을 본 적이 있다. 이것은 1746년에 파슨스(Parsons)가 제작한 한쪽 송곳니가 드러나는 모습의 조각에서 이미 적절히 표현되고 있다.[14] 레일란데르는 이 문제에 대해 내가 아무런 암시도 주지 않았음에도 이러한 표정이 매우 인상적이었다는 이유로 내게 이를 본 적이 있는지 물었다. 그는 나를 위해 한 여성의 사진(사진 IV의 1)을 찍었다. 그녀는 의도와 무관하게 한쪽 송곳니를 드러내는 경우가 있었는데, 자신이 의도할 때도 송곳니를 매우 뚜렷하게 보여 줄 수 있었다.

눈썹을 크게 찡그리면서 송곳니를 드러내고 눈매를 매섭게 할 경우, 다소 장난스러운 냉소의 표정은 매우 사나운 표정으로 전환된다. 한 벵골 인 소년은 어떤 잘못을 저지름으로써 스콧 씨가 있는 데서 꾸지람을 들었다. 잘못을 한 소년은 자신의 분노를 말로 표현하려 하지는 않았지만, 때로는 반항하는 듯한 찡그림을 통해, 또 어떤 경우에는 "완전히 송곳니를 드러내며" 으르렁대는 표정을 지음으로써 자신의 얼굴 표정에서 분노를 선명하게 드러냈다. 이러한 표정이 나타날 때는 "눈썹을 매우 강하게 찡그리면서, 송곳니(그의 송곳니는 유난히 크고 돌출해 있었다.) 윗입술 주변을 나무라는 사람 쪽을 향해 들어 올렸다." C. 벨 경은 배우인 쿠크(Cooke)가 "윗입술의 바깥쪽 부분을 치켜올린 채, 곁눈질을 하면서 날카롭고도 모난 치아를 드러내 보일 때" 아주 결연하게 혐오를 표현할 수 있었다고 말하고 있다.[15]

송곳니는 이중 동작의 결과로 드러난다. 입 언저리가 약간 뒤로 젖혀지면서, 코와 평행하게 뻗어 있는 코 주변부 근육이 윗입술의 바깥 부분을 끌어 올리는데, 이때 이러한 얼굴 움직임이 일어난 쪽의 송곳니가 드러난다. 이와 같은 근육의 수축은 뺨에 뚜렷한 주름을 만들며 눈 밑, 특히 눈 밑 안쪽에 짙은 주름을 만든다. 이러한 동작은 개

인간과 동물의 감정 표현

가 으르렁거릴 때 보여 주는 모습과 같다. 개가 싸움을 벌이려 할 때는 오직 상대방 쪽의 입술만을 치켜올린다. 원래 snar였던 sneer(냉소하다.)라는 단어는 사실상 snarl(으르렁거리다.)과 동일하며, 여기서 'l'은 "단순히 행동의 지속을 뜻하는 자모(字母)에 지나지 않는다."[16]

나는 조소 혹은 냉소라고 부르는 모습에서 이와 동일한 표정의 흔적을 발견할 수 있지 않나 생각해 본다. 이러한 표정을 지을 때 입술은 다물고 있거나 거의 다물고 있다. 하지만 한쪽 입 언저리가 냉소를 보내는 사람의 방향으로 치켜올라간다. 그리고 이처럼 한쪽 언저리가 뒤로 젖혀지는 것은 진정한 조롱을 나타내는 특징 중 하나다. 일부 사람들은 냉소를 지을 때 얼굴의 한쪽 면이 다른 쪽보다 더욱 웃는 표정이 된다. 하지만 마음을 담아 냉소를 지을 때 일반적으로 오직 한쪽만 웃음 짓는 표정이 나타나는 이유를 이해하기란 쉽지 않다. 나는 이러한 경우들에서 윗입술의 바깥 부분이 치켜올라가는 가벼운 근육 경련을 목격하기도 했다. 이러한 동작이 완전하게 이루어질 경우, 송곳니가 드러날 것이며, 진정한 냉소의 표정이 나타나게 될 것이다.

오스트레일리아 깁슬랜드의 외딴곳에서 선교 활동을 하고 있는 벌머 씨는 한쪽 송곳니만 드러나는 것에 대한 나의 질문에 답하면서 다음과 같이 말한다. "내가 본 바에 따르면 원주민들이 으르렁거리며 싸울 때는 화가 난 경우에 살펴볼 수 있는 일반적인 표정을 하고, 윗입술이 한쪽 방향으로 끌어 당겨진 채 이를 악물고 있는 모습을 보입니다. 이때 그들은 상대편을 똑바로 쳐다봅니다." 나는 오스트레일리아의 한 명, 에티오피아의 한 명, 그리고 중국의 한 명, 이렇게 총 세 명의 다른 관찰자들에게도 이러한 문제에 대해 질문을 했는데, 그들 또한 이에 대해 유사하게 답했다. 하지만 그러한 표현이 분명하지 못했고, 그들이 상세한 설명을 해 주지 않았기 때문에, 그들을 맹목적으로 믿는 것이 아닐까 우려되는 측면이 없지 않다. 그럼에도 동물과 유사한 이와 같은 감정 표현이 문명화된 인종에서보다 미개인에게서 더욱 흔히 나타날 가능성은 매우 크다. 기치 씨는 매우 신뢰할 만한 관찰자인데, 그는 말라카 내륙의 말레이 인에게서 이러한 모습을 한 번 목격한 적이 있었다. S. O. 글레니 목사는 "이러한 표정을 스리랑카 원주민에게서 목격한 적이 있지만 자주 목격한 것은 아닙니다."라고 답했다. 마지막으로 북아메리카에서 로스록 박사는 일부 미개한 원주민에게서 이러한 표정을 보았고, 아트나(Atnahs) 인근의 부족에게서는 자주 보았다고 했다.

　　누군가를 냉소하거나 무시할 때 오직 한쪽 윗입술만 치켜올라가는 경우가 있다는 것은 분명하지만, 항상 이러한 현상이 나타나는지는 잘 모르겠다. 이러한 상황에서 사람들은 일반적으로 얼굴을 반쯤 돌리고 있고, 대개 이러한 표정은 순간적으로 나타나기 때문이다. 한쪽에서만 움직임이 나타난다는 사실이 그러한 표정의 핵심이 아닐 수 있다. 그럼에도 그렇게 되는 것은 관련 근육이 한쪽 외에 다른 쪽으로 움직일 수 없기 때문일 수 있다. 나는 네 사람에게 이러한 표정을 의도적으로 지어 달라고 부탁했다. 그중 두 사람은 오직 왼쪽의 송곳니만을 드러낼 수 있었고, 한 사람은 오른쪽만을, 나머지 한 사람은 어느 쪽도 드러내지 못했다. 그럼에도 이들이 어떤 사람을 진심으로 무시하려 할 경우에도 상대방을 향해 무의식적으로 어떤 쪽

　　　　　　　　　　　　　인간과 동물의 감정 표현

의 송곳니건 드러내지 않는다고는 결코 말할 수 없다. 왜냐하면, 우리가 의도적으로 눈썹을 찡그릴 수는 없지만, 막상 실질적인 어려움을 당할 때(매우 하찮은 것이라 할지라도)에는 눈썹 모양을 찡그리는 사람들을 살펴볼 수 있기 때문이다. 이처럼 얼굴 한쪽의 송곳니를 의도적으로 드러낼 수 있는 능력이 완전히 상실된 경우가 흔하다는 사실은 그러한 표정이 드물게 활용되어 거의 흔적으로만 남았음을 시사한다. 인간이 그러한 능력을 소유한다는 것, 또는 이를 활용하려는 경향을 나타낸다는 것은 실로 놀랄 만한 사실이다. 이렇게 말하는 이유는 서튼 씨가 동물원에서 우리 인류의 가장 가까운 친척인 원숭이가 으르렁거리는 행동을 한번도 보지 못했기 때문이다. 그는 개코원숭이가 커다란 송곳니를 가지고 있기는 하지만 송곳니를 드러내며 으르렁거리지 않으며, 화가 나서 공격할 태세를 갖출 경우에도 자신의 모든 이빨을 드러낸다고 확언하고 있기도 하다. 성숙한 유인원의 송곳니는 암컷보다 수컷이 훨씬 큰데, 그들이 싸울 태세가 갖추어졌을 때 이 송곳니들을 드러내는지에 대해서는 알려진 바가 없다.

비웃는 것이건 사납게 이를 드러내며 노호(怒號)하는 것이건, 여기서 고찰한 감정 표현은 인간의 표현 중 가장 호기심을 끄는 것 중 하나다. 이는 인간이 동물에서 유래했음을 드러내 보여 준다. 땅바닥을 구르며 상대와 필사의 사투를 벌이면서 상대를 물려고 할 때도 자신의 다른 치아보다도 송곳니를 활용하려는 사람은 아무도 없기 때문이다. 유인원과 우리 인류의 유사성으로 미루어 보았을 때, 우리의 반인반수 조상 남성이 커다란 송곳니를 가지고 있었을 것이라 추측할 수 있으며, 그렇기 때문에 남성들은 오늘날에도 때로는 이상하리만큼 커다란 송곳니를 가지고 태어나고, 그 송곳니를 수용할 만한 크기의 틈새를 반대편 턱에 갖추고 있는 것이다.[17] 비록 지지할 만한 증거가 없기는 하지만, 우리는 한걸음 더 나아가 우리의 반인반수 조상이 싸울 태세를 갖추었을 때 송곳니를 드러내지 않았을까 하고 생각해 볼 수 있다. 왜냐하면 우리가 격분했을 때 혹은 단순히 냉소를 하거나 누군가를 무시하려 할 때, 실제로 상대를 치아로 공격하려는 의도가 없이도 여전히 송곳니를 드러내기 때문이다.

11장

업신여김, 경멸, 혐오, 죄책감, 거만 등, 무력함, 인내, 긍정적·부정적 느낌

(제목의 단어들은 각각 disdain, contempt, disgust, guilt, pride, helplessness, patience, affirmation and negation에 대한 번역이다. — 옮긴이)

냉소와 업신여김은 어느 정도 화가 더 났음을 의미하고 있다는 점을 제외하고는 경멸과 거의 구분하기 힘들다. 이들은 지난 장에서 냉소와 무시라는 용어로 검토했던 감정들과 뚜렷하게 구분되지도 않는다. 혐오는 그 특징이 비교적 두드러진 느낌으로, 첫째, 실제로 지각하거나 생생한 상상을 통해 미각과 관련한 구역질을 나게 하는 무엇을 말하며, 둘째, 취각, 촉각, 그리고 경우에 따라서는 시각을 통해 방금 언급한 바와 유사한 느낌을 야기하는 무엇을 말한다. 그렇지만 흔히 증오심이 일어나는 경멸(loathing contempt)이라고 일컬어지기도 하는 극단적인 경멸은 혐오와 거의 다르지 않다. 이렇게 보았을 때 이와 같은 다양한 마음의 상태는 밀접하게 연결되어 있으며, 수많은 다른 방식으로 각기 표현될 수 있을 것이다. 일부 저술가들은 이러한 느낌이 단일한 방식으로 표현됨을 주로 강조했음에 반해, 다른 저술가들은 서로 다른 방식으로 표현된다는 사실을 강조했다. 이러한 상황 속에서 M. 르모앙은 그들의 서술을 신뢰할 수 없다고 주장했다.[1] 우리는 여기서 고찰해 볼 감정들은 서로 다른 수많은 방식으로 표현되는 것이 자연스럽다는 사실을 곧바로 확인하게 될 것이다. 이는 다양한 습관적 행동들이 연계의 원리에 따라 그러한 감정을 잘 표현하는 만큼 그러하다.

조소나 업신여김과 마찬가지로, 냉소와 무시의 표정은 얼굴 한 쪽의 송곳니가 가볍게 드러나면서 나타날 수 있다. 그리고 이러한 얼굴 표정은 점차 웃음과 매우 유사한 모습으로 바뀌는 것처럼 보인다. 이 경우 미소 혹은 웃음은 조소이기는 하지만 실제 웃음일 수 있다. 그리고 이는 상대가 매우 하찮아서 단지 재미를 불러일으킬 따름이라는 의미를 함축하고 있다. 일반적으로 이때의 재미는 그렇게 보이는 것일 따름이다. 가이카 씨는 내 질문에 대해 같은 부족 사람들, 즉 카피르 인들이 상대를 경멸하고자 할 때 흔히 웃는다고 답했다. 라자 브룩 또한 보르네오의 다약 인에게서 동일한 현상을 목격했다. 웃음은 대개 단순히 즐거움의 표현이다. 때문에 내가 생각하기에 어린 아이들은 조롱 섞인 웃음을 짓는 일이 없다.

뒤셴 박사가 주장하듯이,[2] 눈꺼풀을 반쯤 감거나 눈이나 몸 전체를 돌려 버리는 모습도 업신여김을 매우 잘 표현한다. 이러한 동작은 경멸당한 사람이 볼 가치도 없다거나 보기에 유쾌하지 않다는 것을 나타내는 듯하다. 레일란데르가 제공한 다음 사진(사진 V의 1)은 이러한 업신여김의 표정을 적절히 보여 준다. 이는 젊은 여성이 자신이 경멸하는 애인의 사진을 찢어 버리려 할 때 취한 모습이다.

경멸을 표현하는 가장 흔한 방법은 코 부근이나 입 주변을 움직이는 것이다. 하지만 후자의 움직임이 강하게 나타나는 경우는 표정을 짓는 사람이 혐오감을 느낀다는 뜻이다. 이때 코가 약간 위로 향할 수 있는데, 이는 분명 윗입술이 위로 향함으로써 나타나는 모습이다. 이러한 동작이 단순히 코를 찡그리는 것으로 압축적으로 표현될

인간과 동물의 감정 표현

수도 있다. 한편 콧구멍 안의 통로를 일부 차단하기 위해 일반적으로 코를 약간 수축한다.[3] 이와 더불어 가볍게 콧바람을 내뿜거나 숨을 내쉰다. 이 모든 동작들은 우리가 불쾌한 냄새를 맡고, 이를 차단하거나 배출하고자 할 때 이루어지는 동작과 동일하다. 피데리트 박사가 말하고 있듯이,[4] 극단적인 경우에 우리는 양 입술 혹은 오직 윗입술만을 치켜올려 마치 밸브를 닫듯이 콧구멍을 닫는데, 이로 인해 코가 치켜올라간다. 이처럼 우리는 경멸하는 사람에게는 불쾌한 냄새가 나서 쳐다볼 가치도 없다고 말을 하는 듯한 태도를 취하는데, 이때의 태도는 눈을 반쯤 내리깔거나 얼굴을 돌리는 것으로 경멸을 나타낼 때와 거의 동일하다.[5] 우리가 경멸하는 사람에게 말을 하게 될 때는 마치 고약한 냄새라도 맡은 것처럼 반쯤 눈을 감고, 쳐다보지도 않으려는 듯이 얼굴을 뒤로 빼는 행동을 취한다. 그럼에도 우리가 경멸을 표현할 때 마음이 실제로 이러한 상태에 있다고 생각해서는 안된다. 하지만 유쾌하지 못한 냄새를 맡거나 장면을 목격할 때마다 우리는 이러한 유형의 행동을 하게 되었고, 이에 따라 이들이 습관이 되거나 고정되었으며, 결국 오늘에 와서는 유사한 마음 상태에 놓이게 될 때 이러한 행동을 하게 된 것이다.

여러 특이하고도 미세한 몸짓들 또한 경멸을 나타낸다. 엄지와 중지로 딱딱 소리를 내는 것은 그 예이다. 테일러 씨가 말하듯이,[6] 이는 "우리가 흔히 목도하는 장면이지만 이해하기가 쉽지 않다. 하지만 조용히 행해지는 동일한 몸짓, 예컨대 손가락과 엄지손가락 사이의 작은 물체를 밖으로 굴려 내는 듯한 행동, 혹은 이러한 물체를 엄지손톱과 집게손가락을 이용해서 튕겨 버리는 듯한 행동은 말 못 하는 청각 장애인의 일상적이고 잘 알려진 몸짓이다. 이는 사소하고 하찮으며 말할 거리도 안 된다는 것을 시사한다. 하지만 조용히 행해지는 동일한 몸짓, 예컨대 어떤 작은 물체를 손가락과 엄지손가락 사이로 굴려 버리는 듯한 행동, 혹은 이러한 물체를 엄지손가락의 손톱과 집게손가락을 이용해서 튕겨 버리는 듯한 몸짓이 사소하고 하찮으며 말할 거리도 안 된다는 의미를 담고 있는, 청각 장애인의 일상적이고 잘 알려진 몸짓임을 알게 될 경우, 우리는 사람들이 완전히 자연스러운 어떤 행동을 그 의미를 알아차리지 못할 정도로 과장하고 관례화하는 경우가 있지 않은지 생각해 보게 된다. 이러한 몸짓에 대해서는 스트라본의 흥미로운 언급이 있다." 워싱턴 매슈스 씨가 내게 보고한 바에 따르면, 북아메리카의 다코타 인디언들은 앞에서 서술한 얼굴 동작으로만 경멸을 나타내는 것이 아니라, "관행적으로, 움켜쥔 손을 가슴 근처에 두고 있다가 팔뚝을 갑작스레 뻗으면서 손을 쫙 편다. 만약 그러한 몸짓을 보이는 상대가 지금 있다면, 몸짓을 취하는 사람의 손은 그를 향할 것이고, 그로부터 머리를 돌리는 경우도 간혹 있을 것이다." 이처럼 손을 급작스레 뻗쳐서 펼치는 모습은 무가치한 대상을 떨어뜨리거나 던져 버리는 경우를 나타내는 것인지도 모른다.

'혐오'라는 단어의 가장 간단한 의미는 기호를 거스른다는 것이다. 이러한 느낌은 일상적이지 않은 음식의 모습, 냄새, 혹은 특성으로 인해 쉽사리 촉발되는데, 이는 흥미로운 사실이다. 티에라 델 푸에고의 우리가 있던 야영지에서 한 원주민이 내가 먹고 있던 차가운 고기 조림을 손가락으로 만져 본 적이 있었는데, 그는 그 부드러움에

인간과 동물의 감정 표현

대해 극도의 혐오감을 노골적으로 드러냈다. 반면 나는 비록 손이 더러워 보이진 않았지만 벌거벗은 미개인이 내가 먹는 음식에 손을 댔을 때 매우 혐오감을 느꼈다. 남성의 턱수염에 묻은 수프는 혐오스러워 보인다. 물론 수프 자체에는 전혀 혐오스러운 것이 없지만 말이다. 나는 음식을 보는 것(어떤 상황에 놓여 있건)과 이를 먹는다는 생각이 마음속에서 강하게 결합되어 있기 때문에 이러한 현상이 나타나는 것이라 생각한다.

혐오의 감각은 주로 먹거나 맛을 보는 행동과 관련되어 촉발된다. 이에 따라 관련 표정이 주로 입 주위의 움직임에서 나타난다는 것은 자연스러운 일이다. 하지만 혐오는 불쾌감을 일으키기도 한다. 때문에 혐오감이 느껴질 때는 일반적으로 찡그리는 표정이 아울러 나타나며, 흔히 불쾌감을 야기하는 물체를 밀쳐 버리거나 이로부터 자신을 보호하려는 듯한 몸짓을 나타내기도 한다. 레일란데르는 두 사진(사진 V의 2와 3)에서 이러한 표정을 어느 정도 성공적으로 모사해 내고 있다. 크지도 작지도 않은 혐오는 다양한 방식의 얼굴 표정을 통해 드러난다. 예를 들어 혐오는 마치 한입 먹은 음식을 토해 낼 듯이 입을 크게 열거나 침을 뱉는 모습을 통해, 불쑥 내민 입술로 숨을 내쉬거나 혹은 목구멍을 깨끗이 하기 위한 소리를 내는 방법을 통해 표현된다. 목구멍에서 나는 그와 같은 소리를 쓸 때는 '악(ach)' 혹은 '윽(ugh)'으로 표기한다. 이와 같은 소리를 낼 때는 전율이 따르며, 양 팔을 옆구리에 꼭 붙인 채 심한 두려움을 느낄 때와 동일한 방식으로 어깨를 들어 올린다.[7] 극단적인 혐오감은 마치 토하기 전과 같은 입 주변의 동작을 통해 표현된다. 윗입술이 강하게 수축하면서 입이 크게 열리며, 이로 인해 코 양측에 주름이 생기며, 가능한 아랫입술이 최대한 내밀어지고 뒤집힌다. 이러한 후자의 동작이 이루어지기 위해서는 입 언저리를 아래로 끌어내리는 근육이 수축해야 한다.

몇몇 사람들은 단순히 일상적으로 먹지 않는 음식, 예를 들어 평소에 먹지 않는 동물 음식을 먹는다는 생각을 하기만 해도 구역질을 하거나 실제로 토하는데, 이것이 얼마나 즉각적이면서 용이하게 촉발될 수 있는가를 보면 가히 놀랄 만하다. 그러한 음식에 위가 거부할 만한 것이 전혀 없음에도 그러하다. 반사 행동으로서의 구토가 어떤 실질적인 원인으로 인해 — 너무 기름진 음식을 섭취했거나 부패한 고기를 먹었거나 구역질로 인해 — 초래될 경우에는 그러한 원인이 있은 직후에 나타나지 않고, 일반적으로 상당한 시간이 흐른 후에 나타난다. 이런 사실로 미루어 보자면 '구역질 혹은 구토가 단순히 생각만으로도 신속하고도 쉽사리 촉발된다.'는 사실은 우리 조상이 이전에 자신들에게 맞지 않는 음식 혹은 그들이 생각하기에 자신들에게 맞지 않는 음식을 자발적으로 거부할 능력(반추동물과 일부 다른 동물들이 소유하고 있는 것과 같은 능력)을 갖추었던 것이 분명하다고 생각해야 설명할 수 있는 것이 아닐까 하는 의문을 가질 수 있다. 그리고 오늘날 의지가 이러한 힘을 상실했지만 이러한 힘은 과거에 잘 확립된 습관의 힘을 매개로 비자발적인 행동으로 편입되어, 어떤 종류의 음식을 먹는다는 생각에 대해, 혹은 무엇인가 역겨운 것에 대해 반감이 느껴질 경우 작동하는 것이 아닌가 생각해 본다. 이러한 생각은 동물원의 원숭이들이 매우 건강하면서도 흔히 구토를 한다는 사실(이는 서튼 씨를 통해 확인한 바다.)을 통해 뒷받침된다. 원숭이들은 이러한 행동

인간과 동물의 감정 표현

을 자발적으로 하는 것처럼 보였다. 그런데 과거에 인간은 언어를 통해 자신의 아이나 다른 사람들과 어떤 종류의 음식을 피해야 하는가에 대한 의견을 나눌 수 있었으며, 이에 따라 자발적인 구토 능력을 활용할 기회가 별로 없었을 것이라 생각해 볼 수 있다. 이에 따라 구토 능력이 사용되지 않게 되었고, 결국 사라졌을 것이다.[8]

후각은 미각과 밀접한 관련이 있다. 때문에 불쾌한 음식에 대한 생각이 일부 사람들의 구역질이나 구토를 촉발하듯이, 심한 악취 또한 이를 불러일으킨다는 것은 이상한 일이 아니다. 그리고 이에 따른 결과로 약간의 싫은 냄새가 혐오와 관련한 다양한 표현 동작을 야기한다는 사실 또한 이상하지 않다. 악취를 풍기는 냄새 때문에 구역질을 하는 경향은 불쾌감을 주는 원인에 오랫동안 노출되어 익숙해지거나 의도적으로 억제를 함으로써 얼마 있지 않아 사라진다. 하지만 이는 일정 정도의 습관을 통해 흥미로운 방식으로 즉시 강화된다. 예를 들어 나는 아직 완전히 불지 않은 새의 골격을 세척하고자 했는데, 이때 맡은 냄새가 나의 하인과 내게 (우리는 이런 일에 대한 경험이 그다지 없었다.) 극심한 구역질을 자아냈으며, 이로 인해 우리는 일을 그만둘 수밖에 없었다. 그 전 며칠 동안 나는 다른 골격들을 검사했는데, 그것들은 그다지 냄새가 나지 않았다. 그때까지만 해도 그러한 냄새는 내게 전혀 영향을 주지 않았지만, 그러한 일을 겪은 후에는 여러 날 동안 동일한 골격을 취급할 때마다 구역질이 났다.

나와 서신 교환을 하는 사람들로부터 받은 답장으로 미루어 보건대, 내가 이 책에서 경멸과 혐오를 표현하는 것으로 서술한 다양한 동작들은 이 세상의 상당 지역에서 두루 살펴볼 수 있는 듯하다. 예를 들어 로스록 박사는 북아메리카의 일부 미개한 원주민 부족에게서 이러한 모습들이 확실하게 나타난다고 답했다. 크란츠(Crantz) 씨는 그린란드 인이 경멸이나 두려움을 나타내면서 무엇인가를 거부할 때 자신의 코를 치켜들고 코로 경미한 소리를 낸다고 말했다.[9] 스콧 씨는 간혹 피마자 기름을 마시지 않을 수 없는 젊은 인도인이 이를 보았을 때의 얼굴 모습을 생생하게 묘사해 내게 보내 주었다. 스콧 씨는 어떤 더러운 물체에 가까이 다가선 상류층 원주민의 얼굴에서 동일한 표정을 보기도 했다. 브리지스 씨는 푸에고 군도의 사람들이 "경멸을 표현할 때 입술을 불쑥 내밀고, 입술 사이로 쉿 소리를 내며, 코를 치켜올린다."라고 말한다. 나와 서신 교환을 하는 사람들 중 다수는 거친 콧김을 뿜어내려는 경향이나 "우" 혹은 "아" 하는 소리를 내려는 경향을 목격했다.

침을 뱉는 것은 경멸 혹은 혐오를 나타내는 거의 보편화된 징표이다. 이는 입에서 무엇인가 싫은 것을 뱉어 내는 모습을 나타냄이 분명하다. 셰익스피어의 작품에서 노포크 공작은 "나는 그에게 비겁한 겁쟁이면서 악한이라고 욕하면서 침을 뱉었다."라고 말한다. 폴스태프도 다음과 같이 말한다. "헬, 네게 하고 싶은 얘기가 있다. 내가 거짓말을 한다면 내 얼굴에 침을 뱉어라." 라이히하르트에 따르면, 오스트레일리아 원주민들은 "자신들의 혐오감을 표현하는 소리임에 분명한 '푸우! 푸우!' 하는 시끄러운 소리를 내면서 그들의 연설을 중단시켰다." 버튼 선장은 "혐오감을 가지고 땅에다 침을 뱉던" 어떤 흑인에 대해 이야기해 주었다.[10] 스피디 대위는 에티오피아 사람들에게서도 마찬가지의 모습을 살펴볼 수 있다고 귀띔해 주었다.

기치 씨는 말라카 반도의 말레이 인의 경우에 "입에서 침을 뱉어 답함으로써" 혐오를 표현한다고 말한다. 그리고 브리지스 씨에 따르면 푸에고 군도 사람들에게서 "사람들에게 침을 뱉는 것은 가장 커다란 경멸의 표시"다.

나의 생후 5개월 된 아이가 태어나서 처음으로 찬물을 마셨을 때 지은 표정과 한 달 후 잘 익은 체리 한 조각을 입에 넣었을 때 지은 표정은 지금까지 내가 본 표정 중에서 혐오감을 가장 명백하게 얼굴에 드러낸 표정이었다. 이는 입술과 입이 전체적으로 입안의 것을 빨리 흘러나오게 하거나 뱉어낼 수 있게 하는 모습을 하는 데서, 그리고 혀를 내미는 모습에서 확인할 수 있었다. 이러한 동작에는 약간의 전율이 동반되었다. 나는 아이가 실제로 혐오감을 느꼈는지가 의심스러웠는데, 이 때문에 — 이때 아이의 눈이나 앞이마는 매우 놀라거나 걱정될 때의 모습을 보였다. — 아이가 짓는 모든 표정이 매우 익살스럽게 보였다. 역겨운 음식을 입에서 뱉어 내기 위해 혀를 내민다는 사실은 일반적으로 혀를 내미는 동작이 왜 경멸과 증오의 표시로 사용되는지를 설명해 준다.[11]

지금까지 우리는 조소, 업신여김, 경멸, 그리고 혐오가 여러 상이한 방식, 예컨대 얼굴 표정과 다양한 몸짓으로 표현된다는 것을, 그리고 이들이 전 세계적으로 동일하다는 것을 아울러 살펴보았다. 이들은 모두 우리가 싫어하거나 혐오하지만, 그러면서도 격노나 공포와 같은 강렬한 감정을 불러일으키지는 않는 실제 대상에 대한 거부 내지 거절을 나타내는 동작으로 이루어진다. 그리고 어떤 유사한 감정이 느껴질 때에는 습관과 연계의 힘으로 인해 유사한 동작을 취하게 된다.

질투, 시기, 탐욕, 복수심, 의심, 기만, 교활함, 죄책감, 허영, 자만심, 야망, 거만, 겸양 등

이러한 복잡한 마음 상태가 서술되거나 묘사될 수 있을 정도로 충분히 뚜렷하게, 어떤 고정된 표현으로 나타나는지는 의심스럽다. 셰익스피어는 '시기'를 "메마른 얼굴", "검은 얼굴" 혹은 "창백한 얼굴"로, '질투'를 "초록 눈의 괴물"이라 묘사하고 있고, 스펜서 씨는 '의심'을 "더러운, 추한, 그리고 냉혹한"으로 묘사하고 있는데, 그들은 이러한 감정을 묘사할 때마다 분명 어려움을 느꼈을 것이다. 그럼에도 앞에서 이야기한 감정들은 ─ 적어도 이들 중 다수는 ─ 눈으로 감지할 수 있다. 예를 들어 자만이 그러하다. 하지만 우리는 흔히 생각보다 훨씬 자주 그 사람이나 환경에 대한 선입견의 영향을 받는다.

나와 서신 교환을 하는 사람들은 거의 예외 없이 나의 질문, 예를 들어 죄책감이나 기만의 표정이 다양한 인종의 사람들에게서 인식될 수 있는지에 대한 질문에 대해 긍정적으로 답했다. 나는 그들의 답변을 신뢰한다. 대개 그들은 질투의 표정과 죄책감이나 기만의 표정을 구분하고 있기 때문이다. 관련 표정에 대한 상세한 묘사가 이루어지는 사례들을 살펴보면, 거의 항상 눈에 대한 언급이 이루어지고 있음을 알 수 있다. 죄지은 사람은 문책하는 사람을 쳐다보려 하지 않거나 그를 힐끔힐끔 쳐다본다. 이때 그는 "곁눈질을 하거나," "눈이 좌우로 동요되며," "눈썹을 내리깔고 어느 정도 눈을 감고 있다." 이러한 모습에 대한 언급은 하게나우어 목사가 오스트레일리아 원주민들을 이야기할 때, 그리고 가이카 씨가 카피르 인들을 이야기할 때 이루어지고 있다. 얼굴을 붉히는 모습을 다룰 때 설명하겠지만, 죄를 지은 사람이 문책하는 사람의 시선을 감당하지 못할 경우, 침착하지 못한 눈의 움직임이 뚜렷하게 나타난다. 나는 아주 어릴 적 내 아이들이 전혀 두려워하는 기색 없이, 죄책감을 느낄 때 보여 주는 표정을 짓는 모습을 목격하기도 했다. 한번은 2년 7개월 된 아이에게서 그러한 표정이 의심의 여지가 없이 분명하게 나타났고, 이로 인해 아이가 범한 작은 잘못을 탐지해 낼 수 있었다. 내가 당시 쓴 비망록에 기록했듯이, 이는 눈이 서술하기 불가능한, 이상야릇하고도 꾸며 낸 모습으로 부자연스럽게 빛나는 데서 드러났다.

내가 생각하기에 교활함 또한 주로 눈 동작을 통해 드러난다. 왜냐하면 눈은 오래 지속되어 온 습관의 힘으로 인해 육체적 동작에 비해 의지의 통제를 상대적으로 덜 받기 때문이다. 허버트 스펜서 씨는 다음과 같이 주장한다.[12] "우리가 시야의 한쪽에 있는 무엇인가를 들키지 않고 보려 할 때, 우리는 머리 부위의 현저한 움직임을 억제하면서, 오직 눈만으로 필요한 조정을 하려는 경향이 있다. 이에 따라 두 눈은 한 방향으로 크게 치우치게 된다. 이처럼 두 눈이 한쪽으로 향하지만 얼굴이 동일한 방향으로 향하지 않을 경우, 우리는 이른바 교활함이라 부르는 자연스러운 모습을 볼 수 있게 된다."

앞에서 언급한 모든 복잡한 감정들 중에서 가장 분명하게 표현되는 것은 아마도 거만일 것이다. 거만한 사람은 자신의 머리와 몸을 똑바로 세움으로써 다른 사람들에 대한 우월감을 드러낸다. 그는 도도하며, 가능한 한 자신을 크게 보이고자 한다. 바로 이러한 이유로 우리는 거만한 사람을 "자존심으로 가득 찼다." 혹은 "부풀어 올랐다."라고 은유적으로 표현하는 것이다. 간혹 날개를 부풀어 올리고 점잔빼며 걷는 공작 혹은 수컷 칠면조는 거만의 상징이라 일컬어지기도 한다.[13] 거만한 사람은 좀처럼 겸양하지 않고 눈썹을 내리깔고 다른 사람을 낮추어 본다. 그는 미소한 동작, 예를 들어 앞에서 서술했던 콧구멍이나 입술 언저리의 움직임을 통해 자신의 경멸을 드러내기도 한다. 때문에 아랫입술을 뒤집는 근육을 '교만근(musculus superbus)'이라고 부르는 것이다. 크라이튼브라운 박사가 내게 보내 준 거만한 편집광 환자들의 일부 사진을 보면 환자들은 머리와 몸을 곧추세웠고, 입은 굳게 다물고 있었다. 내가 생각하기에 결단을 표현하고 있는 이러한 후자의 동작은 거만한 사람이 자신에 대한 완전한 자신감을 느끼는 데서 나타난다. 거만을 드러내는 전체적인 표정은 겸양의 그것과 정반대이다. 따라서 여기서 후자의 마음 상태에 대해 굳이 언급할 필요는 없을 것이다.

무력함, 불능감 — 어깨 으쓱하기

어떤 사람이 무엇인가를 할 수 없음을 보여 주고자 할 때, 혹은 무엇인가가 행해지는 것을 막을 수 없을 때, 그는 흔히 양어깨를 신속하게 들어 올린다. 동시에, 전체적인 몸짓이 행해지고 나면, 그는 자신의 팔꿈치를 몸 안쪽을 향해 구부리면서, 손을 밖을 향하게 하고 손가락을 쫙 벌린 채 자신의 펼친 손을 들어 올린다. 이때 머리는 흔히 한쪽으로 약간 돌아가 있다. 눈썹이 치켜올라간 결과 앞이마에 주름이 생긴다. 일반적으로 입은 열려 있다. 나는 상술한 것 같은 이러한 특징이 얼마만큼 무의식적으로 나타나는가를 확인하기 위해 내 어깨를 으쓱해 보면서 내 팔 위치가 어떻게 되는지 관찰했다. 하지만 내 자신을 거울로 비춰 볼 때까지 나는 내 눈썹이 치켜올라가고 입이 벌어졌다는 사실을 전혀 의식하지 못했다. 그 후 나는 다른 사람의 얼굴에서도 동일한 움직임이 나타난다는 사실을 깨닫게 되었다. 아래 사진 VI의 3과 4는 레일란데르가 어깨를 으쓱하는 몸짓을 성공적으로 보여 준다.

다른 대부분의 유럽 국가의 사람들에 비해 영국인들은 감정을 노골적으로 드러내지 않는 편이다. 그들은 프랑스 인이나 이탈리아 인들에 비해 훨씬 간헐적으로, 강하지 않게 어깨를 으쓱하며, 그 빈도도 훨씬 낮다. 그러한 몸짓은 바로 전에 서술한 복잡한 동작에서부터 단지 순간적이면서 거의 감지할 수 없을 정도의 양어깨 들기에 이르기까지 가지각색이다. 이밖에 내가 안락 의자에 앉아 있는 여성에게서 살펴본 것처럼 손가락을 벌린 채 손을 밖으로 약간 향하는 경우도 있다. 나는 아주 어린 영국 어린이들이 어깨를 으쓱하는 경우를 본 적이 없다. 하지만 다음의 사례는 의대 교수이자 훌륭한 관찰자가 주의 깊게 관찰한 것으로, 그가 내게 서신을 통해 전달한 것이다. 그 신사의 아버지는 파리 사람이었고, 그의 어머니는 스코틀랜드 여성이었다. 그의 아내는 부모가 모두 영국 혈통이었으며, 내게 정보를 제공한 사람은 그녀가 평생 동안 단 한 번도 자신의 어깨를 으쓱거린 적이 없다고 믿고 있다. 그의 아이들은 영국에서 자랐으며, 보모도 순수한 영국 여성이었는데, 그녀가 어깨를 으쓱거린 경우를 본 사람은 없다. 그런데 그의 장녀가 생후 16~18개월의 나이에 어깨를 으쓱거리는 모습이 목격되었다. 이때 그녀의 어머니는 다음과 같이 소리쳤다. "조그만 프랑스 아이가 어깨를 으쓱거리는 모습 좀 봐!" 처음 이런 모습을 보였을 때, 흔히 그녀는 자신의 머리를 간혹 한쪽 편 뒤로 약간 젖히고는 하면서 이와 같은 행동을 취했다. 하지만 관찰에 따르면 그녀는 자신의 팔꿈치와 손을 일상적인 방식으로 움직이지 않았다. 이러한 습관은 점차적으로 사라졌고, 현재 4세가 조금 넘었는데 그러한 행동을 하는 경우를 전혀 살펴볼 수 없다. 그녀의 아버지는 간혹 어깨를 으쓱하는데, 특히 누군가와 논쟁을 벌일 경우에 그렇게 한다고 한다. 하지만 그의 딸이 그처럼 어린 나이에 아버지를 흉내 냈을 가능성은 극히 낮다. 그가 말하고 있듯이, 그녀가 그의 이러한 몸동작을 자주 보았을 것 같지 않기 때문이다. 더욱이 만약 그러한 습관이 모방을 통해 습득되었다면, 아버지가 계속 가족과 함께 살았음에도 그 아이, 그리고 곧 보게 되겠지만 둘째 아이가 자발적으로 그렇게 빠른 시일 내에 그러한 동작을 그만두었을 것 같지는 않다. 이에 추가해 그 어린 여아는 자신의 파리 출신 할아버지와 거의 터무니 없을 정도로 용모가 닮았다는 사실을 덧붙일 수 있다. 그녀는 또 다른 매우 흥미로운 유사성을 그와 공유하고 있었는데, 즉 그녀는 독특한 손동작을 했다. 그녀는 무엇인가를 몹시 원할 때, 자신의 작은 손을 내밀고, 재빨리 엄지를 집게손가락과 중지에 대고 비벼 댔

인간과 동물의 감정 표현

다. 그런데 이는 동일한 상황에서 그녀의 할아버지가 빈번하게 보여 주는 손동작이었던 것이다.

이 신사의 둘째 딸 또한 18개월 이전에는 어깨를 으쓱거렸지만, 그 후 그러한 습관이 더 이상 이어지지 않았다. 물론 그녀가 언니를 따라 했을 수도 있다. 하지만 그녀는 언니에게서 그러한 습관이 없어지고 난 후에도 계속 그러한 행동을 했다. 원래 그녀는 같은 나잇대의 언니에 비해 파리 출신 할아버지를 닮지 않았다. 하지만 이제는 언니보다 할아버지를 더 닮았다. 그녀는 지금까지도 조바심이 날 때 그녀의 엄지손가락과 집게손가락을 함께 문지르는 독특한 습관을 유지하고 있다.

앞장에서 제시한 사례와 마찬가지로, 이 역시 손동작이나 몸동작이 유전됨을 보여 주는 훌륭한 사례다. 이렇게 말하는 이유는 내가 생각하기에 그 누구도 할아버지와 그를 본 적이 없는 두 손녀들에게서 공통적으로 살펴볼 수 있었던 이러한 독특한 습관이 단지 우연히 나타난 것에 불과하다고 생각지 않을 것이기 때문이다.

이 아이들이 어깨를 으쓱거리는 모든 정황을 고려해 보았을 때, 단지 혈관 속에 프랑스 인의 피가 4분의 1만이 흐를 뿐이고, 그들의 할아버지가 어깨를 자주 으쓱거리지 않았지만 그들이 프랑스 인 선조로부터 그러한 습관을 물려받았다는 사실은 의심의 여지가 거의 없다. 물론 아이들이 유전으로 인해 태어난 지 얼마 있지 않아 어떤 습관을 가졌다가 이윽고 더 이상 이를 가지지 않게 되었다는 사실이 흥미롭기는 하다. 하지만 이것이 특별하게 이상한 것은 아니다. 수많은 종류의 동물들도 발육기에 어떤 특징을 유지하고 있다가 이윽고 상실하는 경우가 빈번하게 발생하기 때문이다.

한때 나는 어깨를 으쓱하는 것과, 이에 수반된 동작들처럼 매우 복잡한 몸동작이 생래적일 가능성은 극히 작다고 생각했기 때문에 모방을 통해 습관을 획득할 수 없었던 맹인인 동시에 귀머거리였던 로라 브리지먼이 과연 그러한 몸동작을 나타냈는지 확인하고 싶어 했다. 최근까지 그녀의 수발을 들었던 한 여성에 따르면 그녀는 다른 사람들과 동일한 방식으로, 동일한 상황에서 분명 어깨를 으쓱거리고, 팔꿈치를 안쪽으로 굽히며, 자신의 눈썹을 치켜올렸다. 나는 이를 존 브로디 이네스(John Brodie Innes) 박사를 통해서 들었다. 나는 이러한 몸짓이 다양한 인종의 사람들에게서도 나타나는지에 대해 궁금했는데, 특히 유럽 인들과 많은 교섭이 없었던 사람들이 그러한 몸짓을 보여 주는지가 궁금했다. 우리는 그들이 그러한 방식의 몸짓을 보여 준다는 것을 살펴보게 될 것이다. 하지만 이따금 그러한 몸동작은 다른 동작 없이, 단지 어깨를 들어 올리거나 으쓱거리는 데만 머무는 것처럼 보인다.

스콧 씨는 캘커타의 식물원에 고용된 벵골 인과 단가르 인(후자는 전자와 별개의 종족이다.)에게서 이러한 몸동작을 빈번하게 목격한 바가 있다. 예를 들어 그들은 무거운 짐을 들어 올리는 작업 등을 할 수 없다고 선언할 때 그러한 몸동작을 보여 주었다. 스콧 씨는 벵골 인에게 높은 나무에 오르라고 명했다. 하지만 그 남성은 어깨를 으쓱거리며 머리를 옆으로 흔들면서 자신이 할 수 없다고 말했다. 그 남성이 게으르다는 사실을 알고 있는 스콧 씨는 그가 할 수 있다고 생각했고 계속해서 시도해 볼 것을 요구했다. 그러자 그는 얼굴이 창백해졌고 자신의 양팔을 양쪽으로 축 늘어뜨렸으며 입과 눈을 크게 떴다. 그리고는 또다시 나무를 바라보면서 스콧 씨를 곁눈질로 쳐다보았다. 그는 자신의 어깨를 으쓱거리고, 팔꿈치를 뒤집은 채 손을 펴고, 신속하게 머리를 설레설레 몇 번 흔들어 자신이 나무에 오를 수 없음을 밝혔다. H. 어스킨 씨 또한 인도 원주민들이 어깨를 으쓱거리는 것을 본 적이 있다. 하지만 그는 그들에게서 우리처럼 팔꿈치를 안쪽으로 많이 굽히는 모습을 본 적이 없다. 그리고 그들은 자신들의 어깨를 으쓱하면서 자신들의 가슴에 손을 교차하지 않은 채 얹어 놓기도 했다.

말라카 내륙의 미개한 말레이 인과 부기(Bugis) 인(비록 서로 다른 언어를 사용하지만 그들은 순수 말레이 인이다.)에게서 기치 씨는 이러한 몸동작을 흔히 살펴볼 수 있었다. (부기 인은 인도네시아 술라웨시 섬의 남부 반도에 거주하는 부족이다. ─ 옮긴이) 나의 질문에 대한 어깨, 손, 그리고 얼굴의 움직임을 기록한 회답에서 기치 씨는 "아름다운 자태로 이러한 몸동작을 보여 주었습니다."라고 기술하고 있는데, 나는 적어도 그것이 빈틈 없는 관찰이었다고 추정해 본다. 나는 과학적 탐사 목적의 항해를 담은 초록을 잃어버렸는데, 거기에는 태평양 카롤라인 군도의 일부 원주민(미크로네시아 인)이 어깨를 으쓱하는 모습이 잘 서술되어 있다. 스피디 대위는 에티오피아 원주민들이 어깨를 으쓱한다고 내게 알려주었으나 상세한 묘사를 하지는 않았다. 그레이 부인은 알렉산드리아의 아랍 인 통역이 자신이 수행하던 노신사가 지적한 방향으로 가지 않으려 할 때 나의 연구에서 서술한 바에 따라 행동하는 모습을 본 적이 있다.

워싱턴 매슈스 씨는 미국 서부 지역의 미개한 원주민 부족을 언급하면서 "가벼운 사과의 표시로 어깨를 으쓱거리는 사람들을 발견한 적이 있었지만 당신이 서술한 나머지 표현은 목격하지 못했습니다."라고 말했다. 프리츠 뮐러(Fritz Müller) 씨는 브라질의 흑인들이 어깨를 으쓱하는 모습을 본 적이 있다고 알려주었다. 하지만 그들이 포르투갈 인들을 흉내 내어 그렇게 하는 것을 습득했다고도 생각해 볼 수 있다. 메리 엘리자베스 바버(Mary Elizabeth Barber) 여사는 남아프리카의 카피르 인들에게서 그와 같은 몸동작을 본 적이 없다. 그리고 가이카 씨는 답변으로 판단해 보건대, 심지어 내가 서술한 바가 무엇을 의미하는지 이해조차 하지 못했다. 스윈호 씨는 중국인들이 그러한 몸동작을 취하는지 의문을 품는다. 하지만 그는 서구인들이 어깨를 으쓱하는 상황에서 중국인들이 눈썹을 치켜뜬 채, 자신들의 오른쪽 팔꿈치로 옆구리를 누르고, 손바닥을 상대를 향하게 한 채 자신들의 손을 들고 좌우로 흔드는 모습을 보았다. 마지막으로 오스트레일리아 원주민에 대해 내게 정보를 제공해 준 사람들 중 네 사람은 짤막하게 부정적인 답변을, 한 사람은 짤막하게 긍정적인 답변을 보내주었다. 빅토리아 속령의 경계 지역에서 관찰을 할 수 있는 절호의 기회가 있던 버넷 씨 또한 긍정적인 답변을 보내 주었으며, 그러한 몸짓이 "문명 국가에 비해 억제된 모습으로, 차분하고 뚜렷하지 않게" 행해지고 있다는 말을 덧붙였다. 이와 같은 사정은 네 사람의 정보 제공자들이 이러한 동작을 인식하지 못했던 이유를 설명할 수 있을 것이다.

유럽 인들과 인도인, 인도의 고산족, 말레이 인, 미크로네시아 인, 에티오피아 인, 아랍 인, 흑인, 북아메리카의 원주민, 그리고 뚜렷하게 오스트레일리아 원주민들 — 이들 중 상당수는 유럽 인들과 교류가 거의 없었다. — 에 관한 앞의 보고들은 일부 경우에 다른 동작과 함께 나타나는 어깨 으쓱거리기가 인간의 타고난 몸동작임을 보여 주는 데 충분하다.

이러한 몸동작은 우리의 행동이 의도하지 않았거나 피할 수 없었음을 나타내거나 우리가 행할 수 없음을 나타낸다. 이는 다른 사람이 행한 어떤 행동을 우리가 막을 수 없었음을 보여 주기도 한다. 이러한 동작에는 "이는 내 잘못이 아니야.", "나로선 그렇게 해 주는 것이 불가능해.", "그는 자신이 원하는 대로 해야 하며, 나는 그를 멈출 수 없어."와 같은 말이 동반된다. 또한 어깨를 으쓱거리는 것은 감수함을 표현하거나 반항하고자 하는 의도가 없었음을 표현하기도 한다. 때문에 한 예술가로부터 들은 말처럼 어깨를 들어 올리는 근육은 "인내의 근육"이라고 불리기도 한다. 유태인 샤일록은 다음과 같이 말한다.

> 안토니오 씨, 당신은 대출금과 지불 기간 문제로 여러 번 저 리알토(Rialto, 베니스의 상인들이 모여 거래하는 장소. — 옮긴이)에서 저를 욕보였지요. 그래도 저는 가만히 어깨를 움츠리고 참았습니다.
>
> —「베니스의 상인」 1장 3절

C. 벨 경은 어떤 커다란 위험으로 몸이 움츠려든, 절망적인 공포로 비명을 지르려고 하는 어떤 사람의 생생한 모습을 내게 전해 주었

다.[14] 그의 양어깨는 거의 귀 근처에까지 치켜올라간 모습을 하고 있었다. 그는 이것을 통해 반항하려는 의사가 없음을 직접적으로 표명하고 있었다.

일반적으로 어깨를 으쓱거리는 것은 "이것이나 저것을 할 수 없다."라는 의미를 담고 있지만 약간의 변화를 통해 "그것을 하고 싶지 않아."를 의미하는 경우도 가끔 있다. 이때 이러한 동작은 행동하지 않겠다는 완강한 결심을 나타낸다. 프레더릭 로 옴스테드(Frederick Law Olmsted)는 한 무리의 사람들이 미국인이 아니라 독일인이라는 말을 전해 들었을 때, 텍사스의 한 원주민이 어깨를 크게 으쓱거리면서 그들과 일을 하고 싶지 않음을 표현했던 모습을 서술하고 있다.[15] 우리는 뚱하고 고집 센 아이들이 자신들의 어깨를 높게 들어 올리는 장면을 목격할 수 있다. 하지만 이러한 동작이 이루어질 때 진정한 으쓱거림에 일반적으로 동반되는 다른 동작이 나타나지는 않는다. 한 관찰자는 아버지의 생각에 따르지 않기로 작심한 젊은이를 탁월하게 묘사했는데,[16] 그는 다음과 같이 말했다. "그는 자신의 손을 바지 주머니에 깊숙이 집어넣고, 자신의 어깨를 귀까지 들어 올렸는데, 이는 '무엇이든 오라, 깊이 박힌 바위라도 날려 버릴 생각이니까. 이 문제에 대해서는 어떤 충고도 전혀 도움이 되지 않는다.'라는 의미를 담은 제대로 된 경고였다." 아들은 자신이 원하는 대로 되자, "자신의 어깨를 원래의 자연스러운 위치로 되돌려놓았다."

체념은 손바닥을 편 채 신체의 아랫부분에 포개 놓는 동작을 통해 표현되기도 한다. 만약 윌리엄 오글(William Ogle) 박사가 마취 상태에서 수술을 준비하던 환자에게서 이러한 모습을 두세 번 관찰했음

인간과 동물의 감정 표현

을 말해 주지 않았다면, 나는 이러한 사소한 몸동작이 일고의 가치가 있다고 생각지도 못했을 것이다. 물론 환자들의 손동작이 그들이 크게 두려워하고 있음을 나타내지는 않았지만, 그럼에도 그들은 그와 같은 손 자세를 통해 자신들이 마음을 굳게 다져 먹었음을, 그리고 불가피한 상황에 대한 체념을 표명하고 있음을 보였다.

이제 우리는 무엇 때문에 자신들이 무엇인가를 할 수 없다거나 하지 않으려 할 때, 혹은 다른 사람이 무엇을 하든지 이를 거부하지 말아야겠다고 생각할 때 — 자신들이 이러한 느낌을 보이고 싶어하는지와 무관하게 — 세상 모든 지역의 사람들이 흔히 자신들의 팔꿈치를 안쪽으로 구부리고 손가락을 펼친 채 손바닥을 보여 주면서 어깨를 으쓱하고 머리를 한쪽으로 약간 숙이고 눈썹을 치켜올리며 입을 벌리는지에 대해 탐구해 볼 수 있을 것이다. 이러한 마음 상태는 상대방의 생각에 수동적으로 따르겠다고, 혹은 행동을 하지 않겠다고 결심했음을 나타낸다. 방금 언급한 동작들 중에서 도움이 되지 않는 것들은 없다. 나는 이를 무의식적인 반대의 원리로 설명할 수 있음을 의심할 수 없다. 개는 화가 났을 때 공격하기 위한 적절한 태도를 취하면서 상대방에게 자신을 두렵게 보이다가도 애정을 느끼면 신체가 전반적으로 정반대의 태도를 나타내는데(비록 직접 자신에게 도움이 되지 못하지만), 여기서도 그러한 원리가 명백하게 드러나는 것처럼 보인다.

어떤 위해에 굴복하지 않으려는, 분개해 있는 성난 사람이 어떻게 자신의 머리를 곧추세우고 어깨를 펴며 가슴을 벌리는지를 살펴보도록 하자. 흔히 그는 손발의 근육에 힘을 가하고 주먹을 꽉 쥐고 공격하거나 방어하기 적절한 위치에 한쪽 또는 양쪽 팔을 둔다. 그는 얼굴을 찡그리고 ― 다시 말해 눈썹을 수축해 낮추고 ― 마음을 굳게 먹고 입을 꽉 다문다. 어쩔 수 없는 상황에 놓여 있는 사람의 동작과 태도는 모든 면에서 이와 정반대이다. 사진 Ⅵ의 왼쪽에 있는 사람의 모습은 "당신 나를 능멸하고 있는가?"라고 방금 말한 듯한 표정이고, 오른쪽에 있는 사람의 모습은 "정말 어쩔 수 없었네."라고 답하고 있는 듯한 모습이다. 어쩔 수 없는 상황의 사람은 눈살의 찡그림을 야기하는 앞이마 근육들이 무의식적으로 수축해 눈썹이 치켜올라가며, 이와 동시에 입 언저리의 근육이 이완되어 아래턱이 처지게 된다. 사진에서 살펴볼 수 있는 바와 같이 그 반대의 표정은 얼굴의 움직임뿐만 아니라 팔다리의 위치, 전신의 자세에 이르기까지 모든 면에서 정반대다. 어쩔 수 없는 상황에 놓여 있는 사람이나 변명을 하는 사람은 흔히 자신의 마음 상태를 보여 주고자 하는데, 이때 그는 눈에 띄거나 명시적인 방식으로 행동한다.

그런데 화가 나서 상대방을 공격하려 할 때 주먹을 꽉 쥐고서 팔꿈치를 펴는 동작은 모든 종의 인간에게서 보편적으로 나타나는 몸동작이 아니다. 이와 일관되게 세상 여러 곳의 사람들이 어쩔 수 없음을 나타내려 하거나 사과하려 할 때, 팔꿈치를 안쪽으로 향하면서 손을 펴는 방법으로 자신의 마음 상태를 표현하지는 않는다. 그들은 단지 어깨를 으쓱하는 동작만으로 이러한 마음 상태를 표현하기도 한다. 완고한 성인이나 아이 혹은 어떤 커다란 불행으로 자신을 포기한 사람은 능동적 수단을 이용해 저항하려는 생각을 가지지 않는다. 이때 그는 그저 어깨를 들어 올리거나 팔짱을 낌으로써 자신의 마음

인간과 동물의 감정 표현

상태를 표현하기도 한다.

긍정이나 승인의 표시, 그리고 부정이나 부인의 표시 — 머리를 끄덕이거나 흔드는 행동

나는 우리가 긍정하고 부정할 때 일상적으로 사용하는 표시가 세상을 통틀어 얼마만큼 보편적으로 사용되는지 알고 싶었다. 실로 이러한 몸짓은 상당 정도 우리의 느낌을 표현한다. 예를 들어 우리는 아이들의 행동을 승인할 경우, 아이들에게 미소를 지어 보이면서 승인의 뜻으로 고개를 끄덕여 준다. 반면 승인하지 않을 경우, 찡그리면서 머리를 좌우로 흔든다. 유아들의 경우, 음식을 거부할 때 최초로 거부하는 행동을 한다. 내가 나의 아이들을 반복적으로 관찰한 바에 따르면, 그들은 머리를 옆으로 돌림으로써 젖가슴이나 숟가락으로 제공하는 음식을 거절했다. 음식을 받아들이고 이를 입으로 집어넣을 경우, 그들은 머리를 앞으로 숙인다. 이를 목격하고 나서 나는 차르마(Charma) 또한 동일한 생각을 하고 있다는 이야기를 들었다.[17] 주목할 만한 사실은 음식을 받아들이거나 취할 때는 앞으로 향하는 단 한 번의 움직임만이 있을 뿐이고, 한 번의 끄떡임이 긍정을 의미한다는 것이다. 반면 음식을 거부하는 경우, 특히 이를 강요당하는 경우, 아이들은 흔히 우리가 마치 부정할 때 머리를 흔들듯이 머리를 여러 번 양쪽으로 흔든다. 또한 부정할 때 머리가 뒤로 젖혀지며 입이 굳게 다물어지는 경우가 드물지 않은데, 이러한 상황에서 이용됨으로써 이와 같은 동작 또한 부정을 표시하게 되었을지도 모를 일이다. 웨지우드는 이 문제에 대해 다음과 같이 언급하고 있다.[18] "치아 혹은 입술이 다물어진 상태에서 소리를 내면 n 또는 m 소리가 난다. 이를 이용해 우리는 부정을 의미하기 위해 접두사 ne를 사용한다는 사실을 설명할 수 있으며, 그리스어 μη 또한 마찬가지일 것이다."

맹인이면서 귀머거리였던 로라 브리지먼은 "언제나 일상적인 긍정의 끄덕임과 함께 '네.'라고 답하고, 부정의 흔듦과 더불어 '아니오.'라고 답한다." 이러한 사실은 적어도 앵글로색슨 족에서 이러한 몸짓이 타고 난 것이거나 본능적일 가능성을 높인다. 만약 프란시스 리버(Francis Lieber)가 반대되는 의견을 제기하지 않았다면,[19] 나는 로라의 놀라운 촉각 능력과 다른 사람의 동작에 대한 이해 능력을 감안해 그녀가 이러한 몸짓을 습득했거나 학습했을 것이라고 상상했을 것이다. 이상 소두의 백치는 말하는 것을 절대로 배울 수 없을 정도로 정신 능력이 떨어지는데, 카를 포크트(Karl Vogt)는 그중 한 사람에 대해 서술한 바가 있다.[20] 그 사람은 음식이나 마실 것을 더 원하느냐고 물었을 때 머리를 끄덕이거나 흔들어서 답했다. 슈말츠(Schmalz)는 백치보다 조금 나은 어린이, 그리고 맹인인 동시에 귀머거리인 사람들의 교육에 관한 탁월한 논문을 썼는데, 거기에서 그는 그들이 일상적인 긍정과 부정의 몸짓을 늘상 할 수 있고 또한 이해할 수 있었다고 주장하고 있다.[21]

그럼에도 다양한 인종의 사람들을 살펴보면, 내가 예측하는 것과는 달리 이러한 몸짓이 어디에서나 활용되는 것은 아닌 듯하다. 하지만 이들이 철저하게 관습적이거나 인위적이라고 말하기에는 너무 보편적인 현상인 것처럼 보인다. 내게 정보를 제공해 주는 사람들은 말레이 인, 스리랑카 원주민, 중국인, 그리고 기니아 해안의 흑인들이 두 가지 몸짓을 사용하고 있다고 말해 주었으며, 비록 바버 여사는 남아프리카의 카피르 인에게서 부정의 의미로 사용되는 양측으로 머리를 흔드는 행동을 본 적이 없다고 말했지만 가이카 씨에 따르면 이들 또한 이러한 몸짓을 사용한다. 오스트레일리아 원주민의 경우에는 일곱 명의 관찰자가 끄덕임이 긍정에 사용된다는 데 의견이 일치했고, 다섯 명은 부정할 때 몇 마디를 던지거나 그렇게 하지 않으면서 머리를 양쪽으로 흔든다는 데 의견이 일치했다. 하지만 다이슨 레이시는 퀸즐랜드에서 이와 같은 몸짓을 본 적이 없었으며, 벌머 씨는 깁슬랜드에서는 머리를 약간 뒤로 젖히고 혀를 내미는 방법으로 부정을 나타낸다고 말했다. 토러스 해협 근처의 오스트레일리아 대륙의 최북단에서는 부정을 말할 때 "머리를 흔들지 않고, 오른손을 들어 올리고, 손을 절반 회전했다가 되돌리는 동작을 두 번 내지 세 번 반복한다."[22] 현대 그리스 인과 터키 인은 부정의 표시로 혀를 차면서 머리를 뒤로 젖히는 방법을 사용하는 것으로 알려졌다. 이 중 터키 인은 우리가 머리를 흔드는 것과 유사한 동작을 통해 '예.'를 표현한다.[23] 스피디 대위로부터 들은 이야기인데, 에티오피아 인은 입을 다문 채 가볍게 혀를 차면서, 머리를 오른쪽 어깨로 홱 돌리는 방법으로 부정을 표현한다. 긍정은 머리를 뒤로 젖히고 눈썹을 순간적으로 치켜올리는 것으로 표현한다. 아돌프 메이어 박사로부터 들은 이야기인데, 필리핀 군도의 루손(Luzon) 섬의 타갈(Tagals) 인 또한 "예."라고 말할 때 머리를 뒤로 젖힌다고 한다. 라자 브룩에 따르면,

보르네오의 다약 인은 눈썹을 치켜뜨면서 긍정을, 묘한 눈 모습과 더불어 눈썹을 약간 수축하면서 부정을 나타낸다. 에이사 그레이 교수와 그 부인은 나일 강 유역의 아랍 인들은 긍정의 표시로 고개를 끄덕이는 경우가 드물고, 부정의 뜻으로 머리를 흔드는 경우는 전혀 없으며, 심지어 그들은 이를 이해하지도 못했다고 결론을 맺고 있다. 에스키모 인들의 경우에 끄덕거림은 긍정을, 윙크는 부정을 의미한다.[24] 뉴질랜드 원주민은 "동의를 표할 때 끄덕거림 대신 머리와 턱을 들어 올린다."[25]

　　H. 어스킨은 경험 있는 유럽 인들과 원주민 남성으로부터 얻은 조사 자료를 근거로 인도인들의 경우에 긍정과 부정의 표시가 다양하다고 결론을 내렸다. 예를 들어 그들은 우리처럼 끄덕거림과 머리를 좌우로 흔드는 방법을 활용하기도 한다. 하지만 그들이 부정할 때 더 일반적으로 사용하는 표현 방법은 급작스럽게 머리를 한쪽으로 약간 쏠리게 하면서 뒤로 젖히고 혀를 차는 방법이다. 나는 다양한 민족에게서 살펴볼 수 있는 혀를 차는 모습이 의미하는 바가 무엇인지 잘 모르겠다. 한 원주민 남성은 자신들이 머리를 왼쪽으로 젖혀서 긍정을 표시하는 경우가 흔하다고 말해 주었는데, 나는 스콧 씨에게 이러한 점을 특별히 유의해서 살펴봐 달라고 요구했다. 반복해서 관찰한 결과, 그는 일반적으로 원주민들이 긍정할 때 머리를 끄덕거리지 않으며, 우선 머리를 왼쪽 혹은 오른쪽 뒤쪽으로 젖히고, 이어서 단 한 번 비스듬히 앞으로 흔든다고 생각하게 되었다. 아마도 부주의한 관찰자는 이러한 동작을 양측으로 머리를 흔드는 것으로 묘사했을 것이다. 그는 부정할 때 통례적으로 머리를 똑바로 세우고, 여러

　　　　　　　　　　인간과 동물의 감정 표현

번 흔든다고 말하기도 한다.

브리지스 씨는 푸에고 군도의 원주민들이 긍정할 때 머리를 끄덕이며, 부정할 때 좌우로 흔든다고 내게 알려 주었다. 워싱턴 매슈스에 따르면 북아메리카의 미개한 원주민은 머리를 끄덕이고 흔드는 것을 유럽 사람들에게서 배웠으며, 자연스럽게 활용하지는 않는다. 그들은 긍정을 할 때는 "손으로(집게손가락을 제외한 나머지 손가락을 구부린 채) 몸의 아래쪽과 바깥쪽으로 하나의 곡선을 그리고, 부정할 때는 손을 벌려 손바닥을 안쪽을 보게 하고 편 손을 바깥쪽으로 움직인다." 다른 관찰자들은 이 원주민들이 긍정을 표시할 경우에는 집게손가락을 들어 올렸다가 내리면서 땅을 가리키거나, 손을 얼굴로부터 앞으로 뻗으면서 흔든다고 말한다. 그리고 부정의 몸짓은 손가락이나 손 전체를 이쪽저쪽으로 흔드는 것이라고 말한다.[26] 아마도 모든 경우에 이러한 후자의 몸짓은 머리를 좌우로 흔드는 모습을 대신 나타내는 것이리라. 이탈리아 인들은 부정할 때 들어 올린 손가락을 오른쪽에서 왼쪽으로 움직인다고 하는데, 영국인들 또한 간혹 그렇게 한다.

대체로 보았을 때, 서로 다른 인종의 사람들에게서는 긍정과 부정의 몸짓이 상당히 다양하게 나타난다. 먼저 부정에 대해 말해 보자. 만약 우리가 손가락이나 손을 좌우로 흔드는 것이나 머리를 양쪽으로 움직이는 것을 부정을 나타내는 몸짓으로 받아들인다면, 그리고 갑작스레 머리를 뒤쪽으로 움직이는 것이 어린 아이들이 음식을 거부할 때 흔히 취하는 동작 중 하나를 대신 나타낸다는 사실을 받아들인다면, 우리는 이 세상을 통틀어 부정의 표현에는 상당한 균일성이 있으며, 이들이 어떻게 탄생했는가를 파악할 수 있게 될 것이다. 가장 눈에 띄는 예외는 아랍 인, 에스키모 인, 일부 오스트레일리아 원주민 종족, 그리고 다약 인들이다. 다약 인들은 부정을 표시할 때 찡그리지만 우리는 대개 머리를 양쪽으로 흔든다.

다음으로 긍정을 표현할 때 고개를 끄덕이는 것의 예외는 더욱 많다. 일부 인도인, 터키 인, 에티오피아 인, 다약 인, 타갈 인, 그리고 뉴질랜드 원주민이 그 예이다. 긍정을 표시할 때 눈썹을 치켜올리는 경우가 있는데, 이러한 몸짓은 긍정을 축약된 형식으로 나타내고 있는 것일지도 모른다. 이렇게 말하는 이유는 자신의 머리를 앞으로, 그리고 아래로 구부리는 사람은 자연스레 대화 상대를 올려다 보게 되며, 이에 따라 눈썹을 치켜올리는 경향이 있기 때문이다. 이러한 생각을 바탕으로 다시 한번 뉴질랜드 원주민 이야기를 하자면, 긍정할 때 턱과 머리를 들어 올리는 것은 어쩌면 머리를 앞으로, 그리고 아래로 끄덕이고 나서 머리가 위쪽으로 움직이는 것을 축약된 형식으로 나타내는 것일 수 있다.

인간과 동물의 감정 표현

12장

놀람, 경악, 두려움, 전율

(놀람, 경악, 두려움, 전율은 각각 surprise, astonishment, fear, horror에 대한 번역어이
다. ─ 옮긴이)

갑작스럽게 고도로 집중을 하다 보면 놀람으로 전환이 이루어지며, 이는 또다시 경악으로 바뀐다. 그리고 이는 얼빠진 망연자실함으로 전환된다. 이러한 마음 상태는 두려움에 매우 가깝다. 집중을 하고 있음은 눈썹이 약간 치켜올라가는 모습을 통해 확인할 수 있다. 이러한 상태가 점차 놀람으로 발전하게 되면, 눈과 입이 더욱 크게 벌어지면서 눈썹이 더욱 크게 치켜올라간다.

눈을 신속하게, 그리고 크게 뜨려면 눈썹이 올라가야 한다. 이러한 동작은 이마에 가로 방향의 주름을 만들어 낸다. 눈과 입이 열리는 정도는 느껴지는 놀라움의 정도에 상응한다. 그런데 이러한 동작은 공조가 이루어져야 한다. 뒤셴 박사가 자신의 사진을 통해 보여 주고 있는 바와 같이, 눈썹을 약간 올린 채 크게 입을 벌릴 경우에 의미가 담기지 않은 찡그린 표정이 만들어지기 때문이다.[1] 반면 단순히 눈썹을 치켜올리기만 하면 일반적으로 놀란 척하는 것처럼 보이는 데 그친다.

뒤셴 박사는 앞이마근에 직류 전기를 통과시켜 눈썹이 적당히 올라가면서 활 모양으로 굽은, 그러면서 입을 의도적으로 벌린 노인의 사진을 내게 주었다. 이러한 모습은 상당히 진정성 있게 놀람을 표현한다. 나는 이것이 어떤 표정인지를 전혀 설명해 주지 않고 스물네 명의 사람들에게 보여 주었는데, 무엇을 의도하고 있는지를 전혀 이해하지 못한 것은 오직 한 사람뿐이었다. 그 한 명은 이러한 모습이 무서움을 표현하고 있다고 답했는데, 이는 그다지 잘못된 답변이 아니었다. 또한 스물세 명 중 일부는 놀람 혹은 경악이라는 단어에 "공포에 질린", "비참한", "고통스러운", 혹은 "혐오스러운"이라는 성질을 나타내는 형용사를 덧붙였다.

일반적으로 눈과 입을 크게 벌린 모습은 놀람이나 경악 중의 하나를 나타내는 것으로 파악되는 표정이다. 그래서 셰익스피어는 다음과 같이 말한다. "나는 재단사의 소식을 들으면서 입을 벌린 채 서 있는 대장장이를 보았다."(「존 왕」 4막 2장) 또 다른 예로 "그들은 마치 눈을 찢어 버릴 듯이 서로 응시하는 것처럼 보였다. 그들은 침묵 속에서 이야기를 나누고 있었고, 몸짓에 말이 담겨 있었다. 그들은 마치 세상이 폐망했다는 소식을 듣기라도 한 것처럼 보였다."(「겨울 이야기」 5막 2장)

내게 정보를 전해 주는 이들은 놀라울 정도로 한결같이 다양한 인종의 사람들이 같은 모습을 보여 주었다고 답해 주었다. 상술한 얼굴 동작들은 흔히 특정한 몸짓과 소리와 아울러 나타나는데, 이에 대해서는 곧바로 서술할 것이다. 오스트레일리아의 서로 다른 지역에 사는 열두 명의 관찰자들은 이러한 생각에 수긍하고 있다. 윈우드 리드 씨는 기니아 해안에 거주하는 흑인들에게서 이러한 표현을 목격

인간과 동물의 감정 표현

했다. 추장 가이카 씨와 다른 사람들은 남아프리카의 카피르 인을 대상으로 한 나의 질문에 긍정적으로 답했다. 다른 관찰자들 또한 에티오피아 인, 스리랑카 인, 중국인, 푸에고 인, 북아메리카의 다양한 부족, 그리고 뉴질랜드 원주민에게서 그런 모습이 나타난다는 것을 강하게 긍정하고 있다. 스택 목사는 뉴질랜드 원주민의 경우에 그러한 표현이 특정 개인들에게서 더욱 뚜렷하게 나타난다고 주장한다. 비록 자신들의 감정을 감추기 위해 최대한 노력을 기울이지만 말이다. 라자 브룩에 따르면, 보르네오 섬의 다약 인들은 경악했을 때 자신들의 눈을 크게 뜨고, 흔히 머리를 이리저리 흔들면서 가슴을 친다. 스콧 씨가 내게 알려준 바에 따르면, 캘커타의 식물원에서 일하는 사람들은 엄격한 금연 요구를 받는다. 하지만 그들은 이러한 명령을 흔히 어긴다고 한다. 담배를 피우다 갑자기 걸려 놀랄 경우, 먼저 눈을 크게 뜨고 입을 크게 벌린다. 이어서 그들은 발각을 피할 수 없음을 깨닫고는 흔히 가볍게 어깨를 으쓱거리거나, 곤혹스러워하며 찡그리거나, 발로 땅을 구른다. 이윽고 그들은 놀람에서 벗어나지만 절망이 가득한 두려움을 느끼는데, 이때 모든 근육이 이완되는 모습을 확인할 수 있다. 그들의 머리는 양어깨 사이로 파묻혀 있는 것처럼 보인다. 그들의 내리깐 눈은 이리저리 방황한다. 그러고 나서 그들은 용서를 구한다.

유명한 오스트레일리아 인 탐험가인 스튜어트 씨는 사람이 말 등을 타고 있는 모습을 이전에 한 번도 본 적이 없는 원주민 한 사람이 공포를 느끼면서 망연자실해 있는 모습에 대한 흥미로운 설명을 제시했다.[2] 스튜어트 씨는 보이지 않게 접근해 어느 정도 되는 거리에서 그를 불렀다. "그는 나를 뒤돌아보았다. 그가 나를 무엇이라고 상상했는지는 모르겠지만 그 두려움과 경악의 모습은 내가 이전까지 보지 못했던 굉장한 모습이었다. 그는 입을 벌리고 나를 응시하면서 손발을 움직이지 못하고 그 자리에 꼼짝하지 못하고 서 있었다. …… 그는 우리의 흑인 고용원이 수 야드 내로 다가설 때까지 움직이지 못했으며, 갑자기 자신의 곤봉을 집어던지고, 물가나무(mulga, Acacia aneura) 위로 자신이 오를 수 있는 데까지 올라갔다." 그는 말을 하지 못했고, 흑인 고용원이 물어보는 말에 한마디도 답하지 못하고 그저 머리부터 발끝까지 떨면서 "떠나라고 자신의 손을 흔들어 댔다."

선천적인 혹은 본능적인 충동으로 인해 눈썹이 치켜올라간다는 사실은 로라 브리지먼이 놀랐을 때 항상 그와 같은 동작을 취한다는 사실을 통해 추론할 수 있다. 이는 최근까지 그녀의 시중을 들었던 여성에게서 확인한 바다. 놀람은 예기치 못하거나 알지 못하는 무엇에 의해 야기되는데, 우리는 깜짝 놀랐을 때 자연스레 최대한 신속하게 그 원인을 파악하고자 한다. 이에 따라 우리는 눈을 완전히 크게 뜨게 되는데, 이는 시야를 넓히고, 눈알이 어떤 방향으로든 쉽게 움직일 수 있도록 하기 위함이다. 하지만 이는 그러한 경우에 흔히 나타나는 '눈썹이 크게 치켜올라가는 현상'과 '눈을 부릅뜨고 사납게 응시하는 현상'이 왜 나타나는지를 설명하기 힘들다. 내가 생각하기에 이러한 현상이 나타나는 이유는 단순히 위 눈꺼풀을 치켜올리기만 해서는 빠른 속도로 눈을 크게 뜰 수가 없다는 사실로 설명할 수 있다. 이러한 소기의 목적을 달성하기 위해서는 눈썹이 힘차게 치

인간과 동물의 감정 표현

켜올라가야 한다. 거울 앞에서 자신의 눈을 최대한 빨리, 크게 뜨려고 하는 사람이라면 자신이 이와 같은 동작을 취한다는 사실을 파악하게 될 것이다. 눈썹을 힘차게 치켜올려 뜰 경우, 동공을 둘러싼 흰자위가 노출되면서 눈을 크게 뜨고 응시할 수 있게 된다. 여기에 덧붙여 눈썹이 위로 올라갈 경우, 위를 쳐다보기에도 유리하다. 이렇게 말하는 이유는 눈썹이 아래로 향할 경우, 우리의 시선 또한 이러한 방향으로만 향하게 될 것이기 때문이다. C. 벨 경은 눈썹이 눈꺼풀을 뜨게 하는 데 역할을 하는 부위에 대한 호기심을 자극하는 조그만 증거를 제시하고 있다.[3] 술에 만취한 사람은 모든 근육이 이완되고, 이에 따라 눈꺼풀도 우리가 졸릴 때와 동일한 방식으로 축 처진다. 이러한 상황에서 벗어나기 위해 만취한 사람은 눈썹을 치켜뜬다. 이 때문에 그러한 사람은 윌리엄 호가스(William Hogarth)의 그림에서 잘 드러나고 있듯이 당혹스럽고 바보 같은 얼떨떨한 모습을 하게 되는 것이다. 눈썹을 치켜뜨는 습관은 우리 주변의 모든 것을 가능한 한 최대한 신속하게 보기 위해 습득된 것이며, 어떤 원인이나, 심지어 갑작스러운 소리나 생각 때문에 경악스러움이 느껴질 때도 연계의 힘에 따라 눈썹을 치켜뜨는 동작이 이어지게 된다.

성인의 경우에 눈썹이 치켜올라가면 이마 전체에 가로 방향으로 깊은 주름이 생긴다. 하지만 어린이의 경우에는 이것이 경미하게 나타날 따름이다. 주름은 각각의 눈썹과 나란히 동심(同心)을 그리면서 생기고 일부는 중앙에서 합류한다. 이러한 표정들은 놀람 혹은 경악 표현의 두드러진 특징이다. 각각의 눈썹이 치켜올라갈 경우, 뒤셴이 언급하는 것처럼 눈썹은 이전보다 더욱 활 모양으로 휜다.[4]

경악했을 때 입이 벌어지는 현상이 나타나는 원인은 훨씬 복잡하다. 이러한 동작이 나타나게 되는 데는 여러 원인이 동시에 작용함이 분명하다. 흔히 입을 벌리면 청각이 더욱 예민해진다고 가정을 해 왔다.[5] 하지만 내가 미세한 소리를 귀 기울여 듣고 있는 사람들을 목격한 바에 따르면 그들은 무슨 소리인지, 어디에서 들려오는 소리인지를 완전하게 알고 있는 소리를 듣고 있을 경우에는 입을 벌리지 않았다. 이에 따라 한때 나는 입을 벌릴 경우에 소리가 유스타키오관(귓속의 습도 조절, 귀 안팎의 공기 압력을 조절하는 환기통과 같은 역할을 하는 중이와 인두를 잇는 관. ─ 옮긴이)을 통해 귀로 들어가는 또 다른 경로가 만들어짐으로써 소리가 들려오는 방향을 구분하는 데 도움을 받게 되는 것이 아닌가 하고 상상한 적이 있다. 하지만 친절하게도 W. 오글 박사는 최근에 제시된, 유스타키오관의 기능에 대한 가장 설득력 있는 설명을 나를 위해 찾아 주었다.[6] 그는 삼킴 행동이 이루어지는 동안을 제외하고는 유스타키오관이 닫혀 있음이 거의 결정적으로 증명되었다고 알려주었다. 아울러 유스타키오관이 비정상적으로 열려 있는 사람은 외부로부터의 소리를 듣는 것에 관한 한 청각이 전혀 개선되지 않는다고 말해 주었다. 반대로 더욱 뚜렷하게 들리게 되는 호흡 소리 때문에 외부의 소리가 제대로 들리지 않게 된다. 시계를 입안 양 측면에 닿지 않게 하면서 입속에 넣어 둘 경우, 똑딱거리는 소리가 밖에 두는 경우에 비해 훨씬 덜 뚜렷하게 들린다. 질병이나 감기 때문에 유스타키오관이 영구적으로든 일시적으로든 닫힌 사람에게는 청각의 손상이 온다. 하지만 이는 관내에 점액이 축적됨으로써, 그리고 이에 따라 공기가 축출됨으로써 그렇게 되었다고 설명할

인간과 동물의 감정 표현

수 있다. 지금까지의 설명으로 미루어 보았을 때, 우리는 대부분의 귀가 들리지 않는 사람들이 늘 입을 벌리고 있지만, 그럼에도 경악했을 때 입을 벌리는 것은 소리를 더욱 뚜렷하게 듣기 위해서가 아니라고 생각해 볼 수 있다.

경악을 포함해 모든 갑작스러운 감정은 심장의 작동을 빠르게 하며, 이와 더불어 호흡도 빨라진다. 그라티올레가 언급하고,[7] 나 또한 그렇게 생각하고 있는 바와 같이, 오늘날 우리는 콧구멍을 통해서보다는 벌린 입을 통해 훨씬 조용하게 숨을 쉴 수 있다. 이에 따라 어떤 소리에 귀를 기울이고자 할 경우, 우리는 입을 벌린 채, 몸을 움직이지 않고 숨을 멈추거나 최대한 조용히 숨을 쉰다. 나의 아들 중 하나는 극히 주의를 기울일 수밖에 없는 상황에서 나는 소리 때문에 밤에 잠을 깼는데, 몇 분이 지나자 자기 입이 크게 벌어져 있음을 깨달았다. 이윽고 그는 자신이 최대한 조용히 숨을 쉬기 위해 입을 벌렸음을 의식하게 되었다. 이러한 입장은 개에게서 살펴볼 수 있는, 인간과 반대되는 태도를 통해 뒷받침된다. 개는 훈련을 받고 나서 헐떡거릴 때, 혹은 더운 날에 거친 숨을 몰아쉰다. 하지만 갑작스레 주의를 환기시킬 경우, 개는 즉각적으로 듣기 위해 자신의 귀를 쫑긋 세우고 입을 다물고 가능한 한 조용히 콧구멍으로 숨을 쉰다.

하나에 몰입해 어떤 대상이나 주제에 대해 상당 시간에 걸쳐 집중을 할 경우, 그 사람은 신체의 모든 기관들을 망각하고 방치하게 된다.[8] 각 개인의 신경력의 총량은 제한되는데, 이로 인해 그 상황에서 역동적인 활동에 필요한 에너지를 제외하고는 오직 소량의 에너지만이 몸의 다른 계로 전달된다. 그 결과 많은 근육들이 이완되는 경향이 있으며, 그 무게로 턱이 아래로 처진다. 이를 이용해 경악으로 망연자실해 있는, 그리고 이보다 비교적 덜 놀란 사람들의 처진 턱과 벌어진 입을 설명할 수 있을 것이다. 내 노트에 기록해 놓았듯이, 나는 매우 어린 아이들이 약간 놀랐을 때도 이러한 모습을 나타내는 것을 목격한 적이 있다.

우리가 매우 놀랐을 때, 특히 우리가 갑자기 깜짝 놀랐을 때 입이 벌어지게 되는 것의 원인으로 매우 인상적인 것이 또 하나 있다. 우리는 콧구멍으로 호흡을 할 때보다 입을 크게 벌리고 있을 때 심호흡을 충분하게, 쉽게 할 수 있다. 우리가 갑작스러운 소리나 장면 때문에 움찔할 때, 신체의 거의 모든 근육들은 위험으로부터 자신을 보호하기 위해, 혹은 위험에서 벗어나기 위해 무의식적으로, 그리고 순간적으로 강력한 활동을 하게 된다. 우리는 습관적으로 이러한 활동을 뜻밖에 일어나는 무엇인가와 연결한다. 하지만 앞에서 설명한 바와 같이, 우리는 항상 먼저 깊게 숨을 충분히 들이쉬고, 이어서 입을 벌려 크게 힘을 발휘할 것에 무의식적으로 대비한다. 힘을 쓰지 않고, 여전히 놀란 상태에 있을 경우, 우리는 잠시 숨쉬길 멈추거나 최대한 조용히 숨을 쉬면서 어떤 소리라도 분명히 듣고자 한다. 다른 예를 들자면, 장기간에 걸쳐 집중을 하고 진지하게 몰입을 할 경우, 우리의 모든 근육은 이완되고, 처음에 갑자기 벌어졌던 턱이 처진 채 그 모습을 그대로 유지하게 된다. 놀람, 경악, 혹은 망연자실함이 느껴질 경우에는 항상 이러한 방식으로 여러 원인들이 공조해 이와 동일한 동작이 나타난다.

이와 같은 감정 상태에서 우리의 입은 일반적으로 벌어지지만

　　　　　　　　　　　　인간과 동물의 감정 표현

입술은 흔히 다소 튀어나온다. 이러한 사실은 침팬지와 오랑우탄이 경악했을 때 나타내는 동일한 동작(비록 훨씬 두드러지게 나타나지만)을 상기시킨다. 깜짝 놀라는 최초의 감정에 동반되는 숨을 깊이 들이쉬는 동작에는 자연스레 강하게 숨을 내쉬는 동작이 이어지며, 입술이 흔히 튀어나오는데, 이때 흔히 내는 다양한 소리는 확실하게 설명할 수 있다. 하지만 때로는 숨을 내쉬는 소리만이 들리기도 한다. 예를 들어 로라 브리지먼은 놀랐을 때 입술을 동그랗게 만들어 내밀고, 입술을 열어 강하게 숨을 내쉬었다.[9] 이 상황에서 들리는 가장 흔한 소리 중 하나가 깊은 '어' 소리이다. 헬름홀츠가 설명하고 있는 바와 같이, 이는 입이 적당히 벌어지고 입술이 튀어나왔을 경우에 자연스레 내게 되는 소리다. 한 조용한 밤에 타이티 섬의 만(灣)에서 원주민들을 즐겁게 하기 위해 '비글 호'에서 소규모의 불꽃놀이를 한 적이 있다. 로켓이 한 발 한 발 발사될 때마다 완전한 침묵이 감돌았고, 이윽고 늘 그렇듯이 "오" 하는 깊은 탄식 소리가 만 전체에 울려 퍼졌다. 워싱턴 매슈스 씨는 북아메리카의 원주민들이 신음 소리를 통해 경악을 표시한다고 말한다. 그리고 윈우드 리드 씨에 따르면 아프리카 서부 해안에 사는 흑인들은 자신들의 입술을 내밀면서 "하이, 하이" 하는 소리를 낸다. 입술을 꽤 튀어나오게 하고 입을 크게 벌리지 않을 경우, 바람 소리, 치찰음, 혹은 휘파람 소리가 만들어진다. R. 브라우스미스(R. Brough Smyth) 씨가 내게 알려준 바에 따르면 그가 내륙 출신의 오스트레일리아 원주민 한 명과 함께 극장에 갔는데, 거기에서 곡예사가 빠른 동작으로 공중제비를 도는 장면을 보았다. 이때 "원주민은 크게 놀라서 입술을 내밀고, 입으로 성냥 불을 끄는 듯한 소리를 냈다." 벌머 씨에 따르면, 오스트레일리아 원주민들이 놀랐을 경우에는 "코르키(korki)"라는 감탄사를 내뱉는다. "그리고 이런 감탄사를 내뱉기 위해 입은 마치 휘파람을 불려는 듯 삐죽 튀어나온다." 유럽 인들은 흔히 놀라움의 표시로 휘파람을 분다. 이러한 맥락에서 최근의 소설에는 다음과 같은 말이 나온다.[10] "여기서 그 남자는 긴 휘파람을 통해 경악과 불만을 표현했다." J. 만슬 위일 씨가 내게 말해 준 바에 따르면, 한 카피르 인 소녀는 "상품이 고가임을 듣고는 눈썹을 치켜뜨고 마치 유럽 인들처럼 휘파람을 불었다." 웨지우드 씨는 그러한 소리가 "휴(whew)"로 표기되며, 놀라움에 대한 감탄사로 사용된다고 말하고 있다.

다른 관찰자 세 명에 따르면, 오스트레일리아 인들은 흔히 암탉 우는 소리를 내어 경악스러움을 나타낸다. 간혹 유럽 인들도 거의 동일한 유형의 혀를 차는 작은 소리를 내어 조용히 놀라움을 표현하기도 한다. 우리는 깜짝 놀랐을 때 입이 갑자기 벌어지는 모습에 대해 살펴본 바 있다. 만약 이때 우연히 혀가 입천장에 밀착되어 있었다면, 입천장에서 혀가 갑자기 떨어지면서 이러한 유형의 소리가 날 것이며, 이와 같이 해서 놀라움을 표현하게 된 것인지도 모른다.

이제 몸짓으로 관심을 돌려보자. 놀란 사람은 흔히 자신의 머리 위로 손을 벌린 채 높이 들어 올리거나, 자신의 팔을 구부려서 얼굴 높이까지 들어 올린다. 이때 벌린 손바닥은 이러한 감정을 야기한 사람에게로 향하며, 쫙 핀 손가락은 따로따로 떨어져 있다. 이러한 몸짓은 레일란데르의 사진 Ⅶ의 1이 잘 표현하고 있다. 레오나르도 다빈치의 「최후의 만찬」을 살펴보면 두 명의 사도가 손을 절반쯤 위로

인간과 동물의 감정 표현

들고 있는데, 이는 분명 경악스러움을 표시하고 있는 것이다. 신뢰할 만한 한 관찰자는 최근 자신이 전혀 뜻하지 않은 상황에서 아내를 만난 이야기를 내게 해 주었다. "그녀는 놀라서, 입과 눈을 매우 크게 뜬 채 양팔을 머리 위로 들어 올렸다." 수년 전 나는 나의 어린 아이들이 모여 땅바닥에서 열심히 무엇인가를 하고 있는 모습을 보고 놀랐다. 하지만 그들이 무엇을 하고 있는가를 묻기에는 거리가 너무 멀었다. 이에 따라 나는 손바닥을 펴고 손가락을 뻗친 채 머리 위로 팔을 들어 올렸다. 나는 이러한 동작을 취하자마자 이내 내 행동을 의식하게 되었다. 나는 아무 말도 하지 않고 아이들이 나의 몸짓을 이해했는지 파악하기 위해 기다렸다. 그들은 내게 달려오면서 다음과 같이 소리쳤다. "우리는 아빠가 우리를 보고 깜짝 놀란 모습을 봤어요." 이 문제를 제대로 탐구하지 않았기에 나는 이러한 몸짓이 여러 인종의 사람에게 공통적으로 나타나는지 알지 못한다. 그럼에도 이러한 몸짓이 선천적이거나 자연스럽다는 것은 로라 브리지먼이 놀랐을 때 "팔을 펴고 손가락을 쫙 편 채 손을 위로 향했다."[11]는 사실을 통해 미루어 짐작할 수 있다. 일반적으로 놀람의 감정이 순간적으로 일어난다는 사실을 감안한다면 그녀가 이러한 몸짓을 예민한 촉각을 이용해 습득했을 가능성은 크지 않다.

에밀 허슈키(Emil Huschke)는 약간 다르지만 비슷한 종류의 몸짓을 서술하고 있다.[12] 그에 따르면 이는 사람들이 깜짝 놀랐을 때 보여주는 행동이다. 그들은 몸을 곧추 세웠고, 앞에서 서술한 얼굴 표정을 했지만 쭉 펼친 팔을 뒤로 (손가락을 쫙 펼친 채) 뻗었다. 나 자신은 이러한 몸짓을 본 적이 없다. 하지만 허슈키가 옳을지도 모른다. 한 친구가 다른 사람에게 경악하는 모습을 어떻게 표현해야 하는가를 물었고, 그는 즉시 그 모습을 보여 주었기 때문이다.

내가 생각하기에 이러한 몸짓은 반대의 원리를 통해 설명이 가능하다. 우리는 어떤 사람이 격분할 경우, 입을 굳게 다문 채 자신의 머리를 곧추 세우고 어깨를 펴며, 자신의 팔꿈치를 밖으로 향하게 하고, 대개 주먹을 꽉 쥔 채 인상을 찡그리는 모습을 보게 되는데, 어찌할 수 없는 상황에 처해 있는 사람의 태도는 모든 면에서 이와 정반대이다. 예를 들어 아무것도 하지 않고 특별히 무엇인가를 생각지 않는 일상적인 마음 상태에 있는 사람은 흔히 손을 어느 정도 고정하고, 손가락을 가지런히 하며, 두 팔을 느슨하게 양옆으로 내린다. 이렇게 보았을 때 팔을 갑작스레 들어 올리고(팔 전체건 팔뚝이건), 손바닥을 펴고, 손가락을 붙이지 않는 것 — 혹은 팔을 펴고, 손가락을 붙이지 않고 팔을 뒤로 펼치는 것 — 은 무심한 마음 상태에서 유지되는 모습과는 완전히 반대된다. 결과적으로 이와 같은 모습은 놀란 사람에게서 무의식적으로 나타난다. 한편 놀라움을 특이하게 드러내고자 하는 욕구를 갖는 경우도 흔한데, 앞에서 거론한 태도는 이러한 목적에 잘 부합된다. 여기서 우리는 왜 하필이면 놀람, 그리고 오직 소수의 마음 상태만이 다른 동작들에 대한 반대 동작을 통해 나타나는가를 물을 수 있을 것이다. 하지만 이러한 원리는 일련의 특정한 행동으로 자연스레 이어지고, 신체에 특정한 효과를 산출하는 감정, 예컨대 두려움, 커다란 즐거움, 고통, 혹은 분개와 같은 감정이 느껴지는 경우에는 작동하지 않을 것이다. 전체 시스템이 그렇게 정해져 있기 때문이다. 그리고 방금 나열한 감정은 이미 너무나도 뚜렷하게 특정 방식으로 표현되고 있다.

경악을 표현하는 또 다른 작은 몸동작, 즉 손을 입이나 머리의 어떤 부분에 두는 경우가 있는데, 이에 대해서는 내가 설명을 제시할 수가 없다. 이는 수많은 인종의 사람에게서 관찰되었으며, 이에 따라 어떤 생래적인 기원을 갖는 것임에 틀림없다. 오스트레일리아의 미개한 원주민 한 사람을 공문서로 가득한 커다란 방으로 데려갔는데, 그는 매우 놀랐고, 자신의 손등을 입술에 대고 "클럭(cluck), 클럭, 클럭"이라고 소리쳤다. 바버 여사에 따르면 카피르 인과 핑고 인들은 '굉장하다.'를 의미하는 "마워(mawo)"라는 말을 내뱉으면서 진지한 모습을 하고 오른손을 입에 대는 방식으로 경악스러움을 표시한다. 부시먼은 오른손을 목에 갖다 대고 머리를 뒤로 젖힌다고 일컬어진다.[13] 윈우드 리드 씨는 아프리카 서부 해안의 흑인들이 놀랐을 경우, "내 입이 내게, 좀 더 구체적으로 내 손에 달라붙었다."라고 말하면서 손으로 입을 가볍게 치는 모습을 관찰했다. 그는 이것이 그와 같은 상황에서 그들이 일상적으로 나타내는 몸짓이라는 말을 들었다. 스피디 대위는 에티오피아 원주민이 손바닥을 밖으로 하고, 오른손을 이마에 댄다고 알려주었다. 마지막으로 워싱턴 매슈스 씨에 따르면, 미국 서부에 살고 있는 미개 종족은 경악스러움을 표시할 때 관습적으로 "반쯤 쥔 손을 입에 대는 몸짓을 보여 준다. 이렇게 하면서 머리는 흔히 앞으로 기울어지며, 이때 어떤 단어를 내뱉거나 낮은 신음 소리를 내기도 한다." 케이틀린(Catlin)은 만단 인과 다른 원주민 종족에게서는 입을 손으로 누르는 것이 놀라움을 표시하는 몸짓이라고 말한다.[14]

찬탄

이 주제에 대해서는 많이 언급할 필요가 없다. 찬탄은 일부 유쾌한 느낌, 그리고 승인의 느낌과 연결된 놀라움으로 이루어짐이 분명하다. 이러한 느낌이 생생하게 느껴질 경우, 눈을 크게 뜨고, 눈썹을 치켜뜬다. 단순한 경악에서와는 달리, 이러한 상태에서는 눈이 휑한 상태로 남아 있지 않고 빛나며, 입은 그저 벌어져 있지 않고 미소로 확장된다.

두려움, 공포

두려움이라는 단어는 급작스럽고 위험한 무엇인가에서,[15] 공포라는 단어는 발음 기관과 신체의 떨림에서 그 기원을 찾아볼 수 있는 것처럼 보인다. 나는 공포라는 단어를 극단적인 두려움을 지칭할 때 사용한다. 하지만 일부 저술가들은 이러한 단어가 더욱 특별하게 상상력이 발휘되는 경우에 국한되어 사용되어야 한다고 여긴다. 두려움에는 흔히 경악이 선행되며 양자는 매우 유사하다. 때문에 이들은 곧바로 시각과 청각을 일깨운다. 두 경우 모두 눈과 입이 크게 벌어지며 눈썹은 치켜올라간다. 두려움을 느끼는 사람은 숨도 쉬지 않으면서 움직이지 않고 동상처럼 서 있거나, 마치 바라보기를 본능적으로 회피하기라도 하듯이 몸을 구부리는 모습부터 보인다.

두려움을 느끼는 사람은 심장이 빠르고 급격하게 뛰는데, 이에

인간과 동물의 감정 표현

따라 심장은 갈비뼈를 치거나 건드리면서 두근거린다. 하지만 이때 신체의 모든 부위에 혈액을 더욱 많이 공급하기 위해 평상시에 비해 심장이 더욱 효율적으로 작동을 하는지에 대해서는 매우 의심스럽다. 아찔함이 느껴지는 순간 일시적으로 피부가 창백해지기 때문이다. 하지만 이처럼 피부 표면이 창백해지는 것은 아마도 혈관 운동 신경 중추가 피부 소동맥의 수축을 야기하는 방식으로 완전하게 혹은 상당 부분 영향을 받기 때문일 것이다. 피부는 두려움을 크게 느낄 때 더욱 영향을 받는데, 이는 땀이 즉각적으로 피부로부터 스며 나오는 놀랍고도 설명하기 힘든 상황에서 살펴볼 수 있다. 땀샘은 피부 표면이 열을 받을 경우, 적당히 자극을 받아 작동하기 시작하는데, 이러한 땀은 피부 표면이 차가울 때 분비된다는 측면에서 주목할 만하다. 식은땀이라는 용어가 생겨난 것은 이러한 맥락에서다. 이러한 상황에서는 피부 털 역시 꼿꼿이 서며 표피 근육이 경련을 일으킨다. 또한 심장이 불안하게 작동해 숨이 가빠진다. 이밖에도 침샘 역시 불완전하게 작동하고, 입이 마르며,[16] 그리하여 입을 자주 벌리거나 닫게 된다. 가벼운 두려움을 느끼는 경우에는 하품을 하려는 강한 경향이 나타난다는 것도 목격되었다. 모든 신체 근육이 떨리는 현상도 이때 나타나는 가장 두드러진 증세 중 하나다. 흔히 이는 맨 먼저 입술로부터 나타난다. 이러한 원인 때문에, 그리고 입이 건조하기 때문에 쉰 목소리가 나거나 불명료한 목소리를 내게 되며, 말문이 막히기도 하는 것이다. "나는 지각 능력을 상실했고, 머리털이 곤두섰으며, 목소리가 목구멍에 달라붙었다." 한편 막연한 두려움에 대해서는 잘 알려진 저명한 문구가 「욥기」에 나온다. "사람이 깊이 잠들 즈음 내가 그 밤에 본 환상으로 말미암아 생각이 번거로울 때에 두려움과 떨림이 내게 이르러서 모든 뼈마디가 흔들렸느니라. 그때에 영이 내 앞으로 지나매 내 몸에 털이 주뼛하였느니라. 그 영이 서 있는데 나는 그 형상을 알아보지는 못하여도 오직 한 형상이 내 눈앞에 있었느니라. 그때에 내가 조용한 중에 한 목소리를 들으니 사람이 어찌 하느님보다 의롭겠느냐. 사람이 어찌 그 창조하신 이보다 깨끗하겠느냐." (「욥기」 4장 13절)

　　두려움이 증대해 공포로 인한 고통이 느껴질 때, 우리는 모든 격렬한 감정 상태에서 보는 것과 같은 다양한 결과를 목도하게 된다. 심장이 거칠게 뛰거나 작동하지 못해 숨이 막힌다. 또한 안색이 죽은 사람처럼 창백해지고, 숨쉬기가 어려워지며, 콧구멍의 양옆이 크게 부푼다. "호흡이 가빠지고 입술에 경련이 일어나며, 움푹 팬 뺨에 전율이 일어나고, 침을 꿀꺽 삼키거나 목이 걸린다."[17] 튀어나와 노출된 눈알은 두려움의 대상에 고정되거나 눈알이 쉴 새 없이 좌우로 구를 것이다. 그는 눈을 이곳저곳으로 굴리며 여기저기를 휘둘러 본다.[18] 눈동자는 엄청나게 커진다. 신체의 모든 근육이 경직될 수 있으며, 경련성 동작이 나타나기도 한다. 흔히 손 근육을 씰룩거리면서 쥐었다 폈다를 반복한다. 두려움에 빠진 사람은 마치 두려운 위험을 회피하기라도 하듯이 팔을 내뻗거나 거칠게 머리 위로 치켜올릴 수 있다. 하게나우어 목사는 이러한 후자의 행동을 두려움에 질린 오스트레일리아 원주민에게서 보았다. 다른 경우에는 앞뒤를 가리지 않고 도주하려는 급작스럽고 통제할 수 없는 경향을 살펴볼 수 있었다. 이러한 경향이 매우 강렬해지면 심지어 가장 담력이 있는 병사마저도 갑작스러운 공황에 사로잡힐 수 있다.

두려움이 극한에 이를 경우, 사람들은 공포로 겁에 질려 고함을 지르게 된다. 피부에는 커다란 땀방울이 송송 맺히며 신체의 모든 근육이 이완된다. 또한 완전히 기진맥진하며 정신이 혼미해진다. 이밖에 내장이 영향을 받으며 괄약근이 작동을 멈추게 되어 체내의 배설물이 몸 밖으로 배출된다.

J. 크라이튼브라운 박사는 35세의 정신 이상 여성이 느끼는 심한 두려움에 대한 매우 인상적인 설명을 내게 해 주었다. 이는 서술하기가 곤란하지만 빼먹을 수가 없다. 발작이 시작되자 그녀는 "여기가 지옥이다!", "여기에 사악한 여자가 있다!", "벗어날 수 없어!"와 같은 비명을 질렀다. 이처럼 소리칠 때 그녀는 긴장하는 모습과 전율하는 모습을 번갈아 가며 보여 주었다. 어느 순간 그녀는 손을 꽉 쥐고 절반은 굽은 뻣뻣한 자세로 팔을 앞으로 내뻗었다. 이윽고 급작스럽게 자신의 몸을 앞으로 굽히면서 급히 이리저리 흔들었고, 손가락으로 머리카락을 잡아당기고, 목을 조르고, 입고 있는 옷을 찢어 버리려 했다. 목빗근(sternocleidomastoid muscle, 흉쇄유돌근. 머리를 가슴으로 구부리는 데 활용되는 근육을 말한다.)이 마치 부어오른 듯이 두드러지게 튀어나왔으며, 이러한 근육 전면의 피부는 심하게 주름이 졌다. 뒷머리를 짧게 자른 머리카락은 그녀가 얌전할 때는 매끄러운데, 이러한 상황에서는 그 끝이 서 있었다. 앞 머리카락은 손으로 건드려서 헝클어져 있었다. 그녀의 표정은 커다란 정신적 고뇌를 표현하고 있었다. 그녀의 얼굴과 목의 피부는 붉게 물들었고, 이는 빗장뼈(쇄골)에까지 이르렀다. 이마와 목의 혈관은 두꺼운 밧줄처럼 튀어나와 있

었다. 아랫입술은 축 처져서 다소 뒤집혔다. 그녀는 아래턱을 내민 채 입을 반쯤 열고 있었다. 뺨은 콧구멍 양측으로부터 입가에 이르는 굽은 선으로 인해 우묵했고 깊은 주름이 새겨져 있었다. 콧구멍은 치켜올라갔고 확장되었다. 눈은 크게 떠졌고 그 밑의 피부는 부어오른 것처럼 보였다. 눈동자는 확대되어 있었다. 이마에 여러 주름이 가로로 새겨져 있었고 눈썹 안쪽 끝부분의 분기선에는 깊은 주름이 새겨져 있었다. 이는 강력하고도 지속적으로 눈썹주름근을 수축해 만들어진 것이었다.

벨 경은 그가 목격한 살인범이 튜린의 사형장으로 호송되고 있을 때의 공포와 절망에 찬 고뇌를 서술하기도 했다.[19] "차의 양쪽에는 제사(祭司)가 앉아 있었고 중앙에는 죄수가 앉아 있었다. 아무런 공포 없이 이처럼 불행한 악당의 상황을 보고 있을 수가 없었다. 그럼에도 마치 어떤 묘한 몰입 상태에서 벗어날 수 없는 것처럼, 전율로 가득한, 거친 대상을 응시하지 않기란 불가능했다. 그는 35세 정도의 건장한 근육질 남성이었다. 그의 용모는 강렬하고도 야만적인 특징이 두드러졌다. 반쯤 벌거벗었고 죽은 사람처럼 창백했고 공포로 인한 고뇌에 가득 찼고 번뇌로 인해 사지가 긴장되어 있었고 손은 꽉 쥔 채 경련을 일으켰으며 뒤틀리고 수축된 이마에서는 땀이 흐르고 있었다. 그는 자신 앞에 매달려 있는 깃발에 그려져 있는 구세주의 형상에 계속 입을 맞추었다. 하지만 황폐함과 절망으로 인한 고뇌의 그림자는 지울 수가 없었다. 지금까지 무대가 보여 준 그 어떠한 장면도 이러한 모습을 제대로 전할 수 없었다."

완전히 공포에 사로잡힌 사람의 사례를 보여 주는 다른 경우를

　　　　　　　　　인간과 동물의 감정 표현

한 가지만 더 들어보도록 하자. 두 사람을 살해한 흉악한 살인범이 병원으로 호송되었다. 그가 독약을 먹었다는 오해로 인해 그렇게 된 것이었다. W. 오글 박사는 다음날 경찰이 그에게 수갑을 채워 호송하는 동안 그를 면밀하게 살펴보았다. 그의 얼굴은 극단적으로 창백했고, 기력이 극도로 쇠약해져 혼자서 옷을 거의 입지도 못했다. 그의 피부에서는 땀이 나고 있었고, 눈을 너무 내리깔고 머리도 너무 숙이고 있어서 그의 눈을 잠깐이나마 볼 수도 없었다. 그의 아래턱도 밑으로 처져 있었고 안면 근육의 수축도 전혀 이루어지지 않았다. 오글 박사는 머리카락이 곤두서지 않았다고 어느 정도 강한 확신을 가지고 이야기했다. 박사가 이처럼 확신을 가졌던 이유는 살인범이 자신의 모습을 감추기 위해 염색을 했는데, 이 때문에 그가 살인범의 머리카락을 면밀하게 관찰했다는 것이었다.

다양한 인종의 사람들이 두려울 때 나타내는 몸짓이 유럽 인과 다를 바 없다는 점에 대해 나의 정보 제공자들은 모두 동의한다. 이러한 몸짓은 인도인과 스리랑카 원주민에게서 과장되었다고 말할 정도로 뚜렷하게 나타난다. 기치 씨는 말레이 인이 두려울 때 창백해지며 몸을 떠는 모습을 보았다. 브라우 스미스 씨는 한 오스트레일리아 원주민이 "매우 두려운 경우를 당해 떨고 있었는데, 그는 피부색이 유달리 검은 흑인에게서 뚜렷하게 확인되는 것처럼 우리가 창백함이라고 부르는 것과 거의 흡사한 안색을 보여 주었다." 다이슨 레이시 여사는 한 오스트레일리아 원주민이 극단적으로 두려워하는 모습을 본 적이 있다. 그는 손, 발, 그리고 입술에 신경적 경련이 일어났고 피부에 땀이 났다. 미개인들은 대개 유럽 인들만큼 두려움의 표시를 많이 억제하지 않으며 흔히 크게 전율한다. 가이카 추장은 카피르 인이 "신체의 전율을 크게 느끼며, 눈을 크게 뜬다."라고 예스러운 영어로 설명했다. 미개인의 경우, 매우 두려움에 떨고 있는 개에게서 관찰되는 바와 같이 흔히 괄약근이 이완되는데, 이는 사로잡혀 두려움에 떨고 있는 원숭이에게서도 볼 수 있었던 모습이다.

머리털의 곤두섬

일부 두려움의 몸짓은 좀 더 고찰해 볼 필요가 있다. 시인들은 늘 머리털이 곤두서는 것에 대해 이야기한다. 브루투스는 카이사르의 귀신에게 다음과 같이 말한다. "그것이 내 피를 차갑게 했으며, 내 머리털을 곤두서게 했다." 보포트 추기경은 글로스터 공작을 죽이고 난후 다음과 같이 소리친다. "그의 머리카락을 쓸어내려 보라. 보라, 보라, 머리털이 곤두서지 않는가." 나는 우화 작가들이 자신들이 동물에게서 흔히 관찰한 바를 인간에게 적용한 것이 아닌지 의심하지 하지 않을 수 없었는데, 때문에 나는 크라이튼브라운 박사에게 정신 이상자에 대한 정보를 요청했다. 그는 답변에서 갑작스럽고도 극단적인 공포를 느낄 때 그들의 머리카락이 곤두서는 모습을 자주 보았다고 말했다. 예를 들어 정신 이상 여성의 피하에 모르핀 주사를 놓아야 하는 경우가 있었는데, 그 여성은 경미한 고통을 야기함에도 불구하고 수술을 극단적으로 두려워했다. 이처럼 두려워했던 것은 그녀가 독이 체내로 침투해 뼈가 녹고 살이 흙먼지로 변해 버린다고 생각

인간과 동물의 감정 표현

했기 때문이다. 그녀는 심하게 창백해졌고 그녀의 손과 팔은 일종의 강직 경련으로 인해 뻣뻣해졌으며, 그녀의 머리 앞부분의 머리카락이 부분적으로 곤두섰다.

크라이튼브라운 박사는 정신 이상자에게서 흔히 살펴볼 수 있는 머리카락의 곤두섬이 항상 공포와 결부되는 것은 아니라고 덧붙인다. 이러한 현상은 아마도 만성 정신 질환자에게서 가장 흔히 살펴볼 수 있을 것이다. 그들은 앞뒤가 맞지 않게 횡설수설하며 파괴적인 충동에 휩싸여 있다. 하지만 머리털이 곧추서는 모습을 가장 잘 살펴볼 수 있는 경우는 난폭성이 격발되는 동안이다. 머리카락이 격노와 두려움의 영향으로 인해 곤두선다는 사실은 우리가 동물에게서 살펴본 바와 완벽하게 조화를 이룬다. 크라이튼브라운 박사는 이에 대한 증거로 여러 경우를 제시한다. 미친 듯한 발작이 일어나기 전, 현재 보호 시설에 있는 한 남성은 "셰틀랜드의 조랑말 갈기처럼 머리털이 이마로부터 일어선다." 그는 발작이 일어나는 경우와 경우 사이에 찍은 두 여성의 사진을 내게 보내 주었는데, 그는 이 여성 중 한 명에 대해 다음과 같이 덧붙였다. "그녀의 머리카락 상태는 정신 상태를 보여 주는 확실하고도 간편한 기준입니다." 나는 이 사진 중 하나를 베껴 그렸는데, 그 그림은 약간 멀리서 볼 경우 머리카락이 너무 굵고 곱슬곱슬해 보인다는 점을 제외하고는 실물을 충실하게 나타낸다. (그림 19) 정신 이상자의 머리카락은 단지 곤두섬 때문만이 아니라, 건조함과 거침 때문에도 비정상적이다. 이는 피하 분비샘의 기능 저하에 기인한 것이다. 벅닐 박사는 정신 이상자는 "손가락 끝까지 정신 이상이다."라고 말했는데,[20] 여기에 다음과 같은 말을 추가했으면 좋았을 것이다. 즉 머리카락 한 올 한 올까지도 정신 이상이라고.

크라이튼브라운 박사는 정신 이상자의 머리카락과 심리 상태 간의 상관 관계를 경험적으로 확증하는 한 사례로 의사 아내의 이야기를 들려주고 있다. 그녀는 자신과 남편, 그리고 자식이 죽을지도 모른다는 커다란 두려움을 가지고 있는, 심한 우울증으로 고통을 받는 한 부인의 간호를 맡고 있었는데, 크라이튼브라운 박사는 나의 편지를 받기 전날 그녀가 남편에게 다음과 같이 구두로 보고한 사실을 내게 이야기해 주었다. "제가 생각하기에 ○○ 부인은 얼마 있지 않아 나을 것입니다. 왜냐하면, 그녀의 머리카락이 부드러워지고 있기 때문이죠. 저는 머리카락이 더 이상 거칠어지지 않게 되고 관리를 할 수 있게 되면 늘 환자들이 호전됨을 보아 왔습니다."

크라이튼브라운 박사는 수많은 정신 이상 환자의 머리카락이 늘 거친 이유가 한편으로는 마음이 늘 어느 정도 교란을 받고 있고, 다른 한편으로는 습관의 영향으로 인해, 다시 말해 반복적으로 여러 번 발작을 거치는 동안 머리카락이 빈번하고도 강하게 곤두서기 때문이라고 생각한다. 일반적으로 머리카락이 극단적으로 곤두서는 환자의 질병은 영구적이며 치명적이다. 하지만 머리카락이 적당히 곤두서는 환자들은 마음의 건강을 되찾자마자 머리카락도 다시 부드러워진다.

앞 장에서 우리는 개별적인 각각의 모낭으로 이어지는 미세한 민무늬 불수의근이 작동함으로써 동물의 털이 곤두선다는 것을 확인한 바 있다. 이러한 변화 외에도, J. 우드 씨는 실험을 통해 명쾌하

그림 19. 정신 이상 여성의 사진을 다시 그린 그림. 머리카락이 그녀의 상태를 보여 준다.

게 확증한 바를 내게 알려주었는데, 그에 따르면 앞쪽으로 흘러내리는 머리 앞부분의 머리카락, 그리고 뒤쪽으로 흘러내리는 머리 뒷부분의 머리카락은 뒤통수이마근(occipito-frontalis, 후두전두근) 또는 두피 근육의 수축으로 인해 서로 반대 방향으로 치켜올라간다. 이러한 사실로 미루어 보았을 때, 마치 이 근육과 닮은 피하 근육층이 일부 동물의 등에 나 있는 가시를 곤두서게 하는 것을 돕거나 중요한 역할을 하듯이, 이러한 근육 또한 인간의 머리카락이 곤두서게 하는 데 도움을 주는 것처럼 보인다.

넓은목근의 수축

넓은목근(platysma myoides, 활경근)은 목의 옆 부분에 널리 퍼져 있으며, 밑으로는 빗장뼈 약간 밑 부분에 이르기까지, 위로는 뺨의 아랫부분에 이르기까지 뻗쳐 있다. 사진 Ⅱ의 M은 입꼬리당김근(소근)이라고 불리는 부위를 보여 준다. 이 근육이 수축하면 입 가장자리가 당겨지며 뺨의 아랫부분이 밑과 뒤로 당겨진다. 젊은 사람의 경우에는 목 양측에 분기된, 세로의 뚜렷한 융기된 선이 만들어지며, 나이가 든 마른 사람의 경우에는 가느다란 가로 방향의 주름이 만들어진다. 이 근육은 의지의 영향을 벗어났다고 일컬어지기도 한다. 하지만 크게 힘을 주어 입 가장자리를 밑과 뒤로 당기라고 요구할 경우, 거의 대부분의 사람들이 그렇게 한다. 나는 오직 한쪽 목에만 힘을 주어 이 부분에 자발적으로 영향을 행사하는 사람에 대해 들은 적이 있다.

C. 벨 경과 다른 사람들은 이 근육이 두려움을 느끼게 되면 강하게 수축한다고 주장했다.[21] 그리고 뒤센은 이러한 근육이 두려움의 감정을 표현하는 데 중요하다는 것을 크게 강조하는데, 때문에 그는 이를 "두려움의 근육(muscle of fright)"이라고 부른다.[22] 그럼에도 그는 이러한 근육이 수축하면서 눈과 입이 크게 벌어지지 않을 경우, 이러한 수축이 두려움의 감정을 제대로 표현하지 못할 것임을 인정하고 있다. 그는 그림 20과 같은 노인의 사진을 제시했는데, 이 사진에서 노인의 눈썹은 크게 치켜올라가 있었고 입을 벌리고 있었으며 넓은목근은 수축되어 있었다. 이 모두는 직류 전기 요법을 통해 의도적으로 만들어진 표정이었다. 이의 원본 사진을 스물네 명의 사람들에게 보여 주면서 아무런 설명도 하지 않고 이것이 어떤 표정인가를 개별적으로 물었다. 이중에서 스무 명은 즉각적으로 "매우 두려워하는 모습" 혹은 "전율하는 모습"이라 대답했고, 세 명은 고통스러워하는 모습이라 대답했으며, 한 명은 매우 불편한 모습이라 대답했다. 뒤센 박사는 동일한 노인의 또 다른 사진을 제시했는데, 여기에서 노인은 직류 전기 요법으로 인해 넓은목근이 수축되었고 눈과 입이 벌어져 있었으며 눈썹이 비스듬히 기울어져 있었다. 이와 같은 방식으로 만들어진 얼굴 표정은 매우 인상적이었다. (사진 VII의 2) 눈썹의 기울어진 모습은 커다란 정신적 고통을 겪고 있음을 더욱 확연하게 느끼게 했다. 이의 원본 사진을 열다섯 명의 사람들에게 보여 주었다. 이중에서 열두 명이 공포 혹은 전율에 질린 모습이라 답했고, 세 명은 고뇌 혹은 커다란 고통을 느끼는 모습이라 답했다. 이 경우, 그리고 뒤센 박사가 제시한 다른 사진 및 이들에 대한 그의 언급으로 미루어

그림 20. 공포. 뒤센 박사의 사진을 베껴 그린 그림.

인간과 동물의 감정 표현

보았을 때, 나는 넓은목근이 수축됨으로써 두려움의 표정이 배가된다는 점에 대해서는 의심의 여지가 없다고 생각한다. 그럼에도 이러한 근육을 두려움의 근육이라고 부르기에는 다소 문제가 있는데, 그이유는 그와 같은 심리 상태에 있다고 해서 반드시 이러한 근육이 수축하는 것은 아님이 확실하기 때문이다.

사람들이 죽은 듯이 창백해지고, 피부에 땀방울이 맺히면서 넓은목근을 포함한 신체의 모든 근육이 완전히 이완되어 기진함으로써 극도의 공포를 느끼고 있는 모습을 극명하게 보이는 경우가 있다. 크라이튼브라운 박사는 정신 이상자에게서 넓은목근이 떨리고 수축하는 모습을 흔히 봐 왔지만 지금까지 그는 근육 활동과 그러한 활동이 이루어질 때의 감정 상태를 연결하지 못했다. 비록 그가 커다란 두려움으로 괴로워하는 환자를 신중하게 주목해 왔지만 말이다. 반면 니콜 씨는 극단적인 공포와 결부된 우울증 때문에 이러한 근육이 어느 정도 영구적으로 수축한 것처럼 보이는 세 명의 환자를 본 적이 있다. 그런데 이들 중 한 명에게서는 목과 머리 주위의 다른 여러 근육들이 간헐적으로 수축되었다.

W. 오글 박사는 나를 위해 런던의 한 병원에서 수술을 위한 마취를 하기 바로 직전의 환자 스무 명을 관찰했다. 그들은 신경성 불안을 보였지만, 커다란 공포를 나타내지는 않았고, 가시적으로 넓은목근이 수축한 것은 겨우 네 명에 불과했다. 그것도 환자가 울기 시작하기 전까지는 수축을 시작하지 않았다. 넓은목근은 숨을 깊이 들이마시는 순간 수축하는 것처럼 보였다. 이렇게 보았을 때 넓은목근이 과연 두려움의 감정에 좌우되어 수축하는지에 대해서는 매우 의

심이 간다. 다섯 번째 환자는 마취가 이루어지지 않았는데, 그는 두려움에 매우 떨고 있었다. 그의 넓은목근은 다른 환자들에 비해 훨씬 힘 있고도 지속적으로 수축했다. 하지만 이러한 경우에 대해서도 의문의 여지가 있다. 환자가 수술이 끝난 후 베개로부터 머리를 옮길 때 비정상적으로 발달한 것처럼 보이는 환자의 근육이 수축하는 장면을 오글 박사가 목격했기 때문이다.

목의 표피 근육이 유달리 두려움의 영향을 받는 이유에 대해 궁금하던 차에 나는 나와 서신 교환을 하는 친절한 사람들에게 문의를 해 다른 상황에서의 이러한 근육의 수축에 관한 정보를 구하고자 했다. 굳이 내가 받은 답변을 여기서 모두 제시할 필요는 없을 것이다. 그들은 이러한 근육이 흔히 여러 다른 상황 속에서 다양한 방식과 정도로 움직인다는 것을 보여 주었다. 이 근육은 광견병에 걸렸을 경우, 강하게 수축하고, 파상풍에 걸렸을 때에는 다소 덜 수축했다. 이 근육은 마취 상태에서 무감각해져 있는 동안에는 두드러지게 수축되었다. W. 오글 박사는 남성 환자 두 명을 관찰했는데, 그들은 숨을 쉴 때 이러한 곤란을 겪었고, 이에 따라 기도를 절개해야 했다. 그런데 이때 두 환자 모두 넓은목근이 강하게 수축되어 있었다. 그중 한 명이 자신을 둘러싸고 있는 외과 의사들의 대화를 엿들었는데, 말을 할 수 있게 되자, 그는 자신이 전혀 두려움을 느끼지 않았다고 말했다. 오글 박사와 랭스태프 박사는 비록 기관을 절개할 필요까지는 없었지만 극단적인 호흡 곤란을 겪는 일부 다른 환자들을 관찰했는데, 이들은 넓은목근이 수축되지 않았다.

그가 쓴 여러 간행물들을 통해 확인할 수 있는 바와 같이 J. 우드

인간과 동물의 감정 표현

씨는 인체의 여러 근육을 면밀하게 연구한 학자인데, 그는 토하거나 구역질을 할 때, 그리고 역겨움을 느낄 때 넓은목근이 수축하는 모습을 흔히 보아 왔다. 또한 분노하고 있는 어린이와 성인에서도 이러한 모습을 살펴볼 수 있었다. 예를 들어 아일랜드 여성이 화가 난 몸짓으로 말다툼을 벌이고 있을 때 이러한 장면이 목격되었다. 이것이 그들의 높고도 화가 난 음조에 기인한 것일 수도 있다. 이렇게 말하는 이유는 내가 훌륭한 음악가인 한 여성을 알고 있는데, 그녀는 특정한 높은 음의 노래를 부르면서 항상 넓은목근을 수축했기 때문이다. 나는 어떤 젊은이가 플롯으로 특정한 음을 낼 때도 그와 같은 경우를 본 적이 있다. J. 우드 씨는 두꺼운 목과 넓은 어깨를 가진 사람에게서 넓은목근이 매우 잘 발달해 있음을 발견했다고 내게 알려주었다. 그리고 이러한 특징을 물려받은 가계에서는 대개 넓은목근의 발달이 뒤통수이마근(이는 머리 가죽을 움직이는 넓은목근과 이형동원(異形同源, homologous)의 근육이다.)을 자발적으로 움직일 수 있는 커다란 힘과 연결되어 있다고 알려주기도 했다.

　　앞에서 살펴본 어떤 경우도 두려움 때문에 넓은목근이 수축하는 현상을 해명하는 데는 별다른 도움이 되지 않는 듯하다. 하지만 내가 생각하기에 앞으로 언급할 사례는 다를 것 같다. 앞에서 언급했던 오직 자신의 목 한쪽 근육을 마음대로 움직일 수 있는 신사는 놀랄 때마다 양쪽 모두를 수축했던 것이 확실하다. 이러한 근육이 입을 크게 벌리기 위해, 질병으로 인해 호흡이 곤란해졌을 때, 그리고 수술 전에 발작적으로 울부짖으며 깊이 숨을 들이쉬는 동안 수축하는 경우가 있다는 사실을 보여 주는 증거는 이미 제시한 바 있다. 그런

데 우리는 갑작스레 나타난 장면이나 소리로 인해 깜짝 놀랄 경우에
도 순간적으로 숨을 깊이 들이쉰다. 그리고 이러한 과정이 되풀이됨
으로써 넓은목근의 수축이 두려움의 감각과 연계되었을 수가 있다.
하지만 내가 생각하기에 양자는 더 효율적으로 관련을 맺고 있다. 처
음 두려움의 느낌이 엄습할 경우, 혹은 무엇인가 두려운 것을 상상할
경우, 흔히 전율이 촉발된다. 나는 고통스러운 생각을 하다가 나도
모르는 사이에 약간의 전율을 느낀 경험이 있으며, 이때 나의 넓은목
근이 수축되는 것을 뚜렷하게 지각할 수 있었다. 내가 일부러 전율을
느끼려 할 때도 마찬가지였다. 나는 다른 사람들에게 그렇게 해 보라
고 요구했다. 이때 일부 사람들은 넓은목근이 수축되었지만 다른 사
람들에게서는 수축되지 않았다. 내 아들 중 하나는 침대에서 나와 추
위에 떨고 있었는데, 이때 우연히 자신의 목에 손을 대 보았던 그는
자신의 넓은목근이 강하게 수축되는 것을 분명하게 느낄 수 있었다.
이후 그는 의도적으로 이전의 경우에 했던 것처럼 몸을 떨어 보았는
데, 이때 넓은목근은 영향을 받지 않았다. J. 우드 씨 또한 검사를 받
기 위해 옷을 벗었지만 두려워하지 않는, 하지만 추워서 약간 떨고
있는 환자에게서 여러 번 이러한 근육 수축을 관찰했다. 아쉽게도 나
는 학질 발작에 걸려 오한을 느낄 때처럼 몸 전체가 떨릴 때 넓은목
근이 수축하는지에 대해서 확신할 수가 없다. 하지만 넓은목근이 전
율을 느끼는 동안 수축되는 경우가 흔한 것은 확실하며, 전율 혹은
몸 떨림에는 대개 최초의 두려움의 감각이 동반된다. 이러한 사실은
두려움을 느낄 경우, 넓은목근이 작동한다는 단서가 되는 것으로 여
겨진다.[23] 그러나 두려울 때 반드시 넓은목근이 수축하는 것은 아니

인간과 동물의 감정 표현

다. 이렇게 말하는 것은 오금 저리는 극단적인 공포가 느껴질 때는 넓은목근이 절대 작동하지 않기 때문이다.

동공 확장

그라티올레는 공포가 느껴질 경우에는 반드시 동공이 극도로 확장한다고 반복해서 주장한다.[24] 나는 이러한 주장의 정확성을 의심할 하등의 이유가 없었다. 하지만 앞에서 제시했던 커다란 두려움으로 고통을 느끼고 있는 정신 질환 여성의 사례 외에는 이를 확증할 수 있는 증거를 확보할 수 없었다. 소설 작가들이 눈이 크게 떠졌을 경우를 이야기할 때 나는 그들이 눈꺼풀을 언급하고 있다고 생각한다. 먼로에 따르면,[25] 앵무새의 경우에는 홍채가 빛의 양과 무관하게 감정에 영향을 받는데, 이러한 언급은 이 문제에 시사하는 바가 있다. 하지만 돈더르스 박사는 자신이 거리에 대한 순응 능력과 상관이 있다고 생각하는 새들의 이와 같은 동공의 움직임을 자주 보았으며, 새들의 동공이 우리의 눈이 가까운 대상을 보기 위해 한 점에 모일 때 동공이 수축하는 것과 거의 동일한 방식으로 움직인다고 알려주었다. 그라티올레는 확장된 동공이 마치 깊은 어둠을 응시하는 것처럼 보인다고 주장한다. 지금까지 인간의 두려움이 대개 어둠 속에서 촉발되어 왔음은 의심의 여지가 없다. 이와 같이 만들어진 동공 확장이라는 고착화된, 그리고 연계된 습관을 충분히 설명할 만큼 빈번하게, 혹은 항상 어둠 속에서 두려움을 느낀 것은 아니다. 그라티올레의 주장이 옳다고 가정한다면, 뇌가 직접적으로 강력한 두려움의 감정의 영향을 받아 동공에 반응을 일으킨다고 하는 것이 더욱 그럴싸하다. 하지만 돈더르스 교수는 이것이 매우 복잡한 문제임을 내게 알려주었다. 네틀리(Netley) 병원의 윌리엄 파이프(William J. Fyffe) 박사는 두 명의 환자가 오한에 떨고 있는 동안 동공이 뚜렷하게 팽창되었음을 관찰했는데, 나는 앞에서 제기한 문제를 적절히 파악하는 데 도움이 될지 모른다고 생각해 이러한 사실을 추가로 제시해 본다. 돈더르스 교수는 실신한 지 얼마 되지 않은 사람의 동공이 팽창한 모습을 자주 보았다고 한다.

전율

이러한 용어로 표현되는 심리 상태에는 공포의 의미가 포함되어 있으며, 어떤 경우에는 이 용어가 공포와 거의 같은 의미로 사용되기도 한다. 고마운 마취약이 발견되기 전에는 얼마 있지 않아 시행될 수술에 대한 생각으로 많은 사람이 커다란 전율을 느꼈을 것임에 틀림없다. 존 밀턴(John Milton)이 전율이라는 단어를 사용할 때와 같이, 어떤 사람을 무서워하거나 싫어하는 사람은 그에 대해 전율을 느낄 것이다. 우리는 어떤 사람, 예를 들어 어떤 아이가 어떤 순간에 위험에 노출된 모습을 볼 경우에 전율을 느낀다. 사람들은 거의 다 어떤 사람이 고문을 당하거나 고문을 당하게 될 장면을 목격했을 때 극한에 이른 이러한 감정을 경험할 것이다. 사실 이러한 경우에 우리 자신은 전혀 위험하지 않다. 하지만 우리는 상상력과 공감 능력을 통해 고통을 받는 사람의 입장에 서서 두려움과 유사한 무엇을 느낀다.

C. 벨 경은 "전율은 에너지로 충만한 상태다. 신체는 두려움 때문에 떨리지는 않으면서도 극도의 긴장 상태에 놓여 있다."라고 말한다.[26] 이에 따라 전율에는 일반적으로 눈썹의 강한 수축이 동반될 가능성이 크다. 그런데 전율의 여러 요소 중 두려움 또한 그중 하나이기에 눈썹주름근이 허용할 경우, 눈과 입이 벌어질 것이며, 눈썹이 치켜올라가게 될 것이다. 뒤센은 앞에서 언급한 동일 노인의 사진(그림 21)을 보여 주었다.[27] 그의 눈은 어느 정도 부릅뜨고 있는 듯했고, 눈썹은 부분적으로 치켜올라감과 동시에 강하게 수축되어 있으며, 입을 벌린 채, 넓은목근이 작동하고 있었다. 이 모두는 전기 직류 요법으로 인해 나타나게 된 모습이다. 그는 이처럼 만들어진 표정이 전율을 느끼게 하는 고통이나 고문으로 초래된 극단적인 공포를 보여 준다고 생각했다. 고문을 받은 사람은 자신이 고문을 받으면서 느낀 고통으로 인해 미래에 있을 수 있는 고통에 대해서도 두려움을 느끼는데, 이 때문에 극도의 전율을 나타낼 가능성이 크다. 나는 이 사진 원본을 다양한 연령층의 남녀 스물세 명에게 보여 주었다. 그중에서 열세 명이 사진의 모습이 전율, 커다란 고통, 고문, 혹은 고뇌를 표현하고 있다고 즉각적으로 답했고, 세 명은 극단적인 공포를 나타내고 있다고 답했다. 이처럼 열여섯 명이 뒤센의 생각에 거의 부합되는 답변을 했다. 하지만 여섯 명은 화가 난 표정이라고 답변을 했는데, 그들은 분명 강하게 수축된 이마, 그리고 독특하게 벌어진 입 모습 때문에 그렇게 대답했을 것이다. 한 명은 혐오의 표정이라고 답했

그림 21. 전율과 고통. 뒤센 박사의 사진을 베껴 그린 그림.

인간과 동물의 감정 표현

다. 대체로 보았을 때, 수집된 증거는 사진이 전율과 고뇌를 썩 잘 표현하고 있음을 시사했다. 앞서 언급했던 사진(사진 VII의 2) 또한 전율하는 모습을 보여 준다. 하지만 여기에서는 사진 속 사람의 기울어진 눈썹이 그가 활력 대신 커다란 정신적 고뇌를 느끼고 있음을 시사하고 있다.

전율은 일반적으로 다양한 몸짓과 더불어 나타난다. 그 몸짓은 개인에 따라 서로 다르게 나타난다. 그림으로 판단해 보건대, 전율을 느끼면 흔히 전신이 틀어지거나 움츠러들고, 마치 어떤 두려운 대상을 밀쳐 내는 것처럼 팔을 거칠게 앞으로 뻗는다. 가장 흔한 전율 동작은 팔을 굽혀 몸 옆이나 가슴에 밀착시키면서 양 어깨를 들어 올리는 것인데, 이는 생생하게 상상되는 두려움의 장면을 표현하려 할 때 나타내는 사람들의 행동으로부터 추론해 볼 수 있다. 이러한 동작은 우리가 매우 추울 때 흔히 나타내는 동작과 거의 동일하다. 일반적으로 이 동작은 가슴이 확장되거나 수축됨에 따라 숨을 깊게 내쉬거나 들이쉴 때, 혹은 오한을 느낄 때 취해진다. 이와 같은 상태에서는 "어" 또는 "윽" 같은 소리가 나온다.[28] 하지만 춥거나 전율감을 드러낼 때 우리가 굽힌 팔을 몸에 밀착시킨 상태에서, 어깨를 들어 올리고 몸을 떠는 이유가 무엇인지에 대해서는 아직까지 확실하게 알려진 바가 없다.

결론

지금까지 나는 두려울 때 나타나는 다양한 감정 표현들을 서술하고
자 했다. 여기에는 단순히 주의를 기울이는 데서 출발해서 놀라기 시
작하는 경우, 이어서 극단적인 공포와 전율을 느끼는 데 이르기까지
의 점진적인 이행 과정에서 확인되는 두려움이 망라되었다. 일부 몸
짓은 습관, 연계, 그리고 유전의 원리를 통해 설명할 수 있을 것이다.
예를 들어 우리는 주변의 모든 것들을 최대한 신속하게 보고, 귀에
도달하는 어떤 소리라도 뚜렷하게 들을 수 있도록 눈썹을 치켜올려
뜨면서 눈을 크게 뜨고 입을 크게 벌리는데, 우리는 이러한 특징들을
앞에서 언급했던 원리를 통해 설명할 수 있다. 이렇게 말하는 이유
는 우리가 습관적으로 어떤 위험을 발견하고 이에 대응할 수 있도록
준비해 왔기 때문이다. 일부 다른 두려움의 몸짓들도 최소한 어느 정
도 이와 동일한 원리를 통해 설명할 수 있을 것이다. 인간은 수많은
세대를 거치는 동안 적이나 위험에서 황급히 도망가거나 격렬히 대
항하는 방법을 통해 이들로부터 벗어나고자 노력해 왔다. 그리고 그
와 같은 커다란 노력으로 인해 심장이 빨리 뛰고, 숨이 가빠지며, 가
슴이 부풀고, 콧구멍이 팽창하게 되었을 것이다. 흔히 이러한 격심
한 활동은 극단에 이르기까지 연장되었는데, 그 결과 기진맥진, 창
백함, 땀 흘림, 전신 근육의 떨림이나 완전한 이완이 마침내 나타나
게 되었을 것이다. 오늘날 사람들이 강한 두려움을 느낄 경우, 이것
이 반드시 어떤 격렬한 활동으로 이어지는 것은 아니지만 유전의 힘
과 연계의 힘을 통해 동일한 결과가 재현되는 경향이 있다.

그럼에도 앞에서 언급한 공포의 징후 중 수많은 혹은 대부분의 특징들, 예를 들어 가슴의 박동, 근육의 떨림, 식은땀 등은 많은 경우 일단 마음이 매우 강하게 직접적인 영향을 받게 되고, 이로 인해 뇌척수 계통으로부터 신체의 다양한 부위에 이르는 신경력의 전달이 방해를 받거나 중단된 데 따라 나타났을 가능성이 크다. 습관이나 연계와는 별개로, 우리는 장도관(intestinal canal)의 분비 변화 혹은 분비샘의 활동 중단과 같은 경우에서 이러한 원인이 작용함을 확실하게 살펴볼 수 있다. 이번에는 자신도 모르는 사이에 머리카락이 곤두서는 현상을 정리해 보자. 이러한 행동이 어떻게 유래했건, 우리는 동물에게서 나타나는 이러한 현상이 자발적으로 이루어지는 일정한 동작과 더불어 적들에게 두렵게 보이게 하는 데 도움을 준다고 믿을 만한 훌륭한 이유가 있다. 그리고 이와 동일한 자발적, 비자발적인 동작이 인간과 관련성이 매우 높은 동물들에게서 나타나는데, 이로 인해 우리는 오늘날 인간에게 더 이상 필요치 않게 된 이러한 동작의 잔재를 인간이 물려받아 보유하게 되었다고 추측할 수 있다. 인간 몸의 대부분에 널리, 하지만 드문드문 흩어진 털들을 곤두서게 하는 미세한 민무늬 근육이 오늘날까지 보존되고 있다는 것은 확실히 주목할 만한 사실이다. 그리고 이러한 근육이 인간이 속한 목(目) 내의 동물의 털을 곤두서게 하는 감정과 동일한 감정 상태, 즉 공포와 격노를 느낄 때 수축한다는 것 또한 주목할 만한 사실이다.

13장

얼굴을 붉히는 것은 모든 표현 중에서 가장 독특하고 가장 인간적인 특징이다. 원숭이들이 흥분하면 얼굴이 붉어지지만, 어떤 동물이 얼굴을 붉힐 수 있다고 믿으려면 상당한 양의 증거가 필요하다. 얼굴이 붉어지는 것은 소동맥의 근육층이 이완되어 모세 혈관에 혈액이 차게 되기 때문이다. 근육층의 이완은 관련 혈관 운동 중추가 영향을 받는 데 좌우된다. 정신적인 동요를 동시적으로 많이 겪을 경우, 일반적인 혈액 순환이 영향을 받을 것은 의심할 것도 없다. 하지만 창피함을 느낄 때 얼굴을 덮고 있는 미세 혈관망이 혈액으로 가득 차게 되는 것은 심장의 작동에 따른 것이 아니다. 우리는 피부를 간질임으로써 웃음을 일으킬 수 있고, 타격을 통해 눈물을 흘리거나 얼굴을 찡그리게 할 수 있으며, 고통에 대한 두려움으로 전율이 일어나게 할 수 있다. 하지만 버제스 박사가 말하고 있듯이,[1] 우리는 어떤 육체적 수단을 통해서도, 다시 말해 신체를 자극함으로써 얼굴을 붉힐 수 없다. 얼굴이 붉어지려면 마음이 영향을 받아야 하는 것이다. 얼굴 붉힘은 비자발적일 뿐만 아니라 억제하려 할 경우 자기 주시로 이어지게 되어 그러한 경향을 더욱 강화한다.

젊은이들은 나이가 많은 사람들에 비해 훨씬 쉽게 얼굴이 붉어진다. 하지만 유아기 아이들의 얼굴은 붉어지지 않는데,[2] 이는 주목할 만한 일이다. 우리가 알고 있는 바와 같이 아주 어린 나이의 유아들은 흥분했을 때 얼굴이 붉어지기 때문이다. 나는 2~3세의 나이에 얼굴이 붉어진 두 명의 조그만 여아들, 그리고 이들보다 한 살 많은, 잘못해서 꾸중을 들었을 때 얼굴을 붉힌 또 다른 민감한 아이에 대한 신뢰할 만한 설명을 전해 들었다. 많은 아이가 어느 정도 더 나이가 들면 매우 뚜렷하게 얼굴을 붉힌다. 유아들은 얼굴을 붉힐 만큼 정신 능력이 충분히 발달하지 않은 것처럼 보인다. 백치들이 좀처럼 얼굴을 붉히지 않는 것도 이 때문이다. 크라이튼브라운 박사는 나를 위해 자신이 돌보고 있는 백치들을 관찰했는데, 그는 백치들이 음식이 앞에 놓인 것을 보고 즐거워할 때나 화가 났을 때 얼굴이 상기되는 경우는 보았지만 진정으로 얼굴을 붉히는 경우는 보지 못했다. 그럼에도 완전한 백치가 아닌 일부 사람들은 얼굴을 붉힐 수 있었다. 예를 들어 13세의 이상 소두성 백치는 즐겁거나 흥미로울 때 눈이 다소 빛났는데, 벤(Behn) 박사가 서술한 바에 따르면,[3] 그는 의료 진단을 위해 옷을 벗을 때 얼굴을 붉히며 몸을 한쪽으로 돌렸다.

여성들은 남성들에 비해 더욱 자주 얼굴을 붉힌다. 나이 든 남성이 얼굴을 붉히는 경우는 흔치 않음에 반해 나이 든 여성이 얼굴을 붉히는 경우는 그다지 드물지 않다. 맹인도 예외가 아니다. 로라 브리지먼은 맹인으로 태어났을 뿐만 아니라 귀도 전혀 들리지 않았는데, 그녀 또한 얼굴을 붉혔다.[4] 워체스터 대학교 학장인 로버트 휴 블레어(Robert Hugh Blair) 목사는 당시 보호 시설에 있던 7~8명 중에서 맹인으로 태어난 세 명의 아이들이 심하게 얼굴을 붉혔다고 알려주었다. 맹인들은 처음엔 자신들이 관찰되고 있다는 사실을 의식하지 않았는데, 블레어 씨가 내게 알려주었듯이 그들을 교육하기 위해서는 이러한 의식을 그들의 마음에 새겨 주는 것이 매우 중요하다. 이렇게 해서 얻게 되는 느낌은 자기 주시의 습관을 증진시킴으로써 얼굴을 붉히는 경향을 크게 강화할 것이다.

얼굴을 붉히는 경향은 유전된다. 버제스 박사는 부모와 열 명의 자식으로 이루어진 한 가족의 사례를 제시하고 있다.[5] 그들은 모두 예외 없이 극도로 얼굴을 붉히는 경향이 있었다. 아이들이 성장했고, "이와 같은 고질적인 감수성을 없애 보기 위해 그들 중 일부는 여행을 떠나보내 보기도 했지만 전혀 소용이 없었다." 심지어 얼굴 붉히는 방식의 특이성도 유전되는 것처럼 보인다. 제임스 패짓 경은 한 소녀의 등뼈를 검진하다가 그녀가 독특하게 얼굴을 붉히는 모습을 목격했다. 먼저 커다란 붉은 반점이 목에 나타났고, 이윽고 다른 반점들이 나타났는데, 이들은 얼굴과 목에 걸쳐 다양한 방식으로 흩어져 있었다. 이런 일이 있고 나서 그는 어머니에게 딸이 항상 이처럼 독특한 방식으로 얼굴을 붉히는지에 대해 물었다. 그랬더니 어머니는 "네. 딸이 저를 닮았어요."라고 답했다. 그 순간 제임스 패짓 경은 자신이 이러한 질문을 함으로써 그 어머니의 얼굴도 붉게 만들었음을 깨달았다. 그리고 그녀 또한 딸과 마찬가지의 독특한 모습으로 얼굴을 붉혔다.

대부분의 경우, 붉어지는 부위는 얼굴, 귀 그리고 목에 국한된다. 하지만 많은 사람들은 얼굴이 심하게 붉어질 때 전신이 뜨거워지고 따끔거리는 것을 느낀다. 이는 피부가 전체적으로 모종의 영향을 받고 있음을 분명하게 보여 준다. 간혹 이마에서부터 붉어짐이 시작된다는 이야기가 있기도 하지만 일반적으로는 뺨에서부터 붉어짐이 시작되어서 귀와 목으로 확산된다.[6] 버제스 박사가 조사한 두 명의 백화증(albino, 유전 질환의 한 종류로, 이러한 질환이 있는 사람은 눈, 피부, 머리카락에 색소가 소량만 있거나 전혀 없는 것이 특징이다. ─ 옮긴이) 환자는 뺨에 국한성(局限性, circumscribed)의 작은 붉은 반점이 생기는 것으로 붉어짐이 시작되어 귀밑샘 신경얼기(parotidean plexus of nerves)로 퍼지다가 더욱 확장되어 하나의 원을 이루었다. 이와 같은 붉은 원과 목의 붉은 부위는 동시에 만들어졌는데, 그럼에도 양자 사이에는 뚜렷한 경계선이 만들어졌다. 백화증 환자의 망막은 원래 붉은데, 홍조가 나타날 때면 망막이 항상 더 붉어졌다.[7] 누구나 한번 얼굴이 붉어지면 연이어 얼굴이 얼마나 쉽게 붉어지는지를 잘 알고 있을 것이다. 얼굴이 붉게 변하기에 앞서 피부에 독특한 감각이 먼저 느껴진다. 버제스 박사에 따르면, 피부가 붉게 변하고 나면 일반적으로 가벼운 빈혈 증세가 나타나는데, 이는 모세 혈관이 팽창되었다가 수축되었음을 뜻하는 것이다. 드물긴 하지만 얼굴이 붉어지는 상황인데도 그렇게 되지 않고 얼굴이 창백해지는 경우가 있다. 예를 들어 한 젊은 여성이 성대하면서 혼잡한 연회장에서 지나가는 종업원의 단추에 머리카락이 매우 단단히 걸렸는데, 문제를 해결하는 데 다소 시간이 걸렸다. 그녀는 자신의 느낌을 바탕으로 자신의 얼굴이 새빨개졌다고 상상했으나, 친구는 그녀의 얼굴이 극도로 창백했다고 확인해 주었다.

　　　　　　　　　　　　인간과 동물의 감정 표현

나는 신체의 어디까지 홍조가 확장되는지 궁금했다. 친절하게도 직업상 빈번한 관찰의 기회가 있었던 J. 패짓 경은 2~3년 동안 이 문제에 관심을 가져 주었다. 그가 확인한 바에 따르면, 얼굴, 귀, 그리고 목덜미가 몹시 붉어지는 여성의 경우에는 일반적으로 그러한 홍조가 신체의 하부까지는 확장되지 않았다. 빗장뼈나 어깨뼈 이하에서 붉은빛을 볼 수 있는 경우는 드물었다. 그는 붉은빛이 가슴 윗부분 이하로 확장되는 경우를 단 한 번도 본 적이 없다. 그는 붉은색이 밑으로 내려가면서 점차적으로, 자연스레 사라져 버리는 것이 아니라 붉은 반점이 불규칙하게 생기면서 사라진다는 사실도 알아냈다. 마찬가지로 랭스태프 박사 또한 얼굴은 붉어지지만 몸은 전혀 붉어지지 않는 여러 여성들에 대한 정보를 내게 제공해 주었다. 일부 정신 이상자는 유달리 쉽사리 얼굴이 붉어지는 것처럼 보였는데, J. 크라이튼브라운 박사는 빗장뼈 이하까지 붉은빛이 확장되는 경우를 여러 번 보았으며, 두 사람의 경우에는 가슴까지 붉어졌다. 그는 간질을 앓고 있는 27세 기혼 여성의 사례를 내게 이야기해 주었다. 그 여성이 보호 시설로 돌아온 어느 날 아침, 크라이튼브라운 박사는 보조원들과 함께 그 여성이 잠자리에 있는 동안 방문했다. 그가 다가서는 순간, 그녀는 뺨과 관자놀이가 매우 붉어졌고, 붉은빛이 신속하게 귀로 확산되었다. 그녀는 매우 동요하며 떨고 있었다. 그는 그 여성의 허파 상태를 점검하기 위해 그녀의 속옷 깃을 풀었다. 그러자 가슴 전체로 붉은빛이 환하게 퍼졌는데, 젖가슴의 윗부분까지 곡선으로, 이윽고 가슴 사이에서 거의 복장뼈(흉골)의 검상연골(劍狀軟骨, ensiform cartilage)에 이르기까지 밑으로 붉은빛이 확장되었다. 이 사례는 흥미롭다. 그녀가 자신의 부끄러운 신체 부위에 주의를 기울임으로써 홍조가 강렬해지고 나서야 비로소 붉은 빛이 이처럼 아래로 확장되었기 때문이다. 검사 진행에 따라 그녀는 침착해졌고 홍조는 사라졌다. 하지만 그 후의 여러 경우에서 동일한 현상이 관찰되었다.

앞서 말한 사실은 일반적으로 영국 여성에게서 홍조가 목밑과 가슴의 상부까지 확장되지 않는다는 것을 보여 준다. 그럼에도 제임스 패짓 경은 자신이 충분히 신뢰할 수 있는 사람으로부터 들은 사례 하나를 들려주었다. 그 이야기에서 어린 소녀는 자신이 외설스러운 행동이라고 생각했던 행동으로 인해 충격을 받았고, 배와 다리의 윗부분이 전체적으로 붉어졌다. 모로 또한 유명한 화가의 요구 때문에 어쩔 수 없이 모델이 되겠다고 한 소녀가 처음으로 옷을 벗었을 때 가슴, 어깨, 팔, 그리고 전신이 붉어졌다고 내게 말해 주었다.[8]

대부분의 경우에 피부 전체가 흔히 따끔거리고 열이 나는데도 오직 얼굴, 귀 그리고 목만이 붉어지는 이유가 무엇인가는 흥미로운 문제다. 이는 주로 얼굴과 그에 인접한 피부 부위가 공기, 빛, 그리고 기온의 변화에 끊임없이 노출되었고, 이로 인해 소동맥이 쉽게 팽창하고 수축하게 된 데 따른 결과인 것처럼 보이며, 피부의 다른 부위들과 비교해 보았을 때 얼굴과 그 인접 부위에 소동맥이 이례적으로 발달하게 된 데 따른 결과인 것처럼 보이기도 한다.[9] M. 모로와 버제스 박사가 설명한 바와 같이, 얼굴에 열성 발작이 일어났을 때, 흔한 방식으로 열이 날 때, 격심한 활동을 했을 때, 분노했을 때, 가볍게 맞았을 때 등과 같은 다양한 상황에서 얼굴이 붉어지는 경향이 있고, 거꾸로 추울 때나 두려울 때 창백해지는 경향이 있으며, 임신 기간에

인간과 동물의 감정 표현

도 창백해지기 쉽다. 특히 얼굴은 피부병, 천연두, 단독(丹毒, erysipelas, 피부가 세균 감염으로 인해 붉게 부어오르는 피부병의 일종. ─ 옮긴이) 등의 영향을 받기가 쉽다. 이러한 견해는 평소 거의 벗은 채로 생활하는 특정 인종의 사람들이 흔히 팔과 가슴, 심지어 허리 아래까지 붉어진다는 사실을 통해서도 뒷받침된다. 얼굴이 쉽게 붉어지는 한 여성은 부끄러움을 느끼거나 마음의 동요가 일어날 때 얼굴, 목, 손목, 그리고 손, 다시 말해 노출된 피부 부위가 전체적으로 붉어졌다고 크라이튼브라운 박사에게 이야기했다. 그럼에도 얼굴과 목의 피부가 일상적으로 노출된다는 사실, 그리고 그 결과 다양한 종류의 자극을 받으면 강하게 반응하게 된다는 사실이 그 자체로 영국 여성에게서 이와 같은 부위들이 다른 부위에 비해 붉어지는 경향이 더욱 쉽게 나타난다는 사실을 설명하기에 충분한지에 대해서는 의문이 제기될 수 있다. 손 또한 신경들과 작은 혈관들이 잘 발달되어 있고, 얼굴이나 목 못지않게 대기에 많이 노출되어 있기 때문이다. 그럼에도 손은 좀처럼 붉어지지 않는다. 이에 대해서는 다른 신체 부위에 비해 얼굴이 훨씬 더 빈번하고도 강렬하게 마음의 관심 대상이 된다는 것으로 충분하게 설명될 수 있을지도 모른다. 우리는 여기에 대해 곧 살펴보게 될 것이다.

다양한 인종에서의 얼굴 붉힘

피부색이 매우 검은 인종에서는 피부색의 변화가 뚜렷하게 감지되지 않는다. 하지만 부끄러움을 느낄 경우, 거의 모든 인종의 사람들은 얼굴의 실핏줄이 충혈된다. 유럽의 모든 아리아 족 국가에서 얼굴이 붉어지는 현상은 두드러지게 나타나며, 일부 인도 인종에서도 어느 정도 나타난다. 하지만 어스킨 씨는 인도인의 목이 현저하게 붉어진 모습을 목격한 적이 없다. 스콧 씨는 인도 시킴 주의 렙차스 인에게서 움푹 들어간 눈으로 고개를 떨구면서 뺨, 귀의 밑 부분, 목의 측면이 약간 붉어지는 모습을 흔히 목격했다고 한다. 이는 스콧 씨가 그들이 거짓말을 한 사실을 간파했거나 그들의 무례함을 나무랄 때 나타났다. 이들은 얼굴이 창백하고 혈색이 좋지 않은데, 이로 인해 얼굴이 붉어질 경우, 그들은 인도의 다른 대부분 지방의 원주민들에 비해 훨씬 두드러지게 붉게 보였다. 스콧 씨에 따르면, 이 종족들에서 부끄러움(혹은 이것이 두려움이 뒤섞인 감정일 수 있다.)은 피부색의 변화보다도 눈이 흔들리거나 갈구하는 듯이 보이면서 머리를 돌리거나 숙이는 경우에 훨씬 뚜렷하게 표현된다.

어느 정도 예상할 수 있는 것처럼, 셈 족은 아리아 족과 유사하며, 때문에 얼굴이 쉽게 붉어진다. 유태인의 경우에는「에레미아서」(6장 15절)에 "아니오, 그들은 전혀 부끄러워하지 않으며 얼굴을 붉힐 수도 없습니다."라고 씌어져 있다. 그레이 부인은 한 아랍 인이 나일 강에서 배를 서투르게 저어가는 모습을 보았는데, 동료들이 조롱하자, "그는 목 뒷부분이 붉어졌다."라고 이야기했다. 더프 고든(Duff Gordon)이라는 여성은 젊은 아랍 인이 자신이 나타나자 얼굴을 붉혔다고 말했다.[10]

스윈호 씨는 중국인이 얼굴을 붉히는 모습을 보긴 했어도 이런 경우가 드물다고 생각한다. 그럼에도 중국인들은 "부끄러움에 얼굴이 붉어졌다."라는 표현을 사용한다. 기치 씨는 말라카에 정착한 중국인과 내륙의 말레이 원주민이 모두 얼굴을 붉힌다고 내게 알려주었다. 이 종족들 중 일부는 거의 벌거벗은 채로 살아가는데, 그는 특히 붉어짐이 아래쪽으로 확장되는 현상에 주목했다. 기치 씨는 오직 얼굴만 빨개지는 사례들은 거론하지 않은 채 24세의 한 중국 남성이 부끄러움에 얼굴, 팔, 그리고 가슴이 붉어지는 모습만을 언급했다. 또 다른 중국인은 왜 일을 더 잘하지 못하냐고 나무라자 전신이 붉어졌다. 그는 두 명의 말레이 인에게서 얼굴, 목, 가슴, 그리고 팔이 붉어지는 것을 보았으며,[11] 세 번째 말레이 인(부기 인)에게서는 허리까지 붉은빛이 확산되는 것을 보았다.

폴리네시아 인은 쉽게 얼굴이 붉어진다. 스택 목사는 뉴질랜드 원주민들에게서 이러한 경우를 수없이 보았다. 다음의 경우는 사례로 제시할 만한 가치가 있다. 그 이유는 이것이 이례적으로 검은 피부를 가졌고, 부분적으로 문신을 한 노인에 관한 이야기이기 때문이다. 자신의 땅을 영국인에게 연차로 싸게 임대해 준 후, 그는 당시 마오리 족에서 유행되고 있던 이륜 마차를 사고자 하는 강한 정념에 휩싸였다. 이에 따라 그는 차지인(借地人)으로부터 4년치 임대료를 일시에 받고 싶어 했고, 스택 목사에게 그렇게 할 수 있는지 자문을 구했다. 그 남성은 나이가 많고, 꼴사납고, 가난하고, 누추했다. 그런데 그런 사람이 이륜 마차를 몰고 다니며 과시를 하려 한다는 생각이 스택 목사를 매우 즐겁게 했고, 이로 인해 그는 웃음을 크게 터뜨리지 않을 수 없었다. 그러자 "노인은 머리카락 뿌리까지 붉어졌다." 포스터는 "당신은" 타히티 섬의 가장 아름다운 여성의 뺨에 "번져 있는 홍조를 쉽게 식별할 수 있을 것이다."라고 말한다.[12] 다른 여러 태평양 군도의 원주민들 또한 얼굴이 붉어지는 모습이 목격되었다.

워싱턴 매슈스 씨는 북아메리카의 여러 미개한 원주민 부족에 속한 젊은 여성들의 얼굴이 붉어지는 모습을 흔히 보았다. 브리지스 씨는 대륙 정반대 극단의 티에라 델 푸에고에서는 원주민들이 "얼굴을 많이 붉히는데, 주로 여성과 관련한 문제에서 그런다. 하지만 그들이 자신들의 겉모습 때문에 얼굴을 붉히기도 한다는 것은 말할 것도 없다."라고 했다. 이러한 주장은 구두를 닦거나 자신을 치장하는 것을 희롱했을 때 얼굴을 붉혔던 제미 버튼이라는 푸에고 인에 대한 내 기억과도 일치한다. 포브스 씨는 볼리비아 산악 지대에 사는 아이마라(Aymara) 원주민에 대해 언급했는데, 그에 따르면 피부색으로 볼 때 그들이 얼굴을 붉히는 모습을 백인종과 마찬가지로 분명하게 볼 수는 없다.[13] 그럼에도 포브스 씨에 따르면 백인종이 얼굴을 붉히게 되는 상황에서 "그들 또한 품위감이 손상되거나 당황할 때 드러내는 표현을 항상 보여 주었다. 그리하여 심지어 어두운 곳에서도 얼굴이 달아오르는 것이 느껴졌고, 이는 유럽 사람에게서 나타나는 바와 완전히 일치하는 현상이었다." 외관상으로 보았을 때, 남아메리카의 덥고 고요하며 습한 지역에 거주하는 원주민의 피부는 오랫동안 커다란 기후 변화에 노출되어 온 대륙 북부와 남부의 원주민처럼 정신적 흥분에 쉽사리 반응을 보이지 않는 것이 분명하다. 이렇게 이야기하는 이유는 훔볼트가 "어떻게 얼굴이 붉어져야 하는지를 모르는 사람을 어떻게 신뢰할 수 있단 말인가?"라는 스페인 사람의 냉소를 아

인간과 동물의 감정 표현

무런 조건을 달지 않고 인용하고 있기 때문이다.[14] 요한 밥티스트 폰 스픽스(Johann Baptist von Spix) 씨와 카를 프리드리히 필립 폰 마티어스 (Karl Friedrich Philipp von Martius) 씨는 브라질 원주민에 대해 언급하면서 그들이 얼굴을 붉힌다고 말할 수 없다고 주장한다. "우리가 원주민 들에게서 감정을 나타내는 얼굴색 변화를 지각한 것은 그들이 백인 과 오랫동안 교제를 한 후, 그리고 어느 정도 교육을 받은 후였다."라 고 주장한다.[15] 하지만 얼굴을 붉히는 능력이 이와 같은 방식으로 생 겨났다는 주장은 믿기 어렵다. 그럼에도 교육을 받고 새로운 생활을 하게 됨으로써 그들은 자기 주시 습관을 가지게 되었을 것이고, 이것 이 얼굴이 붉어지는 선천적인 경향을 크게 증진했을 것이다.

　신뢰할 만한 다수의 관찰자들은 백인이 흥분할 어떤 상황에 처 할 경우, 흑인의 얼굴 또한 백인이 얼굴을 붉히는 경우와 유사한 특 징이 나타났다고 확인해 주었다.[16] 비록 흑인의 피부가 짙은 검은 빛 을 띠지만 그들에게서도 그런 특징이 나타났던 것이다. 어떤 사람들 은 이를 갈색 홍조라고 서술하고 있으나, 대부분의 사람들은 검은색 이 더욱 강해진다고 말한다. 이 경우 피부 내 혈액 공급이 증가하면 서 일정한 방식으로 피부의 검은색을 더욱 검게 하는 것처럼 보인다. 결과적으로 어떤 발진성 열병이 생길 경우 백인의 감염 부위는 붉어 지는데, 흑인의 감염 부위는 이와 달리 더욱 검어지는 것처럼 보인 다. 아마도 흑인의 피부가 더욱 검어지는 것은 모세 혈관이 충혈되 어 더욱 팽팽해진 탓이 아닐까 한다. 우리는 흑인 얼굴의 모세 혈관 이 부끄러운 감정을 느낄 때 충혈된다는 것을 확신한다. 왜냐하면, 뷔퐁이 서술한, 완전한 백피증 흑인 여성이 자신의 벗은 모습을 보이게 되었을 때 뺨이 희미한 진홍빛 색조를 나타냈기 때문이다.[17] 흑인에게서 피부의 아문 상처는 오랫동안 하얗게 남아 있으며, 흑인 여성의 얼굴에 난 이러한 종류의 흉터를 자주 볼 수 있었던 버제스 박사는 그러한 부위가 "갑작스럽게 말을 걸거나, 사소한 방해로 꾸지람을 들을 때 붉어지는 모습을"[18] 뚜렷하게 볼 수 있었다. 홍조는 상처 부위의 주변으로부터 안쪽으로 진행되었는데, 이것이 한가운데에까지 이르지는 않았다. 물라토(mulatto, 중남미에 주로 거주하는 백인과 흑인 부모 사이에서 태어난 혼혈 인종. ─ 옮긴이) 인종은 흔히 얼굴을 크게 붉히는데, 얼굴 전체에 홍조가 계속 이어진다. 이러한 사실로부터 미루어 보건대, 비록 피부에 붉은색이 나타나지는 않지만 흑인들이 얼굴을 붉힌다는 것은 의심의 여지가 없다.

나는 가이카 씨와 바버 여사에게 남아프리카의 카피르 족이 얼굴을 붉히는 법이 없다는 이야기를 들었다. 하지만 이는 단지 얼굴색의 변화를 식별할 수 없다는 것을 의미할 따름이다. 가이카 씨는 유럽 인들이 얼굴을 붉히는 상황에서 그의 동향인들 또한 "너무 부끄러워 고개를 계속 들고 있지 못하는 것처럼 보였다."라고 덧붙이고 있다.

나의 정보 제공자 네 명은 거의 흑인처럼 피부가 검은 오스트레일리아 원주민들은 얼굴이 붉어지는 법이 없다고 말해 주었다. 다섯 번째 정보 제공자는 과연 그들의 얼굴이 붉어지는 경우가 없는지에 의문을 제기하며 답변을 했다. 그에 따르면, 그들의 피부 상태는 깨끗하지 않으며, 따라서 오직 매우 붉어지는 경우에만 그와 같은 상태를 확인할 수 있다. 세 명의 관찰자들은 그들이 분명 얼굴을 붉힌다

인간과 동물의 감정 표현

고 말했는데,[19] 이중 S. 윌슨 씨는 이를 오직 그들이 강한 감정 상태에 놓여 있을 때만 목격할 수 있으며, 피부가 너무 오랫동안 외부 환경에 노출되고 더러워져 지나칠 정도로 검어지지 않은 상태에서만 목격할 수 있다고 말하면서, 이러한 사실이 주목할 만한 일이라고 덧붙였다. 랭 씨는 "내가 확인한 바로는 창피함을 느낄 경우, 항상 얼굴이 붉어지며, 붉은색이 목에 이르기까지 아래로 확장되는 경우가 흔하다."라고 답했다. 그가 부언하고 있듯이, "부끄러움은 두 안구를 이쪽저쪽으로 굴리는 모습을 통해서도 확인할 수 있다." 랭 씨는 원주민 학교의 선생이었는데, 이를 감안해 보았을 때 그가 주로 관찰했을 가능성이 높은 대상은 아이들이다. 그리고 우리는 아이들이 어른들에 비해 더욱 자주 얼굴을 붉힌다는 사실을 알고 있다. G. 태플린 씨는 혼혈아들이 얼굴을 붉히는 모습을 보았으며, 원주민들에게 부끄러움을 나타내는 단어가 있다고 말하고 있다. 하게나우어 목사는 오스트레일리아 원주민들이 얼굴을 붉히는 경우를 보지 못한 사람 중 하나인데, 그는 그들이 "부끄러움으로 인해 땅바닥을 내려다보고 있는 모습"을 본 적이 있다고 말한다. 선교사 벌머 씨는 다음과 같이 말한다. "나는 성인 원주민들이 부끄러움 같은 것을 느끼는지 확인할 수 없었다. 하지만 아이들은 부끄러울 경우, 마치 어디를 봐야 할지 모르는 것처럼 힘이 없어진 눈을 가만히 두지 못하는 모습을 나타내는 것을 살펴볼 수 있었다."

지금까지 제시한 사실들은 얼굴색에 어떤 변화가 있는지에 상관없이, 얼굴 붉힘이 대부분, 어쩌면 모든 인종에 공통적으로 나타나는 현상임을 보여 주기에 충분하다.

얼굴 붉힘에 수반되는 동작과 몸짓

강한 수치심을 느끼는 경우, 사람들은 이를 숨기고자 하는 강한 욕망을 갖는다.[20] 이와 같은 상황에서 우리는 몸 전체, 특히 얼굴을 돌리는데, 우리는 어떤 방식으로든 수치심을 감추려고 노력한다. 수치심을 느끼는 사람은 함께 있는 사람들의 시선을 피하게 되는데, 이에 따라 그는 거의 항상 자신의 눈을 밑으로 향하고 곁눈질을 한다. 일반적으로 이러한 경우 부끄러워하는 모습을 보이지 않으려는 강한 바람도 동시에 갖게 되는데, 이로 인해 이러한 감정을 느끼게 한 사람을 똑바로 쳐다보려 하지만 막상 제대로 쳐다보지 못하는 현상이 생겨난다. 이와 같은 정반대 경향 사이의 알력으로 인해 눈은 불안정한, 안절부절못하는 동작을 보여 준다. 나는 얼굴을 붉히는 동안 매우 빠른 속도로 눈꺼풀을 끊임없이 깜박이는 여성 둘을 본 적이 있다. 그들은 얼굴이 매우 쉽게 붉어졌는데, 이로 인해 매우 기묘한, 이러한 성벽을 습득한 것처럼 보였다. 얼굴을 매우 붉힐 경우, 간혹 눈물을 약간 흘리기도 한다.[21] 나는 이러한 현상이 혈액 공급의 증가로 눈물샘이 덩달아 작동하기 때문에 일어난다고 생각한다. 우리는 혈액 공급이 증가하면 혈액이 망막을 포함한 주변 부위들의 모세 혈관으로 흘러 들어간다는 사실을 알고 있다.

고금을 막론하고 수많은 저술가가 앞에서 이야기한 동작들을 잘 알고 있었다. 나는 세상의 다양한 지역에 사는 원주민들이 흔히 밑을 내려 보거나 곁눈질을 하거나 눈을 이리저리 움직임으로써 자신들의 수치심을 나타낸다는 것을 이미 언급한 바가 있다. 에스라는

"나의 하느님이여 내가 부끄럽고 낯이 뜨거워서 감히 나의 하느님을 향해 얼굴을 들지 못하오니 이는 우리 죄악이 많아 정수리에 넘치고 우리 허물이 커서 하늘에 미침이니이다."(「에스라」 9장 6절)라고 울부짖는다. 「이사야서」(1장 6절)에서는 "나를 때리는 자들에게 내 등을 맡기며 나의 수염을 뽑는 자들에게 나의 뺨을 맡기며 모욕과 침 뱉음을 당하여도 내 얼굴을 가리지 아니하였느니라."라는 말이 나온다. 세네카는 "로마의 배우들이 자신의 머리를 늘어뜨리고, 눈을 땅에 고정한 채 계속 눈을 떨구고 있었다. 하지만 수치심을 연기하면서 얼굴을 붉히지는 못했다."(「사도서간」 11장 5절)라고 말한다. 5세기에 살았던 마크로비우스(Macrobius)는 "사람들이 얼굴을 붉힐 때 자신의 얼굴을 손으로 가리는 것처럼, 자연 또한 부끄러움이 작용할 때 그녀 앞에 피를 베일로서 펼쳐 놓는다."(『사투르날리아(Saturnalia)』 B. vii, c. 11)라고 이야기했다. 셰익스피어의 작품에는 마르쿠스가 조카에게 다음과 같이 말하는 장면이 나온다. "오! 이제 너는 부끄러움으로 얼굴을 돌렸구나."(「티투스 안드로니쿠스」 2막 5장) 한 여성은 자신이 이전에 알고 있던 버림받은 불행한 한 소녀를 성병 전문 병원에서 발견했는데, 가엾은 그녀는 자신이 다가가자 침대용 시트 밑에 얼굴을 가리고 얼굴을 보여 주려 하지 않았다고 내게 말해 주었다. 우리는 어린 아이들이 부끄럽거나 창피할 때 흔히 선 채로 등을 돌려 어머니의 외투에 얼굴을 파묻는 모습을 보게 된다. 아이들은 어머니의 무릎에 자신들의 얼굴을 묻기도 한다.

마음의 혼란

사람들은 대부분 얼굴을 심하게 붉힐 경우, 정신이 혼란스러워진다. 정신이 혼란스러워진 사람을 묘사할 때 흔히 쓰는 "She was covered with confusion." 같은 표현은 이를 잘 보여 준다. 이러한 상태의 사람들은 냉정함을 잃고 매우 부적절한 말을 내뱉는다. 대개 그들은 크게 마음 아파하면서 말을 더듬고 어색한 동작을 취하거나 이상하게 얼굴을 찡그린다. 어떤 경우에는 일부 얼굴 근육이 비자발적으로 움찔하며 수축하는 모습이 관찰되기도 한다. 나는 지나칠 정도로 얼굴이 붉어지는 한 젊은 여성에게서 그러한 경우에 자신이 무엇이라 말하는지조차 모른다는 이야기를 들은 적이 있다. 자신의 얼굴이 붉어졌다는 사실이 알려지게 되었음을 의식함으로써 느껴지는 곤혹스러움 때문에 그러한 현상이 나타나는 것이라고 그녀에게 설명해 주자, 그녀는 그렇지 않을 것이라고 답하면서 다음과 같이 말했다. "제가 제 방에서 어떤 생각으로 얼굴이 붉어지는 경우에도 멍해지는 것을 간혹 느낄 수 있었답니다."

일부 민감한 사람들이 느낄 가능성이 큰, 극단적인 마음의 혼란 상태의 사례를 제시해 보도록 하자. 내가 신뢰할 수 있는 한 신사는 다음과 같은 장면을 목격했다고 말해 주었다. 매우 수줍음을 잘 타는 남성을 축하하기 위해 소규모 저녁 파티가 열렸다. 그는 답례를 하기 위해 일어섰다. 자기가 할 연설을 통째로 암기해 왔으리라. 그는 완전한 침묵 속에서 단 한마디도 하지 않았다. 하지만 그는 마치 큰소리로 연설하는 것처럼 행동했다. 그의 친구들은 상황을 눈치 채고,

인간과 동물의 감정 표현

그의 동작이 말을 끊었음을 표시할 때마다 이 들리지 않는 웅변에 큰 박수를 쳐 주었다. 그는 시종 자기가 완전히 침묵을 지켰다는 사실을 전혀 깨닫지 못했다. 반대로 그는 득의양양해서 내 친구에게 자신이 유달리 연설을 잘한 것 같다고 말했고 한다.

수치심을 크게 느끼거나 부끄러움을 매우 크게 느낄 때 사람들은 얼굴이 매우 붉어지고 심장 박동이 빨라지며 숨이 가빠진다. 이는 뇌의 혈액 순환, 그리고 정신력에도 분명 영향을 줄 것이다. 하지만 분노와 두려움이 혈액 순환에 이보다 더 강력한 영향을 미친다는 사실로 판단해 보건대, 사람들이 얼굴을 크게 붉힐 때 마음이 혼란스러워지는 현상을 이와 같은 방식으로 만족스럽게 설명할 수 있는지는 좀 의심스럽다.

마음이 혼란스러워지는 현상은 머리와 얼굴 표면의 모세 혈관 순환과 뇌의 모세 혈관 순환 사이에 존재하는 밀접한 교감 작용을 통해 적절하게 설명할 수 있음이 확실하다. 나는 J. 크라이튼브라운 박사에게 자문을 구했는데, 그는 이 주제와 관련된 다양한 사실을 내게 알려주었다. 교감 신경이 머리의 한쪽에서 나뉠 때, 그쪽에 있는 모세 혈관이 이완되어 혈액으로 가득 차게 된다. 이때 피부가 붉어지고 뜨거워지며 동시에 같은 쪽 머리뼈 안의 온도가 오른다. 한편 뇌막염에 걸릴 경우에는 얼굴, 귀, 그리고 눈이 충혈된다. 간질성 발작의 첫 단계는 뇌혈관의 수축인 것처럼 보이며, 겉으로 나타나는 최초의 증세는 얼굴이 극도로 창백해지는 것이다. 머리의 단독(丹毒)은 흔히 정신 착란을 야기한다. 나는 강한 물약을 발라 피부를 얼얼하게 해 심한 두통을 완화시키는 것도 동일한 원리에 의거한다고 생각한다.

크라이튼브라운 박사는 자신의 환자에게 아밀 아질산염 증기를 자주 사용했는데,[22] 이는 30초와 60초 사이에 얼굴을 선홍빛으로 만드는 독특한 특성을 가지고 있다. 이와 같은 상황에서 붉어지는 모습은 거의 모든 면에서 얼굴이 수치심으로 붉어지는 경우와 유사하다. 이는 얼굴에 뚜렷한 점이 여럿 생기는 데서 시작해, 머리 전체, 목, 그리고 가슴 앞부분까지 퍼진다. 하지만 복부에 이르기까지 확장된 경우는 단 한 번 관찰되었을 따름이다. 망막의 소동맥도 확장된다. 그리하여 눈이 반짝이게 되고, 한번은 아밀 아질산염 증기를 쏘인 환자가 눈물을 약간 흘리기도 했다. 처음에는 환자들이 유쾌한 느낌을 갖지만, 붉은색이 퍼지면 혼란스러워하며 어쩔 줄 몰라 한다. 이러한 증기를 자주 쏘였던 한 여성은 몸이 뜨거워지면서 점차 머리가 흐리멍텅해졌다고 말했다. 얼굴이 막 붉어지기 시작하는 사람들은 눈이 반짝이고 행동이 기운찬데, 이를 통해 판단해 보건대, 그들의 정신 또한 어느 정도 활발하게 작동하게 되는 것처럼 보인다. 마음이 혼란스러워지는 현상이 나타나는 것은 지나치게 얼굴이 붉어질 경우에 국한된다. 이렇게 보았을 때 아밀 아질산염 증기를 흡입하는 동안에는, 그리고 얼굴이 붉어지는 동안에는 정신력이 의존하고 있는 뇌 부위에 영향이 미치기에 앞서 얼굴의 모세 혈관이 우선적으로 영향을 받는 것처럼 보인다. 반대로 뇌가 애초에 영향을 받는 경우에는 피부의 혈액 순환이 이차적으로 영향을 받게 된다. 브라운 박사는 간질 환자의 가슴에 흩어져 있는 붉은 반점과 얼룩을 자주 관찰했다고 내게 말해 주었다. 이와 같은 상황에서 가슴 혹은 배의 피부를 연필이나 다른 물체로 가볍게 문지를 경우, 아주 심한 경우에

인간과 동물의 감정 표현

는 손가락으로 건드리기만 해도 표피가 30초 이내에 선명한 붉은 반점으로 뒤덮인다. 이는 건드린 지점의 양쪽으로 어느 정도 확산되며 몇 분간 지속된다. 이것은 트루소 씨 뇌 평형반 증세(cerebral maculæ of Trousseau)로, 크라이튼브라운 박사가 말하듯이 이는 피부 혈관 계통이 심하게 변형되었음을 나타내는 증세다. 결론적으로 말해 '정신력이 의존하고 있는 뇌 부위에서의 모세 혈관 순환'과 '안면 피부에서의 모세 혈관 순환' 사이에 긴밀한 교감 작용이 이루어지고 있다면 (이는 우리가 의심할 수 없다.), 교란에 미치는 영향과 별개로, 얼굴을 크게 붉히는 도덕적 원인들이 마음의 혼란도 크게 초래한다고 해서 이상할 것은 하나도 없다.

얼굴을 붉히게 하는 마음 상태의 특징

얼굴을 붉히게 만드는 마음 상태로는 수줍음, 창피함, 품위감을 들수가 있다. 이들 모두에서 핵심 요인은 자기 주시다. 원래 타인의 의견과 결부된, 개인의 용모에 초점이 맞추어져 있는 자기 주시가 이러한 상태를 촉발하는 원인이라고 믿을 만한 여러 이유가 있다. 연계의 힘을 통해 도덕 행위와 관련한 자기 주시에 의해 동일한 효과가 만들어지는 것은 그 후의 일이다. 얼굴이 붉어지는 것은 우리 자신의 용모를 스스로 곱씹어 보기 때문이 아니라 다른 사람이 우리를 어떻게 생각하는지를 따져 보기 때문이다. 아무도 없이 혼자 있을 경우에는 아무리 민감한 사람이라고 하더라도 용모에 대해 상당히 무

관심해질 것이다. 우리는 칭찬보다는 비난에 더욱 민감하다. 결과적으로 용모에 관한 것이건 행동에 관한 것이건, 우리는 칭찬보다는 얕보거나 조롱하는 언사에 더욱 쉽게 얼굴을 붉힌다. 하지만 칭찬과 찬사 또한 매우 효과적으로 얼굴 붉힘을 촉발한다는 점은 의심의 여지가 없다. 남성이 자신을 뚫어지게 쳐다볼 경우, 예쁜 소녀는 비록 그가 자신을 얕보는 것이 아니라는 점을 너무나도 잘 알고 있음에도 얼굴을 붉힌다. 나이가 든 민감한 사람들뿐만 아니라 많은 아이들 또한 칭찬을 크게 들을 경우 얼굴을 붉힌다. 다음에서는 타인들이 우리의 개인적인 용모에 관심을 갖는다는 사실을 의식할 때 어떻게 모세 혈관, 특히 얼굴에 분포하는 모세 혈관에 곧바로 혈액이 가득 차게 되는가 하는 문제를 논의해 보도록 하겠다.

　　도덕적 행동이 아니라 개인적인 용모에 대한 관심이 얼굴 붉히는 습관을 획득하게 되는 가장 중요한 요인이라고 생각하는 이유들은 다음과 같다. 이러한 이유들은 개별적으로는 별것이 아니더라도 함께 묶어 놓으면 상당한 설명력이 있을 것이라 여겨진다. 부끄럼을 타는 사람이 얼굴을 붉히게 되는 요인 중 개인적인 용모에 대한 언급(아무리 가벼운 언급이라 하더라도)이 단연 가장 커다란 요인임은 잘 알려진 사실이다. 심지어 얼굴이 쉽게 붉어지는 여성은 다른 사람이 자신이 입고 있는 옷을 쳐다보기만 해도 얼굴이 붉어진다. 새뮤얼 테일러 콜리지(Samuel Taylor Coleridge)가 말하듯이 얼굴을 붉게 만들고자 한다면 사람들을 뚫어지게 응시하는 것만으로도 충분하다. "얼굴을 붉힐 수 있는 사람에게 그러한 응시가 얼굴을 붉게 만들 수 있음을 설명해 주기 바란다."[23]

버제스가 관찰한 두 명의 백피증 환자는 그들의 특이성에 대해 아주 가볍게 검사해 보려 하는 것만으로도 얼굴이 크게 붉어졌다.[24] 여성들은 남성에 비해 훨씬 용모에 민감하며, 특히 나이 든 남성들과 비교해 보았을 때 나이 든 여성들이 더욱 그러하다. 이러한 여성들은 훨씬 쉽게 얼굴이 붉어진다. 젊은 남녀들은 나이 든 사람들에 비해 동일한 문제에 대해 훨씬 민감하며, 나이 든 사람들에 비해 훨씬 쉽게 얼굴이 붉어진다. 매우 어린 아이들은 얼굴을 붉히지 않는다. 그들은 일반적으로 얼굴 붉힘과 아울러 나타나는 자의식의 다른 징표들을 드러내지도 않는다. 그들은 다른 사람들이 자신들을 어떻게 생각하는가에 전혀 개의치 않는데, 이는 그들의 주요한 매력 중 하나다. 이처럼 어린 그들은 마치 생명 없는 대상을 바라보듯이, 모르는 사람을 고정된 시선으로 눈을 깜박이지도 않고 바라볼 것이며, 이는 나이 많은 우리가 도저히 흉내 낼 수 없는 모습이다.

젊은 남녀가 자신들의 용모에 대한 서로의 의견에 매우 민감하다는 사실은 명백하다. 그들은 동성이 있을 경우에 비해 이성이 앞에 있을 때 비교할 수 없을 정도로 훨씬 얼굴이 붉어진다.[25] 얼굴이 자주 붉어지는 편이 아닌 젊은 남성은 어떤 소녀가 다른 중요한 문제에 대해 어떤 판단을 하더라도 개의치 않겠지만, 그녀가 자신의 용모에 대해 조그만 조롱을 하더라도 크게 얼굴을 붉힐 것이다. 행복한 한 쌍의 젊은 연인은 서로의 찬미와 사랑을 이 세상 무엇보다도 소중히 여길 텐데, 그들은 수없이 얼굴을 붉히면서 서로에게 구애를 할 것이다. 브리지스 씨에 따르면, 심지어 티에라 델 푸에고의 원주민들마저도 "주로 여성이 얼굴을 붉히는데, 분명 자신들의 용모 때문에 얼굴을 붉힌다."

　모든 신체 부위 중에서 가장 많이 고려의 대상이 되고 중시되는 부위는 얼굴이다. 이것은 당연하다. 감정을 가장 잘 드러낼 뿐만 아니라 목소리가 나는 곳이 바로 얼굴이기 때문이다. 얼굴은 아름다움과 추함이 가장 잘 드러나는 자리이며, 이 세상에서 가장 치장이 많이 이루어지는 부분이기도 하다.[26] 이에 따라 얼굴은 수 세대 동안 다른 신체 부위에 비해 훨씬 면밀하고도 열심히 자기 주시의 대상이 되어 왔다. 그리고 여기서 제시한 원칙을 적용해 보았을 때 우리는 왜 얼굴이 가장 붉어지기 쉬운지를 이해할 수 있다.

　얼굴과 그 인접 부위 모세 혈관의 팽창과 수축의 힘은 기온 변화 등에 노출됨으로써 크게 증가되었을 것이다. 하지만 이 자체만으로는 이러한 부위가 다른 신체 부위에 비해 훨씬 더 빈번하게 붉어지는 이유를 설명하기가 힘들다. 손이 기온 변화 등에 노출됨에도 좀처럼 붉어지지 않는다는 사실을 설명하지 못하기 때문이다. 유럽 인의 경우 얼굴이 심하게 붉어질 때 전신이 가볍게 따끔거린다. 그리고 평생을 거의 벌거벗고 사는 인종의 경우에는 우리보다 훨씬 넓은 영역으로 피부의 붉어짐이 확장된다. 이러한 사실은 어느 정도 이해할 만하다. 왜냐하면, 현재 옷을 입고 사는 사람들과는 달리, 지금도 벗고 사는 종족과 원시인의 자기 주시는 얼굴에만 국한되지 않을 것이기 때문이다.

　앞에서 우리는 세상의 도처에서 자신의 용모에 대한 어떤 생각과 무관하게 도덕적 비행을 저지름으로써 창피함을 느끼는 사람들이 고개를 돌리거나 얼굴을 숙이거나 가리는 경향이 있음을 살펴봤다. 이러한 행동의 목적이 얼굴이 붉어지는 모습을 감추기 위한 것은 아닌 듯하다. 왜냐하면, 죄를 완전히 고백하고 참회한 경우처럼 부끄러움을 감추려는 마음이 전혀 없는 상황에서도 사람들은 얼굴을 돌리거나 감추기 때문이다. 하지만 원시인은 상당한 도덕적 감수성을 획득하기 이전에도 이성이 생각하는 자신의 용모에 대해 매우 민감했다고 생각해 볼 수 있다. 이에 따라 원시인은 자신의 용모를 얕보는 이야기를 들으면 늘 마음 아파했을 것이다. 이 또한 일종의 부끄러움이다. 그리고 얼굴이 신체 부위에서 가장 잘 응시의 대상이 되는 부분이기에, 자신의 용모에 자신이 없을 경우, 사람들은 이러한 신체 부위를 감추고자 하는 욕구를 가지게 되었다고 생각해 볼 수 있다. 그리고 이처럼 습득된 습관이 도덕적 원인들 때문에 수줍음을 느끼는 상황에서 자연스레 나타나는 것일 수 있다. 이렇게 생각지 않을 경우, 도덕적인 원인으로 부끄러움을 느낄 때 다른 신체 부위에 비해 얼굴을 숨기고 싶어하는 이유를 파악하기가 어려워진다.

등을 돌리거나 눈을 밑으로 향하거나 눈을 안절부절못하고 이리저리 움직이는 습관은 부끄러움을 느끼는 모든 사람에게서 매우 일반적으로 나타나는 현상이다. 이는 주변 사람들이 자신을 뚫어지게 쳐다보고 있다고 확신하면서 주변 사람들을 힐끗 쳐다볼 때마다 이어지는 현상이다. 주변 사람들, 특히 그들의 눈을 보지 않음으로써 그는 이와 같은 고통스러운 확신으로부터 일시적이나마 벗어나고자 한다.

수줍음

수줍음(shyness)이라는 묘한 마음 상태는 흔히 '부끄러워하는 태도,' '잘못을 범하지 않았음에도 느끼는 부끄러움,' '이유 없는 부끄러움' 이라 불리는데, 이는 얼굴을 붉게 하는 모든 원인 중에서 가장 유효한 것 가운데 하나로 보인다. 수줍음은 주로 얼굴이 붉어지고 눈을 돌리거나 밑으로 내리깔고 서툴고 불안하게 몸을 움직이는 모습을 통해 확인된다. 많은 여성들은 비난받아 마땅한 무엇인가를 하고, 정말 부끄러움을 느낄 때 백 번이건 천 번이건 이러한 원인으로 얼굴을 붉힌다. 수줍음은 그것이 좋건 나쁘건 다른 사람의 의견, 특히 외모에 대한 의견에 얼마만큼 민감하게 반응하느냐에 좌우되는 듯하다. 모르는 사람들은 우리의 행동이나 성격을 알지도 못하고 관심도 없다. 하지만 그들은 우리의 용모를 비판할 수 있고, 실제로 흔히 그렇게 한다. 수줍음을 타는 사람들이 모르는 사람들이 있을 때 유달리 부끄러워하고 얼굴이 붉어지기 쉬운 것은 이 때문이다. 의복에 어떤 특이한 점이 있음을 의식할 때, 심지어 새로운 점을 의식하게 될 경우에도 수줍음을 타는 사람은 견딜 수 없을 정도로 수줍음을 느끼며, 신체, 특히 얼굴 ─ 이는 모르는 사람들의 관심을 끄는 부위이다. ─ 의 경미한 결점을 의식하게 될 경우에도 그러하다. 반면 신체가 아닌 행위가 문제시될 경우, 우리는 모르는 사람 앞에서보다 어느 정도 그 판단을 의미 있게 여기는 지인들 앞에서 더 부끄러워하는 경향이 있다. 한 의사는 자신이 주치의로 함께 여행을 했던 부유한 청년 공작이 자신에게 급료를 지불하면서 소녀처럼 얼굴을 붉혔던 모

　　　　　　　　　　　인간과 동물의 감정 표현

습에 대해 말해 주었다. 이 젊은이가 만약 상인에게 돈을 지불했다면 아마도 얼굴을 붉히면서 수줍어하지는 않았을 것이다. 사람들 중에는 매우 민감해서 단순히 어떤 사람에게 말을 거는 것만으로도 자기 주시 의식이 촉발되어 얼굴이 가볍게 붉어지는 사람도 있다.

비난이나 조롱을 받은 사람은 칭찬받았을 때보다 훨씬 쉽게 수줍음을 느끼고 얼굴을 붉힌다. 한마디로 비난이나 조롱에 민감하기 때문이다. 물론 일부 사람들은 칭찬에 매우 민감하게 반응하기도 한다. 자만심이 강한 사람은 좀처럼 수줍어하지 않는다. 그들은 자신들을 매우 높게 평가하며, 이로 인해 타인들이 자신을 얕잡아 볼 것이라 생각지 않기 때문이다. 일반적으로 살펴볼 수 있는 바와 같이, 자부심이 강한 사람도 흔히 수줍어하는데, 이에 대해서는 그가 자부심을 가지고 있고, 다른 사람의 의견을 업신여기면서도 사실상 이러한 의견을 중요하게 생각한다고 설명해야 이해 가능하다. 수줍음을 매우 많이 타는 이들도 자신들이 친하게 지내는 사람들이 옆에 있을 경우에는 좀처럼 수줍음을 타지 않는다. 그들은 친한 사람들의 호의와 공감 덕분에 마음이 완전히 편한 상태에 있기 때문이다. 예를 들어 어머니가 옆에 있을 때 딸은 좀처럼 얼굴을 붉히지 않는다. 나는 질문지를 이용해 다른 인종에서도 수줍어하는 모습이 발견되는지를 제대로 탐구해 보지 않았다. 하지만 한 인도인 신사가 어스킨 씨에게 인도인들에게서도 수줍어하는 모습을 살펴볼 수 있다고 말해 주었다.

여러 언어에서 수줍음이라는 단어의 어원이 나타내고 있는 바와 같이,[27] 수줍음은 두려움과 밀접한 관련이 있다. 하지만 이는 일상적인 의미의 두려움과는 차이가 있다. 수줍음을 타는 사람은 의심의 여지 없이 모르는 사람의 시선에 부담을 느낀다. 하지만 그들을 무서워한다고 말하기는 힘들다. 수줍음을 타는 사람이 전쟁터의 영웅처럼 대담할 수도 있다. 하지만 모르는 사람과 사소한 이야기를 나누는 것에 대해서는 영 자신이 없을 수 있다. 사람들은 대부분 처음으로 대중 앞에서 연설하는 것에 대해 극단적인 부담을 느끼며, 대부분의 사람은 평생 그러한 부담을 느낀다. 소심하고 수줍은 사람이 이와 같은 상황에서 다른 사람들에 비해 말할 수 없을 정도로 힘들어하는 것은 의심의 여지가 없다. 하지만 이러한 현상은 수줍음 자체 때문이라기보다는 곧 크게 실력 발휘를 해야 함을 의식함으로써 나타나는 것이며, 이를 의식하는 것이 신체에 미치는 연계 효과로 인해 나타나는 것이기도 하다.[28] 매우 어린 아이들에게서는 두려움과 수줍음을 구분하기가 힘들다. 하지만 내가 보기에 그들의 수줍음은 흔히 길들이지 않는 동물의 난폭성과 특성을 공유하고 있다. 수줍음은 매우 어린 나이에서부터 나타난다. 나는 생후 2년 3개월이 되었을 때 나의 아이 중 하나에게서 분명 수줍음으로 보이는 흔적을 발견했다. 아이는 내가 일주일 동안 집을 비운 후 만났을 때 나를 보면서 수줍어했다. 이는 단지 얼굴을 붉히는 모습뿐만 아니라 수 분 동안 나를 제대로 쳐다보지 않는 모습을 통해서도 드러났다. 한편 나는 다른 경우에서 수줍음이나 창피해하는 태도, 그리고 진정으로 창피해하고 있음이 얼굴을 붉힐 수 있는 능력을 습득하기 전의 어린 아이들의 눈에서 드러난다는 사실을 알게 되었다.

수줍음은 자기 주시로 인해 느껴지는 것이 분명하다. 이렇게 보

인간과 동물의 감정 표현

면, 우리는 잘해 주지 않고 계속 나무라는 것이 수줍음을 타는 어린아이들에게 전혀 이익이 되지 않고 많은 해악을 야기한다는 의견이 올바르다는 것을 인정하게 된다. 그렇게 나무라는 것이 자신에 대한 더욱 세밀한 관심을 환기하기 때문이다. 다음과 같은 문제 제기는 타당하다. "무자비한 관찰자의 감시의 눈에 의해 감정을 계속적으로 감시당하고, 표정이 음미되며, 감수성의 정도가 측정되는 것 이상으로 젊은이들을 상처받게 하는 것은 없다. 이러한 검토의 제약 속에서 그들은 자신들이 주목의 대상이 된다는 것 외에 다른 것은 아무것도 생각할 수 없으며, 창피함이나 불안 외에 다른 것을 느낄 수 없다."[29]

도덕적인 원인 — 죄책감

순전히 도덕적인 원인으로 얼굴을 붉히는 것과 관련해, 우리는 앞에서와 동일한 근본 원리가 적용됨을 확인할 수 있다. 즉 여기에서도 다른 사람의 평판에 대한 관심이 중요한 것이다. 얼굴이 붉어지는 것은 양심 때문이 아니다. 우리는 혼자서 범한 어떤 가벼운 과실에 대해 진지하게 후회를 하면서도, 또한 발각되지 않은 범죄에 대해 매우 깊은 양심의 가책으로 고통을 느끼면서도 얼굴이 붉어지지 않을 수 있기 때문이다. 버제스 박사는 "나는 잘못을 지적한 사람이 앞에 있을 경우, 얼굴이 붉어진다."라고 말한다.[30] 얼굴을 붉게 만드는 것은 죄책감이 아니라 다른 사람들이 우리가 죄가 있다고 생각하거나 죄가 있음을 알고 있는 경우다. 사소한 잘못을 범했다는 이야기를 들을 경우, 극도의 창피함을 느끼면서도 우리의 얼굴이 붉어지지 않을 수 있다. 하지만 만약 그것이 발각되었을지도 모른다고 느낄 경우, 그는 곧장 얼굴이 붉어질 것이다. 특히 그가 존경하는 사람에게 발각될 경우에 그러하다.

한편 우리가 우리의 모든 행동을 신이 보고 계신다고 믿을 수 있으며, 그리하여 일부 과실을 깊이 깨닫고 용서를 구할 수 있다. 하지만 얼굴이 쉽게 붉어지는 여성이 생각하는 바와는 달리, 이 경우에는 결코 얼굴이 붉어지지 않을 것이다. 내가 생각하기에 신이 우리의 행동을 아신다는 것과 인간이 안다는 것이 우리에게 미치는 이와 같은 차이는 다음과 같이 설명할 수 있다. 인간의 부도덕한 행동에 대한 사람들의 비난은 그 성질상 우리의 용모를 경시하는 것과 유사하며, 이에 따라 연계를 통해 양자가 유사한 결과에 이른다. 이에 반해 신의 비난은 이와 같은 연계를 야기하지 않는다.

많은 경우 사람들은 어떤 범죄에 대해 고발을 당할 경우, 크게 얼굴을 붉힌다. 이는 완전히 결백해도 마찬가지다. 내가 앞에서 언급한 여성에게서 관찰한 바와 같이, 다른 사람이 우리가 친절하지 못하거나 멍청한 말을 했다고 생각한다는 것을 마음에 그리기만 해도 얼굴은 쉽게 붉어진다. 이는 시종일관 다른 사람들이 완전히 곡해하고 있음을 알고 있어도 마찬가지다. 어떤 행동이 칭찬할 만한 것일 수도, 좋지도 나쁘지도 않은 것일 수도 있다. 하지만 민감한 사람은 다른 사람들이 이에 대해 다른 생각을 가지고 있지 않은가 의심이 들 경우, 얼굴을 붉힐 것이다. 예를 들어 어떤 여성은 혼자 있을 때는 얼굴을 전혀 붉히지 않다가도 막상 다른 사람이 있는 앞에서 거지에게 돈을 주려 하는데 사람들이 자신의 행위를 받아들일지 의심하거나, 과시 때문에 그렇게 행동한다고 사람들이 생각지 않을까 의혹을 품을 경우에는 얼굴을 붉힐 것이다. 그녀가 쇠락한 귀부인의 불행을 도우려 할 때, 더욱 구체적으로 이전에 더 나은 상황일 때 알았던 귀부인을 도우려 할 때도 마찬가지로 얼굴을 붉힐 것이다. 이때 그녀는 자신의 행동이 어떻게 보일지 확신할 수 없기 때문이다. 하지만 이러한 경우들은 수줍음과 뒤섞이게 된다.

예의에 어긋남

예의와 관련된 규칙은 항상 타인이 있을 때의 행동이나 타인을 향한 행동을 거론한다. 이들이 반드시 도덕 감정과 연결되는 것은 아니며 아무런 의미가 없는 경우도 흔하다. 그럼에도 예의와 관련된 규칙들은 우리가 그 견해를 매우 존중하는 동년배와 윗사람이 받아들이는 고정 관습의 영향을 받은 것이다. 때문에 이러한 규칙들은 예의범절이 신사를 속박하는 것과 거의 마찬가지의 강제력을 우리에게 발휘하는 것으로 간주된다. 결과적으로 예의에 어긋나는 행위, 즉 어떤 무례함, 못된 행실, 혹은 부적절한 언사는 비록 매우 우연적이라 해도 가능한 최대로 얼굴을 붉게 만들 것이다. 심지어 수년이 지난 후에도 그러한 행동을 회상할 경우에는 전신이 떨릴 것이다. 한편 한 여성이 내게 말해 준 바와 같이, 민감한 사람은 공감의 능력이 매우 발달해 비록 자신과 아무런 상관이 없어도, 전혀 모르는 사람의 눈꼴 사나운 예의에 어긋난 모습을 보고서도 간혹 얼굴을 붉힐 것이다.

품위감

품위감(modesty, 이 단어는 보통 겸손이라고 번역된다. 그러나 이어지는 다윈의 설명을 읽어 보면 느끼겠지만, 이를 겸손이라고 옮길 경우 상스러움에 얼굴을 붉히는 현상을 담지 못한다. 고심 끝에 이를 품위감이라고 옮긴다. ― 옮긴이)은 얼굴을 붉게 만드는 또 다른 강력한 요인이다. 하지만 이 단어에는 매우 다른 마음 상태가 포함되어 있다. 여기에는 겸양(humility)이 포함된다. 흔히 우리는 사소한 칭찬에 매우 크게 만족을 느끼면서 얼굴을 붉히는지 아닌지, 자기 자신에 대한 겸허한 기준으로 보았을 때 과하게 보이는 칭찬에 마음이 불편해지는지 아닌지에 따라 품위가 있고 없고를 판단한다. 이 상황에서 얼굴을 붉히는 것은 타인의 의견에 대한 존중을 나타내는 일상적인 표시 방법이다. 하지만 품위 있음은 대개 상스러운 행동(act of indelicacy)을 어떻게 평가하는지를 기준으로 삼는다. 옷을 전혀 걸치지 않거나 거의 걸치지 않고 살아가는 나라들에 대한 우리의 판단에서 분명하게 드러나듯이, 상스러움에 대한 판단은 예의와 관련된다. 상스러운 행동 때문에 쉽사리 얼굴을 붉히는 품위 있는 사람은 이러한 행동이 군건하게, 그리고 현명하게 확립해 놓은 예의에 어긋나기 때문에 얼굴을 붉히게 되는 것이다. 실제로 이는 품위감이라는 단어가 행위의 척도 내지 기준이라는 뜻의 modus에서 유래되었다는 사실을 통해서도 분명하게 파악할 수 있다. 한편 이러한 유형의 품위감 때문에 얼굴을 붉힐 경우에는 대단히 강하게 붉히는 경향이 있다. 대개 이는 이성의 판단과 관련되기 때문이다. 우리는 이성의 판단과 관련된 모든 상황에서 어떻게 우리의 얼굴이 붉어지는 경향이 강해지는가를 살펴보았다. 예상하는 바와 같이 우리는 품위감이라는 용어를 자신에 대한 겸허한 견해를 가지고 있는 사람, 혹은 상스러운 언행에 극도로 예민한 사람들에게 사용한다. 단순히 두 경우 모두에서 얼굴 붉힘이 쉽사리 촉발되기 때문에 품위감이라는 단어를 이와 같은 상황에서 사용하는 것이다. 이러한 두 가지 마음 상태에서 공통적인 것은 얼굴 붉힘을 쉽게 촉발한다는 것 외에 아무것도 없다. 이와 동일한 이유로, 수줍음 또한 겸양이라는 뜻의 품위감으로 오인되는 경우가 흔하다.

내가 관찰했고 또한 확신하고 있듯이, 사람들 중에는 갑작스럽고 불쾌한 회상으로 인해 얼굴이 붉어지는 사람들이 있다. 가장 흔한 원인은 약속을 어긴 것이 갑작스럽게 생각나는 경우인 듯이 보인다. 이 경우 "그가 나를 어떻게 생각할 것인가?"라는 생각이 어느 정도 무의식적으로 마음을 스치고 지나가는 것처럼 보인다. 이때 얼굴빛이 진정으로 붉어진다. 하지만 대부분의 경우에 이러한 붉어짐이 자극을 받은 모세 혈관의 순환 탓인지에 대해서는 극히 의심스럽다. 우리가 거의 모든 강력한 감정, 예를 들어 분노나 커다란 기쁨이 심장에 영향을 발휘해 얼굴을 붉게 만든다는 점을 기억해 두어야 하기 때문이다.

아무도 없는 상태에서 얼굴이 붉어진다는 사실은 여기서 취한 견해와 상반되는 듯이 보인다. 다시 말해 '원래 그러한 습관은 다른 사람들이 우리를 어떻게 생각하는가에 대한 판단으로부터 야기되었다.'라는 견해와 충돌하는 듯하다는 것이다. 얼굴을 자주 붉히는 다수의 여성들은 혼자 있을 때도 예외 없이 얼굴을 붉힌다. 그리고 그들 중 일부는 자신들이 어두운 곳에서도 얼굴을 붉힌다고 믿고 있다. 포브스가 아이마라 족에 대해 언급한 것과 내 자신의 느낌을 통해 보았을 때, 이와 같은 주장이 옳다는 것은 의심의 여지가 없다. 이렇게 보았을 때 작품 속에서 안절부절못하는 줄리엣이 로미오에게 다음과 같이 말하는 것은 셰익스피어의 실수다. (2막6장)

당신은 밤의 장막이 내 얼굴에 드리워져 있는 것을 알고 있겠죠.
그렇지 않았다면 소녀의 붉은 얼굴이 내 뺨을 물들였을 것이에요.
내가 이 밤에 속삭이고 있는 것을 듣고 있나요.

하지만 혼자 있을 때 얼굴이 붉어지는 현상의 원인은 우리에 대한 다른 사람의 생각과 관련되는 경우가 대부분이다. 다시 말해 다른 사람들이 있을 때 취한 행동이나 그들의 의심을 산 행동과 관련된다는 것이다. 또한 그러한 행동을 알게 되었을 경우 다른 사람들이 우리를 어떻게 생각할 것인가를 상상할 때도 얼굴이 붉어진다. 그럼에도 나에게 정보를 제공해 준 사람들 중 한두 명은 다른 사람과 전혀 연관되지 않는 행동으로 인한 창피함 때문에 자신들이 얼굴을 붉혔다고 생각하고 있다. 만약 이것이 사실이라면, 우리는 평소 얼굴을 붉히게 되는 마음 상태와 매우 유사한 상황에서 작동하는 뿌리 깊은 습관과 연계의 힘 때문에 이러한 결과가 나타나게 되는 것이라고 생

각해야 할 것이다. 이를 특별하다고 생각할 필요는 없다. 방금 살펴
본 바와 같이, 심지어 예의에 벗어나는 행동을 한 다른 사람과의 공
감마저도 얼굴을 붉히게 하는 경우가 있다고 여겨지기 때문이다.

만약 이것이 적절한 시각이라면 나는 얼굴을 붉히는 모든 경
우 — 그것이 수줍음 때문이건, 죄에 대한 창피함 때문이건, 예의에
어긋난 것에 대한 창피함 때문이건, 겸양으로 인해 느껴지는 품위감
때문이건, 상스러움으로 인해 느껴지는 품위감 때문이건 — 가 동일
한 원리에 따르고 있다고 최종적으로 결론짓는다. 이러한 원리란 첫
째, 우리가 대체로 개인적인 용모, 특히 자신의 얼굴에 대한 타인들
의 의견, 더욱 구체적으로 타인들의 평가절하에 민감하게 반응한다
는 것을 말하며, 둘째, 연계와 습관의 힘에 따라 우리의 행위에 대한
다른 사람들의 의견에 영향을 받는다는 것을 의미한다.

얼굴 붉힘의 기본 원리

이제 다른 사람이 우리를 생각하는 것이 왜 모세 혈관의 순환에 영향
을 주는가에 대해 고찰해 보자. C. 벨 경은 얼굴 붉힘이 "얼굴, 목, 그
리고 가슴 등 가장 노출이 많이 되는 부위에만 색이 확장된다는 사실
로부터 추정해 볼 수 있는 것처럼, 표현에 특화되어 있다. 이는 획득
된 것이 아니며, 처음부터 있었던 것이다."라고 주장한다.[31] 버제스
박사는 얼굴을 붉히는 것이 "영혼이 도덕적 느낌과 관련된 다양한
내적 감정을 뺨에 드러내는 지배력을 갖도록" 창조주에 의해 고안된

것이라고 믿고 있다. 이는 성스러운 것으로 견지되어야 할 규칙들을 우리 스스로가 침해하지 못하게 하는 데 활용하기 위해, 그리고 이러한 규칙들을 우리가 침해하고 있음을 타인들에게 보여 주는 징표로 사용하기 위해 설계된 것이다. 그라티올레는 그저 다음과 같이 말한다. "가장 지적인 존재가 가장 이해하기가 용이하기도 하다는 것은 자연의 이법(理法)에 부합한다. 이것으로 미루어 보자면 인간을 다른 존재와 구별하는, 얼굴이 붉어지거나 창백해지는 능력은 높은 완성도에 대한 자연스러운 징표이다."

얼굴 붉힘이 특별히 신에 의해 고안되었다는 믿음은 오늘날 대체적으로 받아들여지고 있는 일반 진화론과 상충한다. 하지만 여기서 일반적인 문제를 논의하는 것은 나의 임무가 아니다. 신의 설계를 믿는 사람들은 모든 얼굴 붉힘의 원인들 중에서 수줍음이 가장 흔하면서도 효율적으로 얼굴을 붉게 만든다는 사실을 설명하기가 어려울 것이다. 이는 얼굴 붉히는 사람과 보는 사람에게 전혀 도움이 되지 않으면서도 전자에는 고통을, 후자에는 불편을 느끼게 하기 때문이다. 또한 그들은 피부색의 변화를 거의 혹은 전혀 살펴볼 수 없는, 피부가 검은 인종들의 얼굴 붉힘을 설명하기가 어려울 것이다.

얼굴이 발그스레해지는 것이 소녀의 아름다움을 더해 준다는 것은 의심의 여지가 없다. 얼굴을 잘 붉히는 체르케스 여성들은 상대적으로 그렇지 못한 여성들에 비해 항상 술탄의 후궁으로서의 가치를 더욱 높게 인정받았다.[32] (러시아 남부, 카프카스 산맥 북서쪽에서 기원한 민족인 체르케스(Circassian) 인들의 여성은 투르크 족 상인들에 의해 동방 왕족의 후궁으로 많이 팔려 갔다. ─옮긴이) 하지만 성 선택의 효력을 굳게 믿는 사람은 얼굴 붉힘이 성적 장식으로서 습득되었다고 생각지 않을 것이다. 그리고 이러한 견해는 앞에서 언급했던, 피부색이 어두운 인종들이 보이지 않는 방식으로 얼굴을 붉히는 현상과도 맞지 않아 보일 것이다.

언뜻 보았을 때 성급해 보이긴 해도, 내가 생각하는 가장 설득력 있는 가설은 신체의 어떤 부위에 집중적으로 관심을 가질 경우에 그 부위 소동맥의 일상적이고 활기가 넘치는 수축이 제대로 이루어지지 않는 경향이 있다는 것이다. 그 결과 이 혈관들은 그 상황에서 다소 이완되며 즉각적으로 동맥혈로 가득 차게 된다. 만약 수많은 세대를 거치면서 동일한 부위에 빈번하게 주의를 기울여 왔을 경우, 이러한 경향은 익숙한 통로를 따라 쉽게 흘러가는 신경력, 그리고 유전의 힘으로 인해 크게 강화되었을 것이다. 다른 사람들이 우리를 얕본다거나 우리 용모에 관심을 기울인다고 생각할 때, 우리 관심은 반드시 우리 신체의 외적, 그리고 가시적 부위에 집중되기 마련이다. 그리고 이러한 모든 부위 중에서 우리가 가장 민감하게 여기는 곳은 얼굴이며, 이는 지난 수많은 세대에 걸쳐 의심이 제기된 바가 없다. 따라서 일단 세심하게 주의를 기울임으로써 모세 혈관의 활동을 촉발할 수 있다고 가정한다면, 우리는 얼굴 모세 혈관에 대해서 유달리 그와 같은 영향력을 행사할 수 있을 것이다. 그리고 타인들이 우리의 행동 혹은 인품을 고찰한다거나 비난한다고 생각할 경우에는 항상 연계의 힘을 통해 동일한 결과가 나타나는 경향이 있을 것이다.

이러한 이론은 관심을 갖는다는 것이 모세 혈관의 순환에 영향을 줄 수 있는 어떤 힘을 갖는다는 생각을 바탕으로 한다. 이에 따라 이러한 주제에 어느 정도 직접적인 함의를 갖는 상당한 양의 세부적인 정보를 제시할 필요가 있다. 폭넓은 경험과 지식을 갖추고 있어 훌륭하고 건전한 판단을 내릴 수 있는 여러 관찰자들은 관심이나 의식(홀랜드 경은 후자가 용어로서 더욱 명료하다고 생각한다.)을 신체 부위들에 집중할 경우, 우리가 거의 모든 부위들에 대해 어떤 직접적인 물리적 효과를 산출할 수 있다고 확신한다.[33] 이는 불수의근의 활동, 그리고 수의근이 비자발적으로 움직일 때의 활동에 적용되며, 분비샘의 분비, 감정과 감각의 활동, 심지어 각 신체 부위들에 대한 영양 공급에까지도 적용된다.

알려진 사실에 따르면, 우리가 세밀한 관심을 기울일 경우, 심장의 불수의 운동에 영향을 줄 수 있다. 그라티올레는 어떤 사람이 계속적으로 자신의 맥박을 주시하며 헤아리다가 마침내 여섯 번 중 한 번의 박동을 중단시킨 사례가 있다고 제시하고 있다.[34] 반면에 나의 아버지는 한 주의 깊은 관찰자에 대해 말씀해 주셨는데, 그는 분명 심장병을 앓고 있었고, 이로 인해 숨을 거두었다. 그는 평소에 자신의 맥박이 극단적으로 불규칙하게 뛴다고 단호한 어조로 말하곤 했다. 하지만 매우 유감스럽게도 아버지가 방에 들어가시면 그의 맥박은 항상 규칙적으로 뛰었다. 홀랜드 경은 "의식을 갑자기 특정 부위에 집중할 경우 그 부위의 순환은 분명하고도 즉각적으로 뚜렷한 영향을 받는다."라고 말했다.[35] 이러한 현상에 특별히 관심을 가지고 있는 레이콕(Laycock) 교수는 "어떤 신체 부위에 그처럼 관심을 기울일 경우, 국부적인 신경 지배와 순환이 촉발되며, 그 부위의 기능적 활동이 증진된다."라고 주장한다.[36]

장(腸)의 연동 운동을 정해진 주기로 반복적으로 주시할 경우,

인간과 동물의 감정 표현

일반적으로 이러한 운동 또한 영향을 받는다고 알려져 있다. 이러한 운동은 민무늬 불수의근의 수축에 좌우된다. 간질, 무도병(舞蹈病, chorea), 그리고 히스테리에서 확인되는 수의근의 비정상적인 활동은 발작이 일어날지도 모른다고 생각하거나 유사한 발작을 일으키는 다른 환자를 보게 되는 경우에 영향을 받는다고 알려져 있다.[37] 하품이나 웃음 같은 비자발적인 행동 또한 마찬가지다.

일부 분비샘들은 이들을 생각하거나 이들이 일상적으로 자극을 받았던 조건을 생각하는 경우에 크게 영향을 받는다. 이는 예컨대 매우 신 과일을 상상했을 때 침 분비가 늘어난 사람이라면 누구에게나 익숙한 현상이다.[38] 우리는 6장에서 진지하면서도 계속적으로 눈물샘의 활동을 억압하거나 증진하기를 바랄 경우에 이것이 효과를 발휘한다는 점을 살펴본 바 있다. 그곳에서 나는 마음이 젖샘에 영향력을 발휘하는 여성들에 관한 흥미로운 일부 사례들을 기록해 놓았다. 그리고 자궁의 기능과 관련한 더욱 주목할 만한 사례를 기록해 놓기도 했다.[39]

어떤 하나의 감각에 온통 초점을 맞추다 보면 그 감각의 민감성이 높아진다.[40] 그리고 맹인에게는 청각이, 맹인이면서 귀머거리인 사람에게는 촉각이 발달하듯이, 어떤 감각에 지속적으로 면밀한 관심을 갖는 습관을 가질 경우, 해당 감각이 영구적으로 개선되는 것처럼 보인다. 다른 인종의 능력을 통해 판단컨대, 그러한 결과가 유전된다고 믿을 어느 정도의 이유가 있다. 일상적인 감각에 대해 말하자면, 고통은 그에 대해 집중할 경우에 더욱 커진다는 사실이 잘 알려져 있다. B. 브로디 경은 면밀한 관심을 기울일 경우, 신체의 어떤 부위에서도 고통을 느낄 수 있다고까지 말한다.[41] 홀랜드 경은 우리가 주위를 집중할 경우에 어떤 부위의 존재를 의식하게 될 뿐만 아니라, 그 부위에서 다양한 특이 감각, 예를 들어 무게, 열, 차가움, 따끔거림, 혹은 간지러움과 같은 감각을 경험하기도 한다고 말한다.[42]

　마지막으로, 일부 생리학자들은 마음이 신체 각 부위의 영양 상태에 영향을 미칠 수도 있다는 입장을 견지한다. 패짓 경은 마음이 아닌 신경계가 머리카락에 영향력을 발휘한 특이한 사례를 제시했다. "신경성 두통이라 불리는 두통 때문에 고통 받던" 한 여성은 "그러한 두통을 겪고 난 아침이면 매번 자신의 머리카락 몇 군데가 마치 녹말가루를 뿌린 것처럼 하얗게 되어 있음을 발견했다. 그러한 변화는 하룻밤 사이에 일어났는데, 며칠 후 머리카락은 점차 흑갈색을 회복했다."[43]

　결론적으로 우리는 면밀하게 관심을 가질 경우, 원래 의지의 통제를 받지 않는 다양한 부위와 기관에 분명 영향을 미칠 수 있음을 알 수 있다. 관심의 집중이 어떤 방법을 통해 영향을 주는지 — 어쩌면 이는 마음의 놀라운 능력 중에서 가장 놀라운 특징이다. — 는 아직도 제대로 모르는 부분이 많다. 뮐러에 따르면,[44] 의지에 의해 뇌의 감각 세포가 더욱 강렬하고도 뚜렷한 인상을 받기 쉽게 되는 과정은 운동 세포(motor cell)가 자극을 받아 신경력을 수의근에 전달하는 과정과 매우 유사하다. 감각 신경 세포와 운동 신경 세포의 활동 간에는 유사한 점이 많다. 이에 대해서는 어떤 하나의 근육을 오랫동안 사용할 때 피곤함을 느끼게 되듯이, 어떤 감각에 면밀하게 관심을 기울이는 것 또한 피곤을 느끼게 한다는 익숙한 사실을 그 예로 들 수 있다.[45] 결과적으로 우리가 자발적으로 신체의 어떤 부위에 관심을 집중할 경우, 그 부위로부터 인상 혹은 느낌을 전달받은 뇌의 세포들은 어떤 알려지지 않은 방식으로 자극을 받아 활동을 한다. 이와 같은 생각은 설령 우리가 관심을 집중하는 부위에서 국소적인 변화가 일어나지 않는다고 하더라도, 그러한 부위에서 고통 혹은 특이한 느낌이 감지되거나 증진되는 이유를 설명할 수 있을 것이다.

하지만 만약 그 부위에 근육이 분포되어 있다면, 우리는 마이클 포스터 씨가 내게 말해 주었듯이, "어떤 가벼운 자극이 깨닫지 못하는 사이에 그러한 근육에 전달되지 않았다."라고 확실하게 말할 수 없다. 그리고 이와 같은 전달이 그 부위에 명료하지 않은 감각을 야기했을지도 모른다. 많은 경우에 침샘과 눈물샘, 장관(腸管) 등은 주시가 미치는 힘의 영향을 받은 혈관 운동계에 대체로, 혹은 일부 생리학자들이 생각하듯이 전적으로 좌우된다. 이 경우 혈관 운동계는 더 많은 혈액을 해당 부위의 모세 혈관으로 흘러 들어갈 수 있게 한다. 모세 혈관의 활동이 활발해지면 감각 중추의 활동도 아울러 활발해지는데, 일부 경우에는 양자가 결합될 수도 있다.

마음은 다음과 같은 방식으로 혈관 운동계에 영향을 준다고 생각해 볼 수 있다. 우리가 신 과일을 맛볼 때, 그 느낌은 미각 신경을 거쳐 특정 부위의 감각 중추로 전달된다. 이는 신경력을 혈관 운동계로 전송하며, 이로 인해 침샘으로 스며드는 소동맥 근육층이 이완될 수 있다. 이러한 과정을 거치면서 더욱 많은 혈액이 이러한 분비샘으로 흘러 들어가며, 분비샘은 다량의 침을 풍부하게 분비한다. 이러한 설명은 개연성이 없는 가정이 아닌 것처럼 보인다. 그리하여 우리가 하나의 느낌에 유달리 집중할 때, 동일 부위의 감각 중추, 또는 그와 밀접하게 연결된 부위는 실제로 그 감각을 지각했을 때와 동일한 활동 상황을 나타낸다. 만약 이것이 사실이라면, 뇌의 동일 세포들은 신맛을 직접 지각할 때보다는 다소 덜하겠지만 이러한 맛을 생생하게 머리에 그릴 때도 마찬가지로 활성화될 것이다. 그리고 이러한 세포들은 두 경우 모두에서 동일한 결과를 산출하면서 신경력을 혈관 중추에 전달할 것이다.

또 다른, 그리고 어떤 측면에서 더욱 적절한 사례를 제시해 보도록 하자. 만약 어떤 사람이 뜨거운 불 앞에 서 있다면, 그의 얼굴은 붉어진다. 마이클 포스터 씨가 내게 알려주었듯이, 이는 한편으로는 열의 국부적인 활동, 다른 한편으로는 혈관 운동 중추로부터의 반사 작용에 따른 것처럼 보인다.[46] 혈관 운동 중추로부터의 반사 작용이 일어나게 되면 열은 얼굴에 분포하는 신경에 영향을 미친다. 얼굴에 분포하는 이와 같은 신경은 어떤 느낌을 뇌의 감각 세포에 전달하고, 이는 혈관 운동 중추에 작용하며, 이러한 중추는 또다시 얼굴의 소동맥에 작용해 소동맥을 이완시키고, 이로 인해 소동맥은 혈액으로 가득 차게 된다. 반복해서 말하지만 만약 우리가 이전에 열을 받았던 얼굴을 회상하는 데 되풀이해서 커다란 관심을 집중해 보려 할 경우, 실제 열에 대한 의식을 제공하는 감각 중추의 동일 부위가 미세하게 자극을 받을 것이며, 이에 따라 얼굴의 모세 혈관을 이완시키기 위해 혈관 운동 중추에 신경력을 일부 전달하려는 경향이 나타나게 된다고 생각하는 것이 그리 잘못은 아닐 것이다. 사람들은 그동안 세대에 걸쳐 자신의 외모, 특히 얼굴에 흔히, 그리고 열심히 관심을 가져 왔고, 이와 같은 이유로 얼굴 모세 혈관이 영향을 받게 되었는데, 이러한 최초의 경향이 시간이 흐르면서 방금 언급한 원리, 다시 말해 신경력이 익숙한 경로를 쉽게 통과한다는 원리와 유전된 습관을 통해 크게 강화되었을 것이다. 지금까지의 설명을 통해 나는 얼굴 붉힘과 결부된 주요 현상에 대한 설득력 있는 설명을 제시했다고 생각한다.

요점의 반복

남성과 여성, 특히 젊은이들은 항상 자신의 외모를 매우 중요하게 생각해 왔으며, 마찬가지로 다른 사람들의 용모에 대해서도 관심을 가져 왔다. 만약 원래부터 사람들이 벗고 살았다면 그의 전신 모습이 관심의 대상이었겠지만, 관심의 주요 대상은 얼굴이었다. 우리는 거의 전적으로 다른 사람들의 의견 때문에 자기 주시를 하게 된다. 이렇게 말하는 것은 완전히 홀로 살아가는 사람은 그 누구도 자신의 용모에 대해 관심을 기울이지 않을 것이기 때문이다. 사람들은 누구나가 칭찬보다는 비난에 더욱 예민하게 반응한다. 타인들이 우리의 외모를 낮추어 본다는 사실을 알거나 그렇게 상상할 때, 우리는 우리 자신, 좀 더 구체적으로 우리의 얼굴에 유달리 초점을 맞추게 된다. 그렇게 되면 그 결과로 앞에서 설명한 바와 같이 얼굴의 감각 신경을 수용하는 그 부분의 감각 중추의 활동이 촉발되고, 이것이 혈관 운동계를 통해 얼굴 모세 혈관의 반응을 일으킬 것이다. 이러한 과정은 타인들이 우리에게 관심을 가지고 있다는 생각과 더불어 수많은 세대 동안 계속적으로 반복되면서 습관화되었을 것이다. 이에 따라 굳이 우리의 얼굴을 의식적으로 떠올리지 않아도, 심지어 타인들이 부정적으로 평가하지나 않을까 하는 의심만으로도 충분히 모세 혈관이 이완된다. 일부 민감한 사람들에게는 자신들의 옷을 보고 있는 것만으로도 동일한 결과가 나타난다. 또한 설령 암묵적일지라도 누군가가 우리의 행동, 생각, 혹은 품성을 비난한다는 사실을 알거나 상상할 경우, 결합과 유전의 힘으로 인해 우리의 모세 혈관은 이완된다. 이는 크게 칭찬을 받았을 경우에도 마찬가지다.

이러한 가설이 설득력이 있다고 가정할 경우, 우리는 비록 전신의 표피가 어느 정도 영향을 받기도 하지만(여전히 거의 나체로 살아가는 종족의 경우는 더욱 특별히 그러하다.) 다른 신체 부위에 비해 얼굴이 유달리 붉어지는 이유를 이해할 수 있게 된다. 피부색의 변화가 드러나지는 않지만 어두운 피부색의 인종이 얼굴을 붉힌다는 사실은 전혀 놀라운 일이 아니다. 유전의 원리에 입각해 보았을 때 맹인으로 태어난 사람들이 얼굴을 붉힌다는 사실 또한 놀라운 일이 아니다. 우리는 젊은 사람들이 나이 든 사람에 비해, 여성이 남성에 비해 더욱 큰 영향을 받는 이유를 이해할 수 있다. 또한 이성이 특히 상대 성의 얼굴을 붉히게 만드는 이유에 대해서도 이해할 수 있다. 이밖에 인신 공격이 유달리 얼굴 붉힘을 일으키기 쉬운 이유와 그 모든 원인들 중에서 가장 강력한 것이 수줍음인 이유가 무엇인지가 분명하게 밝혀진다. 이렇게 말하는 이유는 수줍음이 타인의 존재와 그들의 의견과 결부되어 있으며, 수줍어하는 사람은 항상 어느 정도 자기 의식적이기 때문이다. 다음으로 도덕적 위반으로 인해 느끼는 실제적인 창피함과 관련해서는 설령 우리가 죄를 범하지 않았음을 알고 있어도 다른 사람들이 우리가 죄를 범했다고 생각한다는 사실로 인해 얼굴이 붉어진다. 혼자서 범한 잘못을 반성하면서 양심의 가책을 느끼는 사람은 얼굴이 붉어지지 않는다. 하지만 잘못이 발각된 경우나 잘못을 범했을 때 다른 사람이 있는 것을 생생하게 상상할 경우에는 얼굴이 붉어질 것이다. 이때 얼굴이 붉어지는 정도는 그의 잘못을 발각하거나 목격한, 혹은 의심하는 사람을 얼마만큼 가깝게 느끼고 있는지와 밀접하게 관련된다. 관례적인 행동 규칙에 대한 위반은 만약 그러한 규칙이 동년배나 연장자들이 굳건히 견지하고 있는 것일 경우, 일반적으로 범죄를 발각당한 경우에 비해 훨씬 강렬하게 얼굴이 붉어진다. 실제로 동년배들의 비난을 사지 않을 경우, 범죄 행위는 우리의 뺨을 물들이는 경우가 좀처럼 없다. 겸양이나 상스러움 때문에 느껴지는 품위감은 다른 사람의 판단 혹은 고정된 관습과 연계되어 있으며, 이 때문에 얼굴이 선명하게 붉어진다.

머리 표면의 혈액 순환과 뇌 모세 혈관 혈액 순환 상호 간에 존재하는 긴밀한 교감 작용으로 인해 얼굴을 크게 붉힐 때마다 어느 정도, 그리고 흔히 마음의 혼란이 크게 야기된다. 이러한 경우가 발생할 때에는 흔히 어설픈 동작이 함께 따르며, 특정한 근육의 불수의적 경련이 일어나기도 한다.

이러한 가설에 따르면 얼굴 붉힘은 원래 우리의 외모, 즉 신체의 겉모습, 좀 더 구체적으로 얼굴을 향한 관심이 초래한 간접적인 결과인데, 이로 인해 우리는 세상 도처에서 확인되는 얼굴 붉힘에 수반되는 몸짓의 의미를 이해할 수 있게 된다. 이 몸짓들로는 얼굴을 감추거나 머리를 땅을 향하거나 한쪽으로 돌리는 등을 들 수 있다. 이러한 몸짓을 나타낼 경우 사람들은 일반적으로 눈을 돌리거나 눈이 동요하는 모습을 보이는데, 이런 모습이 나타나는 이유는 우리에게 창피함이나 수줍음을 느끼게 하는 사람을 쳐다볼 때, 즉각적으로 그 사람의 응시가 자신에게로 향하고 있다는 사실이 의식되며, 이것이 감당할 수 없을 정도가 되기 때문이다. 우리가 도덕과 관련된 우리의 행위를 다른 사람들이 비난하거나 너무 강하게 칭찬하고 있다는 사실을 알거나 믿을 경우, 연계된 습관의 원리를 통해 동일한 얼굴과 눈 동작이 이루어지며, 이는 실로 피하기가 어렵다.

14장

결론과 요약

지금까지 나는 최선을 다해 감정 표현과 관련된 인간과 일부 동물의 주요 행동을 서술했다. 나는 1장에서 제시한 세 가지 원리를 통해 이러한 행동의 기원 혹은 발달을 설명하려 했다. 첫 번째 원리에 따르면 일부 욕구를 만족시키거나 일부 감각을 해소하는 데 도움을 주는 동작이 빈번하게 반복될 경우에 이것이 습관화되는데, 이는 유용성과 무관하게, 동일한 욕구나 감각이 느껴질 경우, 비록 아주 약한 정도라도 행해진다.

두 번째 원리는 반대의 원리였다. 정반대의 자극이 느껴질 때 정반대의 동작을 자발적으로 행하는 습관은 우리가 평생에 걸쳐 행함으로써 우리 안에 견고하게 자리 잡는다. 그 결과 만약 특정한 행동이 특정한 마음 상태에서 일정하게 반복적으로 첫 번째 원리에 따라 수행되어 왔다면, 그것의 유용성 여부를 떠나서 정반대의 마음이 자극을 받을 경우, 정반대의 행동을 하려는 강력하고도 무의식적인 경향이 나타나게 될 것이다.

세 번째 원리는 의지와 무관하게, 그리고 대체로 습관과 무관하게, 자극을 받은 신경계가 신체에 직접적으로 작용한다는 것이다. 경험에 따르면 신경력은 뇌척수계가 흥분할 때마다 발생하고 사라진다. 이 신경력이 나아가는 방향은 신경 세포 간의 상호 연결선, 그리고 신경 세포와 신체 여러 부위 간의 연결선에 따라 필연적으로 결정된다. 그러나 신경력은 익숙해진 통로를 따라 통과하는 경향이 있는데, 이처럼 신경력이 나아가는 방향은 습관의 영향을 크게 받기도 한다.

격노한 사람의 광폭하고도 몰상식한 행동은 막연하게나마 가격 행동을 대신하고 있는데, 이러한 행동은 일정한 방향이 정해지지 않은 신경력의 흐름 때문에, 또한 일부는 습관의 효과 때문에 나타나게 된다. 이러한 요인들이 영향을 줌으로써 이들은 제1원리에 포섭되는 몸짓이 된다. 실제 공격 의도가 없음에도 부지불식간에 상대를 공격하기에 적당한 몸짓을 보이는 격분한 사람은 그 예다. 우리는 흥분이라고 불리는 모든 정서와 감정에서도 습관의 영향을 살펴볼 수 있다. 이렇게 말하는 이유는 이 정서와 감정이 습관적으로 힘이 넘치는 행동으로 이어짐으로써 흥분의 성격을 얻기 때문이다. 이러한 행동은 호흡과 순환계에 간접적으로 영향을 주고, 이중에서 후자는 뇌에 또다시 영향을 준다. 우리가 이 정서나 감정을 미약하게나마 느낄 경우, 설령 그 자리에서는 육체적, 정신적 에너지를 사용하지 않을지 모르지만, 우리의 전신 체계가 습관과 연계의 힘으로 인해 교란을 받게 된다. 그 외의 다른 정서와 감정은 우울이라 불리는데, 그 이유는 이러한 정서와 감정이 극도의 고통, 공포, 비애의 경우와 다를 바 없이, 최초의 순간 이외에는 습관적으로 힘이 넘치는 행동으로 이

　　　　　　　　　　　　　　인간과 동물의 감정 표현

어지지 않고, 종국에 가서는 완전한 기진맥진을 초래하기 때문이다. 결과적으로 이러한 감정은 주로 소극적인 몸짓이나 쇠약으로 표현된다. 이밖에 애정과 같은 다른 감정도 있다. 대개 이는 어떠한 행동으로도 이어지지 않으며, 이에 따라 어떤 두드러진 외적 몸짓으로 드러나지 않는다. 그럼에도 애정은 실로 유쾌한 감각이기 때문에 즐거움을 드러내는 일상적인 몸짓을 촉발한다.

신경계의 흥분에 따라 나타나는 많은 결과들은 신경력의 흐름(이전에 의지의 노력을 통해 습관적으로 흘러가던 통로를 통과하는 흐름)과는 완전히 독립적인 것처럼 보인다. 이러한 결과들이 영향을 받은 사람의 마음 상태를 보이는 수가 종종 있지만 지금으로서는 이를 설명할 수가 없다. 극도의 공포나 슬픔 때문에 머리카락의 색이 변한다거나, 두려움 때문에 식은땀을 흘리거나 근육이 전율을 일으키는 경우, 장관의 분비에 변화가 일어나거나 어떤 분비샘의 활동이 제대로 이루어지지 않는 경우가 그 예에 해당한다.

우리가 살펴보고 있는 문제들 중에는 해결하지 못한 것들이 많다. 그럼에도 다수의 표현 동작과 행동은 앞에서 이야기한 세 가지 원리를 통해 어느 정도까지 설명할 수 있다. 때문에 우리는 그 전부가 이 원리들이나 이들과 매우 유사한 원리를 통해 설명할 수 있는 날이 올 것이라 기대할 수 있을 것이다.

만약 어떤 활동이 일상적으로 어떤 마음 상태와 함께 나타날 경우, 그것이 어떤 종류의 활동이라도 곧바로 마음을 표현하는 것으로 파악된다. 표현 동작들은 어떤 신체 부위의 동작들로 이루어질 수 있다. 예를 들면 개가 꼬리를 흔들거나 사람들이 어깨를 으쓱거리는 경우, 털이 곤두서거나 땀을 흘린다거나 모세 혈관 혈행(血行) 상태가 변화하는 경우, 호흡이 곤란해지거나 음성 또는 소리 발생 기관을 사용하는 경우는 모두 이에 해당한다. 심지어 곤충까지도 그 마찰음으로 분노나 공포, 질투나 사랑을 표현한다. 인간의 감정이 표현되는 데는 특별히 호흡 기관이 중요한 역할을 하는데, 이는 직접적으로도 중요한 역할을 하지만 간접적으로는 더욱 중요한 역할을 한다.

우리가 검토하고 있는 문제 중에서 어떤 감정 표현 동작으로 이어지는 아주 복잡한 사건의 연쇄만큼 흥미로운 것은 얼마 없을 것이다. 슬픔이나 근심으로 고통스러워하는 사람의 기울어진 눈썹을 예로 들어 보자. 유아가 배가 고프거나 아파서 악을 쓰며 울 때 혈액 순환이 영향을 받게 되어 눈이 충혈되는 경향이 있다. 그 결과 눈 주위의 근육은 눈을 보호하기 위해 강하게 수축한다. 이와 같은 작용은 많은 세대를 거치면서 확고하게 고정되어 유전되었다. 하지만 세월이 흐르면서 문화가 발달해 악을 쓰며 우는 습관이 어느 정도 억제되는 시기에 이르러서도 눈 주위의 근육은 작은 고통을 느낄 때도 여전히 수축하는 경향을 보이게 되었다. 이 근육들 중 코배세모근은 다른 근육에 비해 의지의 영향을 받는 경우가 적고, 그 수축은 오직 전두근의 중앙 근막을 통해서만 저지할 수 있다. 이러한 근막은 눈썹의 안쪽 끝을 끌어당기는데, 이로 인해 앞이마에 특이한 주름이 생긴다. 우리는 이를 슬픔이나 근심의 표정으로 곧바로 인식한다. 방금 기술한 바와 같은 미세한 동작, 혹은 입 언저리의 끌어당김처럼 거의 인식하기 어려운 동작 등은 마지막까지 남아 있는 매우 두드러지고 명료했던 동작의 자취 또는 흔적이다. 평범한 흔적이 박물학자에게

인간과 동물의 감정 표현

생물을 분류하거나 계통을 세우는 데 중요하듯이, 이러한 자취나 흔적은 표현을 연구하는 우리에게 매우 중요한 의의를 갖는다.

　사람이나 동물이 보여 주는 주요한 표현 동작이 오늘날에 와서 타고난 것 혹은 유전적인 것이 되었다는 사실, 다시 말해 개인적인 습득을 통해 얻어진 것이 아니라는 사실은 모든 사람이 인정하는 바다. 그중 다수는 학습이나 모방과 그다지 상관이 없고, 이에 따라 어릴 때부터 그러한 동작이 나타나며, 평생 우리의 통제 능력을 벗어나 있다. 얼굴이 붉어질 때 피부 동맥이 이완된다거나 분노로 인해 심장 활동이 활발해지는 것이 그 예다. 불과 두세 살의 어린 아이나 맹인으로 태어난 사람이라도 부끄러움 때문에 얼굴을 붉히는 경우를 볼 수 있다. 갓난아이의 맨머리도 격정을 느낄 경우, 붉어진다. 갓난아이는 출생 직후 고통 때문에 악을 쓰며 울고, 이때 아기들의 전반적인 모습은 그 후 수년 동안 동일한 모습을 유지한다. 이와 같은 사실만으로도 우리의 가장 중요한 감정 중 대부분이 학습되지 않았음을 보여 주기에 충분하다. 그러나 타고 난 감정 중에서도 충분하고 완벽하게 표현될 때까지는 개인적인 연습이 필요한 것들이 있다는 사실은 주목할 만하다. 예를 들면 눈물을 흘리거나 웃는 것 등은 이에 속한다. 우리가 취하는 대부분의 감정 동작이 유전된다는 사실은 내가 블레어 목사로부터 들은 바처럼 시각 장애인들도 시력이 정상적인 사람들과 다를 바 없이 이러한 동작을 취한다는 사실을 설명해 준다. 우리는 이를 통해 매우 다른 종의 인간 혹은 동물이 그 연령과 무관하게 동일한 동작을 통해 동일한 정신 상태를 드러낸다는 사실을 이해할 수 있다.

우리는 어린 동물과 나이 든 동물이 자신들의 감정을 동일한 방식으로 드러낸다는 사실을 잘 알고 있다. 때문에 우리는 어린 강아지가 나이 든 개처럼 기분이 좋을 때는 꼬리를 흔들고, 화가 났음을 드러내려 할 때는 귀를 낮추고 송곳니를 드러낸다고 해서, 혹은 새끼 고양이가 나이 든 고양이처럼 놀랐거나 성이 났을 때 자신의 작은 등을 활처럼 구부리고 그 털을 곧추세운다고 해서 특별히 이상하다고 생각지 않는다. 그러나 우리가 평소 인위적이거나 전통적이라고 생각하는 우리 자신의 흔하지 않은 몸짓 — 예를 들어 어떻게 할 수 없다는 표시로 어깨를 으쓱거린다거나 놀라움의 표시로 손을 펴고 손가락을 펼친 채 팔을 들어 올리는 것처럼 — 이 선천적임을 알게 될 경우, 우리는 아마도 크게 놀라지 않을 수 없을 것이다. 이들, 그리고 다른 일부 몸짓들이 유전된다는 사실은 유아나 맹인으로 태어난 사람, 그리고 서로 크게 다른 인종의 사람들이 동일한 몸짓을 보여 준다는 점을 통해 미루어 짐작해 볼 수가 있다. 또 한 가지 주목할 만한 것은 어떤 정신 상태와 함께 새롭고도 매우 특이한 성벽이 특정 개인에게 생겨나 그 자손에게 전해지고, 어떤 경우에는 한 세대 이상 전해진다는 사실이다.

우리가 선천적이라고 쉽게 상상할 정도로 자연스럽게 느껴지는 일부 다른 몸짓은 마치 어떤 언어의 단어처럼 분명 학습된 것이다. 기도할 때 손을 들어 합장하고 눈을 위로 향하는 것은 그 예라 할 수 있다. 애정의 표시로 입맞춤을 하는 것도 여기에 해당한다. 하지만 만약 사랑하는 사람과의 접촉으로 얻는 쾌감 때문에 입맞춤을 한다면, 이는 선천적인 것이다. 긍정 혹은 부정의 표시로 머리를 끄덕이거나 흔드는 모습이 유전에 의한 것이라는 증거는 확실하지 않다. 이는 보편적으로 살펴볼 수 있는 모습이 아니기 때문이다. 그럼에도 수많은 종족의 모든 개인이 개별적으로 습득했다고 보기에는 이는 너무나 일반적으로 나타나는 동작이다.

　이제 의지와 의식이 각종 표현 동작의 발달에 어느 정도까지 관여하게 되었는지를 고찰해 보자. 우리가 판단할 수 있는 한, 앞에서 서술한 것들 중 일부만이 개인이 학습한 것들이다. 이 동작들은 생의 이른 시기에 어떤 일정한 목적을 위해, 혹은 다른 사람에 대한 모방을 통해 의식적, 혹은 자발적으로 수행되어 이후 습관화된 것들이다. 그런데 우리가 살펴본 바와 같이 훨씬 많은 표현 동작들, 그리고 매우 중요한 표현 동작들은 선천적이거나 유전을 통해 물려받은 것들이다. 이들이 개인의 의지에 좌우된다고 말할 수는 없다. 그럼에도 첫 번째 원리에 포섭되는 모든 동작들은 처음에는 어떤 명확한 목적을 위해 — 즉 어떤 위험으로부터 벗어나고 어떤 고난으로부터 평온을 찾고, 아니면 어떤 욕구를 채우기 위해 — 자발적으로 행해졌던 것들이다. 예를 들면 이빨을 이용해서 싸우는 동물은 분노를 느낄 때 귀를 뒤로 당겨 머리에 밀착시키는 습관이 있는데, 이는 그 조상이 적으로부터 귀가 찢어지지 않도록 보호하기 위해 자발적으로 그와 같은 동작을 취한 데서 습득된 것임은 의심의 여지가 없다. 이빨을 이용해 싸우지 않는 동물은 분노의 마음 상태를 이처럼 표현하지 않기 때문이다. 또한 우리는 조용히 눈물을 흘릴 때, 다시 말해 큰소리를 내지 않고 울 때 눈 주변 근육을 수축시키는 습관이 있는데, 이는 우리 선조들이 특히 유년 시절에 악을 쓰며 우는 동작을 취할 때 안구에 불편한 감각을 경험한 데 따라 습득한 것이 틀림없다고 추정할 수 있을 것이다. 이 밖에 일부 두드러진 표현 동작들은 다른 표정들을 억제하거나 예방하고자 하는 노력으로부터 생겨나기도 했다. 예를 들어 눈썹을 치켜올리거나 입언저리를 당겨 내리는 동작은 날카롭게 소리를 지르지 않으려 하거나, 일단 악을 쓰며 울고 난 후 이를 억제하려는 노력으로부터 만들어진다. 여기에서 의식과 의지가 최초에 관여하는 것은 틀림없다. 다만 이 같은 경우나 이와 유사한 경우에서 우리가 어떤 근육이 움직이는가를 의식하는 것은 아니다. 이는 우리가 가장 일상적인 자발적인 동작을 취할 때와 마찬가지다.

비록 미약하고 간접적인 방식이기는 하지만 반대의 원리에 따른 표현 동작에 의지가 개입하는 것은 분명하다. 세 번째 원리에 귀속되는 여러 동작들 또한 마찬가지다. 이들이 일상적으로 사용하는 통로를 따라 쉽게 통과하는 신경력의 영향을 받는 것이 사실이라고 한다면, 이들은 과거에, 그리고 반복적으로 의지를 발휘한 데 따라 결정된 것이다. 습관과 연계의 힘을 매개로, 의지의 작용이 미친 간접적인 영향은 뇌척수계의 흥분이 초래한 직접적인 영향과 복잡한 방식으로 결합하는 경우가 흔하다. 어떤 강력한 감정의 영향을 받아 심장 활동이 활발해지는 것이 이러한 경우에 해당한다. 동물이 적에게 두려움을 주기 위해 털을 치켜세우고 위협적 자세를 취하고 날카로운 소리를 지를 때 우리는 본래 자의적이었던 동작과 비자의적이었던 동작 간의 흥미로운 조합을 보게 된다. 하지만 털을 치켜세우는 동작과 같은 완전히 비자의적인 동작마저도 의지라고 하는 신비로운 힘의 영향을 받을 수 있다.

인간과 동물의 감정 표현

앞에서 언급했던 표현상의 성벽처럼, 어떤 표현 동작은 어떤 정신 상태와 연결되어 자연스럽게 나타난 후 유전되었을 수 있다. 그러나 이 견해에 신뢰감을 더해 주는 증거에 대해서는 아는 바가 없다.

언어를 이용해 동일 종족의 성원들 간에 의사 소통을 하는 능력은 인간이 진화하는 데서 가장 중요한 요소였다. 언어는 얼굴과 신체 표현 동작의 도움을 받아 그 힘이 배가되었다. 우리는 얼굴을 감춘 사람과 중요한 문제를 놓고 대화할 경우, 곧바로 표현 동작이 얼마나 중요한지를 인지할 수 있다. 그럼에도 내가 아는 한 오직 표현만을 위해 발달되었거나 변화된 근육이 있다고 믿을 근거는 전혀 없다.

다양한 표현 소리(expressive noises)를 내는 음성 기관과 여타의 소리를 내는 기관은 어느 정도 예외인 것처럼 보인다. 하지만 다른 곳에서 내가 밝히고자 한 바와 같이 이러한 기관은 처음에 성적인 목적, 즉 암수의 한쪽이 이성을 부르거나 유혹하기 위해 발달했다. 나는 오늘날 표현 수단으로서의 역할을 하는 어떤 유전된 동작이 애초에 자발적이고 의식적으로 이러한 특별한 목적을 위해 행해졌다고 — 예컨대 귀머거리가 사용하는 어떤 몸짓이나 수화같이 — 믿을 만한 근거를 발견할 수 없었다. 나는 이와 반대로 모든 참된, 혹은 유전된 표현 동작은 어떤 자연스러우면서도 독립적인 기원을 가지고 있다고 생각한다. 그러나 일단 습득되고 난 후 그러한 동작들은 자의적, 의식적으로 의사 소통 수단으로 활용되었을 것이다. 주의 깊게 관찰할 경우, 심지어 유아들마저도 아주 어릴 때부터 악을 쓰며 울면 도움을 받게 된다는 사실을 알게 되고, 얼마 있지 않아 자의적으로 비명을 지른다. 우리는 사람들이 놀라움을 표시하기 위해 의도적으로 눈썹을 치켜올리는 모습, 만족이나 묵인을 나타내기 위해 미소 짓는 모습을 자주 본다. 사람들은 눈에 띄는 몸짓이나 감정을 드러내는 몸짓을 보여 주고자 하는 경우가 흔하다. 그래서 손가락을 벌린 채 팔을 펼치면서 머리 위로 들어 올려 자신이 경악했음을 드러내거나, 어깨를 귀밑까지 들어 올려 어떤 일을 할 수 없다거나 하지 않겠다는 의지를 보여 주기도 한다. 이와 같은 동작을 하려는 경향은 자의적이고 반복적으로 이를 수행함으로써 강화되고 증진될 것이다. 그리고 그 결과가 유전될 수 있다.

"애초에 어떤 정신 상태를 표현하기 위해 오직 한 사람이나 일부 사람만이 활용했던 동작들이 다른 사람들에게 확산되지 않았으나 종국에 가서는 의식적이고 무의식적인 모방의 힘으로 보편화되었다."라는 주장의 진위 여부는 고찰해 볼 만한 가치가 있다. 인간에게 의식적 의지와는 별개의, 모방을 하려는 강렬한 경향이 있음은 확실하다. 이는 어떤 뇌 질환, 특히 뇌의 반향 증상이라 불리는 염증성 연화(inflammatory softening of the brain)가 시작되는 초기에 매우 특이한 방식으로 나타난다. 이와 같은 질환이 있는 환자는 다른 사람의 어떤 바보스러운 몸짓도 따라 하며, 가까이서 하는 모든 말, 심지어 외국어로 하는 말마저도 따라 한다.[1] 동물의 경우에는 우리에 갇혀 있는 자칼이나 늑대가 개 짖는 소리를 따라 했다. 개의 짖는 소리는 여러 감정과 욕망을 나타내는 역할을 하고, 사육된 이래 습득되어 다양한 품종의 개들에 다른 정도로 유전되어 매우 두드러진 특징을 이루는데, 이것이 최초에 어떻게 학습되었는지는 우리는 알지 못한다. 그러나 개가 인간처럼 대단히 말이 많은 동물과 오랫동안 밀접한 공동

인간과 동물의 감정 표현

생활을 해 오면서 모방을 한 것이 짖는 소리를 습득한 것과 일정한 관계가 있다고 생각해야 하는 것은 아닐까?

앞에서 설명을 하면서, 그리고 이 책 전체를 통틀어 나는 의지, 의식, 그리고 의도라고 하는 용어를 적절히 적용하는 것에 상당한 어려움을 느끼는 경우가 종종 있었다. 처음에는 자발적이었던 동작이 얼마 있지 않아 습관적인 것이 되고, 최종적으로는 유전적인 것이 되는데, 이 경우에는 심지어 그러한 동작이 의지를 거슬러 수행되기도 한다. 이 동작들이 대개 마음 상태를 나타내기는 하지만 처음부터 이러한 결과를 의도하거나 기대했던 것은 아니었다. 심지어 "어떤 동작은 표현을 위한 수단으로서의 역할을 한다."라는 말조차 오해될 가능성이 있다. 이러한 말은 어떤 표현이 어떤 동작의 최우선 목적 혹은 목표였음을 의미하기 때문이다. 하지만 그러한 동작이 애초에 직접적으로 유용했거나 감각 기관이 흥분 상태에 이름으로써 야기된 간접적인 결과였음을 감안한다면, 그러한 일은 드물거나 전혀 없었던 것으로 보인다. 유아는 배고픔을 드러내기 위해 의도적으로 악을 쓰며 울 수도 있고 본능적으로 그렇게 할 수도 있다. 하지만 유아는 뚜렷하게 비탄을 나타내는 특이한 얼굴 모습을 취하겠다는 어떤 바람을 갖지 않으며 의도하지도 않는다. 그럼에도 인간에게서 살펴볼 수 있는 가장 특징 있는 일부 표정들은 이미 설명한 바와 같이 악을 쓰며 우는 행동으로부터 이끌어져 나오고 있다.

모든 사람이 받아들이고 있는 바와 같이, 우리의 표현 동작들은 대부분 선천적이거나 본능적이다. 하지만 이들을 인식하는 능력 또한 그러한지는 별개로 고찰해 봐야 한다. 지금까지 이와 같은 능력은 일반적으로 그러하다고 가정되어 왔다. 하지만 M. 르모앙은 이러한 가정을 강하게 논박한 바 있다.[2] 어떤 주의 깊은 관찰자가 주장한 바와 같이, 원숭이는 주인의 음색뿐만 아니라 얼굴 표정까지도 식별하는 방법을 이내 습득한다.[3] 개는 귀여워하는 동작이나 음조와 위협하는 것의 차이를 잘 알고 있다. 그들은 배려하려는 음조도 파악할 수 있는 듯하다. 그러나 내가 반복해서 실험해 본 바에 국한해서 판단하자면, 개들은 미소나 웃음 이외에는 얼굴과 관련된 어떤 동작도 이해하지 못한다. 미소나 웃음은 그들이 적어도 일부 경우에 인지하는 것 같다. 이처럼 제한된 양의 지식은 원숭이나 개가 엄하거나 친절한 처우를 우리의 행동과 연결함으로써 습득했을 가능성이 크다. 이렇게 보았을 때, 그들이 얻은 지식은 분명 본능적인 것이 아니다. 동물이 인간의 표정을 배우는 것과 마찬가지로 아동들 또한 손위 형제들의 표현 동작을 곧 배우게 된다는 것은 의심의 여지가 없다. 또한 울거나 웃을 때, 아이는 자신이 무엇을 하고 있으며, 무엇을 느끼고 있는지를 대체로 알고 있다. 때문에 남의 울음과 웃음이 무엇을 의미하는가를 아주 조금만 생각해 봐도 알게 되는 것이다. 하지만 과연 아이들이 오직 연계와 이성의 힘을 매개로 한 경험만으로 표현에 대한 지식을 얻고 있을까?

대부분의 표현 동작이 점차적으로 습득되다가 나중에 가서 본능이 되었을 가능성이 매우 크듯이, 비록 경험적 증거는 충분하지 않지만 표현 동작에 대한 인식 능력 또한 본능적인 것이 되었다는 주장은 어느 정도 개연성이 있다고 여겨진다. 이렇게 생각하는 것은 적어도 처음으로 새끼를 가진 네발 동물의 암컷이 새끼의 고통스러운

인간과 동물의 감정 표현

울음소리를 안다는 사실을 받아들이거나, 혹은 많은 동물들이 자신들의 적을 본능적으로 인식하고 두려움에 떤다는 사실을 받아들이는 경우보다 더 큰 어려움은 아니다. 그리고 이 두 가지 주장의 설득력에 대해서는 조금의 의심도 제기될 수 없다. 그러나 우리 아동들이 감정 표현을 본능적으로 인식할 수 있음을 입증하기란 대단히 어렵다. 이 점을 확인하기 위해 나는 나의 처음 태어난 갓난아이에 관심을 기울였다. 이를 통해 나는 설령 다른 아이들과 어울린다고 하더라도 아무것도 배우지 못했을 아기가 경험을 통해 학습하기에는 너무 이른 나이에 이미 미소를 이해했고 미소를 보고 기쁨을 느꼈으며 미소로 이에 응답했음을 확신하게 되었다. 이 아이가 생후 대략 4개월이 되었을 때, 나는 그의 눈앞에서 여러 가지 이상한 소리를 낸다든가 이상하게 얼굴을 찡그려 보인다든가 화나게 보이려고 노력해 보았는데, 너무 크지 않은 소리와 찡그린 얼굴은 모두 아이에게 재미있는 장난으로 받아들여졌다. 나는 이것이 이러한 동작을 보여 주기에 앞서 미소를 보였거나 이러한 동작을 하면서 미소를 지은 결과라고 생각한다. 생후 5개월째에는 아이가 자비로운 표정이나 소리의 어조를 이해하는 것처럼 보였다. 6개월을 며칠 지났을 때 보모가 소리 내어 우는 척을 했는데, 나는 이때 아이가 곧바로 우울한 표정을 지으면서 입 언저리를 크게 실룩이는 것을 보았다. 그런데 이 아이는 다른 아이가 소리 내어 우는 것을 거의 보지 못했을 것이고, 어른이 소리 내어 우는 것은 전혀 보지 못했을 것이다. 때문에 나는 그렇게 어린 나이에 아이가 사유 능력을 동원해 보모가 우는 것에 대해 생각해 봤을지에 의문을 가질 수밖에 없다. 결론적으로 내가 생각하기에 보모의 거짓 울음이 슬픔을 나타내고 있음을 알게 된 것이 아이의 선천적인 감정 때문인 것이 분명해 보이며, 이것이 공감의 본능을 매개로 슬픔을 촉발한 것이다.

르모앙은 만약 인간이 표현에 대한 지식을 선천적으로 가지고 있다면 작가나 예술가가 각각의 특별한 마음 상태가 갖는 여러 특징들을 기술하고 묘사하는 것 — 이것은 어렵기로 악명 높다. — 을 그렇게 어렵다고 생각지 않았을 것이라고 주장한다. 그러나 나는 그가 타당하다고 생각지 않는다. 우리는 살아가면서 인간이나 동물의 표정이나 표현이 뚜렷하게 변하는 모습을 보게 되는데, 그럼에도 내가 경험을 통해 깨닫고 있는 바와 같이 이러한 변화의 본질을 분석해 내기란 거의 불가능하다. 뒤센이 제공한 동일 노인의 두 사진(사진 Ⅲ의 5와 6)에서 거의 대부분의 사람들이 한 사진이 진짜 미소를, 다른 사진이 가짜 미소를 보여 주고 있음을 적절히 파악했다. 하지만 나는 양자의 전체적인 차이가 구체적으로 무엇인지를 결정하기가 매우 어렵다는 사실을 알게 되었다. 내가 종종 흥미로운 사실이라고 생각한 것은 그 많은 종류의 표현들이 이를 보는 우리 편에서는 아무런 의식적인 분석 과정 없이 곧바로 파악된다는 것이다. 내가 생각하기에 그 누구도 부루퉁한 또는 교활한 표정을 명료하게 기술할 수 없다. 그런데 많은 관찰자들은 이구동성으로 여러 인종에서 이 표정들을 확인할 수 있다고 말한다. 대부분의 사람은 뒤센의 눈썹이 기울어진 청년의 사진(사진 Ⅱ의 2)을 보고 그것이 슬픔이나 그와 유사한 심정을 표현한다고 곧장 답했다. 하지만 이들 가운데 그 누구도, 혹은 1,000명 가운데 단 한 사람도 안쪽 끝이 찌푸려져 있는 기울어진 눈썹이나 이마

　　　　　　　　　　　　　인간과 동물의 감정 표현

의 사각형 주름을 사전에 정확하게 묘사할 수는 없었다. 다른 표정 또한 마찬가지였다. 이 때문에 나는 다른 사람들에게 어떤 점을 관찰해 달라고 요청할 때 실제로 곤경을 겪었다. 그런데 설령 표정의 세부적인 측면을 거의 알지 못한다 해도, 사람들이 확실하고 신속하게 여러 표정의 의미를 파악하는 데 지장을 받지 않는다면, 나는 어떻게 이처럼 세부적인 측면을 알지 못한다는 사실을 우리 표정에 대한 앎이 선천적이 아니라는 논거로 제시할 수 있는지 제대로 이해가 되지 않는다.

나는 인간에게서 살펴볼 수 있는 모든 주요 표현들이 전 지구적으로 대동소이하다는 사실을 상당히 상세하게 보여 주기 위해 노력했다. 이는 흥미로운 사실이다. 왜냐하면 이는 단일 혈통의 선조로부터 여러 인종들이 유래되었음을 뒷받침하는 새로운 논거가 될 수 있기 때문이다. 이 선조들은 여러 인종들이 각기 분기되어 나간 시기 이전에 거의 완벽하게 인간의 신체 구조를 갖추고 있었고, 그 정신 또한 상당 부분 인간의 특징을 갖추고 있었다. 물론 동일 목적을 위해 적응된 유사한 구조가 변이와 자연 선택을 통해 별개의 종에서 독립적으로 획득되는 경우가 흔히 있다는 것은 의심의 여지가 없다. 하지만 이러한 견해를 통해서는 별개의 종 사이에서 중요치 않은 다수의 시시콜콜한 특징들이 매우 유사하다는 사실이 설명되지 않는다. 그런데 추가적으로 우리가 모든 인종들에서 극히 유사한, 표정과 아무런 상관이 없는 여러 신체 구조상 특징들, 표현 동작이 직간접적으로 의존하는 일부 매우 중요한 특징들, 그리고 매우 하찮은 가치를 갖는 수많은 특징들에 주목해 보자. 내게는 이처럼 많은 유사성, 혹은 신체 구조상의 동일성이 별개의 수단을 매개로 획득되었을 가능성은 극히 희박하다고 여겨진다. 물론 원래 인종이 별개의 여러 토착종으로부터 유래했다면 동일 목적을 위해 적응된 유사한 구조가 개별 종에서 독립적으로 획득되었을 것임에 분명하다. 하지만 여러 종족들에서 살펴볼 수 있는 극히 유사한 많은 부분들이 이미 인간의 특징을 갖추고 있던 단일 선조의 모습에서 유전되었다고 하는 설명이 훨씬 개연성이 있다.

현재 인간에서 살펴볼 수 있는 다양한 표현 동작들이 오랜 우리 선조 계통의 어느 시기부터 연속적으로 습득되었는가를 사색해 보는 것은 무리한 추측일지 몰라도 흥미로운 일이다. 앞으로 언급할 내용은 적어도 이 책에서 논의한 일부 중요한 쟁점을 상기시키는 데 도움을 줄 것이다. 우리는 인간이라고 부를 수 있을 만한 모습을 갖추기 훨씬 전부터 우리 조상이 유쾌함이나 즐거움의 표시로 웃음을 지었음을 확실히 믿고 있다. 왜냐하면 많은 종류의 원숭이들이 즐거울 때면 우리의 웃음소리와 너무나도 유사한 소리를 반복해서 내고, 이와 더불어 입 언저리를 뒤쪽과 위쪽으로 끌어당기면서 턱이나 입술로 떠는 동작을 하고 뺨에 주름을 만들며 눈을 반짝거리기도 하기 때문이다.

마찬가지로 우리는 아주 오래전부터 오늘날 인간이 두려워할 때와 거의 동일한 방식으로 먼 조상들이 두려움을 표현했다고 추론할 수 있다. 다시 말해 그들이 오늘날의 인간과 거의 다를 바 없이 전율하고 머리카락을 곤두세우며 식은땀을 흘리고 창백해지며 두 눈이 확대되고 대다수의 근육이 이완되며 전신이 위축되거나 동작을

인간과 동물의 감정 표현

정지하는 방법 등을 통해 두려움을 표현했다고 미루어 짐작할 수 있는 것이다.

우리 조상들은 애초에 커다란 고통이 느낄 경우, 비명이나 신음 소리를 내고 몸을 뒤틀며 이를 갈았을 것이다. 그럼에도 순환기와 호흡기, 그리고 눈 주위의 여러 근육이 오늘날과 같은 구조를 갖추기 전까지는 우리 조상들이 악을 쓰며 울거나 소리 내어 우는 것을 동반하는 매우 표현적인 얼굴 동작을 보이지 않았을 것이다. 눈물을 흘리는 행동은 아마도 악을 쓰며 울 때 안구가 충혈되고, 이와 동시에 눈꺼풀의 경련적 수축으로부터 오는 반사 작용에서 유래되었을 것이다. 이렇게 보자면 눈물을 흘리는 행동은 아마도 인간의 계통에서 비교적 후기에 나타났을 것이다. 그리고 이러한 결론은 우리와 가장 가까운 친척, 즉 유인원이 눈물을 흘리지 않는다는 사실과 부합한다. 하지만 여기서 우리는 어느 정도 신중을 기할 필요가 있다. 왜냐하면 인간과 밀접한 관련이 없는 특정 원숭이들이 눈물을 흘리는 것으로 미루어 보았을 때, 눈물을 흘리는 습관이 오래전 인간이 파생해 나온 어떤 하위 분파의 집단에서 발달했을지도 모르기 때문이다. 우리의 초기 선조들이 비애나 불안으로 괴로워할 때 눈썹을 찡그리거나 입 언저리를 끌어내렸던 것은 소리를 지르지 않으려는 노력의 습관을 습득한 이후의 일이다. 이렇게 보자면 슬픔이나 근심의 표정은 두드러지게 인간적인 것이다.

아주 오랜 옛날에는 격노가 위협을 하거나 광폭한 몸짓을 보여주는 방식으로, 또는 피부가 붉어지거나 이글거리는 눈빛으로 표현되었을 것이다. 하지만 격노가 얼굴을 찡그리는 방식으로는 표현되지 않았을 것이다. 왜냐하면 얼굴을 찡그리는 습관은 주로 유아기에 아프거나 화가 나거나 마음이 아파서 거의 악을 쓰며 울게 되었을 때 눈썹주름근이 눈 주위의 근육 중에서 최초로 수축된 근육이 되면서, 그리고 보기가 어려워 집중할 때 찡그림이 일종의 조리개 역할을 하게 되면서 습득된 것처럼 보이기 때문이다. 빛을 차단하는 이러한 동작은 인간이 완전히 직립 자세를 취할 때까지는 습관이 되지 못한 것으로 생각된다. 이렇게 생각하는 것은 원숭이의 경우에 눈부신 빛에 노출되어도 찡그리지 않기 때문이다. 격노하는 상황에서 우리의 먼 조상들은 현생 인류에 비해 훨씬 자유롭게 자신의 치아를 드러냈을 것이다. 심지어 그들은 자신의 격노를 최대한 발산할 때의 현생 인류들, 예컨대 오늘날의 미친 사람들과 비교해 볼 때도 더 자유롭게 이와 같은 행동을 했을 것이다. 또한 심술이 났거나 실망했을 때 그들이 우리 자식들 또는 현존하는 미개인들의 아이들보다 입술을 훨씬 많이 내밀었을 것임은 거의 확실하다.

우리의 먼 조상들은 인간의 일상적인 몸가짐과 직립의 자세를 습득하고 나서야, 그리고 주먹 또는 막대기로 싸우는 방법을 알게 되고 나서야 비로소 분개했거나 적당히 분노했을 때 머리를 곧추세우고 가슴을 펴고 어깨를 딱 벌리고 주먹을 꽉 쥐게 되었다. 이러한 시기에 이르기까지는 어찌할 수 없음이나 인내의 표시로 어깨를 으쓱하는 반대의 몸짓은 발달하지 못했을 것이다. 마찬가지 이유로 당시에는 경악을 했을 때도 손을 펴고 손가락을 벌린 채 팔을 위로 들어 올리는 동작으로 이러한 마음 상태를 표현할 수 없었을 것이다. 또한 원숭이의 행동을 통해 판단해 보았을 때, 그들은 입을 크게 벌려

인간과 동물의 감정 표현

경악을 표현하지도 못했을 것이다. 그럼에도 이러한 상황에서 그들의 눈은 동그래지고 눈썹이 활모양이 되었을 것이다. 아주 오랜 옛날 혐오의 표정은, 예컨대 토할 때의 모습과 같이 입 주변의 움직임에서 나타났을 것이다. 다시 말해 내가 이러한 표정의 기원에 대해 제시한 견해, 즉 우리의 조상들이 자신들이 싫어하는 어떤 음식을 위장으로부터 의식적으로, 그리고 신속하게 뱉어 내는 능력을 갖추고 있었고 이를 활용했으리라는 견해가 옳다면, 혐오의 표정은 입 주변의 움직임에서 나타났을 것이다. 하지만 싫은 사람을 마치 볼 가치도 없다는 듯 눈꺼풀을 내리깔고 눈이나 얼굴을 돌려 버리는 경멸이나 업신여김을 나타내는 더욱 정제된 태도는 아마도 훨씬 이후까지도 습득되지 않았을 것이다.

모든 표정 중에서 얼굴 붉힘은 가장 엄격한 의미에서 인간적인 표정이다. 이는 피부색의 변화가 나타나는지의 여부와 무관하게 모두에게, 혹은 거의 대부분의 인종에게 공통적이다. 피부 소동맥의 이완은 얼굴 붉힘의 원인인데, 이는 습관이나 유전, 그리고 신경력이 익숙한 통로를 따라 쉽게 흘러가는 것의 도움을 받아 처음에는 우리 자신의 외모, 특히 얼굴에 대해 집중적으로 관심을 가짐으로써 나타났고, 그 후에는 연계의 능력을 통해 도덕적 행동에 초점이 맞추어진 자기 주시로 확장되어 나타난 것처럼 보인다. 많은 동물들은 한쪽 성이 이성 앞에서 자신의 아름다움을 드러내기 위해 노력한다. 이와 같은 사실을 통해 알 수 있듯이, 동물들이 아름다운 색이나 모습까지도 식별하는 능력이 있다는 것은 의심의 여지가 없다. 하지만 정신 능력이 인간과 동등하거나 거의 동등한 정도로 발달할 때까지는 어떠한 동물도 자신의 용모를 면밀하게 고찰해 보면서 이에 민감해질 수는 없는 듯하다. 때문에 우리는 얼굴 붉힘이 인간의 오랜 진화 과정에서 매우 늦게 시작되었다고 결론지을 수 있을 것이다.

지금 언급하고 있는 여러 사실, 그리고 이 책에서 제시한 다양한 사실로 미루어 볼 때, 우리는 다음과 같이 말할 수 있을 것이다. 만약 우리의 호흡 및 순환 기관의 구조가 오늘날과 단지 조금만 달랐다고 하더라도 우리가 짓는 대부분의 표정은 놀라울 정도로 지금과 달랐을 것이다. 예를 들어 머리로 향하는 동맥과 정맥의 경로가 아주 조금만 변했어도 심하게 숨을 내쉬는 동안 피가 우리 안구에 축적되지 않았을 것이다. 이렇게 말하는 것은 피가 안구에 축적되는 경우를 살펴볼 수 있는 네발 동물은 극히 일부에 지나지 않기 때문이다. 이러한 일이 일어났다면 우리는 우리에게서 살펴볼 수 있는 가장 특징적인 일부 표정을 나타내지 않았을 것이다. 만약 인간이 입이나 코를 통해 호흡하지 않고 몸 바깥에 달린 아가미의 도움을 받아 물에서 호흡했다면(이는 상상하기 힘든 일이지만) 그의 얼굴은 감정을 현재 그의 팔다리보다 능률적으로 표현할 수 없었을 것이다. 하지만 격노와 혐오는 현재와 다를 바 없이 입술이나 입 주변의 움직임을 통해 나타났을 것이고, 눈은 혈액 순환 상태에 따라 한층 밝아지거나 흐릿해졌을 것이다. 만약 우리가 지금까지도 귀를 움직일 수 있었다면 귀의 움직임은 이빨을 가지고 싸우는 모든 동물의 경우처럼 뚜렷하게 속마음을 표현했을 것이다. 우리는 우리의 먼 조상들도 이와 같이 싸웠다고 추론해 볼 수 있다. 왜냐하면 오늘날에도 우리가 누군가를 경멸하거나 무시할 때 한쪽 송곳니를 노출하며, 격노했을 때는 치아를 모두 노출

인간과 동물의 감정 표현

하기 때문이다.

얼굴이나 신체의 표현 동작은 그 기원이 어떻게 되었건 그 자체가 우리의 복리에 매우 중요하다. 이러한 동작은 모자 간의 의사 소통에서 주요한 역할을 한다. 어머니는 승인의 미소를 짓고, 그렇게 함으로써 올바른 길로 자식을 인도하며, 승인하지 않을 때는 얼굴을 찡그린다. 우리는 다른 사람들의 표정을 보고 쉽사리 그들이 공감하고 있음을 파악할 수 있다. 이렇게 함으로써 우리의 고통은 경감되고 기쁨은 증가한다. 이렇게 서로에 대한 호감이 강화된다. 표현 동작은 우리의 언어에 생생함과 힘을 제공한다. 이러한 동작은 거짓될 수 있는 언어에 비해 훨씬 진실되게 생각이나 의도를 드러낸다. 이른바 관상술이 얼마만큼의 진리를 포함하고 있건, 할러가 오래전에 주장한 바와 같이,[4] 이는 서로 다른 사람들이 자신들의 성향에 따라 서로 다른 여러 얼굴 근육을 자주 사용한다는 사실에 바탕을 두고 있는 듯이 보인다. 사람들의 특정 얼굴 근육들은 아마도 이처럼 자주 사용함으로써 한층 발달하게 되었을 것이고, 특정 얼굴 윤곽이나 주름은 습관적으로 수축되면서 한층 깊고 두드러지게 되었을 것이다. 외적인 표시를 통해 어떤 감정을 자유롭게 표현할 경우, 그러한 감정은 한층 강화된다. 반대로 모든 외적인 표시를 가능한 한 억제할 경우에(이것이 만약 가능하다면) 우리의 감정은 누그러진다.[5] 난폭한 몸짓에 몸을 맡기는 사람은 그 격노가 증가할 것이고, 공포가 표시되는 것을 통제하지 못하는 사람은 훨씬 큰 공포를 경험할 것이며, 슬픔에 휩싸여 활기를 잃은 사람은 마음의 탄력을 회복할 수 있는 절호의 기회를 놓치게 될 것이다. 이러한 결과는 한편으로는 거의 대부분의 감정과 이를 외부적으로 표현하는 것 사이에 존재하는 긴밀한 상관 관계로 인해, 다른 한편으로는 진력을 다한 것이 심장에 영향을 주고, 이에 따라 뇌에 직접적인 영향을 줌으로써 나타나게 된다. 심지어 어떤 감정을 모의(模擬)해 보기만 해도 그러한 감정이 느껴지는 경향이 있다. 인간의 마음에 대해 놀라운 지식을 갖추고 있는 훌륭한 판관(判官)인 셰익스피어는 다음과 같이 말한다.

> 이 얼마나 놀라운 일인가. 이 배우가
> 오직 허구 속에서, 상상의 격정 속에서
> 자신의 영혼을 자신이 상상한 일과 일치시킬 수 있고,
> 거기에 감동되어 그의 얼굴 전체가 창백해지고
> 그의 상상에 맞추어 눈물이 눈에서 흐르고,
> 미칠 듯한 표정이 낯빛에 나타나며, 목소리가 끊어지고,
> 몸의 모든 기관들이 여러 모습을 하고 있으니,
> 그것도 이 모든 것을 아무것도 아닌 것을 위해!
>
> —「햄릿」2막 2장

지금까지 우리는 표현 이론에 대한 연구가 인간이 어떤 동물의 모습에서 유래되었다는 결론을 어느 정도 확증하고, 다수의 인종들이 종(種) 또는 아종(亞種) 수준에서 하나라는 믿음을 지지한다는 사실을 확인했다. 하지만 나의 판단에 따르자면 이러한 확증은 그다지 필요하지 않은 것이었다. 우리는 표현 그 자체, 혹은 감정 언어라고 불리기도 하는 것들이 인류의 안녕에 분명 중요하다는 점도 살펴보

인간과 동물의 감정 표현

았다. 가축은 말할 것도 없고, 우리 주변 사람들의 얼굴에서 흔히 살펴볼 수 있는 여러 표정의 원천 혹은 기원을 가능한 최대로 이해하는 것은 매우 흥미로운 일임에 분명하다. 앞에서 살펴본 여러 근거를 바탕으로, 우리는 우리가 살펴보고 있는 주제의 근본 원리들(다수의 훌륭한 관찰자들이 이미 관심을 가져 왔다.)이 적절히 조명되었으며, 특히 유능한 생리학자들이 앞으로 이 주제에 더욱 관심을 가져야 한다고 결론 내릴 수 있을 것이다.

후주

옮긴이 서문

1. C. Darwin, "On the Origin of the Species" in J. Watson ed., *Darwin: The Indelible Stamp*, Philadelphia: Running Press Book Publishers, 2005, p. 585.

2. 앞의 책, p. 600.

3. 찰스 다윈, 『인간의 유래와 성 선택 1』(경기: 한길사, 2006년), 239쪽.

4. http://special.lib.gla.ac.uk/exhibns/month/nov2009.html.

5. 이와 같은 긴 논증 방식은 오늘날의 진화론자들의 서적에서 발견되기도 한다. 예를 들어 사회 생물학자 에드워드 윌슨은 『곤충의 사회들』에서 사회적 곤충들에게 적용한 집단 생물학과 비교 동물학의 원리들을 척추동물에게 적용해 『사회 생물학: 새로운 종합』을, 그리고 마지막 단계로 『사회 생물학: 새로운 종합』에서 적용한 원리를 사회 과학에 적용해 『인간 본성에 대하여』를 출간했는데, 이는 사실상 그가 다윈의 책 서술 방식을 따르고 있음을 보여 준다. 에드워드 윌슨, 이한음 옮김, 『인간 본성에 대하여』(서울: 사이언스북스, 2000년), 15~16쪽.

6. 신중섭, 『포퍼와 현대의 과학철학』(서울: 서광사, 1992년), 160쪽.

7. N. Hanson, *Patterns of Discovery*, Cambridge: Cambridge Univ. Press, 1958, p. 19.

8. http://special.lib.gla.ac.uk/exhibns/month/nov2009.html.

9. https://en.wikipedia.org/wiki/The_Expression_of_the_Emotions_in_Man_and_Animals.

10. http://special.lib.gla.ac.uk/exhibns/month/nov2009.html.

11. R. Richards, "Darwin on mind, morals and emotions" in J. Hodge & G. Radick ed., *The Cambridge Companion to Darwin*, Cambridge: Cambridge Univ. Press, 2003, p. 110.

12. 앞의 책, p. 1172.

13. O. Flanagan, "Ethical expressions: why moralists scowl, frown and smile" in J. Hodge & G. Radick ed., *The Cambridge Companion to Darwin*, Cambridge: Cambridge Univ. Press, 2003, p. 386.

14. 스튜어드 월턴, 이희재 옮김, 『인간다움의 조건』(서울: 사이언스북스, 2004년), 431쪽.

15. 에드워드 윌슨, 『인간 본성에 대하여』, 20쪽.

16. Paul Ekman, "Introduction" in Paul Ekman ed., *Darwin and Facial Expression: A Century of Research in Review*, Cambridge: Marlor Books, 2006, pp. 1-2.

17. 앞의 책, pp. 2-6.

18. 앞의 책, p. 9.

19. 제임스 레이첼즈, 김성한 옮김, 『동물에서 유래된 인간』(경기: 나남, 2009년), 307쪽.

20. U. Hess and P. Thibault, "Darwin and Emotion Expression" in *American Psychologist*, Vol. 64, No. 2, 2009, pp. 125-26.

21. 이레노이스 아이블-아이베스펠트, 조정옥 옮김, 『사랑과 미움』(서울: 민음사, 1996년), 48쪽.

22. 에드워드 윌슨, 『인간 본성에 대하여』, 100쪽.

23. P. Bowler, *Evolution: The History of an Idea*, London: Univ. of California Press, 1984, 10장을 볼 것.

24. 과학적 사실을 통해 특정한 이데올로기가 옳다고 주장할 경우에 사실로부터 가치를 직접 도출하는 자연주의적 오류(naturalistic fallacy)를 범하게 된다.

25. 옮긴이 서문은 《철학논총》(2019년 1월)에 발표했던 「감정과 그 표현 방식에 대한 다윈의 설명과 의의」를 다소 수정한 것이다.

1. J. 파슨스(J. Parsons)는 《철학회보(*Philosophical Transactions*)》, 1746년, 41쪽, 부록에 실린 논문에서 '표현'에 대해 글을 쓴 마흔한 명의 명단을 밝히고 있다.

2. 1667년 파리에서 발표된 "서로 다른 특성의 정념이 표현되는 방식에 대한 강연(Conférences sur l'expression des différents Caractères des Passions)"을 말한다. 나는 항상 1820년에 모로가 라바터의 책을 다시 편집해 펴낸 『강연(*Conférences*)』, 9권, 257쪽에서 인용해 왔다.

3. 1792년에 있었던 "다양한 감정 표현 방법에 관한 피에르 캄페르의 강연(Discours par Pierre Camper sur le moyen de représenter les diverses passions)"을 말한다.

4. 나는 항상 1844년에 출간된 3판을 인용한다. 이는 C. 벨 경의 사후에 출간되었으며, 그가 마지막까지 수정한 내용이 포함되어 있다. 1806년에 출간된 1판은 장점이 훨씬 적고, 그의 매우 중요한 일부 관점이 포함되어 있지 않다.

5. 알베르 르모앙(Albert Lemoine), 『인상학과 발화(發話)에 관하여(*De la Physionomie et de la Parole*)』, 1865년, 101쪽.

6. G. 라바터의 『인간을 이해하는 기술(*L'Art de connaitre les Hommes*)』. 이 책의 초판은 1807년에 출간된 것으로 알려져 있는데, 1820년 모두 10권으로 출간된 판본에 M. 모로의 관찰이 포함된 것으로 알려져 있다. 나는 그 연도가 정확하다는 것을 조금도 의심하지 않는다. 1권 맨 앞에 나오는 「라바터에 대하여(Notice sur Lavater)」가 쓰여진 날짜가 1806년 4월 13일로 되어 있기 때문이다. 그러나 일부 서지학 서적들은 1805~1809년으로 날짜를 제시하고 있는데, 1805년이라는 연도는 옳을 수 없는 것으로 보인다. 1862년 출간된 8절판 『인간 얼굴 표정의 기작(*Mécanisme de la Physionomie Humaine*)』, 5쪽과 1862년 1월과 2월에 출간된 『일반 의학 총서(*Archives Générales de Médecine*)』에서 뒤셴 박사는 모로가 1805년에 "자신의 저서에 포함시킬 중요한 논문 한 편을 썼다."라고 언급했다. 나는 1820년판의 1권에서 앞에서 언급한 1806년 4월 13일이라는 날짜 외에 1805년 12월 12일이라는 날짜가 포함된 단락을 발견했고, 또 다른 단락에서는 1806년 1월 5일이라는 날짜를 발견하기도 했다. 뒤셴 박사는 이러한 구절에 1805년에 썼다는 이야기가 나오기 때문에 1806년에 저

서를 출판한 C. 벨 경보다 M. 모로가 앞서서 자신의 논문을 출판했다고 말했다. 이는 어떤 과학 문헌이 먼저 출간되었는가를 결정하는 매우 특이한 방식이다. 하지만 이러한 문제들은 이 문헌들이 가지고 있는 상대적인 이점을 생각해 볼 때 아주 사소한 것이다. M. 모로와 르 브룅으로부터 인용한 앞의 단락들은 라바터, 1820년판, 4권 228쪽과 9권 279쪽에서 가져온 것이다.

7. 『체계적인 인간 해부학 개요(Handbuch der systematischen Anatomie des Menschen)』, 1권, 1858년, 3절.

8. 『감각과 지성(The Senses and the Intellect)』, 2판, 1864년, 96, 288쪽. 이 저술 초판 서문의 날짜는 1855년 6월로 되어 있다. 베인(Bain) 씨의 『정서와 의지(Emotions and Will)』, 2판도 볼 것.

9. 『표현의 해부학(The Anatomy of Expression)』, 3판, 121쪽.

10. 1863년에 출간된 「과학적, 정치적, 그리고 사색적 에세이(Essays, Scientific, Political, and Speculative)」, 두 번째 시리즈, 1863년, 111쪽. 에세이의 첫 번째 시리즈에는 웃음에 관한 논의가 포함되어 있는데, 이는 내 생각에 별다른 의미가 없는 내용이다.

11. 앞서 언급한 논문을 출간한 이래, 스펜서 씨는 《격주 평론(Fortnightly Review)》, 1871년 4월 1일 자, 426쪽에 「도덕, 그리고 도덕 감정(Morals and Moral Sentiments)」이라는 또 다른 논문을 썼다. 또한 그는 『심리학 원리(Principles of Psychology)』, 2판 2권, 1872년, 539쪽에서 자신의 최종 결론을 발표하기도 했다. 스펜서 씨의 영역을 침범했다는 비난을 받지 않기 위해, 나는 나의 책 『인간의 유래와 성선택』에서 이미 이 책 내용의 일부를 언급한 바 있음을 밝히고자 한다. 표현이라는 주제에 관한 나의 최초의 원고 노트에는 1838년이라는 연도가 명기되어 있다.

12. 『표현의 해부학(Anatomy of Expression)』, 3판, 98, 121, 131쪽.

13. 리처드 오언(Richard Owen) 교수는 오랑우탄이 그와 같은 근육을 가지고 있다고 명시적으로 밝히고 있으며(《동물학회지(Proc. Zoolog. Soc.)》, 1830년, 28쪽) 인간이 자신의 느낌을 표현하는 데 사용하는 것으로 잘 알려진 더욱 중요한 근육을 상세히 설명한다. 매컬리스터(Macalister) 교수가 침팬지 여러 얼굴 근육에 대해 서술한 것(《자연사 연보(Annals and Magazine of Natural History)》, 7권, 1871년 5월, 342쪽)도 볼 것.

14. 『표현의 해부학(*Anatomy of Expression*)』, 121, 138쪽.

15. 『인상학에 관하여(*De la Physionomie*)』, 12, 73쪽.

16. 『인간 얼굴 표정의 기작(*Mecanisme de la Physionomie Humaine*)』, 8절판, 31쪽.

17. 『생리학의 기초(*Elements of Physiology*)』, 영어판, 2권, 934쪽.

18. 『표현의 해부학(*Anatomy of Expression*)』, 3판, 198쪽.

19. 이러한 효과에 대한 설명은 레싱(Lessing)이 쓰고 W. 로스(W. Ross)가 옮긴 『라오콘 (*Laocoon*)』, 1836년, 19쪽을 볼 것.

20. 로버트 벤틀리 토드(Robert Bentley Todd)의 『해부학과 생리학 백과사전(*Cyclopaedia of Anatomy and Physiology*)』, 2권, 227쪽에 나와 있는 페트리지(Partridge)의 주장이다.

21. G. 라바터의 『인상학(*La Physionomie*)』, 4권, 1820년, 274쪽. 안면 근육의 숫자에 대해서는 4권, 209~211쪽을 볼 것.

22. 『표현과 인상학(*Mimik und Physiognomik*)』, 1867년, 91쪽.

1장 표현의 일반 원리

1. 허버트 스펜서 씨는 앞에서 이야기한 1863년 「에세이」 두 번째 시리즈 138쪽에서 감정(emotions)와 감각(sensations)을 뚜렷하게 구분하고, 이 가운데 감각은 "우리의 육체적 틀 안에서 만들어진다."라고 밝히고 있다. 그는 감정과 느낌을 모두 느낌(feelings)으로 분류한다.

2. 뮐러(Müller), 『생리학의 기초(*Elements of Physiology*)』, 영어판, 2권, 939쪽. 허버트 스펜서의 『생물학 원리(*Principles of Biology*)』, 2권, 346쪽, 그리고 『심리학 원리』, 2판, 511~557쪽에 나오는 동일 주제와 신경의 기원에 대한 스펜서 씨의 흥미로운 생각도 살펴볼 것.

3. 히포크라테스(Hippocrates)와 널리 알려진 하비(Harvey)는 오래전 이와 대동소이한 효과에 대해 언급한 바 있다. 두 사람은 모두 어린 동물이 젖을 빠는 방법을 며칠 동안 잊고 지낼 경우에 어려움을 겪지 않고서는 이를 재차 파악할 수 없다고 말하고 있다. 이러한 주장은 이래즈머스 다윈(Erasmus Darwin) 박사가 1794년에 펴낸 『동물 생리학(*Zoonomia*)』, 1권, 140쪽을 근거로 하고 있다.

4. 내 주장의 근거와 이와 유사한 여러 사실에 대해서는 1868년에 출간된 『사육 동식물의 변이(*The Variation of Animals and Plants under Domestication*)』, 2권, 304쪽을 볼 것.

5. 『감각과 지성(*The Senses and the Intellect*)』, 2판, 1864년, 332쪽. 토머스 헨리 헉슬리(Thomas Henry Huxley) 교수는 1872년에 펴낸 『생리학 기초 과정(*Elementary Lessons in Physiology*)』, 5판, 306쪽에서 다음과 같이 말한다. "어떤 두 정신 상태가 함께, 혹은 연이어 적절한 빈도로 생생하게 떠오르면, 우리가 원하건 그렇지 않건 이들 중 하나에 이어 다른 것이 떠오르게 된다. 이를 규칙으로 생각해도 좋을 것이다."

6. 그라티올레는 『인상학에 관하여(*De la Physionomie*)』, 324쪽에서 이 주제에 대해 논의하면서 유사한 사례들을 다수 제시하고 있다. 눈을 뜨고 감는 것에 대해서는 42쪽을 볼 것. 323쪽에서는 생각의 변화에 따른 사람의 얼굴 표정 변화에 대한 엥겔(Engel)의 주장을 인용하고 있다.

7. 『인간 얼굴 표정의 기작(*Mécanisme de la Physionomie Humaine*)』, 1862년, 17쪽.

8. 『사육 동식물의 변이(*The Variation of Animals and Plants under Domestication*)』, 2권, 6쪽. 습관적인 몸짓의 유전은 우리의 논의에 매우 중요하다. 이에 따라 나는 프랜시스 골턴(Francis Galton) 씨의 허락을 받아 즐거운 마음으로 다음의 특이한 사례에 대한 그의 이야기를 인용해 보고자 한다. "3대에 걸쳐 개인에게 나타나는 다음과 같은 습관은 유달리 흥미롭다. 이는 오직 자고 있는 동안에만 나타나기 때문에 모방을 통해 나타나는 것일 수 없고, 완전히 자연스러운 행동일 수밖에 없기 때문이다. 이 특별한 이야기는 전적으로 신뢰할 만하다. 내가 이를 충분히 검토한 이야기이며 풍부하고도 개별적인 증거 자료를 바탕으로 들려주는 이야기이기 때문이다. 상당한 지위의 한 신사의 아내는 남편이 흥미로운 버릇을 가지고 있다는 사실을 발견했다. 그는 침대에 누우면 금세 잠이 들었는데, 이때 그는 오른팔을 얼굴 앞으로 천천히 들어 올렸다가 이마에까지 들어 올렸다. 이어서 그는 갑자기 팔을 내렸는데, 이때 손목이 콧등에 무겁게 떨어졌다. 이러한 습관이 매일 밤 나타난 것은 아니었고, 간헐적으로 나타났는데, 이는 어떤 구체적인 원인 때문에 나타난 것이 아니었다. 간혹 이는 한 시간 혹은 그 이상 계속 반복되었다. 신사의 코는 상당히 컸는데, 이에 따라 그는 자신의 가격으로 콧등에 쓰라림을 느끼는 경우가 흔히 있었다. 한 번 쓰라림

을 느끼게 되면 나아지는 데 오랜 시간이 걸렸는데, 그 이유는 밤마다 최초로 쓰라림을 느끼게 한 가격이 반복되었기 때문이다. 그의 아내는 잠옷 소매에 달린 단추가 심하게 얼굴을 긁었기 때문에 이를 없애야 했으며, 팔을 붙들어 매는 몇 가지 방법들을 고안하기도 했다.

그가 사망한 후 그의 아들은 자신의 가족력을 전혀 알지 못하는 한 여성과 결혼했다. 그런데 그녀는 남편에게서 완전히 똑같은 특이한 버릇을 보게 되었다. 하지만 그의 코가 유달리 큰 것은 아니었기에 가격 때문에 상처를 입은 적은 당시까지 없었다. 이러한 습관은 가령 안락 의자에서 조는 경우처럼 반쯤 잠이 들었을 때는 나타나지 않았다. 하지만 그가 깊이 잠이 들었을 때는 이러한 습관이 흔히 나타났다. 그리고 그 빈도는 그의 아버지와 마찬가지로 간헐적이었는데, 이에 따라 어떤 때는 여러 밤에 걸쳐 나타나지 않기도 하고, 어떤 때는 매일 밤 일정 시간 동안 거의 끊임없이 나타나기도 했다. 그의 아버지와 마찬가지로 이러한 동작은 오른손으로 이루어졌다.

그의 딸 중 하나가 동일한 습관을 물려받았다. 그녀 또한 오른손으로 이러한 동작을 취했는데, 그 형태가 약간 달랐다. 그녀는 팔을 들어 올리고 난 후 콧등으로 손목을 떨어뜨리지 않았다. 하지만 반쯤 쥔 손의 손바닥이 코를 덮치면서 다소 빠르게 가격이 이루어졌다. 이 아이에게서도 이러한 습관이 매우 간헐적으로 나타났는데, 어떤 경우에는 여러 달 동안 나타나지 않기도 했지만, 어떤 경우에는 거의 끊이지 않고 나타나기도 했다."

9. 헉슬리 교수는 『기초 생리학(Elementary Physiology)』, 5판, 305쪽에서 척수가 관여하는 반사 행동이 자연스러운 것이라고 말하고 있다. 하지만 뇌의 도움, 다시 말해 습관을 통해 인위적인 반사 행동이 무수히 습득될 수 있다. 루돌프 피르호(Rudolf Virchow)는 『학술 강연집(Sammlung Wissenschaft Vorträge)』의 일부로 1871년에 출간된 「척추에 관하여(Über das Rückenmark)」, 24, 31쪽에서 일부 반사 행동이 본능과 거의 구분이 되지 않는다고 주장한다. 그리고 후자의 일부에 대해서는 물려받은 습관과 분간이 되지 않는다는 주장을 덧붙일 수 있을 것이다.

10. 헨리 모즐리(Henry Maudsley) 박사가 1870년에 펴낸 『심신(Body and Mind)』, 8쪽.

11. 이 주제 전체에 대한 클로드 베르나르의 매우 흥미로운 논의를 보고 싶다면『생체 조직(*Tissus Vivants*)』, 1866년, 353~356쪽을 볼 것.

12.『정신 생리학에 대한 장(章)(*Chapters on Mental Physiology*)』, 1858년, 85쪽.

13. 뮐러는『생리학의 기초(*Elements of Physiology*)』, 영문판, 2권, 1311쪽에서 깜짝 놀람이 항상 눈을 감는 동작과 함께 나타난다고 주장하고 있다.

14. 모즐리 박사는 "흔히 반사 작용은 유용한 목적을 이루는 데 영향을 주는데, 질병에 걸렸을 경우처럼 달라진 상황에서는 심지어 커다란 고통과 매우 고통스러운 죽음에까지 이르는 커다란 재앙을 초래할 수 있다."라고 주장하고 있다. (『심신』, 10쪽.)

15.《랜드 앤드 워터(*Land and Water*)》, 1869년 10월호에서 F. H. 살뱅(F. H. Salvin) 씨의 길들인 자칼에 대한 설명을 볼 것.

16. 이래즈머스 다윈 박사가 1794년에 펴낸『동물 생리학(*Zoonomia*)』, 1권, 160쪽. 나는 고양이가 즐거울 때 다리를 쭉 뻗는 사실 또한 이 저술 151쪽에서 확인할 수 있었다.

17. 윌리엄 벤저민 카펜터(William Benjamin Carpenter)가 1854년에 펴낸『비교 생리학 원리(*Principles of Comparative Physiology*)』, 690쪽, 그리고 뮐러의『생리학의 기초(*Elements of Physiology*)』, 영문판, 2권, 936쪽.

18. 모브레이(Mowbray)의『가금류(*Poultry*)』, 6판, 1830년, 54쪽.

19. 이 탁월한 관찰자가 1846년 펴낸『고지대에서의 사냥(*Wild Sports of the Highlands*)』, 142쪽의 설명을 볼 것.

20.《철학회보(*Philosophical Transactions*)》, 1823년, 182쪽.

2장 표현의 일반 원리-계속

1.『파라과이 포유동물의 자연사(*Naturgeschichte der Säugethiere von Paraguay*)』, 1830년, 55쪽.

2. 에드워드 버넷 타일러(Edward Burnett Tylor) 씨는 1870년에 펴낸『인류의 초기 역사 연구(*Early History of Mankind*)』, 2판, 40쪽에서 시토 수도회 수사의 몸짓 언어를 설명하면서 몸짓과 관련된 반대의 원리에 대해 몇 마디 언급하고 있다.

3. 이 주제에 대해서는 W. R. 스콧(W. R. Scott) 박사의 흥미로운 1870년 저술 『청각 장애인과 언어 장애인(*The Deaf and Dumb*)』, 2판, 12쪽을 볼 것. 그는 다음과 같이 말한다. "자연스러운 몸짓이 요구하는 것에 비해 이러한 몸짓을 훨씬 짧게 축약하는 것은 청각과 언어 장애인들에게서 매우 흔히 나타난다. 이와 같은 축약된 몸짓은 흔히 너무 짧아져 자연스러운 몸짓의 모든 외관을 거의 상실하는데, 이를 사용하는 청각 및 시각 장애인에게 이는 여전히 원래의 표현이 가지고 있는 힘을 갖는다."

3장 표현의 일반 원리-결론

1. 《양세계 평론(*Revue des Deux Mondes*)》, 1872년 1월 1일자, 79쪽에서 소개하고 있는 M. G. 푸셰(M. G. Pouchet)가 수집한 흥미로운 사례를 볼 것. 이중 한 가지 사례는 몇 년 전 벨파스트에서 열린 영국 학술 협회(British Association)에서 발표된 바 있다.

2. 뮐러는 『생리학의 기초(*Elements of Physiology*)』, 영어판, 2권, 934쪽에서 느낌이 매우 강할 경우, "모든 척추신경이 어느 정도 마비되는 정도에 이를 정도로 영향을 받거나 전신이 떨리게 된다."라고 주장한다.

3. 『생체 조직에 대한 강의(*Leçons sur les Prop. Des Tissus Vivant*)』, 1866년, 457~466쪽.

4. 1871년에 간행된 《동물학회지(*Proc. Zoolog. Soc*)》, 255쪽에 실린 바틀렛 씨의 「하마의 탄생에 관한 기록(Notes on the Birth of a Hippopotamus)」을 볼 것.

5. 이 주제에 대해서는 클로드 베르나르가 1866년에 펴낸 『생체 조직(*Tissus Vivants*)』, 316, 337, 358쪽을 볼 것. 피르호는 자기 논문 「척추에 관하여」(『학술 강연집』, 1871년, 28쪽)에서 거의 똑같은 이야기를 하고 있다.

6. 뮐러는 신경에 대해 다음과 같이 말한다. (『생리학의 기초(*Elements of Physiology*)』, 영어판, 2권, 932쪽) "어떤 종류의 상황이건, 이러한 상황의 갑작스러운 변화는 신경 원리를 작동시킨다." 내가 바로 앞 주석에서 언급한 피르호와 베르나르의 두 저술에 언급된 동일한 주제에 관한 구절을 볼 것.

7. 허버트 스펜서, 「과학적, 정치적, 그리고 사색적 에세이(Essays, Scientific, Political)」, 두 번째 시리즈, 1863년, 109, 111쪽.

8. 헨리 홀랜드 경은 좌불안석으로 불리는 신체의 흥미로운 상태에 대해 말하면서

인간과 동물의 감정 표현

(『의학 보고와 고찰(*Medical Notes and Reflexions*)』, 1839년, 328쪽) 이는 "해소하고자 할 때 근육 동작이 필요한 어떤 자극과 관련된 원인이 축적됨으로써" 나타나는 현상인 듯 하다고 주장한다.

9. 나는 맥박에 관한 M.로레인(M. Lorain)의 연구를 알려준 A. H. 게로드(A. H. Garrod) 씨에게 많은 도움을 받았다. 이 연구는 격분했을 때 여성의 맥박 파동 곡선을 제시 하고 있다. 이는 정상적인 상태에서 동일한 여성이 나타내는 맥박 파동 곡선의 비 율 및 기타 특징들이 화나 났을 때와 큰 차이가 있음을 보여 주고 있다.

10. 커다란 기쁨이 얼마나 뇌를 자극하고, 뇌가 어떻게 신체에 작용하는지는 정신 중 독이라는 드문 경우에서 잘 살펴볼 수 있다. 크라이튼브라운 박사는 매우 신경질적 인 기질의 한 젊은 남성의 사례를《메디컬 미러(*Medical Mirror*)》, 1865년호에서 소개 하고 있다. 그는 재산을 상속받게 되었다는 전보를 받자 처음에는 창백해지더니 유 쾌해졌다. 그리고 얼마 있지 않아 얼굴이 상기되어 안절부절못하면서 극도로 기분 이 좋아졌다. 그는 자신을 진정시키기 위해 친구와 산책을 나갔는데, 비틀대고 박 장대소를 하면서 돌아왔다. 그러면서 그는 성마른 상태로 끊임없이 말을 하면서 대 로변에서 크게 노래를 불렀다. 사람들은 모두 그가 술에 취했다고 생각했지만 그가 전혀 술을 마시지 않았음이 밝혀졌다. 시간이 흐르고 나서 그는 먹은 것을 토했는 데, 반쯤 소화된 위의 내용물들을 검사해 보았지만 술 냄새가 전혀 나지 않았다. 그 러고 나서 그는 깊이 잠들었는데, 일어나서는 두통, 메스꺼움, 그리고 피로감을 느 낀 것을 제외하고는 아무렇지도 않았다.

11. 다윈 박사의 『동물 생리학(*Zoonomia*)』, 1794년, 1권, 148쪽.

12. 마거릿 올리펀트(Margaret Oliphant)의 관찰이다. 그녀의 소설 『메이저리뱅크스 양 (*Miss Majoribanks*)』, 362쪽을 볼 것.

4장 동물의 표현 수단

1. 이에 대한 증거는 『사육 동식물에서의 변이(*Variation of Animals and Plants under Domestication*)』, 1권, 27쪽을 볼 것. 비둘기의 구구하는 소리에 대해서는 1권, 154, 155쪽을 볼 것.

2. 허버트 스펜서, 「과학적, 정치적, 그리고 사색적 에세이(Essays, Scientific, Political)」, 두 번째 시리즈, 1863년, 「음악의 기원과 기능(The Origin and Function of Music)」, 359 쪽.

3. 1870년에 출간된 『인간의 유래와 성선택』, 2권, 332쪽을 볼 것. 인용된 문구는 오언 교수가 쓴 것이다. 최근 원숭이보다 몸집이 훨씬 작은 일부 네발 동물, 즉 설치류가 정확한 음정을 낼 수 있다는 사실이 밝혀졌다. S. 록우드(S. Lockwood) 목사가 《아메리칸 내추럴리스트(American Naturalist)》, 5권, 1871년 12월, 761쪽에 쓴 노래하는 설치류 헤스페로미스에 대한 설명을 볼 것.

4. 타일러 씨는 1871년에 펴낸 『원시 문화(Primitive Culture)』, 1권, 166쪽에서 이 주제에 대해 언급하고 있는데, 여기서 그는 개의 울부짖는 소리를 거론하고 있다.

5. 『파라과이 포유동물의 자연사(Naturgeschichte der Säugethiere von Paraguay)』, 1830년, 46 쪽.

6. 그라티올레의 『인상학에 관하여(De la Physionomie)』, 1865년, 115쪽에서 인용.

7. 『음악에 관한 생리학 이론(Théorie Physiologique de la Musique)』, 파리, 1868년, 146쪽. 헬름홀츠는 이러한 심도 있는 연구에서 구강의 형태와 모음 생성 간의 관련성에 대해 충분히 설명하고 있다.

8. 나는 『인간의 유래와 성선택』, 1권, 352, 384쪽에서 이 주제를 비교적 상세하게 다룬 바 있다.

9. 헉슬리의 『자연에서 인간의 위치와 관련한 증거(Evidence as to Man's Place in Nature)』, 1863년, 52쪽에서 인용.

10. 1864년에 간행된 『티에르레벤(Thierleben)』의 삽화, B. i. s. 130쪽. (이 책의 원제는 『브렘스 티에르레벤(Brehms Tierleben)』이다. 번역하자면 '브렘의 동물 세계' 정도가 된다. 알프레트 에드문트 브렘(Alfred Edmund Brehm)이라는 독일 동물학자가 만든 책으로 다양한 그림이 있어 인기가 높았다. — 옮긴이)

11. J. 케이튼(J. Caton), 《오타와 자연 과학 아카데미(Ottawa Acad. of Nat. Sciences)》, 1868년 5월호, 36, 40쪽을 볼 것. 들염소(Capra aegagrus)에 대해서는 1867년에 간행된 《랜드 앤드 워터》, 37쪽을 볼 것.

12. 1867년 7월 20일에 간행된《랜드 앤드 워터》, 659쪽을 볼 것.

13. 파에톤 루브리카우다(*Phaeton rubricauda*), 즉 붉은꼬리열대새(Red-tailed tropicbird)에 대해서는《랜드 앤드 워터》, 3권, 1861년, 180쪽을 볼 것.

14. 스트릭스 플라미아(*Strix flammea*), 즉 원숭이올빼미에 대해서는 존 제임스 오듀본 (John James Audubon)이 1864년에 펴낸『조류의 생태(*Ornithological Biography*)』, 2권, 407쪽을 볼 것. 나는 동물원에서 다른 사례들을 관찰한 바 있다.

15. 멜롭시타쿠스 운둘라투스(*Melopsittacus undulatus*), 즉 초원앵무의 습관에 대해서는 존 굴드(John Gould)가 1865년에 펴낸『오스트레일리아 조류 편람(*Handbook of Birds of Australia*)』, 2권, 82쪽을 볼 것.

16. 예를 들어 내가『인간의 유래와 성선택』, 2권, 32쪽에서 제시한 아놀도마뱀속 (*Anolis*)와 드라코도마뱀속(*Draco*) 도마뱀에 대한 설명을 볼 것.

17. 이 근육은 그의 잘 알려진 저술에서 묘사되고 있다. 나는 이처럼 훌륭한 관찰자가 서신으로 이와 동일한 주제에 관한 정보를 제공해 준 것에 크게 감사한다.

18. 라이디히가 1857년에 펴낸『인간 조직학 편람(*Lehrbuch der Histologie des Menschen*)』, 82쪽을 볼 것. 이 저술에서 관련 내용을 발췌해 준 W. 터너(W. Turner) 교수의 친절에 감사드린다.

19.《계간 미시 과학(*Quarterly Journal of Microscopical Science*)》, 1853년, 1권, 262쪽.

20.『인간 조직학 편람(*Lehrbuch der Histologie des Menschen*)』, 82쪽.

21.『영어 어원학 사전(*Dictionary of English Etymology*)』, 403쪽.

22.《네이처(*Nature*)》, 1871년 4월 27일호, 512쪽에 인용된 이 동물의 습관에 대한 쿠퍼 (Cooper) 박사의 설명을 볼 것.

23. 알베르트 귄터(Albert C. L. G. Günther) 박사의『영국령 인도의 파충류(*Reptiles of British India*)』, 262쪽.

24. J. 맨셀 윌 주니어(J. Mansel Weale),《네이처》, 1871년 4월 27일, 508쪽.

25. 내가 1845년에 펴낸『비글 호 항해기(*Journal of Researches during the Voyage of the Beagle*)』, 96쪽을 볼 것. 나는 여기서 이처럼 만들어진 방울 소리를 방울뱀의 그것과 비교하고 있다.

26. 1871년에 간행된《동물학회지(Proc. Zool. Soc.)》, 196쪽에 실린 앤더슨(Anderson) 박사의 설명을 볼 것.

27.《아메리칸 내추럴리스트》, 1872년 1월, 32쪽. 나는 새를 기만하고 끌어들이는 소리를 내기 위해 자연 선택의 도움을 받아 방울이 발달됐다고 생각하는 셀러 교수를 따를 수 없음을 유감으로 생각한다. 그러한 소리가 간헐적으로 그러한 목적에 도움이 된다는 사실을 의심하고 싶지는 않다. 하지만 내가 도달한 결론, 즉 방울 소리가 포식자에게 경고를 하기 위해 활용된다는 결론이 훨씬 그럴듯하게 느껴진다. 그 이유는 이러한 설명이 다양한 사실들을 묶어서 연결시켜 주기 때문이다. 만약 이러한 뱀이 먹잇감을 유혹하기 위해 방울, 그리고 방울 소리를 내는 습관을 획득했다면 뱀이 화가 났거나 방해를 받았을 때는 자신의 도구를 동일하게 사용하지 않아야 할 것이다. 셀러 교수는 방울의 발달 방식에 대해서는 나와 거의 동일한 입장을 취하고 있다. 나는 남아메리카에서 부시마스터를 관찰한 이래 줄곧 이와 같은 입장을 견지하고 있다.

28. 바버(Barber) 여사가 최근 수집해《린네 학회지(Journal of the Linnean Society)》에서 제시한 남아프리카산 뱀의 습성에 대한 설명과 북아메리카산 방울뱀에 대한 로슨(Lawson)을 비롯한 여러 저술가들의 설명으로 미루어 보았을 때, 뱀의 무시무시한 모습과 그들이 내는 소리는 작은 동물을 꼼짝 못 하게 하거나 현혹해 먹이로 삼는 데 활용된다고 생각하는 것이 그리 잘못은 아닐 것이다.

29. 1871년에 간행된《동물학회지》, 39쪽에서 R. 브라운(R. Brown) 박사가 제시하고 있는 설명을 볼 것. 그는 돼지가 뱀을 보면 즉시 이를 향해 돌진하며, 뱀은 돼지의 모습을 보는 즉시 도망을 간다고 말한다.

30. 귄터 박사는『영국령 인도의 파충류』, 340쪽에서 몽구스에 의해 죽임을 당하는 코브라, 멧닭에 의해 죽임을 당하는 어린 코브라에 대해 설명하고 있다. 공작 또한 뱀을 쉽사리 죽인다는 것은 잘 알려진 사실이다.

31. D. 코프(D. Cope) 교수는 자신이 1871년 12월 15일, 미국 철학회에서 발표한「생명체의 유형 창조 방법(Method of Creation of Organic Types)」이라는 글에서 다수의 종들을 열거하고 있다. 코프 교수는 뱀들이 사용하는 몸짓과 소리에 대해 나와 동일한

인간과 동물의 감정 표현

입장을 취하고 있다. 나는 이러한 주제를 『종의 기원』 최신판에서 간략하게 언급한 바 있다. 이러한 언급들과 관련된 논문들이 최근 출판되었는데, 나는 J. G. 헨더슨(J. G. Henderson) 씨가 《아메리칸 내추럴리스트》, 1872년 5월, 260쪽에서 방울 사용에 대해 나와 유사한 입장, 다시 말해 "방울 소리가 공격을 막기 위한 것이라는" 입장을 취하고 있는 것에 대해 반가운 마음을 금할 수 없다.

32. 1871년에 간행된 《동물학회지》, 3쪽에 실린 데 뵈(des Vœux) 씨의 글을 볼 것.

33. 『캐나다의 사냥꾼과 박물학자(The Sportsman and Naturalist in Canada)』, 1866년, 53쪽.

34. 『나일 강 유역에 사는 에티오피아 부족(The Nile Tributaries of Abyssinia)』, 1867년, 443쪽.

5장 동물의 특별한 표정

1. 『표현의 해부학』, 1844년, 190쪽.

2. 『인상학에 관하여』, 1865년, 187, 218쪽.

3. 『표현의 해부학』, 1844년, 140쪽.

4. 구엘덴스테트(Gueldenstädt)는 1775년에 간행된 《페테르부르크 제국 과학 아카데미 신해설(Nov. Comm. Acad. Sc. Imp. Petrop)》, 20권, 449쪽에서 자칼의 여러 특성을 설명하고 있다. 이 동물의 습성과 놀이 방식에 대한 또 다른 훌륭한 설명은 1869년 10월에 간행된 《랜드 앤드 워터》를 볼 것. R. A. 안슬리(R. A. Annesley) 중위는 자칼의 일부 특색들을 알려주는 편지를 보내왔다. 나는 동물원의 늑대와 자칼을 많이 탐구했고, 직접 관찰하기도 했다.

5. 《랜드 앤드 워터》, 1869년 11월 6일호.

6. 펠릭스 드 아사라(Felix de Azara)가 1801년에 펴낸 『파라과이의 네발 동물의 자연사에 대한 에세이(Essai sur l'histoire naturelle des quadrupedes du Paraguay)』, tom. i. 136쪽을 볼 것.

7. 1867년에 간행된 《랜드 앤드 워터》, 657쪽을 볼 것. 앞서 인용한 아사라의 책에서 퓨마에 대한 설명도 볼 것.

8. C. 벨 경의 『표현의 해부학』, 3판, 123쪽을 볼 것. 입이 아니라 콧구멍을 넓혀 호흡하

는 말에 대해서는 126쪽을 볼 것.

9. 1869년에 간행된 《랜드 앤드 워터》, 152쪽을 볼 것.

10. 『포유동물의 자연사(Natural History of Mammalia)』, 1841년, 1권, 383, 410쪽.

11. 『파라과이의 포유동물의 자연사(Naturgeschichte der Säugethiere von Paraguay)』, 1830 년, 46쪽을 볼 것. 렝거 씨는 원숭이의 고향인 파라과이에서 7년에 걸쳐 원숭이를 감금 상태에서 사육했다.

12. 렝거의 앞의 책 46쪽을 볼 것. 알렉산더 폰 훔볼트의 『신대륙 적도 지역 여행기 (Personal Narrative of a Journey to the Equinoctial Regions of the New Continent)』, 영어판, 4권, 527쪽을 볼 것.

13. 『포유동물의 자연사』, 1841년, 351쪽.

14. 『티에르레벤』, B. i. s. 84쪽. 땅을 치는 개코원숭이에 대해서는 61쪽을 볼 것.

15. 브렘은 『티에르레벤』, 68쪽에서 에카우다투스원숭이(Inuus ecaudatus)가 화가 나면 눈썹을 위아래로 빈번하게 움직인다고 밝히고 있다.

16. 조지 베넷(George Bennet)이 1834년에 펴낸 『만유기: 뉴사우스웨일스, 바타비아, 페디르 해안, 싱가포르, 중국(Wanderings in New South Wales, Batavia, Pedir Coast, Singapore, and China)』, 2권, 153쪽을 볼 것.

17. W. C. 마틴 씨가 펴낸 『포유동물의 자연사』, 1841년, 405쪽을 볼 것.

18. 오언 교수는 1830년에 간행된 《동물학회지》, 28쪽에서 오랑우탄에 대해 다루고 있다. 침팬지에 대해서는 매컬리스터(Macalister) 교수의 《자연사 연보(Annals and Mag. of Nat. Hist.)》, 2권, 1871년, 342쪽을 볼 것. 여기서 그는 눈썹주름근이 눈둘레근 과 분리될 수 없다고 말하고 있다.

19. 《보스턴 자연사 저널(Boston Journal of Nat. Hist.)》, 1845~1847년, 5권, 423쪽을 볼 것. 침팬지에 대해서는 같은 책, 1843~1844년, 4권, 365쪽을 볼 것.

20. 이 주제에 대해서는 『인간의 유래와 성선택』, 1권, 20쪽을 볼 것.

21. 『인간의 유래와 성선택』, 1권, 43쪽.

22. 『표현의 해부학』, 3판, 1844년, 138, 121쪽.

1. 내가 소장하고 있는 것들 중에서 가장 훌륭한 사진은 런던 빅토리아 가(街)에 사는 레일란데르, 그리고 함부르크의 킨더만이 찍은 것들이다. 사진 1,3,4와 6은 레일란데르가 찍은 사진이고, 2와 5는 킨더만의 작품이다. 6은 다소 나이를 먹은 아이가 적당한 정도로 소리 내어 우는 모습을 보여 주기 위해 실었다.

2. 헨레는 1858년에 펴낸 『해부학 체계 편람(*Handbuch d. Syst. Anat*)』, B. i. s. 139쪽에서 이것이 코배세모근의 수축 효과라는 뒤셴의 생각에 동조하고 있다.

3. 이들은 코 주위의 위입술콧방울올림근(levator labii superioris alæque nasi), 위입술올림근(the levator labii proprius), 옆얼굴근(malaris), 혹은 소형광대뼈근(zygomaticus minor)으로 이루어져 있다. 소형광대뼈근은 대형광대뼈근과 평행하게, 그리고 그 위로 이어지며, 윗입술 바깥 부분에 붙어 있다. 이는 그림 2에는 나타나 있지만 그림 1과 3에는 나타나 있지 않다. 뒤셴 박사는 1862년에 펴낸 『인간 얼굴 표정의 기작』, Album, 39쪽에서 최초로 소리 내어 우는 표정이 나타나게 하기 위해서는 이러한 근육의 수축이 중요하다는 사실을 보여 주었다. 헨레는 앞에서 거론한 근육들(광대뼈근은 제외하고)을 정방형의 입술올림근(quadratus labii superioris)의 한 부분으로 간주하고 있다.

4. 뒤셴 박사가 소리 내어 우는 동안 상이한 근육이 수축되는 현상, 그리고 그와 같이 하여 만들어진 얼굴 찡그림을 매우 신중하게 연구했지만, 그의 설명에는 무엇인가 석연치 않은 구석이 있는 듯하다. 하지만 그것이 무엇인지는 정확히 모르겠다. 그는 적절한 근육에 직류 전기를 통하게 해 얼굴 한쪽이 미소 짓는 모습을 만들어 제시했다. (Album, 사진 48) 반면 다른 한쪽은 이와 유사한 방법으로 울기 시작하는 모습을 만들었다. 얼굴 절반의 미소 짓는 모습을 보여 준 사람들은 거의 대부분(스물한 명 중 열아홉 명) 즉각적으로 그 표정을 파악했다. 하지만 다른 반쪽에 대해서는 오직 스물한 명 중 여섯 명만이 그 특징을 제대로 파악했을 따름이다. 만약 "슬픔(grief)", "고뇌(misery)", "곤란(annoyance)"과 같은 용어가 적절하다고 가정한다면 말이다. 반면 열다섯 명은 어이없이 실수를 범했다. 그들 중 일부는 얼굴이 "즐거움", "만족", "교활", "혐오" 등을 표현하고 있다고 말했다. 이러한 사실로부터 우

리는 표현에 무엇인가 문제가 있다고 생각해 볼 수 있다. 하지만 열다섯 명 중 일부는 나이 든 사람이 소리 내어 울 것이라고 생각하지 못했고, 눈물이 흘러내리지 않았기 때문에 다소 현혹되었을 수 있다. 소리 내어 울려 하는 모습을 표현하기 위해 얼굴 반쪽 근육에 직류 전기를 통하게 한 뒤셴 박사의 다른 사진(사진 49) 속 남성은 같은 쪽 얼굴의 눈썹이 기울었는데, 이러한 모습은 사람들이 고뇌할 때 보여 주는 특징이다. 대다수의 사람들은 이러한 표정을 적절히 파악해 냈다. 그리하여 스물세 명 중에서 열네 명이 "슬픈", "좌절한", "비탄에 빠진", "막 울려 하는", "고통을 참고 있는" 등으로 제대로 답변을 했다. 반면 아홉 명은 아무런 답변을 하지 못했거나 "교활하게 곁눈질하는", "즐거워하는", "강렬한 빛을 바라보는", "멀리 떨어진 대상을 바라보는" 등으로 완전히 틀리게 답했다.

5. 엘리자베스 개스켈(Elizabeth Gaskell) 여사의 소설 『메리 바턴(Mary Barton)』, 신판, 84쪽을 볼 것.

6. 『표정과 인상학(Mimik und Physiognomik)』, 1867년, 102쪽. 그리고 뒤셴 박사의 『인간 얼굴 표정의 기작』, 34쪽을 볼 것.

7. 뒤셴 박사가 이러한 말을 했다. 뒤셴 박사의 앞의 책, 39쪽을 볼 것.

8. 『문명의 기원(The Origin of Civilisation)』, 1870년, 355쪽. (원제는 『문명의 기원과 인간의 원시 조건(The Origin of Civilisation and the Primitive Condition of Man)』이다. — 옮긴이)

9. 1864년호 《철학회보(Philosoph. Transact)》, 526쪽에 실린 마셜(Marshall) 씨의 백치에 대한 설명을 볼 것. 크레틴병 환자에 대해서는 피데리트 박사의 『표정과 인상학』, 1867년, 61쪽을 볼 것.

10. 『뉴질랜드와 그곳의 거주민(New Zealand and its Inhabitants)』, 1855년, 175쪽.

11. 『인상학에 관하여』, 1865년, 126쪽.

12. 『표현의 해부학』, 1844년, 106쪽. 《철학회보》, 1822년, 284쪽, 앞의 책, 1823년, 166과 289쪽의 그의 논문도 볼 것. 『인체의 신경계』, 3판, 1836년, 175쪽도 볼 것.

13. 토드의 『해부학과 생리학 백과사전(Cyclopaedia of Anatomy and Physiology)』, 1858년, 5권, 부록 318쪽에서 윌리엄 브린튼(William Brinton) 박사의 구토 행위에 대한 설명을 볼 것.

14. 나를 돈더르스 교수에게 소개해 주고, 이러한 위대한 생리학자가 이 주제를 연구하도록 설득해 준 보먼 씨에게 진심으로 감사드린다. 그는 매우 친절하게도 여러 문제들에 대한 정보도 내게 제공해 주었는데, 이에 대해서도 깊이 감사드린다.

15. 이 연구 보고는 1870년에 간행된 『치유와 물리학에 대한 네덜란드 아카이브(*Nederlandsch Archief voor Genees en Natuurkunde*)』, 5권에 최초로 발표되었다. 이는 W. D. 무어(W. D. Moore) 박사가 "숨을 내쉼으로써 혈액이 편향될 때의 눈꺼풀의 활동에 대하여(On the Action of the Eyelids in determination of Blood from Expiratory Effort)"라는 제목으로 번역해서 L. S. 빌(L. S. Beale) 박사가 편집하고 1870년에 간행된 《의학 기록(*Archives of Medicine*)》, 5권, 20쪽에 실었다.

16. 돈더르스 교수(앞의 책, 28쪽)는 "우리는 눈에 상처를 입고 난 후나 수술을 하고 나서, 그리고 눈의 내부에 염증이 생겼을 경우에 감은 눈꺼풀이 일정불변하게 도움을 주는 것을 매우 중요하게 생각한다. 많은 경우 우리는 밴드를 붙여 줌으로써 이러한 도움을 더욱 강화한다. 두 경우 모두 우리는 크게 숨을 내쉬지 않기 위해 노력한다. 그렇게 했을 경우의 문제점은 잘 알려져 있다." 보먼 씨에 따르면 심한 광선 공포증, 아이들에게서는 이른바 연주창 안염(scrofulous ophthalmia)이라 불리는 증세가 수반되는 이러한 증상을 갖게 될 경우 수주 혹은 수개월 동안 눈을 가능한 한 있는 힘껏 감음으로써 계속 빛을 회피하게 된다. 빛을 받을 경우에 너무 고통스럽기 때문이다. 그는 눈이 어슴푸레 해져서 눈을 뜨는 경우를 흔히 목격했는데, 이는 자연스럽지 못한 어슴푸레해짐이 아닌, 안구 표면에 염증이 어느 정도 있을 때 일반적으로 예상되는, 붉은기운이 없는 경우에 나타나는 현상이었다. 그리고 보먼 씨는 이러한 어슴푸레함이 눈을 꽉 감기 때문에 나타나는 현상이라고 생각한다.

17. 돈더르스 교수의 앞의 책, 36쪽.

18. 헨슬리 웨지우드 씨는 이렇게 말한다. (『영어 어원학 사전』, 1859년, 1권, 410쪽) "흐느껴 운다는 뜻의 영어 단어 weep는 앵글로색슨 어 wop에서 왔는데, 그 원래의 의미는 그냥 '고함 지르다.'이다."

19. 『인상학에 관하여』, 1865년, 217쪽.

20. 테넌트 경이 1859년에 펴낸 『실론(*Ceylon*)』, 3판, 2권, 364, 376쪽. 나는 실론에 있

는 트와이츠(Thwaites) 씨에게 코끼리의 눈물에 대해 더 많은 정보를 요청했다. 그리고 그 결과 글레니(Glenie) 목사로부터 편지 한 통을 받았다. 그는 나를 위해 다른 사람들과 함께 최근에 사로잡은 코끼리 떼를 관찰해 주었다. 코끼리들은 화가 나면 난폭하게 비명을 질렀다. 하지만 이처럼 비명을 지를 때 눈 주변 근육을 수축시킨 적이 없다는 점은 주목할 만한 사실이었다. 그들은 눈물을 흘리지도 않았다. 원주민 사냥꾼들은 코끼리가 눈물 흘리는 것을 본 적이 없다고 주장했다. 그럼에도 나는 코끼리의 눈물에 대한 테넌트 경의 명확한 정보들을 의심할 수 없을 것 같다. 동물원 사육사들의 긍정적인 답변이 이를 뒷받침하고 있기 때문이다. 동물원의 두 코끼리들은 크게 나팔 소리를 내기 시작할 때면 항상 구근을 수축시켰다. 나는 이와 같은 대립되는 주장을 다음과 같이 생각함으로써 해결할 수 있다고 판단한다. 최근 실론 섬에서 사로잡힌 코끼리들은 화가 나거나 두렵기 때문에 학대를 하는 사람을 보고자 했고, 이에 따라 시각을 방해받지 않기 위해 구근을 수축하지 않았다. 테넌트 경이 목격한 우는 코끼리들은 극도로 쇠약해진 상태였고, 절망에 빠져 저항을 포기한 상태였다. 물론 명령에 따라 동물원에서 나팔 소리를 낸 코끼리들은 놀라지도, 화가 난 상태도 아니었다.

21. 《해부학과 심리학 저널(*Journal of Anatomy and Physiology*)》, 1871년 11월, 235쪽에서 인용한 버전(Bergeon)의 글.

22. 예를 들어 찰스 벨 경이 제시한 사례를 볼 것.《철학회보》, 1823년, 177쪽.

23. 이런 여러 문제들에 대해서는 돈더르스 교수의 『눈의 조절과 굴절 이상에 대하여 (*On the Anomalies of Accommodation and Refraction of the Eye*)』, 1864년, 573쪽을 볼 것.

24. 존 러복 경이 1865년에 펴낸 『선사 시대(*Prehistoric Times*)』, 458쪽에서 인용.

7장 의기소침, 근심, 슬픔, 실의, 좌절

1. 앞에서 언급한 기술적(記述的)인 이야기는 내 자신의 관찰에서 가져오기도 했지만 주로 그라티올레(『인상학에 관하여』, 53, 337쪽. 한숨에 대해서는 232쪽)에서 가져온 것이다. 그는 이 주제를 전체적으로 잘 다루고 있다. 에밀 허슈키(Emil Huschke) 가 1821년에 펴낸 『표정과 인상학, 생리학 단편(*Mimices et Physiognomices, Fragmentum*

인간과 동물의 감정 표현

Physiologicum)』, 21쪽도 볼 것.

2. 슬픔이 호흡 기관에 미치는 영향에 대해서는 특히 C. 벨 경의 『표현의 해부학』, 3판, 1844년, 151쪽을 볼 것.

3. 눈썹이 기울어지는 방식에 대한 앞에서의 설명에서 나는 모든 해부학자들이 보편적으로 받아들이고 있는 듯이 보이는 바에 따랐다. 나는 그들의 저술로부터 앞에서 언급한 근육들의 움직임에 대한 자문을 구했고, 그들과 직접 대화를 나누기도 했다. 이 저술을 통틀어 나는 눈썹주름근, 눈둘레근, 코배세모근, 이마 근육에 대해 그들과 유사한 입장을 취할 것이다. 하지만 뒤센 박사는 눈썹의 안쪽 구석을 들어 올리고, 배세모근, 눈둘레근의 윗부분, 그리고 안쪽 부분과 반대 방향으로 움직이는 것이 눈썹주름근(그는 이를 soucilier라고 부른다.)이라고 생각한다. (『인간 생리학의 기작(*Mecanisme de la Phys. Humaine)*』, 1862년, folio, art. v., 본문과 그림 19~29: octavo edit., 1862년, 본문 43쪽.) 그가 도달한 모든 결론은 심도 있게 고찰할 필요가 있다. 그럼에도 그는 눈썹주름근이 코의 기저부 위로 수직의 주름 혹은 찡그림을 야기하면서 눈썹을 함께 끌어내린다는 사실을 인정한다. 헨레의 그림(목판화, 그림 3)으로 판단해 보건대, 나는 어떻게 눈썹주름근이 뒤센 박사 서술한 것과 같은 방식으로 움직일 수 있는지를 이해할 수 없다. 이 주제에 대해서는 돈더스 교수가 1870년에 나온《의학 기록》5권, 34쪽에서 한 말도 확인해 보라. 인체의 근육에 대한 신중한 연구로 잘 알려진 J. 우드(J. Wood) 씨는 내가 눈썹주름근의 움직임에 대해 제시한 설명이 옳다고 생각한다고 귀띔해 주었다. 하지만 이는 눈썹이 기울어짐으로써 야기되는 표현과 관련해서도, 또한 그 기원에 관한 이론에도 그다지 중요하지 않다.

4. 이 두 사진(사진 Ⅰ과 Ⅱ)의 사용을 허락해 준 뒤센 박사에게 깊이 감사한다. 눈썹이 기울 때 피부에 나는 주름에 대한 앞에서의 여러 언급은 이 주제에 대한 박사의 탁월한 논의에서 가져온 것이다.

5. 『인간 얼굴 표정의 기작(*Mécanisme de la Phys. Humaine)*』, Album, 15쪽.

6. 헨레가 1858년에 펴낸 『인간 해부학 편람(*Handbuch der Anat. des Menschen)*』, B. i. s. 148쪽의 그림 68과 그림 69.

7. 이 근육의 움직임에 대한 뒤센 박사의 설명을 볼 것. 『인간 얼굴 표정의 기작』,

Album, 1862년, viii. 34쪽.

8장 즐거움, 기분 좋음, 사랑, 따스한 느낌, 헌신

1. 허버트 스펜서 씨의 『과학 소론(Essays Scientific)』, 1858년, 360쪽.

2. 로라 브리지먼의 음성에 대한 F. 리버(F. Lieber)의 주장에 대해서는 《스미스소니언 기고 논문집(Smithsonian Contributions)》, 1851년, 2권, 6쪽을 볼 것.

3. 1864년에 간행된 《철학회보》, 526쪽에 실린 마셜 씨의 글도 볼 것.

4. 베인 씨는 1865년에 펴낸 『정서와 의지(Emotions and Will)』, 2판 247쪽에서 익살스러움에 대해 길고도 흥미로운 논의를 하고 있다. 앞에서 제시한 신들의 웃음에 대한 인용문이 다음 책에서 가져온 것이다. 버나드 맨드빌(Bernard Mandeville), 『벌들의 우화(The Fable of the Bees)』, 2권, 168쪽도 볼 것.

5. 『웃음의 생리학(The Physiology of Laughter)』, 에세이, 두 번째 시리즈, 1863년, 114쪽.

6. 1853년에 간행된 《계간 미시 과학》, 1권, 266쪽에 실린 J. 리스터(J. Lister)의 글을 볼 것.

7. 『인상학에 관하여(De la Physionomie)』, 186쪽.

8. 벨 경은 『표현의 해부학(Anat. of Expression)』, 147쪽에서 웃는 동안 이루어지는 횡격막의 움직임에 대해 몇 마디 언급하고 있다.

9. 『인간 얼굴 표정의 기작』, Album, Légende, vi.

10. 『체계적인 인간 해부학 개요(Handbuch der System. Anat. des Menschen)』, 1858년, B. i. s. 144쪽. 이 책의 그림 2를 볼 것.

11. 동일한 효과에 대한 크라이튼브라운 박사의 언급은 《정신 과학 저널(Journal of Mental Science)》, 1871년 봄, 149쪽을 볼 것.

12. C. 포크트(C. Vogt), 『소두증 보고서(Mémoire sur les Microcéphales)』, 1867년, 21쪽.

13. C. 벨 경의 『표현의 해부학』, 133쪽.

14. 『표정과 인상학(Mimik und Physiognomik)』, 1867년, 63~67쪽.

15. 레이놀즈(J. Reynolds) 경은 다음과 같이 주장한다. (『강연(Discourses)』, 12권, 100쪽). "극단적으로 반대되는 정념이 큰 편차 없이 동일한 동작으로 표현된다는 것을 관찰

할 수 있다. 이것은 매우 흥미로운 일이며, 분명한 사실이다." 그 예로 그는 바쿠스 신의 여사제의 미칠 듯한 기쁨과 마리아 막달레나의 비통을 들고 있다.

16. 피데리트 박사도 동일한 결론에 도달했다. 앞의 책 99쪽.

17. G. 라바터, 『인상학(La Physionomie)』, 1820판, 4권, 224쪽. 이하에서 제시한 인용문과 관련해서는 C. 벨 경의 『표현 해부학』, 172쪽도 볼 것.

18. 『영어 어원학 사전』, 2판, 1872년, 「서문(Introduction)」 xliv쪽.

19. 타일러 씨는 1871년에 펴낸 『원시 문화(Primitive Culture)』, 1권, 169쪽에서 크란츠(Crantz)를 인용하고 있다.

20. F. 리버(F. Lieber), 《스미스소니언 기고 논문집》, 1851년 2권, 7쪽.

21. 베인 씨는 1868년에 펴낸 『정신과 도덕 과학(Mental and Moral Science)』, 239쪽에서 다음과 같이 말한다. "다정함(tenderness)이란 다양한 방식으로 자극을 받은 유쾌한 감정으로, 이러한 감정을 느낄 경우 사람들은 서로 포옹을 하게 된다."

22. 존 러복 경은 『선사 시대』, 2판, 1869년, 552쪽에서 이러한 이야기에 최대한의 신뢰성을 부여한다. 스틸의 인용문은 이 책에서 가져온 것이다.

23. 타일러, 『인류의 초기 역사 연구(Researches into the Early History of Mankind)』, 2판, 1870년, 51쪽의 참고 문헌과 더불어 기술된 상세한 설명을 볼 것.

24. 『인간의 유래와 성선택』, 2권, 336쪽.

25. 모즐리 박사는 그의 저서 『심신』, 1870년, 85쪽에서 이러한 취지로 논의하고 있다.

26. 『표현의 해부학』, 103쪽, 그리고 《철학회보》, 1823년, 182쪽.

27. 『언어의 기원(The Origin of Language)』, 1866년, 146쪽. 타일러 씨는 『인류의 초기 역사 연구』, 2판, 1870년, 48쪽에서 기도 중의 양손의 위치가 더욱 복잡한 기원을 갖는다고 말하면서 이를 설명하고 있다.

9장 숙고, 명상, 언짢음, 부루퉁함, 결심

1. 『표현의 해부학(Anatomy of Expression)』, 137, 139쪽. 눈썹주름근이 유인원에 비해 인간에서 훨씬 발달하게 되었다는 사실은 놀랄 일이 아니다. 인간은 다양한 상황에서 눈썹주름근을 끊임없이 움직였으며, 유전된 사용 효과에 의해 강화되고 변용되어

왔을 것이기 때문이다. 이미 우리는 격렬한 호흡 운동을 하면서 눈이 과도하게 충혈되는 것을 방지하는 데서 눈썹주름근이 안와와 더불어 얼마나 중요한 역할을 하는지 살펴본 바 있다. 눈이 가격으로 인해 상처를 받지 않도록 최대한 신속하고도 강력하게 감겨질 때 눈썹주름근이 수축된다. 미개인이나 그 외 머리를 노출하고 살아가는 사람들의 눈썹은 너무 강한 빛을 가리기 위해 끊임없이 계속 떨구어지고 수축하는데, 이는 어느 정도 눈썹주름근이 작용한 결과다. 이러한 동작은 인류의 선조가 머리를 곧추세우게 된 후부터 인류에게 더욱 특별히 유용하게 되었을 것이다. 마지막으로 돈더르스 교수가 믿고 있는 바에 따르면(L. S. 빌(L. S. Beale) 박사가 편집하고 1870년에 간행된《의학 기록》, 5권, 34쪽) 눈썹주름근은 근시를 조절하기 위해 안구를 전진시킬 때에도 작동한다.

2. 『인간 얼굴 표정의 기작』, Album, Légende iii.

3. 『표정과 인상학(Mimik und Physiognomik)』, 46쪽.

4. 『아비폰 족의 역사(History of the Abipones)』, 영역판, 2권, 59쪽, 러복 경의 『문명의 기원(Origin of Civilisation)』, 1870년, 355쪽에서 인용.

5. 『인상학에 관하여(De la Physionomie)』, 15, 144, 146쪽. 허버트 스펜서 씨는 얼굴을 찡그리는 현상을 전적으로 밝을 빛으로부터 눈을 가리기 위해 눈썹을 수축하는 습관으로 설명한다. 『심리학 원리』, 2판, 1872년, 546쪽을 볼 것.

6. 그라티올레는 『인상학에 관하여』, 35쪽에서 다음과 같이 말한다. "어떤 내적인 이미지에 관심을 집중할 경우, 눈은 멍해지고, 자동적으로 관조에 빠져들게 된다." 하지만 이러한 견해는 설명이라고 말하기 어렵다.

7. 「허풍선이 병사(Miles Gloriosus)」, 2막 2장.

8. 킨더만 씨의 원본 사진은 눈썹의 찡그림을 더욱 뚜렷하게 보여 주고 있기 때문에 이 복사판보다 훨씬 표정을 잘 드러내고 있다.

9. 『인간 얼굴 표정의 기작』, Album, Légende iv. figs. 16-18.

10. 헨슬리 웨지우드 씨의 『언어의 기원』, 1866년, 78쪽.

11. 요하네스 페터 뮐러(Johannes Peter Müller)의 말이다. 헉슬리 교수가 『자연에서의 인간의 위치(Man's Place in Nature)』, 1863년, 38쪽에서 인용했다.

12. 나는 『인간의 유래와 성선택』, 1권, 4장에서 다양한 사례들을 제시했다.

13. 『표현의 해부학』, 190쪽.

14. 『인상학에 관하여』, 118~121쪽.

15. 『표정과 인상학』, 79쪽.

10장 증오와 분노

1. 이러한 영향에 대한 베인 씨가 언급한 일부 내용은 『정서와 의지(The Emotions and the Will)』, 2판, 1865년, 127쪽을 볼 것.

2. 렝거의 『파라과이 포유동물의 자연사(Naturgeschichte der Saugethiere von Paraguay)』, 1830년, 3쪽을 볼 것.

3. C. 벨 경의 『표현의 해부학』, 96쪽. 반면 버제스 박사는 흑인 여성에서 흉터 부위가 붉어지는 현상이 나타나는 것을 얼굴 붉힘의 특징이라고 말하고 있다. (『안면 홍조의 생리학(Physiology of Blushing)』, 1839년, 31쪽.)

4. 모로와 그라티올레는 강한 격정에 휩싸여 있을 때의 안색에 대해 논의한 바 있다. 라바터, 1820년판, 4장, 282, 300쪽. 그리고 그라티올레, 『인상학에 관하여』, 345쪽을 볼 것.

5. 벨 경은 이 문제를 충분히 논의했다. (『표현의 해부학』, 91, 107쪽을 볼 것.) 모로는 콧방울올림근이 습관적으로 수축함으로써 천식 환자의 콧구멍이 영구적으로 확대되었다고 설명하면서(G. 라바터, 『인상학』, 1820년판, 4권, 237쪽), 그 증거로 포탈(Portal)을 인용하고 있다. 피데리트 박사의 콧구멍 확대에 대한 설명, 다시 말해 입을 다물고 이를 악문 채 자유롭게 숨을 쉬는 현상에 대한 설명(『표정과 인상학』, 82쪽)은 벨 경의 설명만큼 정확하다고는 생각지 않는다. 벨 경은 이러한 현상을 모든 호흡 근육의 교감 작용(습관적으로 이루어지는 공동 작용)으로 인해 나타나게 된 것이라고 생각한다. 성난 사람의 콧구멍은 설령 입을 벌리고 있다고 해도 넓어져 있음을 확인할 수 있다.

6. 웨지우드, 『언어의 기원』, 1866년, 76쪽. 그는 격한 숨소리가 "품(puff), 흡(huff), 휩(whiff)"과 같은 음절로 표현되며, 이중에서 "흡(huff)은 언짢은 기분 상태가 터져 나

온 소리"라고 주장한다.

7. 벨 경은『표현의 해부학』, 95쪽에서 격노의 표정에 대해 몇 가지 탁월한 설명을 제시하고 있다.

8.『인상학에 관하여』, 1865, 346쪽.

9. 벨 경의『표현의 해부학』, 177쪽. 그라티올레(『인상학에 관하여』, 369쪽)는 "치아가 드러나고, 물어뜯는 동작을 상징적으로 모방한다."라고 말한다. 만약 모호한 용어인 '상징적으로'를 사용하지 않고, 이 동작이 우리의 반인(半人) 선조가 현재의 고릴라나 오랑우탄과 같이 이빨을 이용해 서로 싸운 원시 시대에 습득한 습관의 흔적이라고 했다면 그의 설명은 훨씬 이해하기 쉬웠을 것이다. 피데리트 박사 또한『표현과 인상학의 학문적 체계』, 82쪽에서 격노했을 때 윗입술이 뒤로 끌어당겨지는 현상에 대해 말하고 있다. 호가스는 자신이 제작한 훌륭한 판화 작품에서 번뜩이는 부릅뜬 눈, 주름진 이마, 드러난 치아를 통해 격정을 잘 표현하고 있다.

10.『올리버 트위스트(Oliver Twist)』, 3권, 245쪽.

11.《스펙테이터(The Spectator)》, 1868년 7월 11일, 819쪽.

12.『심신』, 1870년, 51~53쪽.

13. 르 브룅은 그의 잘 알려진 "표현에 관한 강연(Conférence sur l'Expression)"(『인상학 (La Physionomie)』, 라바터가 편집한 1820년판, 9권, 268쪽)에서 분노가 주먹을 꽉 쥐는 모습으로 표현된다고 설명하고 있다. 같은 생각을 드러낸 글로는 에밀 허슈키(Emil Huschke)가 1821년에 펴낸『표정과 인상학, 생리학 단편(Mimices et Physiognomices, Fragmentum Physiologicum)』, 20쪽을 볼 것. 벨 경의『표현의 해부학』, 219쪽도 볼 것.

14.《철학회 회보(Transact. Philosoph. Soc.)》, 「부록(Appendix)」, 1746년, 65쪽.

15.『표현의 해부학』, 136쪽. 벨 경은 같은 책 131쪽에서 송곳니를 노출시키는 근육을 "으르렁(snarling) 근육"이라고 부르고 있다.

16. 웨지우드,『영어 어원학 사전』, 1865년, 3권, 240, 243쪽.

17.『인간의 유래와 성선택』, 1871년, 1권, 126쪽.

1. 『인상학과 발화에 관하여』, 1865년, 89쪽.

2. 『인간 얼굴 표정의 기작』, Album, Légende viii. 35쪽. 그라티올레는 『인상학에 관하여』, 1865년, 52쪽에서 눈과 몸을 돌려 버리는 것에 대해서 이야기하고 있기도 하다.

3. 오글 박사는 취각에 대한 한 흥미로운 논문(《내외과학 회보(*Medico-Chirurgical Transactions*)》, 53권, 268쪽)에서 우리가 조심스레 냄새를 맡으려 할 때는 코로 숨을 깊이 들이마시지 않고 짧고 급하게 연속적으로 킁킁거리며 공기를 흡입한다는 것을 보여 주고 있다. "그렇게 하고 있는 동안 콧구멍을 보고 있으면 콧구멍이 넓어지기는커녕 실제로는 킁킁거리며 냄새를 맡을 때마다 수축하는 모습을 볼 수 있다. 이러한 수축은 앞쪽의 벌어진 부위 전체를 포함하는 것이 아니라 오직 뒷부분에 국한된다. 이어서 그는 이러한 동작의 원인에 대해 설명하고 있다. 한편 나는 우리가 어떤 냄새를 맡기 싫을 때는 콧구멍의 앞부분만이 수축된다고 생각한다."

4. 『표정과 인상학』, 84, 93쪽. 그라티올레(앞의 책, 155쪽)는 경멸과 혐오의 표현에 대해 피데리트 박사와 거의 동일한 입장을 취하고 있다.

5. 조소(scorn)는 강한 형태의 경멸(contempt)을 나타낸다. 그리고 웨지우드 씨에 따르면 이 단어는 배설물 혹은 오물이 그 어원 중 하나다. (『영어 어원학 사전』, 3권, 125쪽). 조소를 당한 사람은 오물 취급을 받는 것이다.

6. 『인류 초기 역사 연구』, 2판, 1870년, 45쪽.

7. 이러한 결과에 대해서는 웨지우드의 『영어 어원학 사전』의 「서론」, 2판, 1872년, xxxvii쪽을 볼 것.

8. 뒤센은 아랫입술이 뒤집힐 때는 양 입가가 코 주의의 내림근에 의해 밑으로 끌어당겨진다고 생각한다. 헨레(『인간 해부학 편람』, 1858년, B. i. s. 151쪽)는 이것이 턱끝네모근(musculus quadratus menti, 이방형근)의 작용에 따른 것이라 결론짓고 있다.

9. 타일러, 『원시 문화』, 1871년, 1권, 169쪽에서 인용.

10. 인용은 웨지우드, 『언어의 기원』, 1866년, 75쪽에서 가져온 것이다.

11. 타일러는 『인류 초기 역사 연구』, 2판, 1870년, 52쪽에서 실제로 그러하다고 말하

고 있다. 그는 "왜 이러한 모습이 나타나는지는 분명하지 않다."라고 덧붙인다.

12.『심리학 원리』, 2판 1872년, 552쪽.

13. 이러한 주장을 하는 것은 그라티올레(『인상학에 관하여』, 351쪽)인데, 그는 오만의 표정에 대해 몇 가지 훌륭한 관찰을 한 바 있다. 교만근의 작용에 대해서는 벨 경의 『표현의 해부학』 111쪽을 볼 것.

14.『표현의 해부학』, 166쪽.

15.『텍사스 여행(Journey through Texas)』, 352쪽.

16. 올리펀트 여사의『브라운로 가(The Brownlows)』, 2권, 206쪽.

17.『언어에 관한 소론(Essai sur le Langage)』, 2판 1846년. 나는 웨지우드(Wedgwood) 양에게 많은 도움을 받았다. 그녀는 연구를 요약해 주었고 이러한 정보를 제공해 주었다.

18.『언어의 기원에 관하여(On the Origin of Language)』, 1866년, 91쪽.

19.「브리지먼의 음성에 관하여(On the Vocal Sounds of L. Bridgman)」,《스미스소니언 기고 논문집》, 1851년, 2권, 11쪽.

20.『소두증 보고서』, 1867년, 27쪽.

21. 타일러,『인류 초기 역사 연구』, 2판, 1870년, 38쪽에서 인용.

22. J. B. 주크스(J. B. Jukes) 씨의『편지와 발췌문(Letters and Extracts)』, 1871년, 248쪽.

23.「브리지먼의 음성에 관하여」,《스미스소니언 기고 논문집》, 1851년, 2권, 11쪽. 타일러의 앞의 책, 53쪽.

24.《에든버러 철학 저널(Edinburgh Phil. Journal)》, 1845년, 313쪽에 실린 킹(King) 박사의 글을 볼 것.

25. 타일러,『인류 초기 역사 연구』, 2판, 1870년, 53쪽.

26. 러복 경의『문명의 기원』, 1870년, 277쪽. 타일러의 앞의 책 38쪽도 볼 것. 리버는 앞의 책 11쪽에서 이탈리아 인들의 부정의 몸짓에 대해 언급하고 있다.

12장 놀람, 경악, 두려움, 전율

1.『인간 얼굴 표정의 기작』, Album, 1862년, 42쪽.

2. 「여러 나라말로 쓴 소식지(The Polyglot News Letter)」, 멜버른(Melbourne), 1858년 12 월, 2쪽.

3. 『표현의 해부학』, 106쪽.

4. 『인간 얼굴 표정의 기작』, Album, 1862년, 6쪽.

5. 예를 들어 놀람의 표현에 관한 훌륭한 논의를 개진하고 있는 피데리트 박사의 『표정과 인상학(Mimik und Physiognomik)』, 88쪽을 볼 것.

6. 뮈리(Murie) 박사는 비교 해부학에서 일부를 가져온, 동일한 결론으로 이어지는 정보를 제공해 주기도 했다.

7. 『인상학에 관하여』, 1865년, 234쪽.

8. 이 주제에 대해서는 그라티올레의 앞의 책 254쪽을 볼 것.

9. 리버의 논문 「로라 브리지먼의 음성에 대하여」, 《스미스소니언 기고 논문집》, 1851년, 2권, 7쪽.

10. 《벤더홀메(Wenderholme)》, 2권, 91쪽.

11. 리버의 논문 「로라 브리지먼의 음성에 대하여」, 《스미스소니언 기고 논문집》, 1851년, 2권, 7쪽.

12. 『표정과 인상학, 생리학 단편(Mimices et Physiognomices, Fragmentum Physiologicum)』, 1821년, 18쪽. 그라티올레(『인상학에 관하여』, 255쪽)는 이러한 태도를 취하고 있는 한 남성의 모습을 제시하고 있는데, 내가 보기에는 이러한 태도가 경악 내지 깜짝 놀람과 결합된 두려움을 표현하고 있는 것처럼 보인다. 르 브룅은 경악한 사람이 손을 펴고 있는 것에 대해 언급하고 있기도 하다. (라바터, 1820년판, 9권, 299쪽)

13. 허슈키의 앞의 책, 18쪽.

14. 『북아메리카 원주민(North American Indians)』, 3판, 1842년, 1권, 105쪽.

15. 웨지우드, 『영어 어원학 사전』, 2권, 1862, 35쪽. 공포, 전율, 뻣뻣해짐, 오한 등과 같은 단어의 어원에 대해서는 그라티올레(『인상학에 관하여』, 135쪽)도 볼 것'.

16. 베인 씨는 『정서와 의지』, 1865년, 54쪽에서 죄인의 입에 쌀을 가득 쏟아 넣는 신판(神判)에 처하는 인도 관습의 기원을 다음과 같이 설명하고 있다. "피고인은 쌀을 한입 가득 넣었다가 잠깐 후에 뱉어낸다. 그 쌀에 거의 침이 묻지 않았을 경우에는

피고에게 죄가 있다는 판결이 내려진다. 이는 양심의 가책으로 타액을 분비하는 기관이 마비되기 때문이다."

17. 《왕립 철학회 회보(Transactions of Royal Phil. Soc.)》, 1822년, 308쪽에 실린 C. 벨 경의 글과 그의 책 『표현의 해부학』, 88, 164~169쪽을 볼 것.

18. huc illuc volvens oculos totumque pererrat. 눈을 굴리는 모습에 대해서는 모로, 라바터 1820년판, 4권, 263쪽을 볼 것. 그라티올레, 『인상학에 관하여』, 17쪽도 볼 것.

19. 『이탈리아에 대한 관찰(Observations on Italy)』, 1825년, 48쪽, 『표현의 해부학』, 168쪽에서 인용.

20. 모즐리 박사가 『심신』, 1870년, 41쪽에서 인용.

21. 『표현의 해부학』, 168쪽.

22. 『인간 얼굴 표정의 기작』, Album, Légende xi.

23. 사실상 뒤셴은 이러한 견해를 취한다. (앞의 책, 45쪽) 그 이유는 그가 넓은목근의 수축을 공포로 인한 전율에 기인한 것이라고 생각하기 때문이다. 하지만 그는 다른 곳에서 이러한 활동을 두려움에 떨고 있는 네발 짐승의 털이 곤두서는 것과 비교하고 있는데, 이는 옳다고 생각하기 힘들다.

24. 『인상학에 관하여』, 51, 256, 346쪽.

25. 화이트(White)의 『인간의 점진적 변화(Gradation in Man)』, 57쪽에서 인용.

26. 『표현의 해부학』, 169쪽.

27. 『인간 얼굴 표정의 기작』, Album, pl. 65, pp. 44, 45.

28. 이러한 효과에 대한 웨지우드 씨의 언급은 그의 『영어 어원학 사전』, 2판, 1872년, xxxvii쪽을 볼 것.

13장 자기 주시, 창피함, 수줍음, 품위감, 얼굴 붉힘

1. 『얼굴 붉힘의 생리학 혹은 기작(The Physiology or Mechanism of Blushing)』, 1839년, 156쪽. 이 장에서 나는 이 저술의 내용을 흔히 인용할 것이다.

2. 버제스 박사의 앞의 책, 56쪽. 그는 33쪽에서도 남성에 비해 여성이 더욱 쉽게 얼굴을 붉히는 것에 대해서도 언급하고 있다.

인간과 동물의 감정 표현

3. 포크트의 『소두증 보고서』, 1867년, 20쪽 인용. 버제스 박사는 앞의 책, 56쪽에서 천
   치들이 얼굴을 붉히는지에 대해 의문을 제기한다.

4. 리버, 「음성에 관하여(On the Vocal Sounds)」, 《스미스소니언 기고 논문집》, 1851년, 2
   권, 6쪽.

5. 앞의 책, 182쪽.

6. 모로, 라바터 1820년판, 4권, 303쪽.

7. 버제스 박사의 앞의 책, 38쪽. 얼굴을 붉히고 난 다음에 창백해지는 현상에 대해서
   는 177쪽을 볼 것.

8. 라바터, 1820년판, 4권, 303쪽을 볼 것.

9. 버제스 박사의 앞의 책, 114, 122쪽. 라바터, 앞의 책, 4권, 293쪽.

10. 『이집트에서 보낸 편지(Letters from Egypt)』, 1865년, 66쪽. 고든 여사는 말레이 인과
    흑백 혼혈인은 절대로 얼굴을 붉히지 않는다고 말하지만 이는 잘못이다.

11. 오스본 선장(『퀘다(Quedah)』, 199쪽)은 자신이 잔인함을 나무랐던 한 말레이 인에
    대해 언급하면서 그 사람이 얼굴을 붉히는 모습을 보고 기뻤다고 말했다.

12. 요한 라인홀트 포스터(John Reinhold Forster)가 1778년에 펴낸 『세계 일주 항해
    동안의 관찰(Observations during a Voyage round the World)』, 229쪽. 테오도어 바이츠
    (Theodor Waitz)는 『인류학 개론(Introduction to Anthropology)』, 영어판, 1863년, 1권,
    135쪽에서 태평양의 다른 섬에 대해 언급하고 있다. 뎀피어(Dampier)의 『턴킨 인
    들의 얼굴 붉힘에 대하여(On the Blushing of the Tunquinese)』(2권, 40쪽)도 볼 것. 하지만
    나는 이 책을 참고하지 않았다. 바이츠는 버그만(Bergmann)을 인용하면서 칼무크
    (Kalmuck) 인이 얼굴을 붉히지 않는다고 말했지만, 이러한 주장은 우리가 이미 살펴
    본 중국인들의 모습을 생각해 보면 의심스럽다. 그는 로스(Roth)를 인용하기도 하
    는데, 그에 따르면 에티오피아 인들은 얼굴을 붉히지 않는다. 유감스럽게도 에티오
    피아 인과 오랫동안 함께 생활했던 스피디 대위는 이 문제에 대한 나의 질문에 답하
    지 않았다. 마지막으로 추가해야 할 것은 라자 브룩이 보르네오 다약 인의 얼굴이
    붉어지는 흔적을 전혀 확인할 수 없었다는 것이다. 그럼에도 불구하고 서양인들의
    얼굴이 붉어지는 상황에서 그들은 "얼굴에서 피를 쏟는 것 같은 느낌이 든다."라는

말을 한다.

13. 《민족학회 회보(*Transact. of the Ethnological Soc.*)》, 1870년, 2권, 16쪽.

14. 폰 훔볼트의 『신대륙 적도 지방 여행기』, 영어판, 3권, 229쪽.

15. 프리차드(Prichard)가 쓴 『인간 생리학의 역사(*Phys. Hist. of Mankind*)』, 4판, 1851년, 1권, 271쪽에서 인용.

16. 이 주제에 대해서는 버제스 박사의 앞의 책, 32쪽을 볼 것. 바이츠의 『인류학 개론』, 영역판, 1권, 135쪽도 볼 것. 모로는 잔혹한 주인이 마다가스카르의 한 흑인 여성 노예의 가슴을 강제로 드러냈을 때의 얼굴 붉힘에 대해 상세한 설명을 하고 있다. (라바터, 1820년, 4권, 302쪽)

17. 프리차드가 쓴 『인간 생리학의 역사』, 4판, 1851년, 1권, 225쪽에서 인용.

18. 버제스 박사의 앞의 책, 31쪽. 흑백 혼혈인의 얼굴 붉힘에 대해서는 33쪽을 볼 것. 나는 흑백 혼혈인에 대한 유사한 설명을 전해들었다.

19. 베링턴(Barrington)은 뉴사우스웨일스의 오스트레일리아 원주민들이 얼굴을 붉힌다고 말하기도 한다. 바이츠, 앞의 책, 135쪽에서 인용.

20. 웨지우드 씨는 『영어 어원학 사전』, 3권, 1865년, 155쪽에서 수치심이라는 단어가 "그늘 혹은 은닉이라는 관념으로부터 탄생했을 것이며, 이것은 음영 또는 그림자를 의미하는 북부 독일에서 쓰이는 방언 scheme에서 적절히 예시되고 있다."라고 말한다. 그라티올레(『인상학에 관하여』, 357~362쪽)는 수치심에 동반되는 몸짓에 대한 훌륭한 논의를 제시했다. 하지만 그의 주장 중 일부는 내게 다소 공상적인 것처럼 느껴진다. 동일 주제에 대해서는 버제스(앞의 책, 69, 134쪽)도 볼 것.

21. 버제스 박사의 앞의 책, 181, 182쪽. 허르만 부르하버(Herman Boerhaave)는 격렬한 얼굴 붉힘이 일어날 때 눈물을 흘리는 경향이 있음을 파악하기도 했다. (그라티올레의 앞의 책, 361쪽에 인용되어 있다.) 우리가 확인한 바와 같이 벌머 씨는 오스트레일리아 원주민 아이들이 부끄러움을 느낄 때 "눈에 눈물이 고이는" 모습을 이야기해 주고 있다.

22. 크라이튼브라운 박사가 1871년에 펴낸 『웨스트 라이딩 정신 병원 진료 보고(*West Riding Lunatic Asylum Medical Report*)』의 95~98쪽 실린 「연구 보고(Memoir)」도 볼 것.

23. 『좌담(Table Talk)』, 1권의 이른바 동물 자기(動物磁氣)에 대한 논의에서.

24. 앞의 책, 40쪽.

25. 베인 씨는 『정서와 의지』, 1865년, 65쪽에서 "한쪽이 다른 쪽의 환심을 살 수 없을까 염려함으로써 이성 사이에서 촉발되는 부끄러움"에 대해 언급하고 있다.

26. 이 주제에 대한 증거를 살펴보고자 한다면 『인간의 유래와 성선택』, 2권, 71, 341쪽을 볼 것.

27. 웨지우드 씨의 『영어 어원학 사전』, 3권, 1865년, 184쪽. 라틴 어 단어 verecundus 또한 마찬가지다.

28. 베인 씨는 『정서와 의지』, 1865년, 64쪽에서 무대에 익숙하지 못한 배우의 무대 공포증과 더불어 이러한 경우에 경험하게 되는 "당혹감"에 대해 논의한 바 있다. 그는 분명 이러한 감정들을 단순한 염려나 불안에 귀속시키고 있다.

29. 마리아 에지워스(Maria Edgeworth)와 R. L. 에지워스(R. L. Edgeworth)의 『실천 교육에 대한 소론(Essays on Practical Education)』, 신판, 2권, 1822년, 38쪽을 볼 것. 버제스 박사는 앞의 책, 187쪽에서 동일한 효과가 나타난다고 강력하게 주장한다.

30. 앞의 책, 50쪽.

31. 벨 경의 『표현의 해부학』, 95쪽. 버제스 박사의 인용문은 앞의 책, 49쪽을 볼 것. 그 라티올레, 『인상학에 관하여』, 94쪽도 볼 것.

32. 메리 워틀리 몬태규(Mary Wortley Montagu) 여사가 한 이야기의 출처에 대해서는 버제스 박사의 앞의 책, 43쪽을 볼 것.

33. 내가 알기로는 영국에서는 헨리 홀랜드 경이 자신의 『의학적 기록과 성찰(Medical Notes and Reflections)』, 1839년, 64쪽에서 다양한 신체 부위에 대한 마음으로 주시하는 것의 영향을 탐구한 최초의 사람이다. 이 글은 많이 증보되어 내가 항상 인용하는 『정신 생리학에 대한 장』, 1858년, 79쪽으로 다시 발행되었다. 이와 거의 동시에, 그리고 얼마 있지 않아 레이콕(Laycock) 교수가 동일한 주제를 다루었다. 《에든버러 의학과 외과학 저널(Edinburgh Medical and Surgical Journal)》, 1839년 7월호, 17~22쪽을 볼 것. 그의 『여성의 신경 질환에 관한 논고(Treatise on the Nervous Diseases of Women)』, 1840년, 110쪽, 그리고 『마음과 뇌(Mind and Brain)』, 2권, 1860년, 327쪽도 볼 것. 카

펜터스(Carpenter) 박사의 최면술에 대한 견해도 거의 유사한 내용을 담고 있다. 위대한 생리학자인 뮐러는 감각에 대한 주시의 영향을 다룬 바 있다. (『생리학의 기초(Elements of Physiology)』, 영역판, 2권, 937, 1085쪽). 제임스 패짓 경은 자신의 『외과 병리학 강연(Lectures on Surgical Pathology)』, 1853년, 1권, 39쪽에서 마음이 신체 여러 부위의 영양에 미치는 영향을 논의하고 있다. 내가 인용한 내용은 터너(Turner) 교수가 개정한 3판, 1870년, 28쪽에서 가져온 것이다. 그라티올레, 『인상학에 관하여』, 283~287쪽도 볼 것.

34. 『인상학에 관하여』, 283쪽.

35. 『정신 생리학에 대한 장』, 1858년, 111쪽.

36. 『마음과 뇌(Mind and Brain)』, 2권, 1860, 327쪽.

37. 『정신 생리학에 대한 장』, 104~106쪽.

38. 이 주제에 대해서는 그라티올레의 『인상학에 관하여』, 287쪽을 볼 것.

39. 크라이튼브라운 박사는 정신 이상자에 대한 관찰을 바탕으로, 장기간에 걸쳐 어떤 부위 혹은 기관을 주시할 경우, 결국 그 모세관의 순환 작용과 영양에 영향을 미치는 수가 있다고 확신하고 있다. 그는 내게 몇 가지 특이한 사례들을 알려준 바 있다. 여기서 상세하게 서술하지 못하지만 그중 하나는 50세의 기혼 여성에 관한 것이다. 그녀는 자신이 임신했다는 확고하고도 장기간에 걸친 계속된 망상 속에서 일을 했다. 출산 예정일이 다가오자, 그녀는 실제로 아기를 분만하는 것처럼 행동했고, 극도의 통증을 느끼는 것처럼 보였으며, 이에 따라 이마에서는 땀방울이 흘러내렸다. 이는 과거에 6년 동안 중단되었다가 3일 동안 지속되었던 상태로 되돌아간 것이었다. 존 브레이드(John Braid) 씨는 자신의 『마술, 최면술, 그리고(Magic, Hypnotism, &c)』, 1852년, 95쪽과 자신의 다른 저술에서 이와 유사한 사례를 제시하고 있으며 이와 더불어 젖샘, 심지어 오직 한쪽 젖가슴에 대해서만 의지가 커다란 영향력을 행사할 수 있음을 보여 주는 다른 사실들을 제시하고 있기도 하다.

40. 모즐리 박사는 적절한 논거를 바탕으로, 촉각이 연습과 주시를 통해 개선된다는 일부 흥미로운 주장을 제기했다. (『생리학과 정신 병리학(The Physiology and Pathology of Mind)』, 2판, 1868년, 105쪽) 특이한 점은 연습과 주시를 통해 신체의 특정 부위, 예컨

인간과 동물의 감정 표현

대 손가락에 대한 이러한 감각이 예민해질 경우, 신체 반대 측의 해당 부위에서도 마찬가지로 개선이 이루어진다는 것이다.

41. 《랜싯(*The Lancet*)》, 1838년, 39~40쪽, 레이콕 교수가 『여성의 신경 질환(*Nervous Diseases of Women*)』, 1840년, 110쪽에서 인용.

42. 『정신 생리학에 대한 장』, 1858년, 91~93쪽.

43. 『외과 병리학 강연(*Lectures on Surgical Pathology*)』, 3판, 터너 교수의 개정판, 1870년, 28, 31쪽.

44. 『생리학의 기초』, 영역판, 2권, 938쪽.

45. 레이콕 교수는 매우 흥미로운 방식으로 이 점을 논의했다. 그의 『여성의 신경 질환(*Nervous Diseases of Women*)』, 1840년, 110쪽도 볼 것.

46. 혈관 운동계의 활동에 대해서는 마이클 포스터가 왕립 연구소에서 행한 흥미로운 강연을 참조할 것. 이는 「과학 강의에 대한 검토(Revue des Cours Scientifiques)」 1869년 9월 25일, 1869, 683쪽으로 번역되었다.

14장 결론과 요약

1. 프레더릭 베이트먼(Frederick Bateman) 박사가 『실어증 또는 뇌질환으로 인한 언어 상실에 대하여(*On Aphasia, or Loss of Speech in Cerebral Disease*)』, 1870년, 110쪽에서 제시하고 있는 흥미로운 사실을 볼 것.

2. 『인상학과 발화에 관하여』, 1865년, 103, 118쪽.

3. 렝거, 『파라과이 포유동물의 자연사』, 1830년, 55쪽.

4. 모로, 라바터, 1820년, 4권. 211쪽.

5. 그라티올레는 『인상학에 관하여』, 1865년, 66쪽에서 이러한 결론이 참이라고 고집한다.

찾아보기

인간과 동물의 감정 표현

인간과 동물의 감정 표현

드디어 다윈 ❹

인간과 동물의 감정 표현

1판 1쇄 펴냄 2020년 11월 24일
1판 3쇄 펴냄 2023년 9월 15일

지은이 찰스 다윈
옮긴이 김성한
펴낸이 박상준
펴낸곳 (주)사이언스북스

출판등록 1997.3. 24.(제16-1444호)
(06027) 서울시 강남구 도산대로1길 62
대표 전화 515-2000, 팩시밀리 515-2007
편집부 517-4263, 팩시밀리 514-2329
www.sciencebooks.co.kr

ISBN 979-11-89198-87-9 04400
ISBN 979-11-89198-85-5 (세트)

다윈 포럼

강호정
생태학자. 현재 연세 대학교 건설 환경 공학과 교수로 재직하며, 전 지구적 기후 변화가 생태계에 야기하는 현상을 연구하고 있다. 『와인에 담긴 과학』, 『지식의 통섭』, 『유리 천장의 비밀』 등의 책을 쓰고 옮겼다.

장대익
진화학자. 가천 대학교 창업 대학 석좌 교수로 문화 및 사회성의 진화를 연구한다. 학술, 문화, 산업 등 분야를 넘나들며 지적 활동을 펼치고 있다. 제11회 대한민국 과학 문화상을 수상했다. 『다윈의 식탁』, 『다윈의 서재』, 『다윈의 정원』, 『종교 전쟁』, 『울트라 소셜』, 『통섭』 등의 책을 쓰고 옮겼다.

전중환
진화 심리학자. 현재 경희 대학교 후마니타스 칼리지 교수로 재직하며, 인간 사회의 협동과 갈등, 이타적 행동, 근친상간과 성관계에 대한 혐오 감정 등을 연구하며 심리학의 영역을 넓혀 가고 있다. 『오래된 연장통』, 『본성이 답이다』, 『욕망의 진화』 등의 책을 쓰고 옮겼다.

주일우
생화학과 과학사를 공부한 출판인. 《과학 잡지 에피》와 《인문 예술 잡지 에프》의 발행인으로 과학과 문화 예술 사이의 역동적 관계에 관심을 가지고 글을 쓰고 책을 만든다. 『지식의 통섭』, 『신데렐라의 진실』 등의 책을 쓰고 옮겼다.

최정규
진화 게임 이론을 전공하고 있는 경제학자. 경북 대학교 경제 통상학부 교수로 재직하며, 제도와 규범, 인간 행동을 미시적으로 접근하고 설명하는 연구를 진행하고 있다. 『이타적 인간의 출현』, 『다윈주의 좌파』 등의 책을 쓰고 옮겼다.

책 디자인 김낙훈